高等院校城市地下空间工程专业“十三五”规划教材

地下洞室工程

朱才辉　李宁　张志强　编著

中国水利水电出版社
www.waterpub.com.cn
·北京·

内 容 提 要

本书结合新规范，着重从地下洞室工程的基本概念、基本理论和方法上介绍了其成熟的设计理念和成果。主要内容包括绪论、地下洞室的利用形态及基本设计理念、地下洞室围岩分级及围岩压力、水工隧洞基本设计技术、交通隧道基本设计技术等5章内容。涵盖了城市地下空间、铁路隧道、公路隧道、地铁、水工隧洞等多领域的地下洞室工程的结构设计基本理念。

本教材适用于岩土工程、城市地下空间工程、隧道工程、水利水电工程等专业的本科教学使用，也可供相关专业工程技术人员参考。

图书在版编目（CIP）数据

地下洞室工程 / 朱才辉，李宁，张志强编著. -- 北京 : 中国水利水电出版社，2018.11
高等院校城市地下空间工程专业“十三五”规划教材
ISBN 978-7-5170-7217-1

Ⅰ. ①地… Ⅱ. ①朱… ②李… ③张… Ⅲ. ①地下洞室－高等学校－教材 Ⅳ. ①TU929

中国版本图书馆CIP数据核字(2018)第271373号

书　　名	高等院校城市地下空间工程专业“十三五”规划教材 **地下洞室工程** DIXIA DONGSHI GONGCHENG
作　　者	朱才辉　李　宁　张志强　编著
出版发行	中国水利水电出版社 （北京市海淀区玉渊潭南路1号D座　100038） 网址：www.waterpub.com.cn E-mail：sales@waterpub.com.cn 电话：（010）68367658（营销中心）
经　　售	北京科水图书销售中心（零售） 电话：（010）88383994、63202643、68545874 全国各地新华书店和相关出版物销售网点
排　　版	北京时代澄宇科技有限公司
印　　刷	北京合众伟业印刷有限公司
规　　格	184mm×260mm　16开本　15.75印张　373千字
版　　次	2018年11月第1版　2018年11月第1次印刷
印　　数	0001—2000册
定　　价	**49.00**元

PREFACE 前言

20世纪80年代国际隧道协会（ITA）提出“大力开发地下空间，开始人类新的穴居时代”的口号，随后，我国钱七虎院士提出：“21世纪是地下空间开发利用的世纪”。目前，我国已将大力开发地下资源和空间作为一种国策执行，地下空间的利用程度也是一个国家综合国力的体现。对于承担高素质人才培养的工程类院校，除了有责任和义务传授地下洞室工程领域的设计、分析理论等基础知识，还应能启发学生理解这一领域的先进设计理念和科学的思维方法，为此，编著了《地下洞室工程》这本高等院校城市地下空间工程专业“十三五”规划教材。

本教材主要偏向于地下洞室工程支护结构的基础设计原理和基本理论。第1章绪论，由朱才辉编写，主要介绍地下洞室工程的发展趋势、地下洞室的特性及分类、地下洞室的工作环境特性及地下洞室结构设计特性；第2章介绍地下洞室的利用形态及基本设计理念，由朱才辉编写，主要包括生活和能源储备地下工程、城市地下空间工程、地下运输隧道工程；第3章介绍地下洞室围岩分级及围岩压力，由朱才辉编写，主要包括围岩分级方法、围岩压力的计算；第4章主要介绍水工隧洞基本设计技术，由李宁、张志强编写，包括水工隧洞工作特点、分类、布置与结构特点，水工隧洞的水力计算，水工隧洞衬砌结构和材料，水工隧洞的荷载及组合，有压圆形隧洞衬砌结构设计；第5章介绍了交通隧道基本设计技术，由朱才辉编写，主要包括公路和铁路隧道线路及断面设计、公路和铁路隧道结构构造、隧道支护结构计算原理等主要内容。

本教材编写单位及编写人员，在前期的教学、科研及工程咨询中积累了较为丰富的理论和工程经验，具有大量的工程背景知识，并且拥有多维度的专业背景，如岩土工程，水工隧洞，城市地下空间工程，地铁工程，铁路、公路隧道工程等各类专业。本教材在编写过程中参阅了大量专家和学者的著作、论文及相关规范，并汲取了其中一些重要成果，在此对所有同行及专家表示诚挚的谢意！西安理工大学土木建筑工程学院的李宁教授、张志强教授、李荣建教授等提出了宝贵的意见和建议，在此表示衷心的感谢！研究生兰开江、东永强、崔晨等为本教材的资料收集、插图绘制、文稿编排付出了辛勤劳动，亦在此表示感谢！

由于水平所限，书中难免有错误或疏漏之处，期望同行、专家及阅读本书的读者提出批评意见和建议，以便编者改正和完善。

编者

2018年春于西安理工大学

CONTENTS 目录

第1章 绪论

当今人类正在向地下、海洋和宇宙开发。向地下开发可归结为地下资源开发、地下能源开发和地下空间开发3个方面。地下空间的利用也正由“线”的利用向大断面、大距离的“空间”利用进展。20世纪80年代国际隧道协会（ITA）提出“大力开发地下空间，开始人类新的穴居时代”的口号。顺应于时代的潮流，许多国家将地下开发作为一种国策对待，如日本提出了向地下发展，将国土扩大10倍的设想。

地下洞室工程指的是在地面以下岩土体中修建各类地下建筑物或结构的工程，一般情况下，地下空间的纵向延伸较长，横向剖面较小的地下线型洞室，称为隧道（洞）；而跨度较大、纵向延展度不大的地下“块状”空间，称为洞室。天然形成的地下洞室主要有喀斯特溶洞、熔岩洞、风蚀洞、海蚀洞等；人工形成的地下洞室有各种矿洞、工程建设需要开凿的地下洞室。在城市规划范围以内的地下洞室称为城市地下洞室。在城市以外山区岩层中开发的地下洞室称为山岭地下洞室；在江、湖、河、海水下开发的地下洞室称为水下洞室。

1.1 地下洞室工程的发展趋势

1.1.1 地下洞室的发展历史

（1）第一时代——原始时代（人类出现至公元前3000年：天然地下洞室穴居）。原始人类穴居，天然洞窟成为人类防寒暑、避风雨、躲野兽的处所。亚洲、欧洲、美洲等地均发现穴居的遗迹。

（2）第二时代——古代时期（公元前3000年至5世纪：陵墓建造）。随着社会生产力的进步，人类地下空间的利用摆脱了单纯的居住要求。埃及金字塔、古代巴比伦引水隧道，均为此时代的建筑典范。我国秦汉时期的陵墓和地下粮仓、秦始皇陵墓，已具有相当技术水准和规模。最古老的隧道是古代巴比伦城连接皇宫与神庙间的人行隧道，建在公元前2160—公元前2180年间。古代使用原始工具挖掘，速度最慢的例子是驱使3万奴隶挖掘，每周进尺仅75mm。我国最早的交通隧道位于今陕西汉中县，称为“石门”隧道，建于公元66年。

（3）第三时代——中世纪时代（5世纪至14世纪：陵墓和宗教需求）。世界范围矿石开采技术出现，推进了地下工程的发展。欧洲地下空间利用基本处于停滞状态，我国地下空间利用多用于建造陵墓和满足宗教建筑的一些特殊要求，如北魏、隋、唐、宋、元等各朝都建造了一些陵墓和石窟（云冈石窟、龙门石窟、敦煌莫高窟、麦积山石窟、响堂山石窟）等。此外，我国隋朝（7世纪）在洛阳东北建造了200多个总面积达420000m²的地下搁仓，最大的搁仓直径11m、深7m，可存量2500t以上；宋朝在河北建造的长约40km的军用地道等。

（4）第四时代——近代（15世纪开始至20世纪：隧道建造）。欧美产业革命期间，炸药、蒸汽机的发明和应用，成为开发地下空间的有力武器，地下洞室利用进入为社会服务的新时期。1613年建成英国伦敦地下水道；1681年修建了地中海比斯开湾长度为170m的连接隧道；1863年英国伦敦修建世界第一条城市地下铁道；1871年穿过阿尔卑斯山连接法国和意大利的公路隧道开通（长12.8km）。日本明治时期，隧道及铁路技术开始引进并得到发展。目前世界最长的汽车专用隧道是长16.3km的瑞士中部的圣哥达隧道，第一次使用了硝酸甘油炸药。

（5）第五时代——现代（20世纪后：大型地下交通、水利电力地下工程、城市地下公用设施和能源储备）。20世纪60、70年代，地下洞室主要用于建造各种交通隧道（公路隧道）、水工隧道、大型公用设施隧道和地下能源储库等；城市主要建造地铁、地下商业街（名古屋叶斯卡地下街、名古屋中央公园地下街）、地下停车场和地下管线等。20世纪70年代，我国修建了大量地下人防工程（哈尔滨地下疏散干道、南京人防工程），其中相当一部分目前已得到开发和利用，改建为地下街、地下商场、地下工厂和储藏库。20世纪80年代上海建成延安东路水底公路隧道，1985—1987年，上海建成黄浦江上游引水隧道一期工程。20世纪90年代以来，上海地铁1、2号线已相继开通。90年代后期至今，广州、深圳、南京等地相继开通地铁，南京、杭州、福州琅岐等正计划修建过江隧道。其中典型世界级的工程主要有：最长的日本青函隧道（全长53.85km，海底部分长23.3km）、处于海底部分最长距离的英法海底隧道（全长50.45km，海底部分长37.9km）；最长的公路隧道挪威一洛达尔隧道（全长24.51km）；最长的铁路隧道位于瑞士中部阿尔卑斯山区的戈特哈德铁路隧道，全长57km；最长的双孔公路隧道秦岭终南山特长公路隧道（全长18.04km）；最长的输水隧道纽约德拉瓦隧道（全长169km）；海拔最高的冻土隧道风火山隧道（位于海拔4909m，全长1338m）；最繁忙的两线过海隧道香港海底隧道；亚洲最长的陆上隧道乌鞘岭隧道（全长20.05km，右线及左线分别于2006年3月和8月正式建成通车）；居世界第二、亚洲第一的秦岭终南山公路隧道，长18.02km，被誉为“天下第一隧”。

1.1.2 国外地下洞室利用特点

现代地下工程发展迅速，各种典型工程不胜枚举。世界已有数百个城市修建了地下铁路；英法海峡隧道长50km，海底长度37km，历时7年建成；著名的公路隧道，如穿越阿尔卑斯山、连接法国和意大利的勃朗峰隧道和连通日本群马县和新泄县的关越隧道，它们的长度均超过10km。各类地下电站迅速增长，其中地下水力发电项目的数目，全世界已超过400座，其发电量达45亿W以上，世界已有55个国家的170座城市建有地铁。此外，城市地下洞室空间的开发和利用，在世界范围内也取得了巨大的发展，其主要特征如下。

（1）大型建筑物向地下的自然延伸发展到复杂的地下综合体，一些发达国家逐渐将地下商业街、地下停车场、地下铁道及地下综合管线工程等连为一体，成为多功能地下综合体，如加拿大多伦多 PATH 地下空间开发、日本新宿车站等。上述这种大型地下综合体，基本上都具有以下特征。

1）充分利用车站交通枢纽优势，创造富有价值的商业空间，方便人流与商业的联系，构建有机的交通与商业综合体。

2）强调地下与地上功能的有机复合，提供集商业、艺术、文化娱乐于一体的购物天堂，创造一个功能多元充满活力的城市空间。

3）倡导行人优先的顺畅步行体系，挖掘地下空间功能潜力，对区域机动交通进行渠道化组织。

4）地下空间与自然环境的有机融合，巧妙引入阳光和绿色，提升地下空间环境质量。

（2）地下市政设施的建设从地下供、排水管网发展到地下大型供水系统，地下大型能源供应系统，地下大型排水及污水处理系统，地下生活垃圾的清除、处理和回收系统以及地下综合管线廊道（共同沟），如加拿大丘吉尔瀑布电站地下厂房（长 296m、宽 25m、高 47m）。

1.1.3　我国地下洞室发展过程及成就

我国的地下空间内工程在前期与世界的发展基本同步，从近代时期后逐步落后。20 世纪后，差距增大，30—40 年代由于受外敌侵略，以防空洞和地道为主；60 年代主要以人防工程为主；70 年代后期，随着社会发展的需要，主要致力于人防工程的平战结合，公路隧道、地下商业街及地铁建设（北京地铁）；90 年代以后，我国才真正走入城市地下空间利用的时期；2000 年后，在交通、商业、物流、仓储等方面进入了新的发展时期，但规划、设计、施工和管理的水平还有待提高，我国地下洞室开发和利用所取得的成就主要表现在以下几个方面。

（1）居住空间。数千年前我们的祖先就在我国北方的黄土高原建造了许多供居住的窑洞和地下粮食储备工程，至今仍有不少农民居住在不同类型的窑洞中。

（2）人防工程。采取平战结合的方式，既保证了战略效益，又获得了社会效益和经济效益。

（3）交通隧道工程。20 世纪 60 年代开始的大规模三线建设，修建了为数众多的铁路、公路隧道。横穿万里长江的水下隧道也于 2004 年相继在南京和武汉破土动工。厦门、青岛、大连正在建设或即将建设海底隧道。据相关资料统计，截至 2016 年，我国拥有铁路隧道 14100 座，总长 1.41 万 km，预计 2020 年总量将达到 17000 座，总长 2.0 万 km；截至 2016 年，我国拥有公路隧道 15181 条，总长度约 1.40 万 km，居世界第一。

（4）城市地铁建设。自 1965 年在首都北京始建第一条城市地铁以来，截至 2018 年，我国已有 35 个城市开通地铁，正在运行 114 条，总里程达 5250km，地铁车站总量达 2252 个；在建地铁 120 条，规划 2025 年以前通车的地铁 76 条。

（5）水利水电建设。特别是大型地下水电站厂房的建设，说明我国已具备开发大型或超大型地下空间的技术水平和能力。我国第一座水电站（1908—1912 年）是云南石龙坝水电站（240kW），第一座梯级水电站（1951 年）是福建古田溪一级水电站（装机 6.2 万 kW），最早的坝内式厂房水电站（1957 年）是江西上犹江水电站（装机 6 万 kW），第一座自行设计建设安装的水电站（1957—1960 年）是浙江新安江水电站（装机 66.25 万 kW），首座百万千瓦级水电站（1969 年）是甘肃刘家峡水电站（装机 116 万 kW），第一个利用世界银行贷款兴建的大型水电站（1984—1988 年）是鲁布革水电站，世界最大的水电站（1994—2003 年）是三峡水电站（1820 万 kW），其地下电站部分主厂房长 311.3m、高 87.24m、跨度为 32.6m。此外，三峡库区水下博物馆也已建成。目前，中国在建第二大水电站——白鹤滩水电站（2013—2022 年），初拟装机容量 1600 万 kW，创造了多个世界第一，即地下洞室群规模最大、圆筒式尾水调压井及无压泄洪洞规模最大、采用 289m 双曲拱坝使用低热混凝土。

（6）城市地下商城、地下综合体等的建设。表明我国城市已经开始大规模开发和利用地下空间。例如，上海静安公园地铁枢纽地下空间开发，北京商务中心区地下空间开发，北京中关村将投资数十亿元建设地下商城，故宫拟建一个现代化地下展厅。可以预见，随着经济、科技的发展，我国地下空间的开发和利用将进入一个蓬勃发展的新时期。

1.1.4 地下洞室的未来发展趋势

（1）综合化。地下洞室开发和利用的主要趋势是综合化，其表现首先是城市地下综合体的出现，其次是城市地下步行道系统和地下快速轨道系统、地下高速道路系统的结合，以及地下综合体和地下交通换乘枢纽的结合；再次是城市地上、地下空间功能既有区分，更有协调发展的相互结合模式。

（2）分层化与深层化。随着深层开挖技术和装备的逐步完善，深层地下空间资源的开发已成为未来城市现代化建设的主要课题和国家综合国力的体现。在地下空间深层化的同时，各空间层面分化趋势越来越强，分层面的地下空间将人、车分流，市政管线、污水和垃圾的处理分置于不同的层次，各种地下交通分层设置。

（3）城市交通与城际交通的地下化。城市交通和“高密度、高城市化地区”城市间交通的地下化，将成为未来地下空间开发和利用的重点。

（4）先进技术手段的不断成熟和应用。随着地下空间开发和利用程度不断扩展，要求隧道开挖速度及开挖安全性越来越高，先进技术应运而生，如 TBM、盾构挖掘技术、微型隧道挖掘技术加速发展（适用于在高层建筑、历史名胜古迹、高速公路和铁路以及河道的下边安设管道），GPS（卫星全球定位）、RS（遥感）、GIS（地理信息系统）的 3S 技术在地下空间开发中的应用加强。钻爆法掘进中采用数字化掘进的趋势加强，数字化自动控制准确定位施工，开挖断面的超挖减少到最小并达到最优，提高了开挖速度。地铁隧道断面减小，成本降低，线性电动机牵引的地铁列车减少了行走底架的尺寸，地铁隧道截面积将减少一半以上，从而降低地铁造价。

（5）勘察、设计和施工的信息化整合。现代地下空间的勘察、设计和施工阶段将被整合成为一个统一的过程，这个过程的各个阶段的相互联系将借助信息技术实施统一管理。

（6）市政公用隧道（共同沟）得到更广泛的应用和发展。随着城市和生活现代化水平的提高，各种管线种类、密度和长度将快速增加，易于维护检查的共同沟的发展成为必然。

（7）地下建筑的形态将向功能化、艺术化方向发展。由于不断增长的自动化和信息化技术在地下空间勘察、设计和施工中的应用，已有可能开挖几何形状复杂的地下空间实体，以满足建筑学的要求，将会出现一批具有多重空间功能、美感协调、能满足公共需求的地下空间建筑杰作，并将形成不同风格的地下空间建筑学派。

1.2　地下洞室的特性及分类

1.2.1　地下洞室的特性及优、缺点

1. 地下洞室特性

（1）环境特性：空间性、密闭性、隔离性、耐寒性。

（2）力学特性：耐压性、抗震性。

（3）物理特性：隔热性、恒温性、恒湿性、遮光性、难透性、隔音性。

（4）化学特性：组成地层的化学成分复杂，有可能与外界物质发生反应。

由结构物及其所处的环境而形成的构造特性，主要包括空间性（空间的有限性）、密闭性（埋设在封闭地层中）、隔离性（结构物间由于岩土的存在而相互隔离）、耐压性、耐寒性、抗震性，这些特性对不同的使用目的，有的是有利的，有的是不利的。因此，在规划和利用地下空间时应充分理解这些特性而加以有针对性地利用。

2. 地下洞室的优点

（1）地面视觉不受影响。不影响地面自然景观，可修建地下建筑物；保护地面历史环境。

（2）保留了地表面的开放空间。如城市中心的地下停车场、地面部分为花园草坪、城市中心多修地下通道而少修高架。

（3）有效地土地利用。把能够置于地下的建筑物设于地下则地面土地可作其他用途。例如，地面：广场、道路、高层建筑；地下：停车场、地下街、地铁、地下室。

（4）有效的往来和输送方式。在平面上，修建在地下的交通通道（地铁、地下通道、城市管网）对地表的障碍更小；在垂直距离上，附建于高层建筑之下的停车场，缩短了交通时间。

（5）保护环境。覆土结构，恢复地面植被可保水，减轻城市排水系统压力，保持地下水位，不至于水土流失、进而发生塌陷；保护自然景观，改善水、空气质量。

（6）节约能源、温湿恒定。地下具有恒温、恒湿功能，可储存能源；随着埋深的增加，地下处于相对稳定的温度和湿度状态。

（7）防灾能力强。自然灾害：地震、飓风；战争防护：防爆炸、核战争。

（8）隔离震动、噪声且不易受外部火灾的影响。

（9）维修管理工作量少。

3. 地下洞室的缺点

（1）视野和自然采光受到限制。

（2）进出和通行的限制。

（3）消耗能源较多。

（4）施工难度大，工程造价高。

1.2.2　地下洞室的分类方法

1. 按不同开挖方法分类

（1）开挖空间。

（2）开挖后覆土。

（3）明挖空间。

2. 按地下结构物与地表面的关系分类

（1）在建筑物上填土（一般高出地面）。

（2）埋设在地层中：平埋或利用倾斜地层，如图 1.2.2－1 所示。

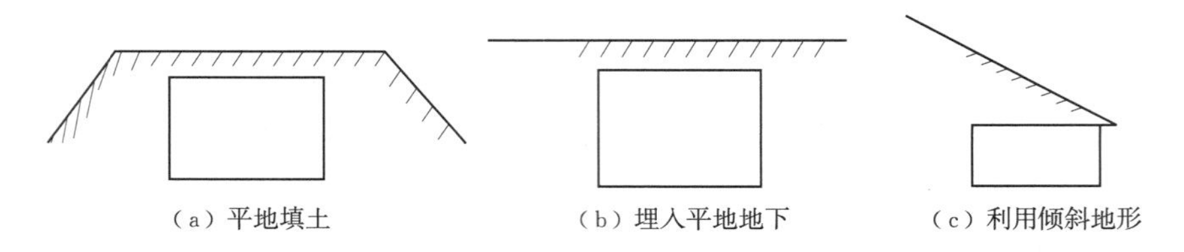

（a）平地填土　（b）埋入平地地下　（c）利用倾斜地形

图 1.2.2－1　地下洞室结构与地表面的关系

3. 按开口部与地表面的关系分类

（1）密闭型。所有的开挖空间，如公路、铁路隧道、水工隧洞，地铁区间隧道，水底隧道，城市人防，地下街（综合体），地下停车场，地下储藏室，地下管廊，地下住宅，地下生产厂，地下废料处理储存室等。

（2）天窗型。可自然采光、感觉较好，如成都市顺城街地下街盐市口段。

（3）侧面开口型。适合于倾斜地层，如窑洞。

（4）半地下型。

4. 按照使用功能分类

（1）矿山巷道。包括各类矿物采掘后的洞室和输送矿石的巷道工程。

（2）地下储存洞室。如粮食、油料、水果、蔬菜、酒类、鱼肉食品的冷藏库及核废料储存等。

（3）水工洞室。如水力发电站的各种输水隧道、为农业灌溉开凿的输水隧洞以及给水排水隧洞、水电站地下厂房、地下抽水蓄能电站、地下水库等。

（4）地下工厂。如水力或火力发电站等各种轻重工业地下厂房、地下核电站、地下火电站等。

（5）地下民用与公共建筑。如地下商场、图书馆、体育场馆、展览馆、影剧院、医院、旅馆、餐厅、住宅及其综合建筑体系——城市地下街道等。

（6）地下交通工程。如各种公路和铁路隧道、城市地铁、地铁站及水底隧道等。

（7）公用和服务性地下工程。如地下自来水厂、地下污水处理厂、给排水管道及煤气、供电、通信管线的综合工程等。

（8）地下军事工程和人防工程。如各种野战工事、指挥所、通信枢纽、人员和武器掩蔽所、疏散干道、医院、救护站及大楼、防空地下室军火和物资库等。根据“以战为主、平战结合”的原则，这些建筑物平时可用作办公室、会议室、工厂仓库、食堂和招待所等。

（9）地下市政工程。如给排水工程、污水、管路、线路、废物处理中心等。

（10）国防地下工程。如飞机库、舰艇库、武器库、弹药库、作战指挥所、通信枢纽、军医院和各类野战工事以及永备筑城工事等。

5. 按洞壁受压情况分类

可分为有压洞室、无压洞室。

6. 按断面形状分类

可分为圆形、矩形、城门洞形、椭圆形及其他异形。

7. 按与水平面关系分类

可分为水平洞室、斜洞、垂直洞室（井）。

8. 按介质类型分类

可分为岩石洞室、土洞。

9. 按应力情况分类

可分为单式洞室、群洞。

1.3　地下洞室工作环境特性

地下洞室工程工作环境是指地下结构所赋存的岩土环境，包括地层特征、地下水状况、开挖地下洞室前就存在于地层的原始应力状态、地温梯度等。地下洞室工程在修建之前，需要通过工程地质调查测绘，查明隧道所处位置的工程地质和水文地质条件、施工和运营对环境保护的影响，为规划、设计、施工提供所需的勘察资料，并对存在的岩土工程问题、环境问题进行分析评价，提出合理的设计方案和施工措施，从而使地下洞室工程经济合理和安全可靠。为了给地下洞室的结构提供一套科学、简便的设计原则和指南（或规范），首先需要深入了解地下洞室所赋存的岩土环境的特性，了解岩土体的地质特性、力学特性、工程特性，为地下洞室的围岩分级、围岩压力计算和支护设计理论提供研究基础。

1.3.1　岩体的地质特性

地下洞室基本处在二次围岩应力场中，也就是洞室开挖后在初始应力场基础上应力重分布后的应力场，而岩体的初始应力主要是由于岩体的自重和地质构造作用和地质地温作用引起的。地温一般在深部岩体中作用才明显。初始应力场（又称原始地应力场）泛指由于岩体的自重和地质构造作用，在洞室开挖前岩体中就已经存在的初始静应力场，其包括自重应力场和构造应力场。

1. 自重应力场

设岩体为均一连续半无限体，地面为水平。在距离地表深度 z 处取出一单元体（图 1.3.1），其上作用的应力为

$$\begin{cases}\sigma_z=\gamma H=\sum_{i=1}^{n}\gamma_i H_i\\ \sigma_x=\sigma_y=\dfrac{\mu}{1-\mu}\sigma_z=\lambda\sigma_z\end{cases}\tag{1.3.1}$$

式中　γ_i——第 i 层岩体的容重；

H_i——第 i 层岩体的厚度；

μ——计算应力处岩体的泊松比，大多数岩石的泊松比 μ 在 0.15～0.35 范围内变化；

λ——侧压力系数。

因此，在自重应力场中，水平应力总是小于垂直应力。深度对初始应力状态有着显著的影响，随着深度的增加，地应力是线性增大的。当地应力增大到一定数值后，围岩将处于塑性状态。随着深度的增加，μ 值趋近于 0.5，即与静水压力相似，此时围岩接近流动状态，初始应力场各应力分量趋于相等，即

$$\sigma_x=\sigma_y=\sigma_z=\gamma H\tag{1.3.2}$$

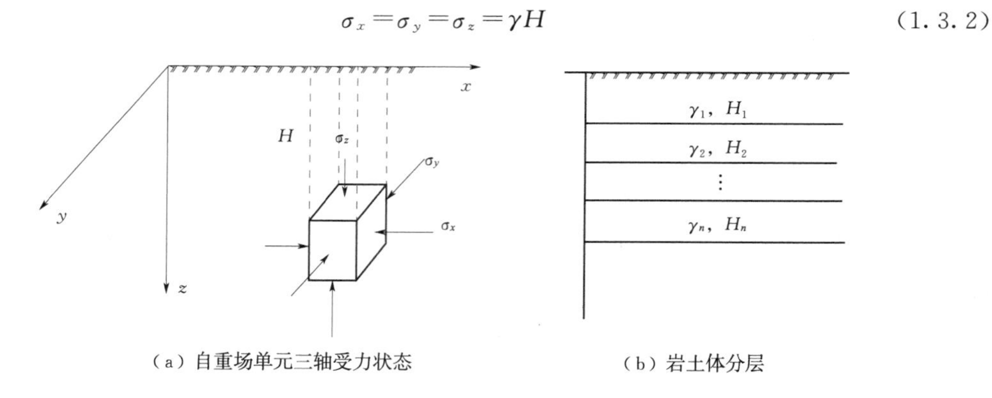

（a）自重场单元三轴受力状态　　（b）岩土体分层

图 1.3.1　初始应力场（自重场）

2. 构造应力场

由于构造运动的作用，使得岩体内积存了一定的应力，称它为构造应力。当岩体再次受到新的破坏性扰动时，构造应力可能一部分或全部地释放出来，或者由于岩体的流变性质，在相当长的时间内，也会部分地把积存的能量释放出来，这时构造应力就指残余应力而言。地质力学把构造体系和构造形式在形成过程中的应力状态称为构造应力场，它是动态的。我国大陆初始应力场的变化规律大致可以归纳为以下几点。

（1）地质构造形态不仅改变了重力应力场，而且除以各种构造形态获得释放外，还以各种形式积蓄在岩体内，这种残余构造应力将对地下工程产生重大影响。

（2）水平应力有明显的区域性。大部分地区的地层属一般构造应力区，有少数地区属低构造应力区。对深度 H 在 100～200m 范围内岩体的初始应力，可分为 3 个等级：高构造应力区，水平应力大于 15MPa；一般构造应力区，水平应力在 5～15MPa 内；低构造应力区，水平应力小于 5MPa。

（3）水平主应力具有明显的各向异性。在我国大部分地区，最大水平主应力约为最小水平主应力的 1.4～3.3 倍。

（4）水平应力大多数为压应力，且随深度增加而增大，而且水平应力普遍大于垂直应力。

1.3.2　岩石的力学性质

1. 岩石的强度性质

岩石的强度是指它抵抗各种力的作用而不被破坏的能力（包括抗压、抗拉、抗剪强度）。影响岩石强度的因素如下。

（1）岩石构造—力学性质因素，包括岩石的组成、构造、组织、非均质性、各向异性、含水量等。

（2）试验工艺方面的因素，包括试件端部的接触条件、试件尺寸及其形状、加载速度。

2. 单向应力状态下岩石的变形特征

（1）单轴压缩时应力—应变曲线。图 1.3.2-1 所示为单轴压缩时应力—应变曲线：A 表示凸向应力轴的形状—应变软化，B 表示线弹性特征，C 表示凸向应变轴的形状—应变硬化。将其不同阶段的应力—应变曲线进行分析，可得到岩石的初始切线模量 E_0、平均切线模量 E_e、平均割线模量 E_s。

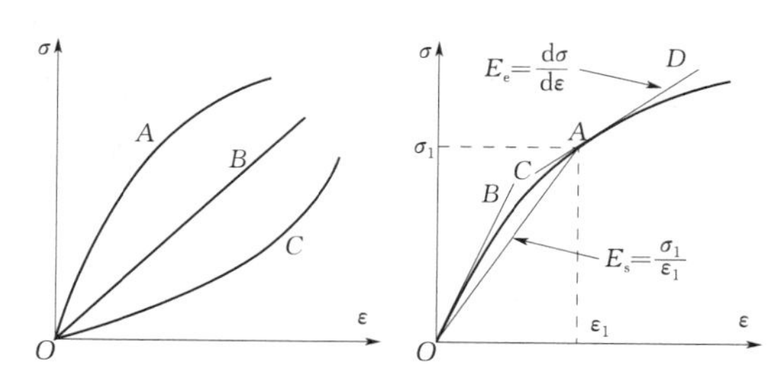

图 1.3.2-1　单轴压缩时应力—应变曲线

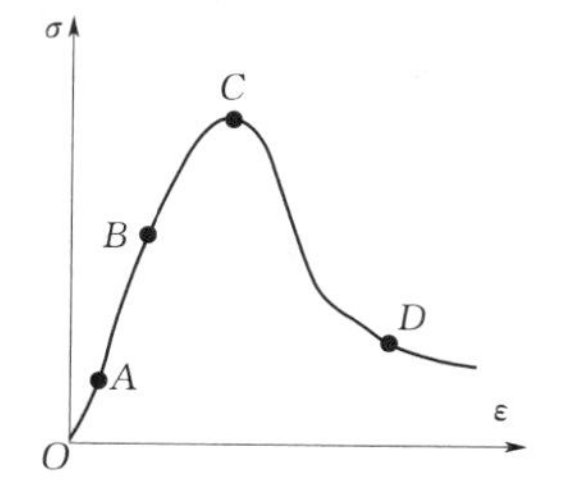

图 1.3.2-2　应力—应变全过程曲线

其侧向应变和轴向应变可表示为

$$\varepsilon_x=\varepsilon_y，\mu=-\frac{\varepsilon_x}{\varepsilon_z}=-\frac{\varepsilon_y}{\varepsilon_z}，\mu=-\frac{\varepsilon_{x2}-\varepsilon_{x1}}{\varepsilon_{z2}-\varepsilon_{z1}} \tag{1.3.2-1}$$

式中　ε_{x1}，ε_{x2}——垂直于轴向应力 σ_1、σ_2 方向的横向应变；

ε_{z1}，ε_{z2}——平行于轴向应力 σ_1、σ_2 方向的轴向应变。

岩石的横向变形常见 4 种情况：①$\varepsilon_x=\varepsilon_y$，且 $\varepsilon_x+\varepsilon_y<\varepsilon_z$，岩石是均质而连续的；②$\varepsilon_x\neq\varepsilon_y$，且 $\varepsilon_x+\varepsilon_y<\varepsilon_z$，岩石是非均质且连续的；③$\varepsilon_x=\varepsilon_y$，且 $\varepsilon_x+\varepsilon_y>\varepsilon_z$，岩石不但有压缩变形，还有剪切错动；④$\varepsilon_x\neq\varepsilon_y$，且 $\varepsilon_x+\varepsilon_y>\varepsilon_z$，岩石同时有压缩变形、侧向变形

甚至剪切变形。

（2）应力—应变全过程曲线。岩石的应力—应变全过程曲线，如图1.3.2-2所示。可分为4个阶段，即裂隙压密阶段（OA）、直线变形阶段（AB）、新生微裂隙及扩容发展阶段（BC）、新生微裂隙的不稳定发展阶段（CD）。如图1.3.2-2所示，不同阶段的强度代表值分别为压密强度（σ_A）、屈服强度（σ_B）、峰值强度（σ_C）和残余强度（σ_D）。

（3）循环荷载条件下岩块的变形特征。为了满足工程设计需要，岩石的循环加载方式主要有：①一次加载、一次卸载；②多次反复加载与卸载，且每次施加的最大荷载与第一次加载的最大荷载一样；③多次反复加载与卸载，每次施加的最大荷载比前一次循环的最大荷载大。根据岩石在循环荷载作用下的应力—应变关系特征，如图1.3.2-3所示，可将岩石分为线弹性或可逆性岩石（加载路径和卸载路径条件下应力—应变关系曲线重合）和非线弹性岩石（加载路径和卸载路径条件下应力—应变关系曲线不重合，或卸载后部分变形难以恢复的现象）。

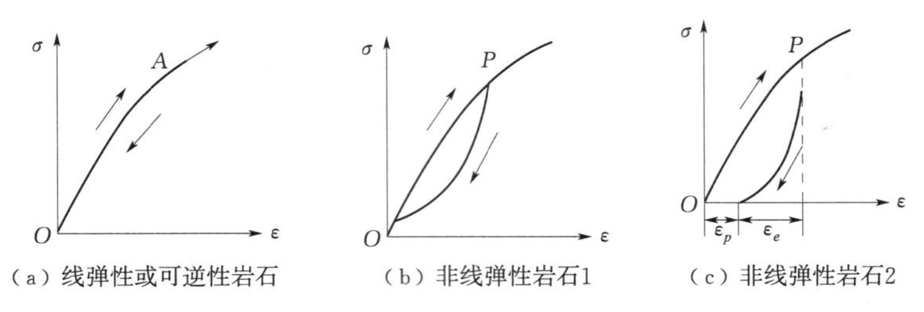

图1.3.2-3　循环荷载条件下岩块的变形特征

3. 三轴压缩下岩石的强度和变形性质

（1）岩石的三轴压缩强度。三轴压缩试验，根据在试件中产生的3个主应力（σ_1、σ_2和σ_3）间的关系不同，可分为两种试验方式：$\sigma_1>\sigma_2=\sigma_3$的情况，常规三轴试验；$\sigma_1>\sigma_2>\sigma_3$的情况，真三轴试验。破坏时岩石三轴压缩强度：$\sigma_1=P_m/A$；$\sigma_2=\sigma_3=g_m$，$P_m$为试件在围压$g_m$作用下的极限轴向压力；$A$为试件初始横截面积。当用不同的$\sigma_3$时，可得到不同的$\sigma_1$，而用多组$\sigma_1$和$\sigma_3$，则可绘制出莫尔圆和莫尔包络线，如图1.3.2-4所示。根据岩石的莫尔包络线可以确定岩石的c、φ值。

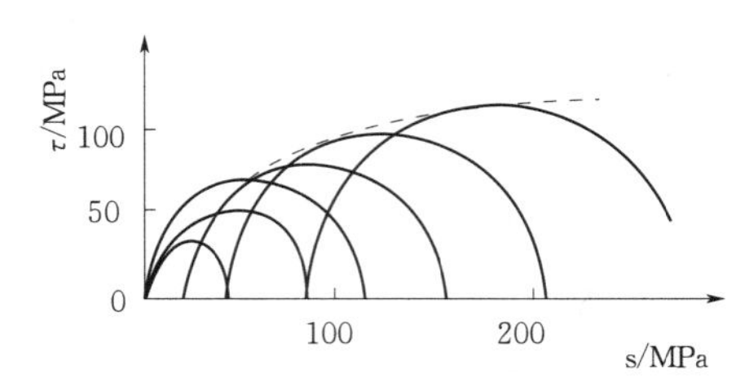

图1.3.2-4　莫尔圆和莫尔包络线

（2）影响三轴压缩试验结果的主要因素。

1）侧限压力（即围压）对岩石强度和变形的影响。

2）加载速率对岩石强度和变形的影响。

3）其他因素对岩石强度和变形的影响。

（3）三轴压缩下试件的破坏形式。三轴应力状态下岩石的破坏形式如图1.3.2-5所示，可分为张破裂、剪破裂和延性破坏。

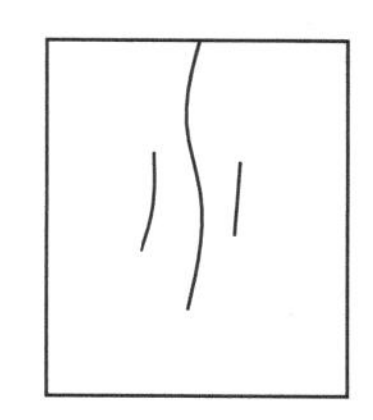

（a）单轴或低围压张破裂

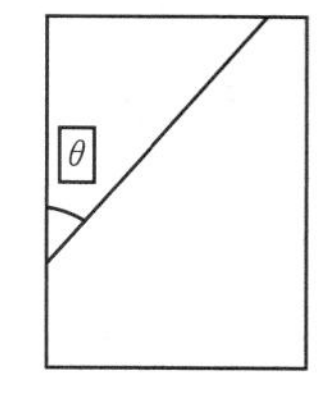

（b）中围压剪破裂

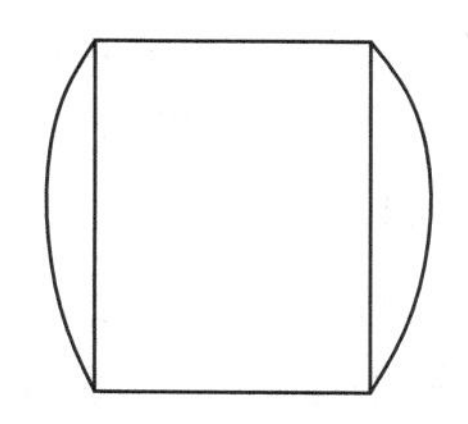

（c）高围压下的延性破坏

图 1.3.2－5　三轴压缩下岩石的破坏形式

1.3.3　岩体的工程性质

1. 裂隙岩体的变形性质

岩体是较为复杂的弹塑性体。整体性好的岩体接近弹性体，破裂岩体和松散岩体则偏向于塑性体。常用岩体的变形模量（E）表示岩体应力—应变特性。典型的岩体全应力—应变曲线也可分为 4 个阶段，如图 1.3.3－1 所示，分别是压密阶段 OA、弹性阶段 AB、塑性阶段 BC 和破坏阶段 CD。

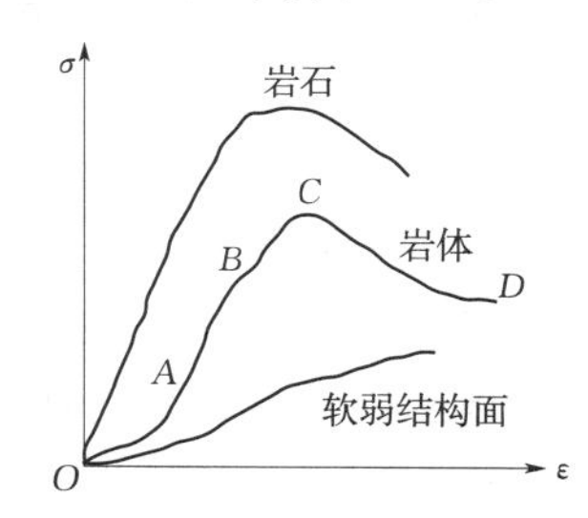

图 1.3.3－1　应力—应变关系对比曲线

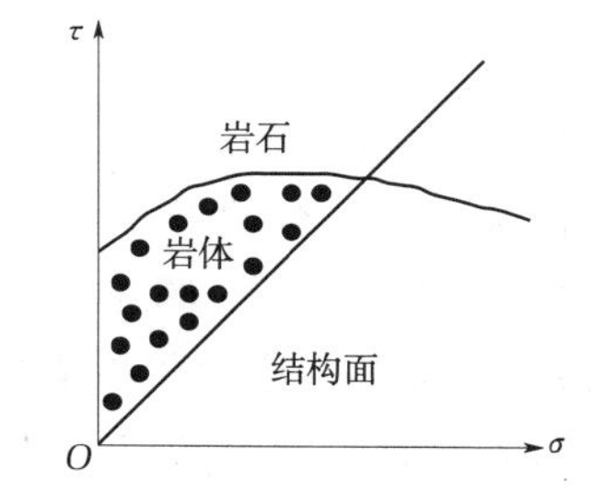

图 1.3.3－2　抗剪强度包络线

岩体的变形特性主要指的是其受拉、受压、受剪和流变变形特性。岩体的受剪变形有 3 种方式：①结构体不参与作用，沿结构面滑动；②结构面不参与作用，沿结构体断裂；③在结构面的影响下，沿结构体剪断。岩体的流变变形主要有蠕变和松弛。

2. 裂隙岩体的强度性质

（1）岩体的抗压强度。试验研究结果表明：①岩体的抗压强度比岩石的抗压强度低得多；②岩体的抗压强度具有明显的各向异性；③裂隙岩体的强度随着裂隙组数的增加明显减少，但当裂隙组数增加到一定程度之后，强度不再继续降低，而接近岩石的残余强度，见表 1.3.3－1。

表 1.3.3－1　裂隙组数对岩体强度的影响试验结果

裂隙组数							说　明
试验值	1.0	0.72	0.47	0.31	0.14	0.16	试件尺寸（cm）：15×15×30；试件强度（MPa）：32.8～34.6；结构面强度：c=0.11MPa；φ=38°
建议值	>0.9	0.70	0.50	0.30	<0.15		

注　表中数值为试件强度与岩石试件强度的比值。

（2）岩体的抗剪强度。

1）当剪切力使得岩体主要沿结构面滑移时，岩体表现为塑性破坏，其抗剪强度较低。其强度参数内摩擦角 φ 一般变化在 10°～45°之间；c（黏聚力）变化在 0～0.3MPa 之间，残余强度和峰值强度比较接近。

2）当剪切力使得岩体主要沿结构体剪断时，岩体表现为脆性破坏，其抗剪强度较高。剪断时的峰值强度较上述高得多时，其 φ 值一般变化在 30°～60°之间，c 值有高达几十兆帕的，残余强度和峰值强度之比随峰值强度的增大而减小，变化在 0.3～0.8MPa 之间。

3）当剪切力使得岩体既有沿结构面滑移，又有沿结构体剪断时，其抗剪强度介于上述两者之间，如图 1.3.3－2 所示。

3. 裂隙岩体的结构特征与破坏特征

（1）岩体的结构特征及分类。岩体的结构特征是指结构体、结构面及填充物的特征总和。具体包括：结构体的形状、大小，结构面的产状、分布、规模、密集程度、空间组合形式和表面形态，填充物的性质和充填状况、含水情况等。分为：①整体结构、块状结构；②层状结构、板状结构；③碎裂结构、镶嵌结构、层状碎裂结构；④散体结构。

（2）岩体的破坏形态。

1）整体和巨块结构的岩体，其变形主要是结构体的变形，其重要特征是横向应变与纵向应变之比小于 0.5，破坏前的变形是连续的，在低围压作用下多为脆性破坏，高围压时多为塑性剪切破坏。应力传播遵循连续介质中的应力传播规律，具有较好的连续性。

2）块状和层状结构的岩体，其变形主要是结构面的变形。故其变形特性一般不用变形模量 E 而用刚度系数 G 来表示。岩体的破坏则是沿软弱结构面滑动，应力传播具有明显的不连续性。

3）碎裂和散体结构的岩体，其变形开始是将裂隙或孔隙压密，随后是结构体变形，并伴随有结构面错动、张开。破坏形式主要为剪切破裂和塑性变形。应力传播与岩体结构特征关系十分密切，并具有不连续性。但这种不连续性是有限的，随着应力的提高很快就消失，随之转化为连续的。

（3）岩体力学性质结论。

1）岩体既不是简单的弹性体，也不是简单的塑性体，而是较为复杂的弹塑性体。整体性较好的岩体，其力学性质较接近弹性体、破碎及松散岩体，其力学性质则偏向于塑性体。

2）岩体的变形特性既不同于岩石（结构体），也不同于结构面，而是呈现为 4 个阶段特性。

3）岩体的变形都不是瞬间完成的，而是表现为或强或弱的“流变”特性。

4）岩体的抗压强度比岩石的抗压强度低得多，且具有明显的各向异性。

5）岩体的抗剪强度主要受岩体内结构面的性质和形态所控制。

6）岩体的结构特征对其力学性质有着重要影响，继而影响着岩体的破坏形态。

1.3.4 岩体的分级

修建地下洞室会遇到各种各样的地质条件：从松软的砂砾碎土层到很坚硬的岩石，从完整的岩体到极其破碎的断裂构造带；有干燥少水分的情况，也会有水分很丰富的状态；可能遇到高低应力带，也可能是应力释放区等。在这些不同地质条件下开挖地下洞室时，其围岩具有不同的联系。根据岩体完整程度和岩石强度等主要指标在定性和定量评价的基础上，按其稳定性将围岩分为工程性质不同的若干级别，这就是围岩分级（也称围岩分类）。

岩体在开挖洞室后所表现出的性质，概括起来不外乎是充分稳定的、基本上稳定的、暂时稳定的、不稳定的几种，而工程中可能碰到的情况也必然是属于其中的一种。任何一种施工方法和支护结构都具有很大的地质适应性。例如，喷锚支护在采取一定措施的条件下，几乎可以适用于绝大部分地质条件。这说明了针对不同的工程目的（爆破、开挖、支护、掘进机掘进等），是可以将与之相应的地质环境进行一定的概括、归纳和分级，为地下工程的设计和施工提供一定的基础。应该说，一个准确而合理的围岩分级，不仅是人们认识洞室围岩特征，正确进行隧道或其他地下洞室设计、施工的基础，而且也是现场进行科学管理，发展新的施工工艺以及正确评价经济效益的有力工具。工人劳动条件的好坏、工程的难易以及制定劳动定额、材料消耗标准等都是以围岩分级为基础的。作为工程设计用的围岩分级一般应尽量满足以下要求。

（1）形式简单、含义明确，便于实际应用，一般分为5级或6级为宜。

（2）分级参数要包括影响围岩稳定性的主要参数，它们的指标应能在现场或室内快速、简便获得。

（3）评价标准应尽量科学化、定量化，并简明、实用。

（4）喷锚支护围岩稳定分级，应能较好地为喷锚支护工程类比设计、监控设计及理论设计服务。分级应当适应锚喷支护参数表以及监控测试方法与控制数据，并便于计算模型和计算参数。

（5）既能适应勘察阶段初步划分围岩级别，又能适应施工阶段详细划分围岩级别。前者是在地面地质工作的基础上进行的，后者则在导洞打通后或洞室开挖后进行的。洞室的围岩分级应当适用两个阶段，只是在不同阶段所做的地质工作可以有所不同。

一般认为，服务于工程设计的围岩分级是按稳定性分级的。实际上，围岩的稳定性不仅取决于自然的地质因素，而且还与工程规模、洞室形状及施工条件等人为因素有关。所以，现在这种根据地质因素划分围岩级别的方法实质上是岩体质量分级，它仅与岩体质量有关，而与工程状况和施工状况无关。国内外在近几年来，把围岩分级作为地下洞室工程技术的重要研究内容之一，从定性、定量上进行了大量的探索和实践，取得了很多有意义的成果。在各种围岩分级中，一般都是把施工方面的因素作为分级的适用条件来处理，而主要考虑地质因素。因此，在围岩分级中关键问题是把哪些地质因素作为分级的指标，这些分级指标与围岩稳定性有何关系，以及采用什么方法来判断这些指标等。目前，围岩分级已逐步向科学化、定量化的方向发展，优秀的分级方法中均建立了很多因素定性与定量相结合的分级标准。

1.4 地下洞室结构设计特性

1.4.1 支护系统设计理论的发展

1. 刚性结构阶段

19 世纪的地下建筑物大都是以砖石材料砌筑的拱形圬工结构。最先出现的计算理论是将地下结构视为刚性结构的压力线理论。压力线理论认为，地下结构是由一些刚性块组成的拱形结构，所受的主动荷载是地层压力，当地下结构处于极限平衡状态时，它是由绝对刚体组成的三铰拱静定体系，铰的位置分别假设在墙底和拱顶，其内力可按静力学原理进行计算。这种计算理论认为，作用在支护结构上的压力是其上覆岩层的重力，没有考虑围岩自身的承载能力。压力线假设的计算方法缺乏理论依据，一般偏于保守，所设计的衬砌厚度偏大很多。

2. 弹性结构阶段

19 世纪后期，混凝土和钢筋混凝土材料陆续出现，并用于建造地下工程，使地下结构具有较好的整体性。从这时起，地下结构开始按弹性连续拱形框架用超静定结构力学方法计算结构内力。作用在结构上的荷载是主动的地层压力，并考虑了地层对结构产生的弹性反力的约束作用。这类计算理论认为，当地下结构埋置深度较大时，作用在结构上的压力不是上覆岩层的重力，而只是围岩坍落体积内松动岩体的重力——松动压力。但当时并没有认识到这种塌落并不是形成围岩压力的唯一来源，也不是所有的情况都会发生塌落，更没有认识到通过稳定围岩可以发挥围岩的自身承载能力。

对于围岩自身承载能力的认识又分为两个阶段，即假定弹性反力阶段和弹性地基梁阶段，前者将弹性反力的分布模式假定为线性、梯形或半月形（图 1.4.1 - 1）。后者发展起来的理论又包括局部变形和共同变形理论，其分析原理见图 1.4.1 - 2。

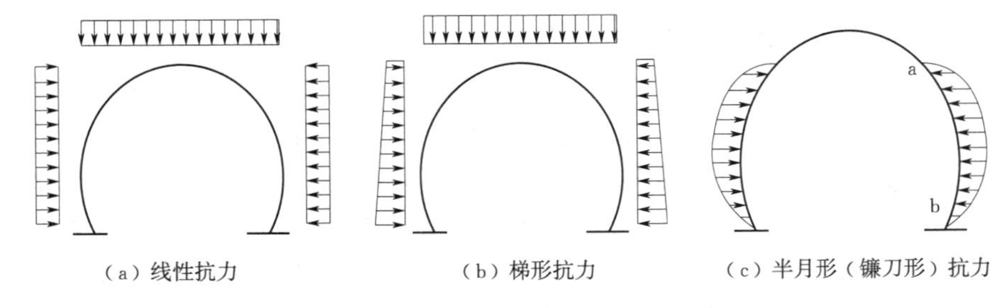

（a）线性抗力　（b）梯形抗力　（c）半月形（镰刀形）抗力

图 1.4.1 - 1　围岩—支护结构抗力假设

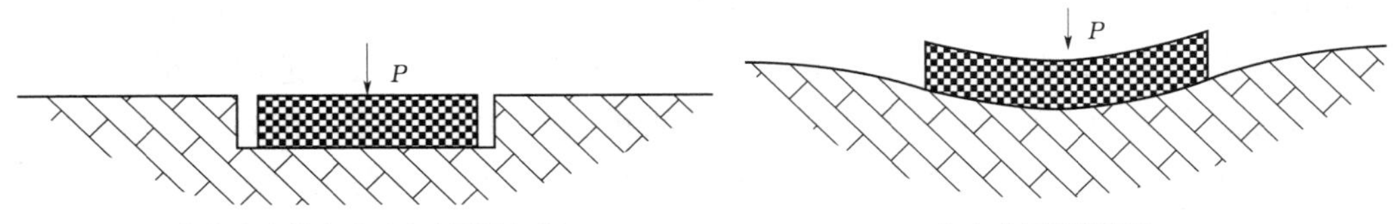

（a）文克勒变形理论（局部变形）　（b）共同变形理论

图 1.4.1 - 2　地基基础协调变形理论

3. 连续介质阶段

20 世纪中期以来，连续介质力学理论这种计算方法以岩体力学原理为基础，认为坑道开挖后向洞室内变形而释放的围岩压力将由支护结构与围岩组成的地下结构体系共同承受。一方面，围岩本身由于支护结构提供了一定的支护阻力，从而引起它的应力调整达到新的平衡；另一方面，由于支护结构阻止围岩变形，它必然要受到围岩给予的反作用力而发生变形。这种反作用力和围岩的松动压力极不相同，它是支护结构与围岩共同变形过程中对支护结构施加的压力，称为形变压力。这种计算方法的重要特征是把支护结构与岩体作为一个统一的力学体系来考虑。两者之间的相互作用则与岩体的初始应力状态、岩体的特性、支护结构的特性、支护结构与围岩的接触条件以及参与工作的时间等一系列因素有关，其中也包括施工技术的影响。

锚杆与喷射混凝土一类新型支护的出现和与此相应的一整套新奥地利隧道设计施工方法的兴起，终于形成了以岩体力学原理为基础的、考虑支护与围岩共同作用的地下工程现代支护理论。到 20 世纪 80 年代又将现场监控量测与理论分析结合起来，发展成为一种适应地下工程特点和当前施工技术水平的新设计方法——现场监控设计方法（也称信息化设计方法）。

隧道的弹塑性解和黏弹性解：史密德（H. Schmid）和温德尔斯（R. Windos）得出了按连续介质力学方法计算圆形衬砌的弹性解。费道洛夫（B. JI. ）得出了有压水工隧道衬砌的弹性解。缪尔伍德（A. M. Ironwood）提出了圆形衬砌的简化弹性解析解，柯蒂斯（D. J. Curtis）又对缪尔伍德的计算方法做了改进。塔罗勃（J. Talobre）和卡斯特奈（H. Kastaer）得出了圆形洞室的弹性解。塞拉塔（S. Sera ta）、柯蒂斯和樱井春辅采用岩土介质的各种流变模型进行了圆形隧道的黏弹性分析，我国学者也按照弹塑性和黏弹塑性本构模型进行了很多研究工作，发展了圆形隧道的解析解理论。同济大学等单位利用地层与衬砌之间的位移协调条件，得出了圆形隧道的弹塑性解和黏弹性解。

4. 数值方法阶段

由于连续介质力学建立地下结构的解析计算法是一个困难的任务，目前对圆形衬砌有了较多的研究成果。21 世纪 60 年代以来，随着电子数字计算机的推广和岩土本构关系研究的进步，地下结构的数值计算方法有了很大的发展。莱亚斯（A. F. Reyes）和狄尔（D. U. Decre）在 1966 年应用特鲁克（Trucker）普拉格（Pillager）屈服准则进行圆形洞室的弹性分析。1968 年，辛克维兹（D. C. Candlewick）等按无拉应力释放法模拟洞室开挖效应的概念，库尔荷载（F. H. Ballhawk）于 1975 年用有限元法探索了集中因素对地下洞室节理及施工顺序对洞室稳定性的影响，以及开挖面附近隧洞围岩的三维应力状态，开始将力学分析引入非连续岩体和施工领域。辛克维兹等在 1975 年还研究过圆形隧道的黏塑性状态。为了反映岩体的这种不连续性而使得计算更加符合工程实际。1971 年 Randall 提出了离散元方法，T. Maidan、P. A. Randall 等人针对刚体单元没有考虑岩块自身变形的缺点，提出了考虑岩石自身变形的改进离散元方法，并编制了离散元程序 UDEC。日本学者 Kasai 在 1976 年提出了一种刚体弹簧元法，用一种刚性块体单元和弹簧组成的系统来模拟裂隙岩体。石根华博士与 Goodman 教授在提出关键块体理论后，又提出了一种二维非连续变形分析方法（DDA 法），该方法将刚体位移和块体变形采用统一的有限元格式求解，不仅允许块体自身有位移和变形，而且允许块体间有滑动、转动、张开等运动形式，是兼有限元法与离散元法二者的部分优点的一种数值计算方法。1995 年，石根华博士将现代数学中的“流行”技术引入到数值分析中，建立了数值流行方法（NMM），其采用的有限覆盖体系，使得连续体、非连续体的整体平衡方程都可用统一的形式表达出来，有限元法、DDA 法都成为其特殊形式，该方法应用具有广泛的发展前景。在此期间，无网格单元法以及各种数值方法间的相互耦合计算也大力发展起来，为岩土工程数值模拟提供了诸多新的途径。近年来，我国广大学者在地下洞室有限元非线性静、动态分析方面也做了大量的工作，编制了大量有地下结构计入围岩和支护材料弹塑性变形、流变的电算程序。

从上述数值计算方法的发展过程来看，研究的主要方向是既能够模拟连续体又能够模拟非连续体，DDA、数值流行等方法已经向此方面靠近了一大步，但这些计算方法仍属于“发展中”的方法，在工程中应用远不如有限单元法等方法广泛，编者曾提出了“拟塌落拱有限元模型”和“拟塌落拱离散化有限元模型”分析方法，前者主要是针对浅埋但围岩较为完整的洞室，模拟方法是先根据太沙基塌落拱理论确定塌落围岩的范围，将这一塌落范围内岩体的自重荷载作用在预先布置的支护结构单元上，应用有限元法计算支护结构在此荷载下发生的变形与内力，其与传统的结构荷载法不同的是，它可以较全面、准确地模拟围岩与支护结构的相互作用；与传统的有限元法不同的是，它以塌落拱荷载代替了“自重场＋二次开挖应力场”的有限元模式，特别适合不具备连续性的浅埋节理化围岩的情况。

后者主要适用于浅埋松散的围岩体，不仅考虑了塌落拱边界上的剪切滑移机制，还考虑了塌落拱内部的岩体沿着相互切割的裂隙面之间的相互错动变形及各块体之间应力调整造成对支护结构的压力变化。拟塌落拱离散化有限元模型主要包含两方面的含义：一是将作用在支护结构上的荷载理解为按照太沙基理论确定的塌落荷载；二是利用本书提出的有限元内部特有的摩擦界面单元的不同强度来模拟半连续松散块体之间的弹性或弹塑性错动变形性状。以上两种模拟方法与常规有限元在网络划分上一致，拟塌落拱有限元法和拟塌落拱离散化有限元法的网络模型是在常规有限元模型的基础上进行改进的，主要存在两个方面的区别：一是在界面单元设置不同，具体的界面单元设置见图 1.4.1－3；二是荷载不同，常规有限元法的荷载模拟是将网络模型中所有单元按照“自重荷载＋二次开挖释放荷载”计算得到，而拟塌落拱有限元法和拟塌落拱离散化有限元法的荷载仅将塌落离散体范围内的围岩体作为自重荷载，这与规范中的荷载结构法确定围岩压力荷载是一致的。该方法在鲁地拉水电站地下洞室工程和紫坪铺工程中得到很好的应用，并得以验证其合理性。

5. 多理论综合使用的优化设计阶段

目前，工程中主要使用的工程类比设计法也正向着定量化、精确化和科学化方向发展。在地下工程支护结构设计中应用可靠性理论，推行概率极限状态设计研究方面也取得了重要进展。随机有限元（包括摄动法、纽曼法、最大熵法和响应面法等）、Monte－Carlo 模拟、随机块体理论和随机边界元法等一系列新的地下工程支护结构理论分析方法近年来都有了较大的发展。

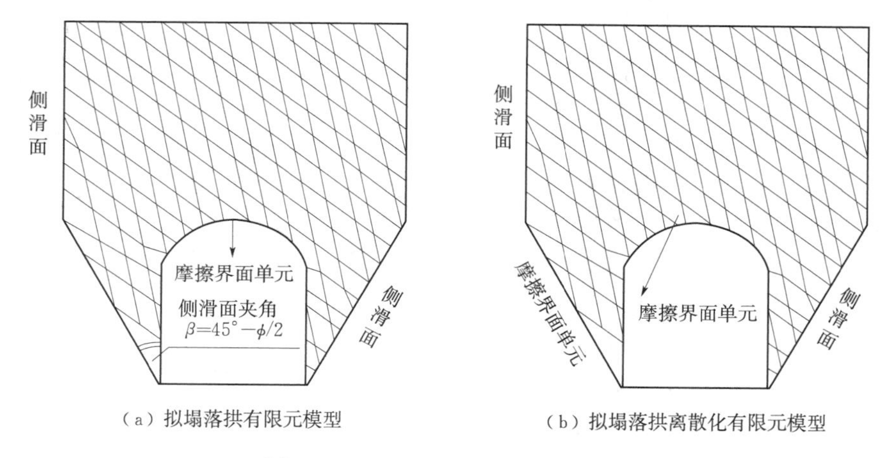

（a）拟塌落拱有限元模型　　（b）拟塌落拱离散化有限元模型

图 1.4.1－3　拟塌落拱有限元模型

1.4.2　支护系统的计算模型

1. 计算模型种类

国际隧道协会（ITA）归纳的 4 种设计模型如下。

（1）以参照过去隧道工程实践经验进行工程类比为主的经验设计法（经验方法）。

（2）以现场量测和实验室试验为主的实用设计方法（信息反馈方法，如以洞室位移量测值为根据的收敛一约束法）。

（3）作用与反作用模型（结构力学模型），即荷载—结构模型，如弹性地基圆环计算和弹性地基框架计算等计算法。

（4）连续介质模型（岩体力学模型），包括解析法和数值法。数值计算法目前主要是有限单元法。

理想的隧道工程的数学力学模型应能反映这些因素：①与实际工作状态一致，能反映围岩的实际状态以及与支护结构的接触状态；②荷载假定应与在修建洞室过程（各作业阶段）中荷载发生的情况一致；③计算出的应力状态要与经过长时间使用的结构所发生的应力变化和破坏现象一致；④材料性质和数学表达要等价。

2. 常用计算模型

（1）结构力学模型（荷载—结构模型、作用—反作用模型）——松弛（动）荷载理论。

该模型将支护结构和围岩分开考虑，支护结构是承载主体，围岩作为荷载的来源和支护结构的弹性支承，如图 1.4.2－1（a）所示。在这类模型中隧道支护结构与围岩的相互作用是通过弹性支承对支护结构施加约束来体现的，而围岩的承载能力则在确定围岩压力和弹性支承的约束能力时间接地考虑。围岩的承载能力越高，它给予支护结构的压力越小，弹性支承约束支护结构变形的抗力越大，相对来说，支护结构所起的作用就变小了。主要适用于围岩因过分变形而发生松弛和崩塌，支护结构主动承担围岩“松动”压力的情况。

（2）岩体力学模型（围岩—结构模型、复合整体模型、收敛—约束模型）——现代围岩共同承载理论。

该模型是将支护结构与围岩视为一体，作为共同承载的隧道结构体系，如图 1.4.2－1（b）所示。在这个模型中围岩是直接的承载单元，支护结构只是用来约束和限制围岩的变形，在围岩—结构模型中可以考虑各种几何形状、围岩和支护材料的非线性特性、开挖面空间效应所形成的三维状态以及地质中不连续面等。可以用解析法求解，或用收敛—约束法图解，但绝大部分问题，因数学上的困难必须依赖数值方法，尤其是有限单元法。

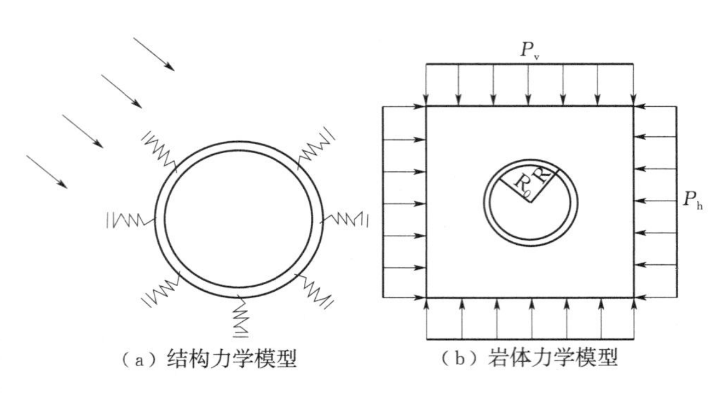

图 1.4.2－1　支护结构计算模型

3. 隧道工程的两大理论比较

它们分别是松弛荷载理论（以传统矿山法为基础，以太沙基 K. Highlighter 和普氏为代表）和围岩承载理论（以新奥法为基础，代表人物为腊布希维兹、米勒・费切尔、芬纳・塔洛勃和卡斯特纳为代表），现将二者的对比关系列于表 1.4.2－1 中。

表 1.4.2－1　两大理论体系的比较说明

比较＼理论		松弛荷载理论	围岩承载理论
认识		围岩虽然有一定的承载能力，但极有可能因松弛的发展而致失稳，结果是对支护结构产生荷载作用。即视围岩为荷载的来源，而不将其作为隧道结构的主体对待	围岩虽然可能产生松弛破坏而致失稳，但在松弛的过程中围岩仍然有一定的承载能力，具有三位一体特性。对其承载能力不仅要尽可能地利用，而且应当保护和增强。即视围岩为承载的主体，并将其作为隧道结构的主体对待
施工方法		传统矿山法，日本称之为“背板法”	新奥法，我国隧道规范现改为“喷锚构筑法”
工程措施	支护	根据以往工程对围岩稳定性的经验判断，进行工程类比，确定临时支承参数。考虑到隧道开挖后围岩很可能松弛坍塌，常用型钢或木构件等刚度较大的构件进行临时支撑。待隧道开挖成型后，逐步将临时支撑撤换下来，而用单层衬砌作为永久性衬砌	根据量测数据提示的围岩动态发展趋势，确定初期支护参数。常用锚杆和喷射混凝土等柔性构件组合起来对围岩进行加固（必要时可增加超前锚杆或钢筋网甚至钢拱架乃至于预注浆）。然后采用钢筋混凝土内层衬砌承受后期围岩压力，并提供安全储备。初期支护、内层衬砌与围岩共同构成隧道的复合式承载结构体系
	开挖	常用分部开挖，以便于构件支撑的施作。钻爆法或中小型机械掘进	常用大断面开挖，以减少对围岩的扰动。钻爆法或大中型机械掘进
	优、缺点	①构件临时支撑直观、有效，工艺简单，易于操作；②围岩松散破碎甚至有水时，需铺满铺背材；③临时支撑的拆除麻烦且不安全，不能拆除时既浪费又使衬砌受力条件不好；④必须在开挖后再支撑，一次开挖断面的大小受围岩稳定性好坏的限制，开挖与支护相互干扰较大，施工速度较慢	①锚喷初期支护按需设置，适应性强，工艺较复杂，对围岩的动态量测要求较高；②当围岩松散破碎甚至有水时，需采用辅助方法（如管棚、注浆）来支持才能继续施工；③初支护无需拆除，施工较安全，支护结构受力状态较好；④一次开挖断面可以加大，减少了开挖与支护之间的相互制约，施工速度较快

续表

比较＼理论	松弛荷载理论	围岩承载理论
力学原理	土力学。视围岩为散粒体，计算其对支撑或衬砌产生荷载的大小和分布状态。结构力学。视支撑和衬砌为承载结构，检算其内力。建立的是“荷载—结构”力学体系，以最不利荷载作为衬砌结构的设计荷载。但衬砌实际工作状态很难接近其设计工作状态	岩石力学。视围岩为具有弹—塑性的应力岩体，分析计算围岩在开挖坑道前后的应力—应变状态及变化过程。并视支护为应力岩体的边界条件，起调节和控制围岩的应力—应变的作用。建立的是“围岩—支护”力学体系，以实际的应力—应变状态作为支护的设计状态
理论要点	①开挖隧道后围岩松弛是必然的，坍塌是偶然的，故应准确判断各类围岩产生坍塌的可能性大小；②围岩的松弛和坍塌都向支撑或衬砌施加压力，难以准确判断压力的大小和分布；③为保证围岩稳定，应根据荷载的大小和分布，设计临时支撑和永久衬砌作为承载结构，并使承载结构受力合理（但实际上只能以最不利荷载作为设计荷载）；④尽管承载结构时按承受最不利荷载来设计，但它是开挖后才施作，故为保证施工的顺利进行，应尽可能地防止围岩的松动和坍塌	①围岩是主要承载部分，故在施工中应尽可能地减少对围岩的扰动，以保护其固有承载能力；②初期支护主要用来加固围岩，它应既允许围岩承载能力的充分发挥，又能防止围岩因变形过度而产生失稳。故初期支护应先柔后刚，适时、按需提供；③围岩的应力—应变动态预示着它是否能进入稳定状态，因此以量测作为手段掌握围岩动态，进行施工监测，或据此修改支护参数；④整体失稳通常是局部破坏发展所致，故支护应该能够既加固局部以防止局部破坏，又全面约束围岩以防止整体失稳，从而使支护与围岩共同构成一个力学意义上的封闭的、稳定的承载环

1.4.3 地下洞室的结构设计内容

开展地下洞室的结构设计，必须遵循一定的程序原则进行规划、勘察、设计、施工。设计分为工艺设计、规划设计、建筑设计、防护设计、结构设计、设备设计和概预算等，所有重要地下工程均需进行结构方案的比选，根据最终选定的结构形式及平面布置再进行结构设计。本课程着重讲解结构形式的选择和结构的计算。

1. 设计流程

通常需要经过以下过程。

(1) 初步拟定截面尺寸。根据施工方法选定结构形态和布置，根据荷载和使用要求估算结构跨度、高度、顶底板及边墙厚度等主要尺寸。

(2) 确定其上作用的荷载。要根据荷载作用组合的要求进行，需要时要考虑工程的防护等级，三防要求与动载标准的确定。

(3) 结构的稳定检算。地下结构埋深较浅又位于地下水位线以下时，要进行抗浮检算；对于敞开式结构（墙式支挡结构）要进行抗倾覆、抗滑动检算。

(4) 结构内力计算。选择与工作条件相适宜的计算模式和计算方法，得出结构各控制面的内力。

(5) 在各种荷载作用下分别计算内力的基础上，对最不利的可能情况进行内力组合，求出各控制截面的最大设计内力值，并进行界面强度验算。

(6) 配筋计算。通过截面强度和裂缝宽度的核算确定受力钢筋，并确定必要的构造钢筋。

(7) 安全性评价。若结构的稳定性或截面强度不符合安全度的要求时，需要重新拟定截面尺寸，并重复以上各个步骤，直至各截面均符合稳定性和强度要求为止。

(8) 绘制施工设计图。

2. 衬砌截面尺寸的初步拟定

地下结构的衬砌截面必须根据工程的使用要求（埋置深度、横断面几何尺寸以及它的使用）、所选定的施工方法、隧道沿线的地质、水文情况确定断面形状和净空限界，据此进行隧道衬砌断面的初步拟定。

由于隧道衬砌是超静定结构，不能直接按力学方法计算出应有的截面尺寸，而必须先采用经验类比或推论的方法拟定衬砌结构尺寸，按照这个截面尺寸计算在荷载作用下的截面内力并检算其强度。如果截面强度不足，或是截面富余太多，就得调整截面尺寸，重新计算，直至合适为止。初步拟定结构形状和尺寸需要考虑 3 个方面。

(1) 衬砌的内轮廓必须符合前述的地下建筑使用要求和净空限界，同时要选择符合施工方法的结构断面形式。断面要平顺圆滑，最好设计成封闭的，一般都应有仰拱，因为封闭式结构具有最佳的抵抗变形的能力，即使在厚度较小时也能提供较大的支护阻力。

(2) 结构轴线应尽可能地重合在荷载作用下所决定的压力线上。若两线重合，结构的各个截面都只承受单纯的压力而无拉力，这当然最为理想，但事实上很难做到。一般总是结构的轴线接近于压力线，使各个截面主要承受压力，而极少断面承受很小的拉力，从而充分利用混凝土材料的性能。

(3) 截面厚度是结构轴线确定以后的重点设计内容，要判断设计厚度的截面是否有足够的强度。从施工的角度出发，截面的厚度要满足最小强度要求，太薄将使操作困难且质量不易保证。

由于地下结构的建设费用昂贵，如隧道衬砌的费用往往要占整个工程费用的 40%～50%，故要求地下工程的衬砌结构必须根据安全可靠、经济合理的原则进行选择，太沙基曾建议衬砌应根据施工的需要尽可能薄一些。对于抗拉性能较差的混凝土支护结构，不应一味增加截面厚度来获得满意的安全系数，而应通过配筋或掺钢纤维等方式来解决。

3. 结构计算内容

(1) 横断面的设计。在地下结构物中，一般结构的纵向较长，横断面沿纵向通常都是相同的。沿纵向在一定区段上作用的荷载也可认为是均匀不变的。同时相对于纵长的结构来说，结构的横向尺寸，即高度和宽度也不大，变形总是沿短途方向传递，即可认为荷载主要由横断面承受。即通常沿纵向截取 1m 长度作为计算单元，如图 1.4.3-1 所示，从而将一个空间结构简化成单位延米长的平面结构，按平面应变进行分析，并分别用 $E/(1-\mu^2)$ 和 $\mu/(1-\mu)$ 代替 E 和 μ。

(2) 隧道纵向的设计。横断面设计后，得到隧道横断面的尺寸或配筋，但是沿隧道纵向构造如何、是否需配钢筋、沿纵向是否需要分段、每段长度多少等，特别是在软地基的

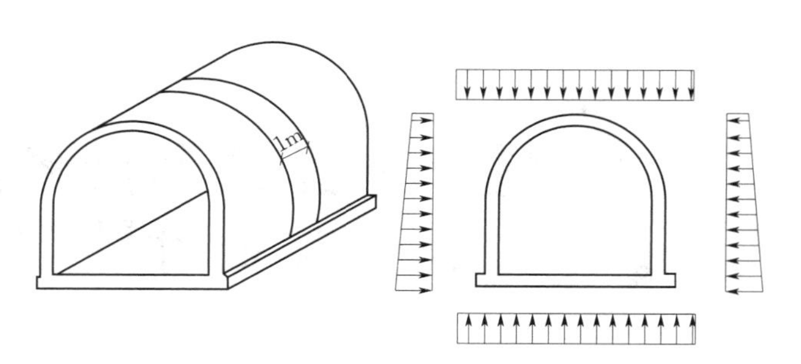

图 1.4.3-1 结构横断面计算简化

情况下，如水下隧道，就是需要进行纵向的结构计算，以检算结构的纵向内力和沉降，这就是纵向设计问题。为避免由于温度变化，混凝土固结的不均匀收缩、地基的不均匀沉降等原因引起的隧道开裂，必须设置伸缩缝或沉降缝，统称变形缝。变形缝间的隧道区段 L，可视为长度为 L、截面为横断面形状的弹性地基梁、按弹性地基梁的有关理论进行计算。从已发现的地下工程事故看，较多的是纵向设计考虑不周而产生裂缝，故应加强这方面的研究，并在设计和施工中予以重视。

(3) 出入口或交叉隧洞的设计。一般地下工程的入口或隧道交叉地段，结构规模虽小但较复杂，如出入口、竖井、斜井、楼梯、三防房间、防护门等与主隧道的连接部位，受力条件复杂，属于空间结构，若考虑不周，在使用时会出现各种裂缝，设计时要予以重视。

第2章 地下洞室的利用形态及基本设计理念

2.1 生活和能源储备地下工程

2.1.1 地下住宅

随着城市用地的紧张、人们对高品质住房的要求，加之地下车库、地下储库（小型、私人）等及地下空间利用的优点，地下住宅得以快速发展。

1. 基本概念及其用途

地下生活设施主要指个人用以生活的住宅、储藏室、车库及掩护体等地下设施，见表2.1.1-1。

表 2.1.1-1　地下生活设施性质、用途及说明

性质	用途	说明	性质	用途	说明
收容空间	车库、食品储藏室、燃料储藏室	可利用坡地	休闲空间	音乐室、游乐室、预备室、其他	良好的采光与通风
辅助空间	洗衣室、作业室、家务室、其他	与余裕空间相同，可以及时转作其他用途	一般居室	住室、厨房、卧室、其他	多采用侧放式，采光及通风好，力求节能，要有良好的排水
机械室	锅炉房、机械室	装修简单，顶板高度较低	其他	浴室、化妆室等	要排水，在斜坡地最合适

2. 代表建筑（城市地下住宅）

据统计，中国住宅人防工程建造量最大的是北京市；地下室住宅最多的是哈尔滨和天津；地下居住环境最好的是沈阳市；地下室居住最久的是青岛。黄土高原地区窑洞民居（主要类型有靠山式窑洞、下沉式窑洞、混合式窑洞）占全国总面积的7%。其存在的问题主要包括安全问题（如结构的合理尺寸、震害及防治、水害及防治等）、环境问题（如通风、采光等）。国外多采用覆土式地下建筑，其建造方式为：地面常规方法修建，结构完工后屋顶和外墙面用50%以上的土覆盖，其结构常采用圆形和椭圆形，屋顶为拱形或壳形。

3. 地下住宅的类型及利用形态（表 2.1.1－2）

（1）地下空间与外部的关系：①全埋置密闭型；②半地下式；③侧放式；④中庭式；⑤开放式。

（2）地下空间与上部结构的关系：①独立型；②部分地下型；③全地下型。

（3）地形条件：①平地型；②台地型；③斜坡地型。

（4）采光、采暖方式：①顶部采光型；②太阳能型；③自然开放型；④设备机械型。

（5）庭园式：①无庭园式；②侧放式；③中庭式；④屋顶庭园式。

表 2.1.1－2　　地下住宅的利用形态

分类		完全地下	部分地下	半地下	说明
密闭型		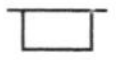			一般住宅简单收藏室
外部关系	半地下式	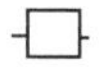			普通居室、严密、明亮
	侧放式	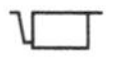			
	中庭式				
	开放式	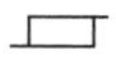			
特征		结构稳定	结构不稳定，基础需要特计	结构稳定	

4. 对地下住宅的要求

（1）解决好地下结构与地形、上部结构的协调。

（2）通过装饰艺术克服人们的心理反应，建立舒适、良好的居住环境。

（3）要有良好的采光、采暖、通风、排水设施。

（4）降低工程造价（浅层利用开发），以适应居民的购买力。

（5）建立经济、适用安全、无公害、简易的施工体系。

2.1.2　地下能源储藏库

地下储藏库包括：地下水库（用于储藏饮用水、生产用水等），食物库（用于储藏粮食、种子、食用油、冷冻食品、冷藏食品），能源库（用于储藏石油、石油制品、液化天然气、液化石油气），物资库（用于储藏车辆、装备、设备、军需品、商品等），废料、废物库（用于储藏核废料、工业废料、城市垃圾、粪便、工业和生活用水等）。其特点是：初期投资略高于地面储库，后期运营管理费用大大低于地面；节能效益、节省地面土地、减少库存损失、保护环境、安全。

1. 地下燃油、燃气能源储藏设施

地下燃油、燃气储藏库的主要特点如下。

1）利用地下洞室进行储藏的能源：有石油、液化石油、液化天然气、压缩空气等。

2）地下储藏设施建造方法：①把金属储槽埋入地下；②利用废弃坑道；③在岩盐层中溶解出地下空洞；④用开挖方法形成储藏空间，如开挖竖坑的地中式储槽、开挖横洞的地下式储槽等。

3）地下式储槽衬砌材料有钢、混凝土、合成树脂、地下水（水封）。

（1）地中式储槽（竖坑式地下储槽）。竖型地下储槽的储藏对象：常温、常压下的石油类；极低温（−40～−160℃）、常压下的液化石油及液化天然气等。竖型地下储槽的构成以圆筒形混凝土壁和底板作为储槽壁，内设钢板，如图 2.1.2－1 所示。

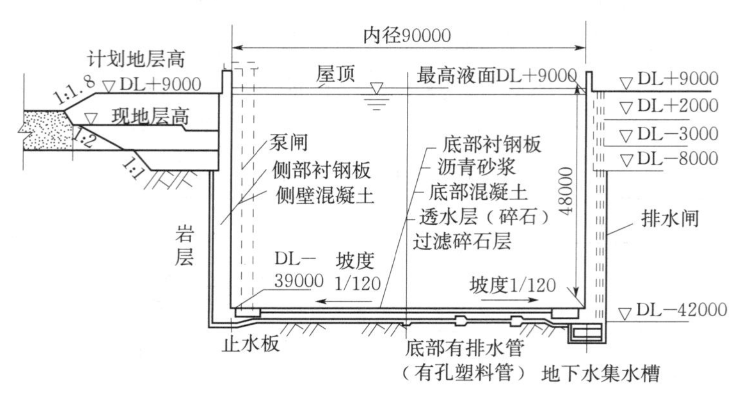

图 2.1.2－1　地下式储槽构造（单位：mm）

其主要设施包括以下几种。

1）储藏设施。储槽与用地边界线的安全距离应保证在 50m 以上，当储槽半径超过 50m 时，应大于储槽的半径。储槽与储槽间的安全距离应大于储槽的半径；应确保配管、检查通道（宽 5m 以上）以及外围通道（宽 16m 以上）的宽度。

2）服务设施。在布置电气设备时，应考虑引入线（一般都是高压架空线）的长短，接近其他设施的危险度等；蒸汽设备要考虑压力下降、温度下降的影响。

3）出入荷载设施。出荷载泵最好设在基地内较低的位置；控制室应设在出入荷载设施、储藏设施等附近易于观察的位置；研究油泵的能力，决定泵的规格、布置。

4）排水处理设施。排水设备应考虑自然流下，设在基地内较低的位置；水处理设备也宜设在排水设备附近。

（2）横型地下储槽。在第二次世界大战中，瑞典开始修建横型地下储槽，用以储藏石油等，北欧也盛行该类地下储槽。开始是在空洞内放入钢罐，这种方式成本高且钢板易腐蚀，极易导致不能继续使用。后改为张挂钢板并在钢板与岩壁间充填混凝土，并进一步开发了无衬砌的岩洞储藏方式，即水封式岩洞储藏方式，如图 2.1.2－2 所示。

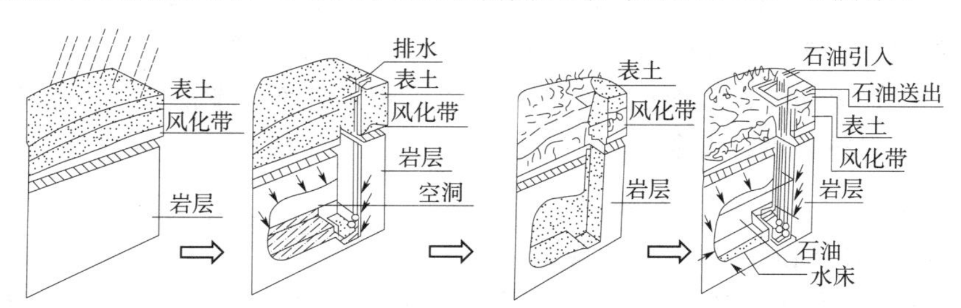

图 2.1.2－2　水封式储槽系统

1）水封式储槽的原理。水封式储槽系统，利用液体燃料的相对密度小于水，与水不相容的特性，在稳定的地下水位以下的完整坚硬岩石中开挖洞槽，不衬砌直接储存，利用岩石的承载力和地下水的压力将液体、燃料封存在洞管中，如图 2.1.2－3 所示。

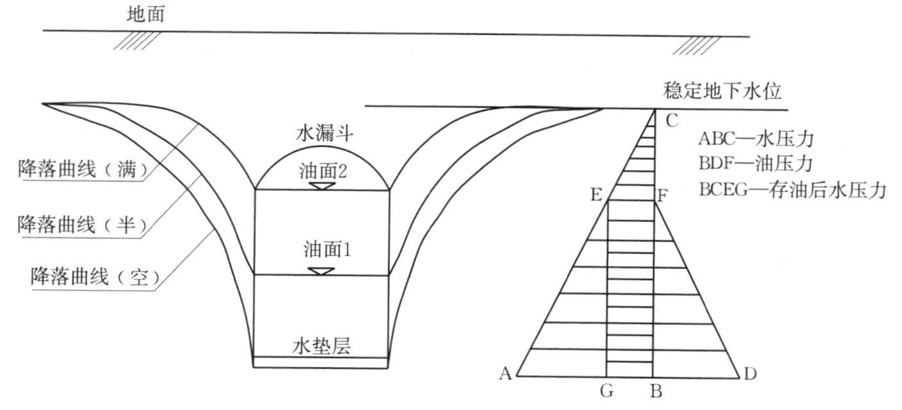

图 2.1.2－3　岩洞水封油库原理

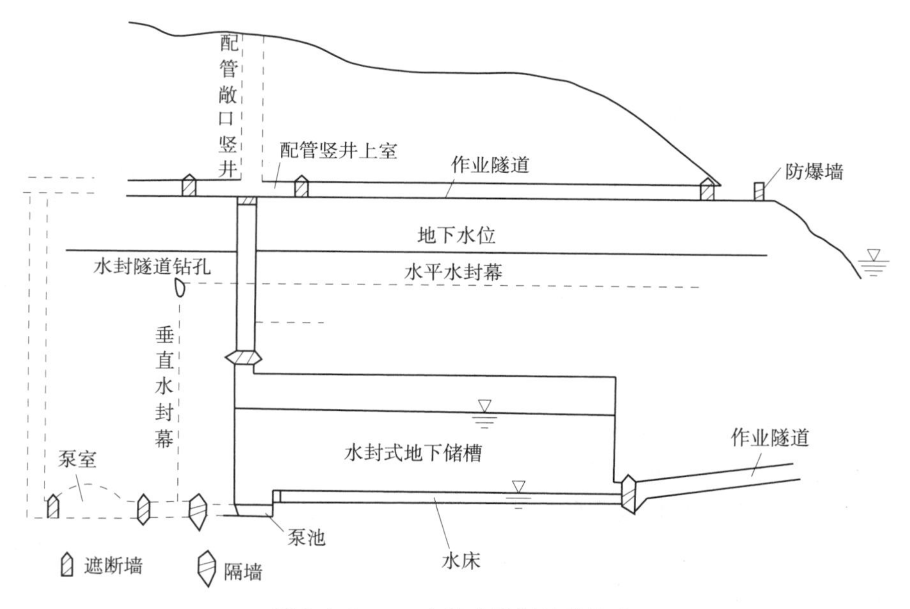

图 2.1.2－4　水封式岩洞储槽构造

2）使用条件。

a. 岩石完整坚硬，岩性均一，构造简单，裂隙不发育。

b. 在适当的深度存在稳定的地下水位，但水量不大。

c. 所储存油品相对密度小于 1，不溶于水，且不与岩石或水发生化学作用。

3）水封式储槽的构造主要包括见下部分（图 2.1.2－4）。

a. 作业坑道，设置配管、电力、计量装置等的电缆。作为管理用通道。

b. 配管竖井，设置配管、电力、计量装置的电缆。

c. 配管竖井上室，设置机器，用遮断墙划分的地下空洞。

d. 泵室，设置泵的空洞。

e. 水床，为浮托储藏燃料底部的水塘。

f. 水封隧道、水封钻孔，地下水不能形成所需压力时，补给人工地下水而设置的水封隧道和钻孔。

g. 隔离壁，为分隔与储槽相连的配管竖井、作业隧道、泵室等，具有液密、气密性的墙。

h. 隔墙，发生燃料泄漏、火灾、爆燃等事故时，为限制受害空间而设置的隔墙。

i. 防爆墙，为防止火灾、爆炸等加设的墙，在洞口设防护墙。

j. 敞口竖井，将竖井从储槽延伸到地表。

4）水封式储槽的分类。

a. 按储藏压力。分为常压储藏和加压储藏。

常压储藏：体积较大、通过较小的水压力密封且水头高度小［图 2.1.2－5（a）］；加压储藏：体积较小、通过较大的水压力密封且水头高度大［图 2.1.2－5（b）］。

b. 按泵的设置形式分类，可分为设于储槽内和设于储槽外，如图 2.1.2－6 所示。

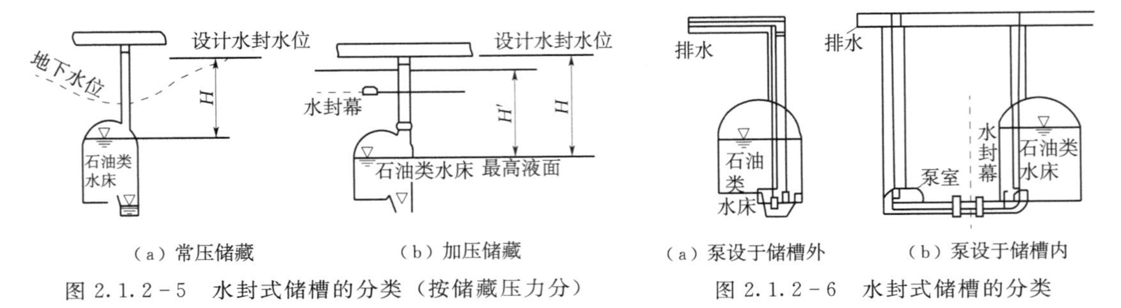

（a）常压储藏　（b）加压储藏

图 2.1.2－5　水封式储槽的分类（按储藏压力分）

（a）泵设于储槽外　（b）泵设于储槽内

图 2.1.2－6　水封式储槽的分类（按泵的设置形式分）

c. 按水床分类。分为变动水床法和固定水床法，如图 2.1.2－7 所示。

固定水床法［图 2.1.2－7（a）］：通过改变气压来控制气体的进出。洞室内的储存压力按最大气体容量设计。当向洞内注气时气压增加；当向外输气时洞内气压逐渐减少。而洞内水垫层的厚度相对由泵坑周围的挡水堤控制，当洞内裂隙水的渗入量增多时，水就越过挡水堤而溢入泵坑。优点是：不须大量注水或排水，运行费节省，污水处理量小；缺点是：油品的挥发损耗量增加，爆炸危险大。

变动水床法［图 2.1.2－7（b）］：通过调节水垫层厚度来控制气体的进出。指洞室内压力恒定，当向洞室内充气时则减少水垫层厚度，当向外输气时就向洞室内充水，提高水垫层厚度。优点是：无油品的挥发损耗量及爆炸危险；缺点是：须大量注水或排水，运行费高，污水处理量大。

d. 按储藏温度分类，可分为常温储藏（体积较大，技术简便）、低温储藏［体积较小，技术复杂（需注意由于降温引起的围裂隙），多用于北欧、俄罗斯等严寒地带］。

5）水封式储槽深度及间距。

a. 储槽的设置深度 H。

ⅰ. 常压储藏时。由储槽的内压和水封压力的平衡条件决定，同时考虑必要的余裕深度，有

$$H \geqslant 100P + a \qquad (2.1.2-1)$$

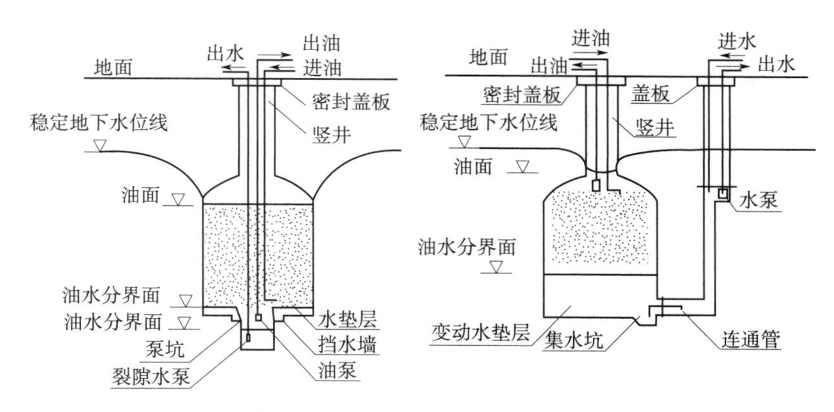

（a）固定水位法　　　　（b）变动水位法

图 2.1.2-7　水封式储槽的分类（按水床分）

式中　H——常压储藏时，指从设计水封水位到最高液面的深度，m，即提供水封压力的水头高度，如图 2.1.2-8 所示；

P——储槽内的最大使用压力，MPa；

a——余裕深度，m，常取 $a=5$m。

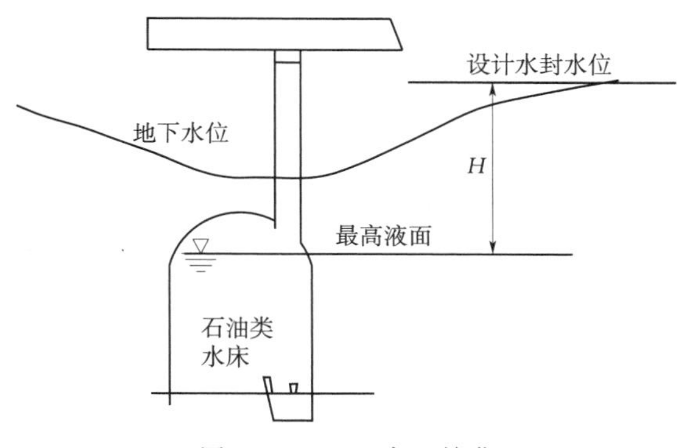

图 2.1.2-8　常压储藏

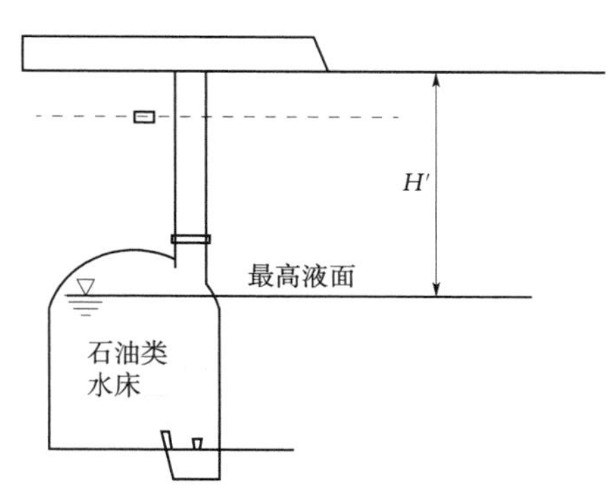

图 2.1.2-9　加压储藏

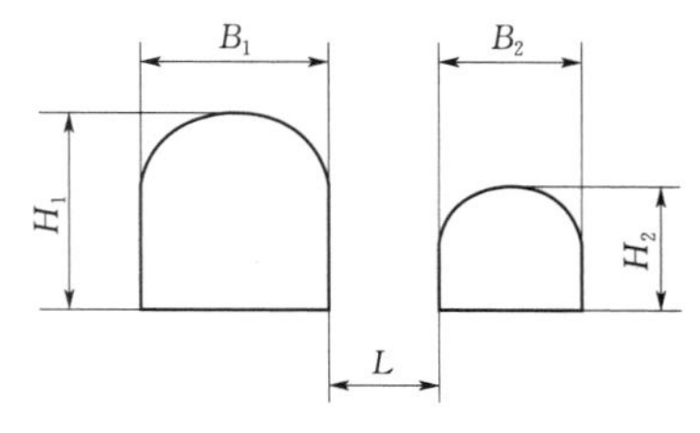

图 2.1.2-10　储槽间的距离示意图

ⅱ. 加压储藏时。为防止石油喷出，确保石油自重可克服储藏压的深度 H'（图 2.1.2-9）应满足式（2.1.2-2），即

$$H' \geqslant \frac{100P}{\rho}+b \qquad (2.1.2-2)$$

式中　H'——从竖井上室底面到最高液面深度，m；

P——最大使用压力；

ρ——液体燃料相对密度；

b——余裕深度，m，常取 $b=1.0$m。

b. 储槽间距离（空洞间距离，图 2.1.2-10），地下储槽洞室一般成群存在（设储槽 1 和 2 的高度及跨度分别为 H_1、B_1 和 H_2、B_2），其净间距 L 要符合以下设计原则，即

$$L \geqslant 1.5\left(\frac{D_1+D_2}{2}\right),\ D_1=\frac{H_1+B_1}{2},\ D_2=\frac{H_2+B_2}{2} \tag{2.1.2-3}$$

（3）岩石中金属罐储油。油库的地下储油区由岩石中的洞罐、操作间、通道、风机房等组成。油罐有立式罐和卧式罐两种类型。立式罐罐体为圆柱形，顶为半球形或割球形，岩洞衬砌后安装油罐或其他金属罐。卧罐又分为离壁和贴壁两种。立式罐的罐洞（混凝土衬砌）及其中的钢油罐的形式有关尺寸见图 2.1.2-11 和表 2.1.2-1。

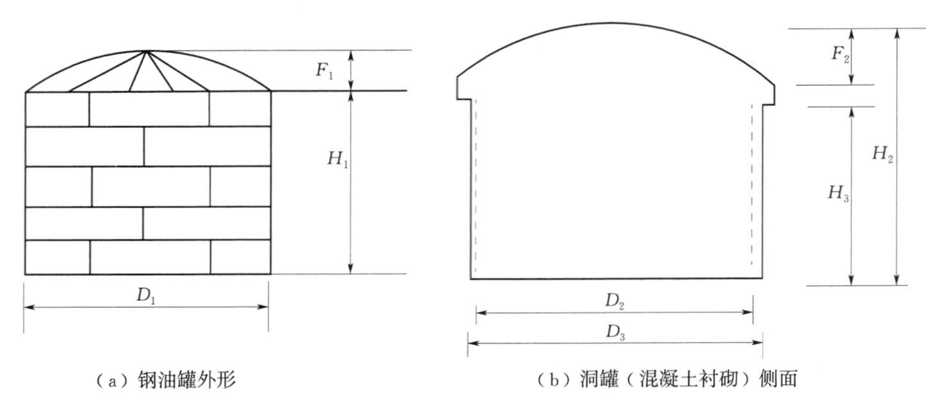

（a）钢油罐外形　（b）洞罐（混凝土衬砌）侧面

图 2.1.2-11　立式离壁钢罐形式

表 2.1.2-1　立式离壁钢罐不同罐形尺寸与耗钢量比较表

罐形 /m³	混凝土尺寸/mm					钢罐尺寸/mm			材消耗量 /（kg/m³）储油
	D_2	D_3	H_2	H_3	F_2	D_1	H_1	F_1	
100	—	—	—	—	—	5234	5965	455	47.57
500	9820	10200	11740	6390	2600	9530	9988	1148	26.93
1000	13770	14170	12220	7720	3070	12370	10469	1659	23.87
2000	16550	17050	15580	10520	4270	15250	13756	2050	19.77
3000	18560	18960	17150	13470	3280	17174	15436	2281	20.75
5000	—	—	—	—	—	22722	16227	2597	20.61

罐洞的底板要承受整个钢油罐的荷载，因此要做成混凝土或钢筋混凝土板，厚 150～300mm，上做一层弹性面层（如沥青砂），板下做一定厚度的卵石滤水层，自圆心向四周找坡，到衬砌墙处做出排水明沟（图 2.1.2-12）。以立式钢罐为主的地下油罐储油区，从平面上看多采用葡萄串形布置，即由一条或数条通道将许多立式洞罐串联起来，称为罐组。洞罐可以在通道的一侧，也可以在两侧，充分利用主通道，缩短管线。图 2.1.2-13 是常见的平面布置形式。

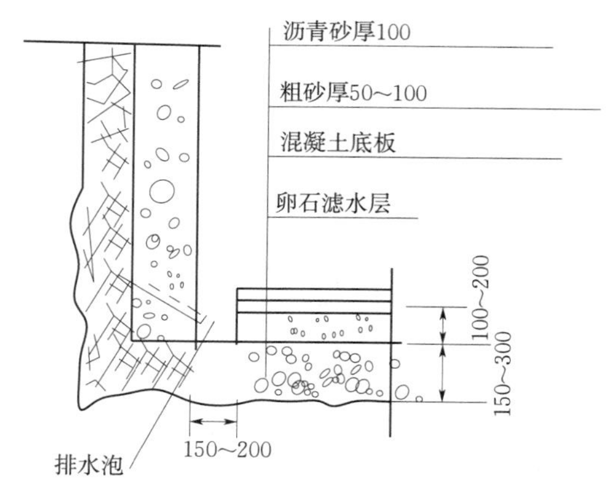

图 2.1.2-12　立式洞罐底板和排水沟构造（单位：mm）

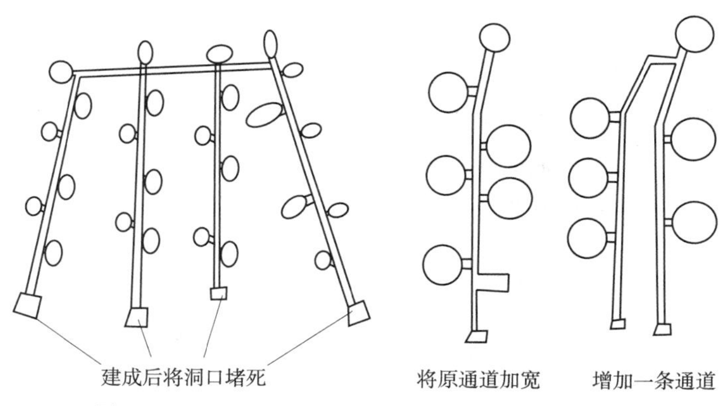

图 2.1.2-13　地下油库平面布置形式和布置要求

（4）软土中封油库。把混凝土结构的储油容器埋置于稳定的地下水水位以下的软土中，利用地下水的压力封存罐内油品的方式称为软土封油库，如图 2.1.2-14 所示。常用的油品饱和蒸汽压力见表 2.1.2-2。

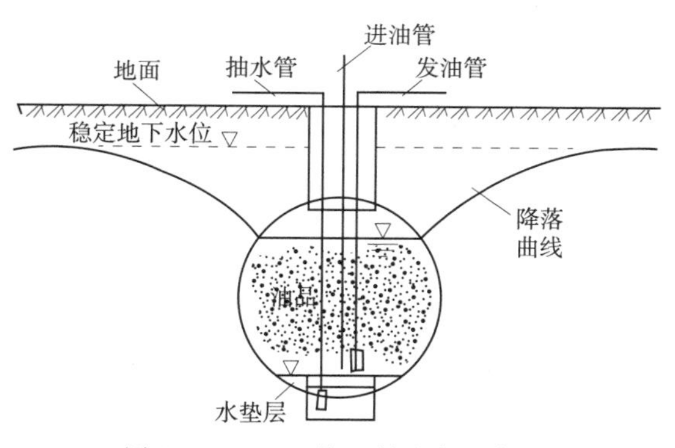

图 2.1.2-14　软土封油库示意图

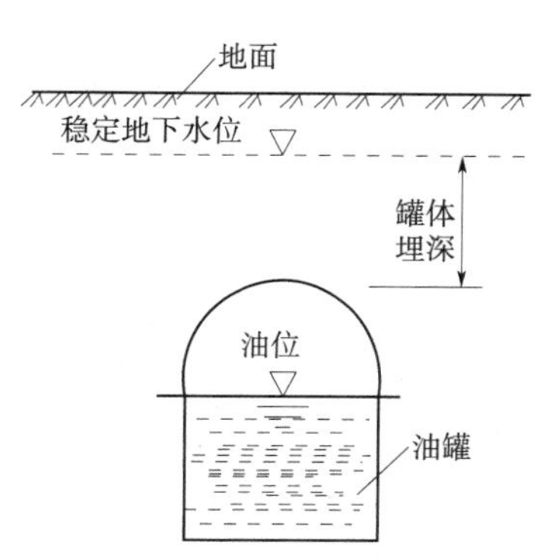

图 2.1.2-15　罐体埋深

软土水封油库库址选择应考虑：交通运输方便；水文与工程地质条件适宜；符合环境保护的要求；罐体埋深是指灌顶与地下水位之间的高差 H，如图 2.1.2-15 所示，H 应该满足

$$H \geqslant 2h_g, \quad h_g = \frac{P_0}{\gamma} \tag{2.1.2-4}$$

式中　h_g——油气压力，mH_2O；

P_0——油气压力，mH_2O，参见表 2.1.2-2；

γ——油品重率。

表 2.1.2-2　　常用的油品饱和蒸汽压力　　单位：Pa

油品 / 油压温度/℃	−20	0	10	20	30	40	50
车用汽油	1.4	2.00	2.80	3.80	5.10	7.00	9.20
航空汽油	0.9	1.30	2.00	2.80	3.90	5.30	7.10
航空煤油		0.09	0.14	0.28	0.42	0.70	1.10

2. 地下储气、储水设施

（1）压缩空气储藏。它指把原子能发电站等多余的夜间电力或燃气以压缩空气形态，储藏于地下气密的多孔岩层或洞穴中，如图 2.1.2-16 所示。地下储气的方式可分为枯竭油气层储气、地下含水层储气和地下洞穴储气。

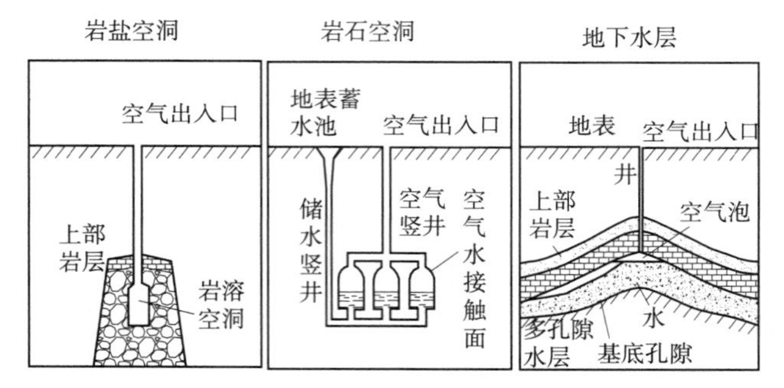

图 2.1.2-16　储藏压缩能源的方式

（2）热水储藏。热水储藏是将发电站的剩余电力、太阳能及其他排热等以热水形态加以储藏的系统，如图 2.1.2-17 所示。主要用于地区暖房及工厂供热。热水储藏一般以日、周、季为单位。热水储藏方式有地上型和地下型两类，地下型对环境影响小，造价和维护费用低，得到广泛采用。

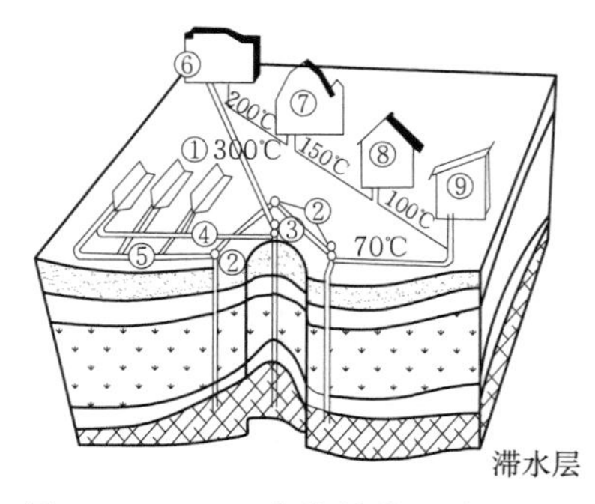

图 2.1.2-17　热能储藏设计概念图

（3）地下用水储藏设施。我国水资源总量虽居世界第 6 位，但人均水资源量仅为 2220m^3，是世界平均水平的 1/4，列全球第 88 位，属于“缺水国家”。全国 669 座城市中有 400 座供水不足，110 座严重缺水。挪威、芬兰等国利用松散岩层、断层裂隙和岩洞以及疏干的地下含水层储存丰水季节多余的降水、降雪以供应缺水季节使用。日本东京、横滨、名古屋及札幌等建造了人工地下河川、蓄水池和地下融雪槽，以解决水资源的时空分布不均问题。地下水的储藏设施主要包括地下坝、地下水库、地下河等。

1）地下坝。

a. 需具备条件：①上盘地层透水性好，下盘基岩透水性弱，具有作为储槽的适宜结构；②从降雨和地表水可获得充足的地下水量，水具有良好的循环状态。水库修建于地下，水储藏于岩土裂隙中。

b. 地下坝的形态。为了保证稳定的水资源，在降雨量比较多、季节变动显著、地质渗透性大的地区可以采用地下储水坝的形式储藏用水。地下储水坝的形态有平地储水坝和盆地储水坝两类，如图 2.1.2－18 所示。

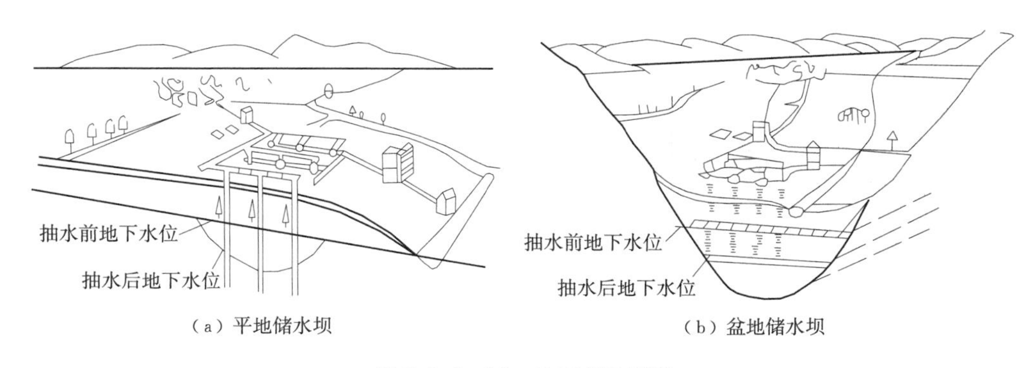

（a）平地储水坝　　（b）盆地储水坝

图 2.1.2－18　地下坝的形态

2）饮用水储藏。主要是在干燥和半干燥、季节性缺水地区建造地下饮用水库，挪威等曾在岩体中建造饮用水储藏设施，利用集水竖井、钢管井等取水和放水。从实例上看，在经济上较地面型优越。

3）地下河。随着城市化的发展，河流的保水、游水功能降低，增加了城市水害发生的可能性，近年来陆地城市出现“城市看海”的现象屡见不鲜，为了减轻、消除水害，在道路等公共设施的地下洞室，修建地下河可以发挥取水和暂时储留的功能。日本修建的环七地下河就是一例，日本政府还曾提出，要把国土扩大 10 倍的设想，也就是恰好利用了城市地下洞室进行地下资源的充分利用上。

3. 地下粮食储藏设施

地下粮食储藏主要利用地下洞室的恒温性这一特点。地下储藏的成本低，可保护环境，节约能源等，由于能耗低，近几年发展极为迅速。其优点包括：①满足粮库的温度和湿度要求，防止霉烂变质和发芽；②具备良好的封密性与保鲜功能，既不发生虫、鼠害，又能保持一定的新鲜度；③具有可靠的防火设施；④平面合理，方便运输。

4. 地下废弃物处理设施

（1）核废料处理。它主要是对经过再处理后的废弃物进行处理。一般有地上式、古墓式、金字塔式和地下式（地下 500～1000m 深处），如图 2.1.2－19 所示。地下式优点：维修管理容易、结构坚固，造价适宜、封闭性能好，最大程度避免泄漏。其主要建造过程为：①地面开挖竖井达到良好岩体；②修建水平的隧道群；③放入废弃物；④加以埋设。

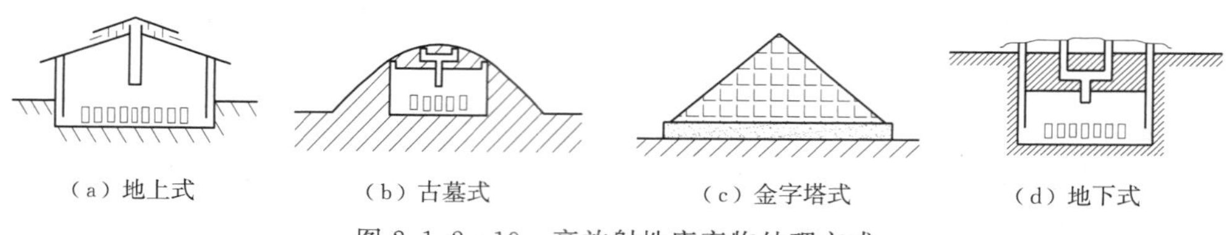

图 2.1.2－19　高放射性废弃物处理方式

（2）非放射性废弃物地下处理设施。废弃物处理设施包括废弃物的排除、收集、运输、处理、处置等一系列作业设施，如图 2.1.2－20 所示。废弃物地下输送设施与车辆运输系统完全不同，它是利用气流将排出场所的废弃物，通过地下埋设的管路输送到处理场。以空气为介质的方式有 3 种类型：①吸引式；②压送式；③垃圾袋式，如图 2.1.2－21 所示。

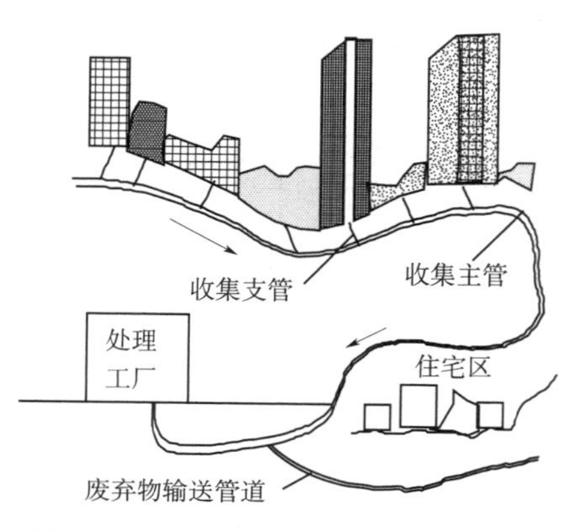

图 2.1.2－20　废弃物处理系统示意图

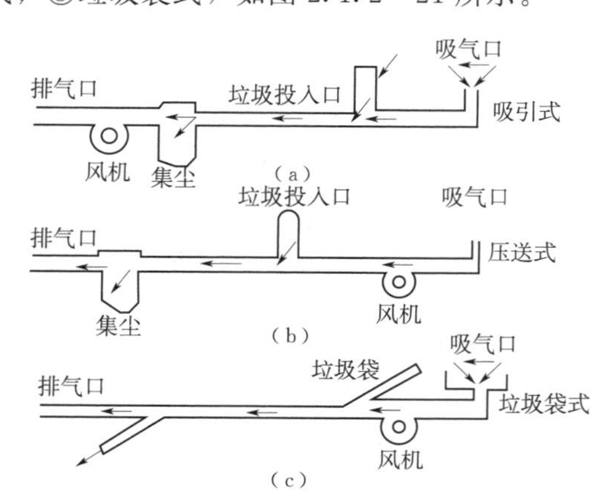

图 2.1.2－21　废弃物处理方式

5. 地下生产厂

地下生产厂的建设主要是利用地下洞室的以下特点：地质上的经济效果；防止噪声公害的效果；恒温和恒湿等物理效果；防灾效果；保护景观的效果。主要有以下几种。

（1）地下水力发电站。通常地下水力发电站包括水坝和电站两大部分，其埋深为 100～300m，初始地压为 5～10MPa。由于地形和地质构造的影响，侧压系数大于 1 的情况是不少的。

优点：不受地形的制约，可自由选择位置，能充分利用落差；不担心雪害和冰害以及落石的危害，在寒冷气候条件下也能正常运转；构造物不露出地面，对自然环境损害小；与气候、气温无关，可全年进行施工和生产。

缺点：在地下修建大空洞，地质条件对建设费用影响很大。地下发电站在选址和确定地下空洞的位置及方向时，要考虑距地表的距离、断层及节理组合对开挖面的影响、平行或相互交叉的地下结构物的相互影响、地应力场对地下结构的影响等。

（2）原子能发电站（核电站）。地下式原子能发电站是将原子核裂变释放的核能转变为电能的系统和设备。我国现有四座核电站，即大亚湾核电站、秦山核电站、田湾核电站、岭澳核电站。其结构形式包括半地下式和全地下式，后者包括深层设置和山腹设置，在山腹中设置的地下室原子能发电站存在两种形式，一种是原子炉和发电机全部设于地下，另一种是原子炉设于地下，而发电机设于地上。

优点：选址条件的范围大，不需要宽阔的平坦地，海岸或山区均可修建；修建在地下，对景观的影响小；地下洞室周围岩体对放射性有良好的遮蔽效果，并可容纳放射性物质；抗震性好；防御外部下落物有利。

缺点：为了开挖大型空洞，需坚实岩体，建设费用高，工期长，扩建、改建困难。

2.2　城市地下空间工程

1995年，我国城市数量已超过660座，城市人口已占全国人口总数的28.77%，截至目前（2018年），全国城市数约700座，城镇人口约占全国人口总数的58.5%左右。“城市综合症”也越来越严重：城市人口超饱和，交通拥挤、堵塞，建筑空间拥挤，绿化面积减小，城市污染加剧、环境质量下降，城市抗灾自救能力降低等。综合开发城市地下空间这种新型国土资源是解决城市人口、资源、环境三大危机的重要措施，是城市走可持续发展道路的重要途径。然而，目前我国城市规划仍存在以下几方面不足：①缺乏统一规划，计划投资分散，工程互相矛盾，返工浪费现象严重；②缺乏长远性、发展性和创造性，短期行为明显；③地上、地下结合不够，地下工程建设缺乏综合性。

1. 城市地下空间工程的基本特征

（1）综合性。城市地下空间工程的建设主要有以下综合性技术，即规划和设计与施工需要运用工程测量、岩土力学、工程力学、工程设计、建筑材料、建筑结构、建筑设备、工程机械、技术经济等学科和洞室施工技术、施工组织等领域的知识以及电子计算机和工程测试等技术。

（2）社会性。城市地下空间工程建设与人类社会发展的需要相匹配，能够密切地反映不同时期社会经济、文化、科技发展的水平。

（3）实践性。城市地下空间工程建设成功与否多半是基于人类解决工程实际问题的实践经验，即便是衬砌结构设计也仍采用工程类比为主、理论计算为辅的手段。

（4）统一性。城市地下空间工程建设体现了经济、技术、建筑艺术和环境的统一性，安全经济、实用美观是城市地下空间工程的最基本需求，因此工程选址、总体规划、工程设计、施工技术、建设总投资以及运行期间的社会效益、经济效益、维护费用等都需要综合全面考虑。

2. 城市地下洞室开发的紧迫性

（1）城市建设的迫切需求。合理开发和利用地下空间是解决城市有限土地资源和改善城市生态环境的有效途径。向地下要土地、要空间已成为城市发展的必然趋势，并成为衡量城市现代化的重要标志。提高城市土地的利用率与节省土地资源、缓解中心城市密度、扩充基础设施容量、增加城市绿地、保持城市历史景观。

（2）提高城市的防空抗毁及防灾能力（火灾、水灾、地震和战争灾害）。地下空间具有极高的抗爆性能。城市总体规划要考虑地下空间的平时使用和战时使用的结合。地下空间资源的潜力很大，具有诸多优点。

（3）城市地下工程建设的步骤。

1）浅层（－10m以上）和次浅层（－10～－30m）空间全面、充分的开发建设。包括：①发展平战结合的地下居住和公共设施；②发展多功能的地下高速交通网；③发展节约能源的中小型地下建筑；④发展地下公用和服务设施，包括管道、电缆、污水处理等；⑤发展地下建筑的新类型，如利用太阳能的独立能源住宅；建造在岩石或岩盐中的高压液化气库；低温冻土液化气库；以及把利用风能或太阳能生产的热能储存在地下的热库等。

2）在次深层（－30～－100m）空间建立城市公用设施的封闭性再循环系统。

3）在深层（－100m 以上）空间建立水和能源储存系统，以及危险品存放系统。

3. 城市地下空间工程的规划原则

（1）着眼当前、考虑长远。根据长远发展预测，某一地区的地下空间建设主要应包括地下交通设施（地铁、停车场、部分公路等）、物流系统（共同沟一给排水系统、能源配给系统、情报通信管道、垃圾废物处理系统等）、防灾设施、商业文化设施和生活业务设施等。在规划中应体现考虑这些地下工程的布置、实施时间等。

（2）地上、地下统一规划。像上海黄浦区一样，浦东区也有一些功能中心。例如，浦东陆家嘴是中心地段，以金融、贸易、信息、咨询等第三产业为中心，将建造金融楼群、证券交易所、外贸市场和行政办公机构，以及“东方明珠”电视塔为中心的系列娱乐文化设施。无疑陆家嘴地区是浦东新区地下空间开发的关键点。其他还有周家渡一六里综合区等，这些中心以地铁连接。

（3）综合专业、相互协调。开发层次、内容、布局和实施步骤（竖向规划模式）。地下空间与地面空间不同，地下空间的开发一旦实施，要想再开发和复原是极其困难的，因此，地下空间开发必须有长期的规划，不仅要做平面布局的规划，也要做竖向层次上的规划。

4. 城市地下工程规划的特点

（1）对经济、施工技术的依赖性较高。城市空间开发一般遵循：城市地面空间开发→城市上部空间开发→城市地下空间开发。当然，有些国家如新加坡等在城市开发中也改变了这种模式，从地下空间开发开始→上部空间→地面；欧洲发达国家如英国、法国（巴黎）等 20 世纪 20—30 年代就已建造了庞大的地下工程体系。

（2）需充分考虑存在的环境。地面以上是各向同性的空气介质，地下是各向异性的（土介质或岩石介质），对于地下空间而言，要充分考虑地下建筑环境不能出现对人体产生致病、致伤、致死等危险的极限标准，因此要控制其空气环境（包括舒适度和清洁度，如温度、湿度、二氧化碳浓度等）、光环境与声环境（如照度、均匀度、色彩的适宜度）及心理环境（是否舒适、愉快、压抑、烦闷等）。

（3）需与整个城市的规划相结合。一般地下工程规划总是在城市市区局部区域内进行，规划范围较小，而且涉及面相对较窄。

（4）侧重于工程的功能方面。城市总体规划涉及面广，社会、经济无所不包，而地下工程的规划一般仅涉及地下空间合理的用地组织、工程技术和实施方案上。

5. 城市地下工程规划的内容

（1）地下空间现状、发展预测和开发战略。

（2）开发层次、内容、期限、布局和实施步骤。

（3）地下工程具体位置、出入口位置、不同阶段高程和各设施之间的互相关系。

（4）地下工程与地面建筑的关系，及其配套工程的综合布置方案、经济技术指标等。

2.2.1　地下街及综合体

1. 地下街的组成及作用

（1）地下街。在各个建筑物之间或独立修建的、两侧设有商店及其他设施，融商业、交通及其他设施于一体的综合地下服务群体建筑。地下街的组成一般分为 3 个部分，即地下步行交通部分、地下公用停车场、商业部分，铁路和地铁站有时在地下街内或与之连通，一般不列入地下街的组成之中，如图 2.2.1－1 所示。

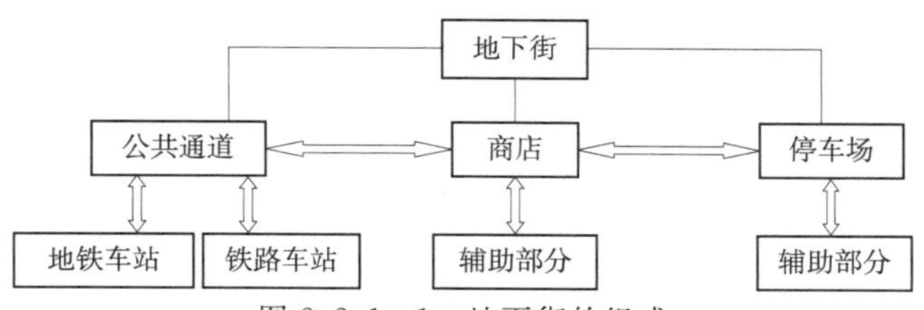

图 2.2.1－1　地下街的组成

以日本车京站的八重州地下街、日本大阪虹地下街、成都市顺城街地下商业街为例，如图 2.2.1－2、图 2.2.1－3 所示。其中，日本八重州地下街的上层为人行通道及商业区，下层为交通通道，有高速铁路和地下铁道，其利用人数达 300 万人/d 以上。其中，通道占 29.6%，停车场占 30.5%，商店占 25.6%，机房等设施占 14.4%。其中通道和车场占总面积的 60%。成都市顺城街地下商业街长 1300m，单、双两层，总建筑面积 41000m^2，宽为 18.4～29.0m，中间步行道宽 7.0m，两边为店铺。有 30 个出入口。另有设备（通风、排水等）和生活设施房间、防灾监控中心办公室等成都市顺城街地下商业街。

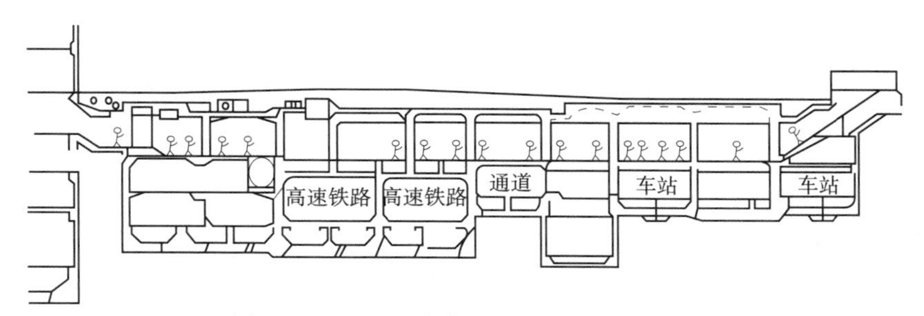

图 2.2.1－2　日本车京站的八重州地下街

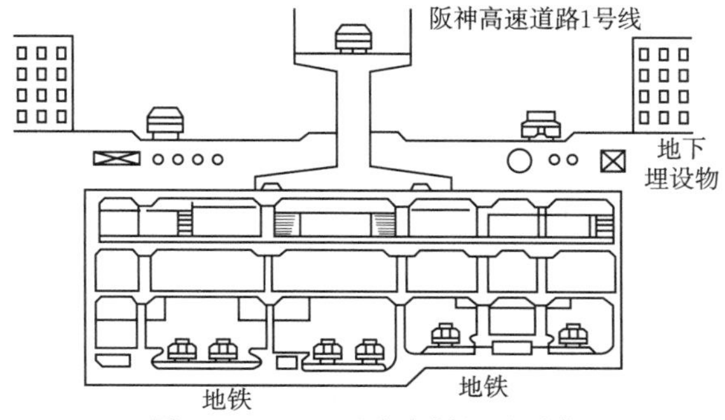

图 2.2.1－3　日本大阪虹地下街

（2）地下街在城市建设中起的作用主要体现在以下方面。

1）改善城市交通，减少地面人员交叉流动，实现人车分流。建立各建筑物之间的联络通道，减少地面人员交叉流动，减少交通事故。

2）解决地面购物及服务设施等的不足。

3）建立交通枢纽的联络通道，减少地面交通堵塞。

4）解决闹市区车辆的停放。

5）满足战争时期人员避难及物资储存要求。

2. 地下街的基本形式

（1）广场型。适用于火车站的站前广场或一般广场与交通枢纽相连。特点：规模大，客流量大，停车面积大，如成都天府广场、沈阳北广场等。

（2）街道型。适用于城市中心区主干道下。特点：出入口多与地面街道和地面商场相连，也兼作地下人行道或过街人行道，如成都天座商城等。

（3）复合型。广场型和街道型的综合体。

3. 修建原则

（1）店铺面积一般不要大于通道面积（地下通道）。

（2）设有简易的诱导标志，以解决紧急情况下利用者的避难及疏散（防灾）。

（3）与地面广场、道路等相配合，形成一体化，充分发挥地下街的功能（与地面交通枢纽相连）。

（4）原则上禁止与其他建筑物的地下室连通（防灾）。

（5）从防火观点出发，每 200m^2 要设防火壁（防灾）。

4. 地下街的规划与设计原则

（1）地下街的规划调查及未来预测。

1）周围地区的土地利用：①地价的状况；②写字楼的分布；数量、就业人数；③夜间人口；④各类型的就业人口；⑤住宅户数和规模；⑥建筑物的用途、构造、面积；⑦交通量；⑧城市设施建设的动态等。

2）周围地区的交通：明确地区的性质及其在城市中的地位，进而建立该地区的交通方案是很重要的，其中包括：①交通量观测调查；②汽车起、终点的调查；③人员流通调查；④物资流动调查；⑤停车实态调查。

3）周围地区的商业：①周围地区商业的实态和存在的问题；②商业者的现状和动向掌握。

4）现场的状况：主要是地下部分调查（地质、地下水位、滞水位置、水头、水质、埋设物、弃土场等）。

（2）地下街的设计总体原则。

1）同步进行，总体规划。

2）明确功能，合理比例。

3）对效益综合分析，对可能的投资偿还期做预测。

4）遵循美学原则。

5．地下街的规划应解决的问题

（1）与地表公共设施的关系。设置的通向地面的出入口、给排气孔应尽量设在道路区域之外，对地面交通和景观不应造成障碍，也不能使地上步行者直接受到排出废气的影响。

（2）与公共地下人行道的关系。公共人行道的宽度 W 由式（2.2.1－1）决定，其值不满 6m 时，应采用 6m，即

$$W=\frac{P}{1600}+F \tag{2.2.1-1}$$

式中　W——地下公共人行道的有效宽度，m；

P——根据预测，预计 20 年后最大小时步行者人数（人数/h・最大）；

F——余裕宽度，常采用 2m，没有店铺等时采用 1m。

（3）与公共地下停车场的关系。要结合地下街规划一定数量的地下停车场。联系地下街的地下停车场多为两层以上，形成一个大规模的地下结构物，且通风、排水等机械设备的设置较地下街本身的设置更为庞大。

（4）与地下铁道的关系。在有地铁的城市，可在修建地铁车站时考虑将地铁上部作为地下街。

1）一般地铁车站采用明挖法，节约成本。

2）便于地铁车站与地面交通站之间的联系。

3）人员流通量大，可为地下街带来丰厚利润。

（5）与周围建筑物的关系。地下街是一个大型商业中心，在规划时应充分研讨该城市的商业发展以及地下街周围地点的商业网点分布。原则上地下街不应与其他建筑物的地下室接续。如不得已，必须接续时应满足下述条件。

1）该建筑物的地下室，每 200m^2 面积内设有防火墙结构。

2）该建筑物和地下街设有直接通向地面的台阶和排烟设施。

3）接续时应满足利用方便、便于避难、形状简明的要求，大型店铺与地下街接续时，要对出入口的布置加以综合考虑，如图 2.2.1－4 所示。

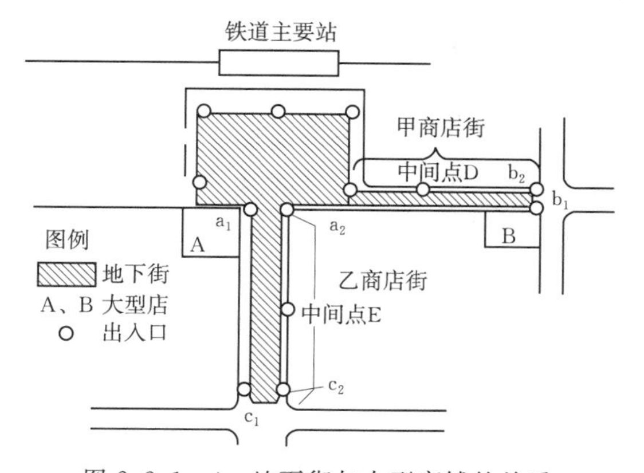

图 2.2.1－4　地下街与大型商铺的关系

（6）各项设施布置的基本要求。规划与设计必须与城市中心地区的规划设计相适应，并充分考虑其安全性（防灾、通风设施，商店采用直线状的简明布置）、便利性（便于通

行、购物、停车)、舒适性(视、嗅、味、听、触觉,通风、照明、装修等)、健康性(通风、照明、装修)等要求。

6. 地下街的设计

(1) 平面布置。

1) 矩形平面。矩形平面多用于大中跨度的地下空间。一般位于城市干道一侧。设计时要注意长、宽、高的比例,避免过高或过低而造成空间浪费或给人以压抑感,如图 2.2.1-5 所示。

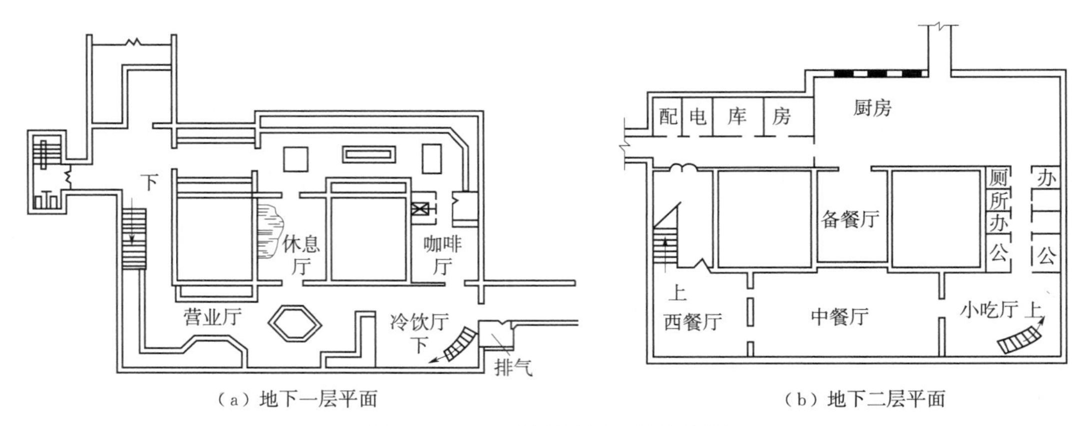

图 2.2.1-5 矩形平面布置示意图

2) 带形平面。带形平面一般为坑道式,中间不设立柱,跨度较大。设计时应根据功能要求及货柜布置的特点综合考虑。单侧货柜的宽度以 6~8m 为宜,双侧货柜则以 10~16m 为宜,如图 2.2.1-6 所示。

图 2.2.1-6 带形平面布置示意图

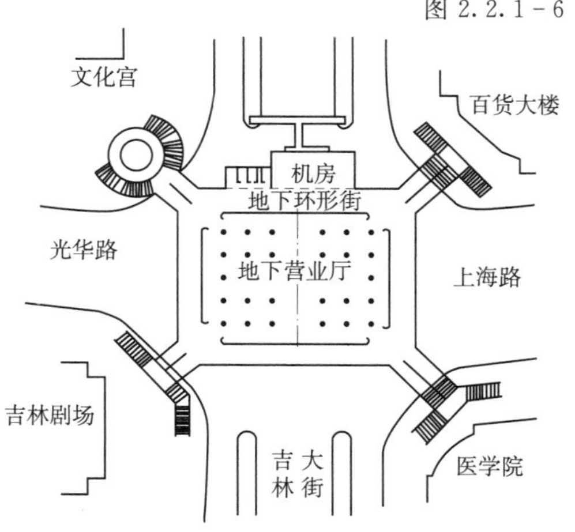

图 2.2.1-7 地下环形街平面布置示意图

3) 圆形和环形平面。圆形和环形平面用于大型商场(或商业中心),四周设置商业街,中间为商场,其特点是充分体现商场的功能使用,管理方便。其周长和跨度视工程地质和水文地质条件而定,图 2.2.1-7 所示为吉林地下环形街,建筑面积 5900m^2。

4) 横盘式平面。横盘式平面用于综合型的地下商业街,适应现代商业的发展,能体现把购物与休息、购物与游乐、购物与社交融合在一起,使地下街成为人们的活动中心之一,如图 2.2.1-8 所示。

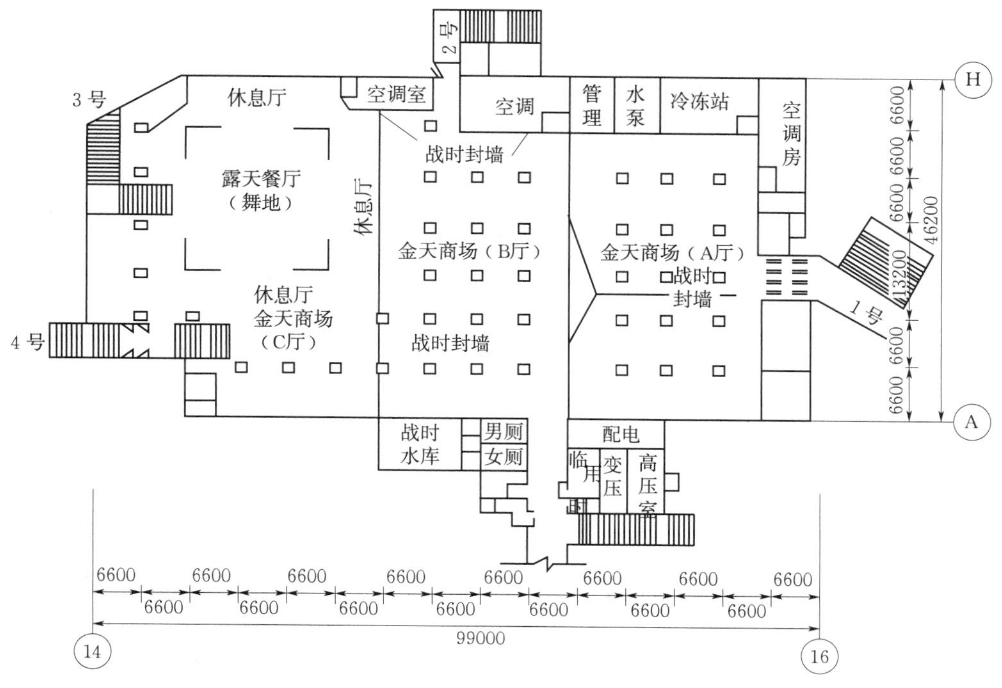

图 2.2.1－8　横盘式平面布置示意图（长沙地下商场）

（2）横断面和纵剖面设计。

1）横断面设计。

a. 拱形断面：工程结构受力好，起拱高度较低（约 2m），拱部空间可以充分利用，能充分显示地下空间的特点，如图 2.2.1－9 所示。

b. 平顶断面：由拱形结构加吊顶而成，也可以直接将结构的顶板做成平的，打破了拱形空间的单调感，如图 2.2.1－10 所示。

c. 拱、平结合断面：中央大厅做成拱形断面，而在两边做成平顶的，成为拱、平结合断面，如图 2.2.1－11 所示。

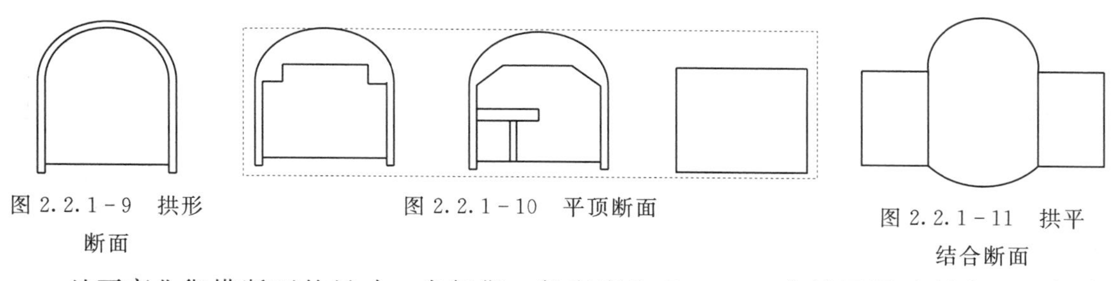

图 2.2.1－9　拱形断面

图 2.2.1－10　平顶断面

图 2.2.1－11　拱平结合断面

地下商业街横断面的尺寸，步行街一般宽度为 5～6m。店铺要因地制宜，一般在 12～16m 内分割，铺面宽度根据业主需要进行分割。层高（地坪至吊顶）一般在 2.4～3.0m 内。若采用空调，层高可低些。

2）纵剖面设计。地下街的纵剖面一般随地表面起伏而变化，其纵向坡度必须满足自然排水要求，一般不得小于 3‰。

(3) 结构设计。地下街一般埋深较浅，常采用明挖法施工，故其结构形式一般有直墙拱、矩形架和梁板式结构等3种，或者是这3种的组合。主要交通干道下的人行过街通道施工时，为了不影响交通正常运行，也有采用暗挖法施工的。

(4) 环境设计。环境设计主要表现在生理环境和心理环境两个方面。良好的生理环境以及方便、舒适、安全的心理环境，对提高地下街的声誉和综合效益起着重要的作用。生理环境是指空气、视觉和听觉等环境；心理环境是指方便和安全感、商店布置是否合理、顾客是否拥挤、是否有适当的休息和饮食条件、是否有处于地下的压抑感等。

(5) 细部设计。

1) 公用地下通道。应尽量采用形状简明的直线布局，使利用者方便并便于避难。在所有地点应有两个方向的避难口。地下通道长度超过60m时，考虑避难方便，每隔30m设一直通地面的台阶。

2) 台阶。通向地面的台阶有效宽度不小于1.5m，当台阶出入口设在地面人行道上时，其人行道宽度要在5m以上，需考虑无障碍设施（供残疾人群使用）。

3) 地下广场。公共地下人行道的端部及其所有地段，每隔50m都应设置对防灾有效的地下广场。根据地下广场所分布店铺面积，设置防灾上所需的导向标志、通风、排烟、采光等设施，并至少应有两个直通地面的台阶。

4) 防灾中心。大型地下街应设置进行集中控制的防灾中心，以防止灾害发生，应设置有监视（监视器）、控制系统（自动喷淋系统），其设置位置应易于掌握地下街全貌、便于通往地面。万一发生火灾时，能迅速有组织报警与救援，使设备发挥其功能。

5) 附属设施。设在地面的给排气口等设施，应放在道路区域之外，且不妨碍地面交通及景观。为便于日常检查和维修，水泵室、电气室等机械室应置于合理处。其他附属设施，如厕所、导向板、电话等，都应考虑使用者的方便而设置。

6) 店铺。地下街中店铺（包括机械室。防灾中心）的总面积，不能超过公共地下人行道（包括广场、台阶）的总面积；应限制火源，并设置耐火壁。

7. 地下综合体

城市地下综合体的含义：随着城市集约化程度的不断提高，单一功能的单体公共建筑，逐渐向多功能和综合化发展。一个建筑空间在不同条件下适应多种功能的需要，成为多功能建筑。由多种不同功能的建筑空间组合在一起的建筑，称为建筑综合体，可以在不同层面上和地下室中分别布置商业、文娱、办公、居住、停车场等内容。随着城市立体化再开发（即建设沿三维空间发展），地面、地下连通的，结合交通、商业、储存、娱乐、市政等多用途的大型公共地下建筑工程。当城市中若干地下综合体通过地铁或地下步行道系统连接在一起时，就形成规模更大的综合群。

欧洲、北美和日本在一些大城市的旧城再开发过程中，都建设了不同规模的地下综合体，成为具有现代大城市象征意义的建筑类型，浦东新区就是按这样的标准规划。地上、地下如何连接，如何规划，如何实施等，还是很有想象空间的。

浦东其他中心区域也建设各种规模的城市地下综合体，这样点与线的形成及其不断开展，就形成了浦东新区现代地下空间开发的网络和面。每一“点”上地下空间又规划为地面功能的扩展和延伸，即在每一个地下空间开发的“点”上，地下空间开发可以规划为建设以补充、完善城市中心功能为主的地下工程，如商业、文化娱乐、行政、业务及金融贸易等，并通过城市交通枢纽放射到城市的各个区域，吸引和推动周围各项城市事业的发展。

2.2.2　地下停车场

1. 地下停车场的类型

（1）按设置场所分类。

1）公路地下停车场：自行式，多为细长形，进出车口、通风塔等设施的设置受到较大约束。

2）公园式地下停车场：在构造上有完全地下式和半地下式之分。保持公园的功能，规模较大，可建一层或多层。

3）广场型地下停车场：规模较大，与地下街、停车场、地下铁道等一起规划，并结合广场汽车的行驶路线设置出入口。

4）建筑物地下停车场规模较小，根据有关规定而设置的附属停车场。

（2）按与地面的连接分类。

1）自行式：包括直行式、循环式、交错循环式。

2）机械式：包括全机械式、机械和自行混合式。

（3）按使用性质分类。可分为公共停车场（停放客车）、专用停车场（停放载重车，如消防车、救护车）。

（4）按照建筑形式分。可分为单建式（公园、道路广场、绿地或空地之下）和附建式（高层建筑地下室）。

（5）按运输方式分类。可分为坡道式和机械式，二者的对比见表 2.2.2－1。

（6）按照地质条件分类。可分为土层中地下车库和岩层中地下车库。

表 2.2.2－1　坡道式和机械式停车场比较

优缺点	坡道式地下停车场	机械式地下停车场
优点	①造价低，运行成本低；②可以保证必要的进出车速度，且不受机电设备运行状态影响（平均进出 6s/辆）	①停车场面积利用率高；②通风消防容易，安全；③人员少，管理方便
缺点	①用于交通运输使用的面积占整个半场面积的比例较大（两者之比接近 0.9：1）；②通风量较大，管理人数较多	①一次性投资大，运营费高；②进出车速度慢，时间长（90s/辆）

2. 地下停车场的规划设计

（1）停车场规划的基本流程。停车场规划大体分为两大类：一类是在城市综合交通体系的基础上来规划停车场；另一类是特定停车场的规划。在编制规划时应注意的问题：与上位计划相配合，对停车场规划来说，其上位计划就是城市规划、土地利用规划、交通规划、骑车交通预测等，不仅对停车场需求进行计算，还要对停车场的配置等要充分协调；计算停车需要量（民间停车、公共停车、专用停车），对于城市停车场，不仅要考虑该地区的交通需求，还要考虑其他民间停车设施状况等，也要充分预测周围土地的利用状况。

（2）地下停车场的规划原则。

1）选点原则：①宜选在水文、工程地质条件较好、道路通畅的位置；②应与周围建筑物保持一定的消防和卫生距离，宜靠近学校、医院和住宅建筑；③应考虑平时和战时两用，设计时应考虑两个出入口。

2）建筑技术要求：①使用面积，小客车：20～40m^2，载重车：40～70m^2；②停车楼板具有耐磨、耐火、耐油和防滑性能；③通风系统应采用非燃性材料独立设置；④除一般照明外，还需设置事故照明和疏散标志。

（3）地下停车场的动线规划。

①汽车的交通动线；②利用者的步行动线；③停车场的管理动线，在管理业务中，费用征收业务很繁忙，所以，从人员交接频繁出发，其动线应尽量缩短，以提高效率。工作人员的动线应尽量与利用者动线分开，也最好与电力、机械等维修的动线分开。

（4）地下停车场的构造。

地下停车场主要由停车室、通道、坡道或机械提升间、出入口、调车场地和洗车设备等组成。这些部分的设计和有机组合是地下停车场设计的主要内容。根据《车库建筑设计规范》（JGJ 100—2015）规定，应符合以下几点。

1）车道宽度。车库总平面内，单向行驶的机动车道宽度不应小于4m，双向行驶的小型车道不应小于6m，双向行驶的中型车以上车道不应小于7m；单向行驶的非机动车道宽度不应小于1.5m，双向行驶不宜小于3.5m。

2）有效高度。车道部分的梁下有效高度不能小于2.3m，停车位置则要求不低于2.1m，如图2.2.2-1所示。

3）机动车最小转弯半径。微型车4.5m，小型车6.0m，轻型车6.0～7.2m，中型车7.2～9.0m，大型车9.0～10.5m。从汽车能顺利行驶要求出发，弯曲段的内半径应设计大于5m的弯曲构造，如图2.2.2-2所示。

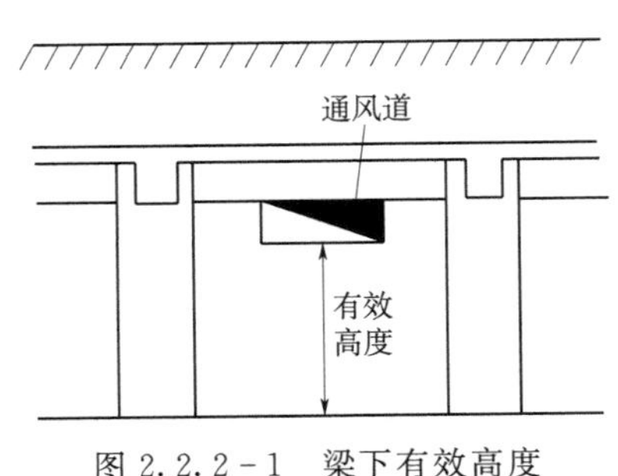

图2.2.2-1　梁下有效高度

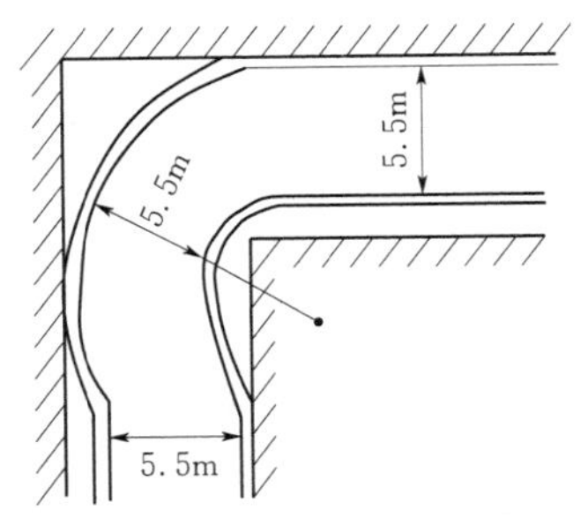

图2.2.2-2　弯曲回转半径

4）坡道。地下停车场与地面连接或层间连接的通道。一般分为图2.2.2-3所示的几种坡道。斜道坡度其纵坡限制在15%以内；与进出口直接相连时应尽可能采用缓坡；为了行驶平稳，最好在斜道两端3.6m范围内设缓和竖曲线。螺旋坡道的平面面积小，布置灵活，出入口的升降坡道或各层的连接通道可以采用螺旋形坡道。

5）坡道在地下车库中的位置基本上有以下3种方式：坡道在车库主体建筑之内；坡道在车库主体建筑之外；坡道一部分在车库内，一部分在车库外。3种情况各有优、缺点，实际工程中应根据具体情况灵活处理，其布置形式如图2.2.2-4所示。

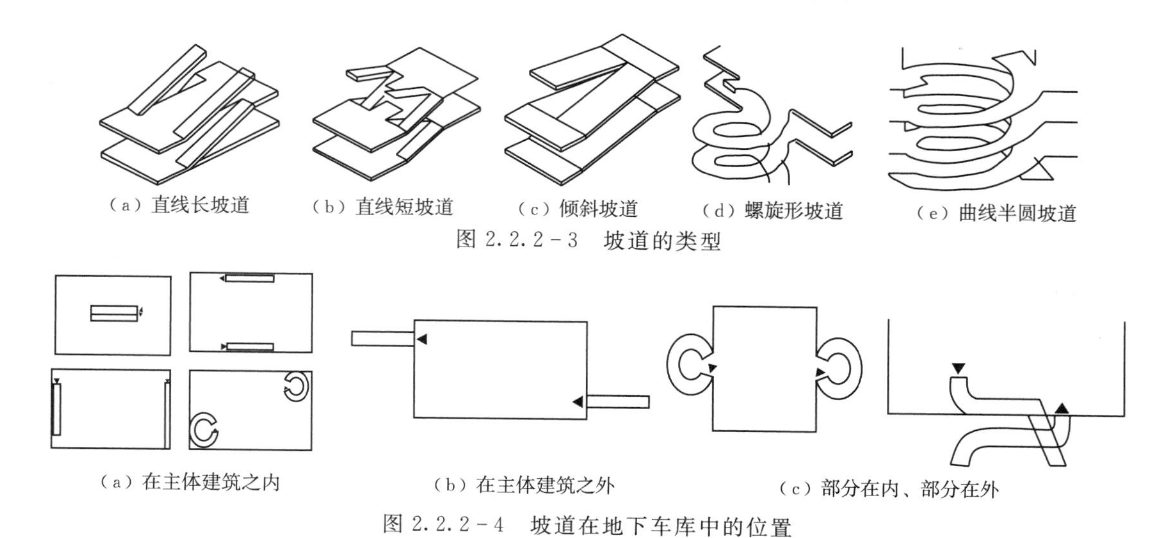

（a）直线长坡道 （b）直线短坡道 （c）倾斜坡道 （d）螺旋形坡道 （e）曲线半圆坡道

图 2.2.2-3 坡道的类型

（a）在主体建筑之内 （b）在主体建筑之外 （c）部分在内、部分在外

图 2.2.2-4 坡道在地下车库中的位置

6）车库坡道坡度。《车库建筑设计规范》（JGJ 100—2015）规定，直线坡道的允许最大纵坡为15%～10%（车型越大坡度越缓），曲线坡道最大坡度为12%～8%。当坡道坡度大于10%时，在坡道上下方变坡位置应设置缓坡段。这是因为，当车辆穿过底部变坡点时，由于惯性引起车辆前端或后端擦地；而坡道顶部若不设缓冲坡，驾驶员视测距离受限，穿越正坡的变化使驾驶员与乘客感不到适。因此，坡道应逐步过渡到较平的楼板面。缓坡段的坡度为坡道坡度的1/2，直线坡道缓坡段水平长度不应小于3.6m，曲线坡道不应小于2.4m，曲率半径不应小于20.0m，环形坡道处弯道超高宜为2%～6%，如图2.2.2-5所示。

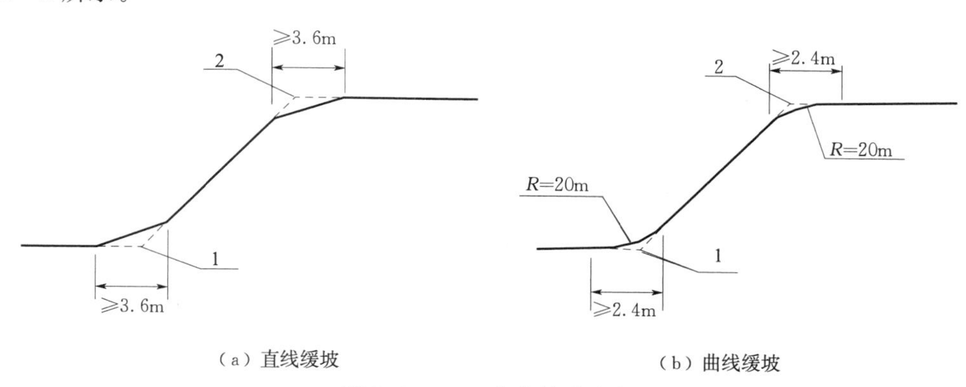

（a）直线缓坡 （b）曲线缓坡

图 2.2.2-5 车库坡道坡度

1—坡道起点；2—坡道止点

（5）地下停车场的平面设计。

1）地下停车场的平面设计的内容：停车区（车辆的出入口、地下停车厅、车道、人行道等）；通风设备区（进排风口和室、除尘过滤室等）；设施区（电瓶充电间、保养修理间、工具配件间、供配电间储水库、油料储藏库）；办公区（值班室、通信电话室、休息室、卫生间、储藏室、人员掩护室等）。

平面布置按下列原则考虑：地下公共停车场的使用面积按每辆车平均20～40m²估算，

辅助设备面积可按停车区的10%～25%估算，坡道面积在总建筑面积中的比例视车库容量而定，停车区在总建筑面积中所占比例应达到一定值，对于专用车库占65%～75%较合适，对公共车库占75%～85%为宜。

2）地下停车场所需的设备。

电气设备：受变电设备、紧急用电源设备、中央监视盘设备、照明设备、电话配线设备、无线电设备、扩声设备、电钟计时设备等。停车场管制设备：停车场收费管理设备、停车场内管制设备、标志灯设备、ITV设备等。给排水设备：给水设备、排水设备。消防设备：火灾监视设备、火灾报警设备、灭火设备。通风设备：通风机、通风机控制设备、排烟设备。

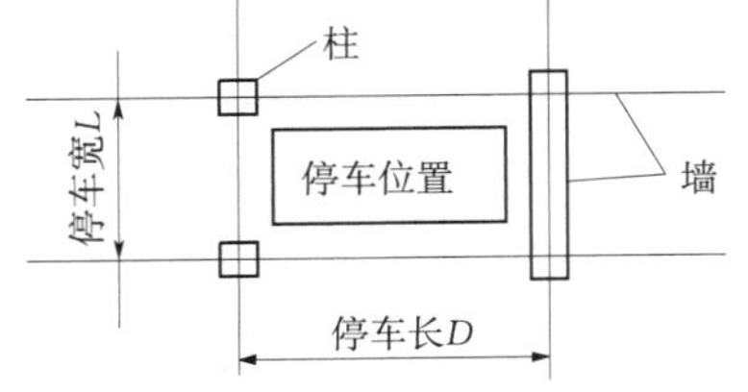

图 2.2.2-6　停车室占用的面积

a. 停车室的设计。停车室是安全、有效地收容车辆的空间，一般一辆车占用面积为12～15m²。停车区域是由周围的柱、墙等所包围的空间，包括车型、车辆存放与停驶方式，停车室占用的面积如图2.2.2-6所示。在停车室内，每一停车单元都要有区域线等明确表示其停车区域。利用者能易于确认停车位置。底板以上1～1.5m范围内要用醒目色彩提示，柱、墙等可能与车接触的部分要用图2.2.2-7所示的地膜、缓冲垫、挡车器等加以防护，以保护汽车的安全。停车室的底板要平坦，并用抗滑材料制作，考虑清扫和散水等，要有排水设施，一般在停车室前面的柱或底板上明确标明各停车位置的编号和符号。

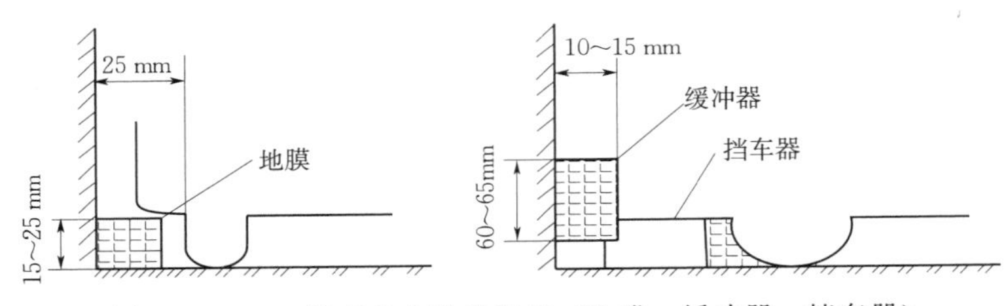

图 2.2.2-7　停车室内防护措施（地膜、缓冲器、挡车器）

i. 车型。将标准车型分为小汽车和载重车两大类。

小汽车：分为大型（长×宽=6.0m×2.0m）；中型（长×宽=4.9m×1.8m）；载重车：则以5～2t载重量的车型为主，分为5t（长×宽=7.0m×2.5m）；2t（长×宽=4.9m×2.0m）；载重车大型客车和载重量超过5t的载重车，不宜作为地下停车场的服务对象。

ii. 车位宽度尺寸：小型车一辆3.0m、两辆5.3m、三辆7.6m，中型车一辆3.9m、两辆7.0m，每一停车单元都要由区域线等明确表示；底板上1.0～1.5范围内要用醒目色彩表示；停车室防护设施；底板平坦，抗滑，有排水设施；停车位置有明确编号及符号，使用方便，其中标准车型和车位尺寸见表2.2.2-2。

表 2.2.2-2　标准车型和车位尺寸表

车型	标准车型尺寸/m			车位尺寸/m			安全距离/m		备注
	长	宽	高	长	宽	高	长度方向	宽度方向	
小汽车	4.90	1.80	1.60	5.30	2.30	2.20	0.40	0.50	开启式
载重汽车	6.80	2.50	2.20	7.30	3.10	3.00	0.50	0.60	停放

b. 柱的布置。柱网选择是地下停车库总体布置中的一项重要工作，直接关系到停车场的利用率、停车室和车道的布置及经济效益。柱网由跨度和柱距两个方向的尺寸所组成。几个跨度相加后和柱距形成一个柱网单元。

i. 停车间跨距尺寸的决定因素：需要停放的标准车型长度；汽车的停放方式；车前、后两端的安全距离；柱的尺寸；与柱距尺寸保持适当比例关系；总尺寸在结构合理范围内尽量取整数。

ii. 行车道跨距尺寸的决定因素：汽车的停放方式；行车线路数量；柱的尺寸；与柱距和车位跨尺寸保持适当比例关系。

iii. 停车间柱距尺寸的决定因素：需要停放的标准车型宽度；两柱间停放的汽车台数；汽车的停放方式；车与车、车与柱间的安全距离；柱的尺寸；总尺寸在结构合理范围内尽量取整数。

c. 汽车的停放方式。汽车的停放方式分为平行式（与水平线夹角为 0°）、斜列式（与水平线夹角为 30°、45°和 60°）和垂直式（与水平线夹角为 90°），如图 2.2.2-8 所示。

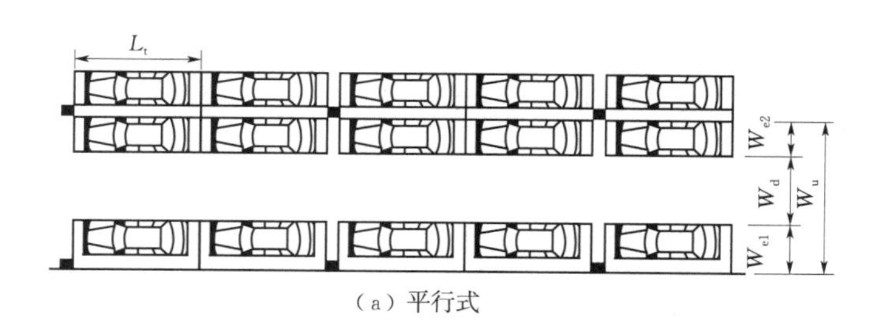

（a）平行式

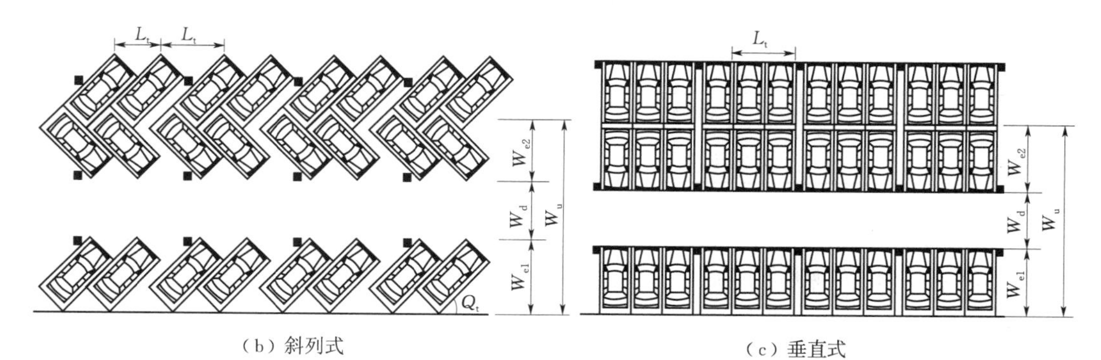

（b）斜列式　　（c）垂直式

图 2.2.2-8　汽车的停放方式

d. 车道的布置。车道设置方法有 4 种：①一侧通道、一侧停车；②中间通道、两侧停车；③两侧通道、中间停车；④环形通道、四周停车，如图 2.2.2-9 所示。尽可能单向行驶，视线良好；道路面要具有使汽车安全、圆顺通行的构造；即使不得已时，坡度也不要超过 4%；设计上要考虑排水、防火、防音、路面平坦而抗滑。

e. 停车带尺寸。机动车最小停车位、通（停）车道宽度可通过计算或作图法求得，且库内通车道宽度应不小于 3.0m。小型车的最小停车位、通（停）车道宽度宜符合表 2.2.2-3 的要求。

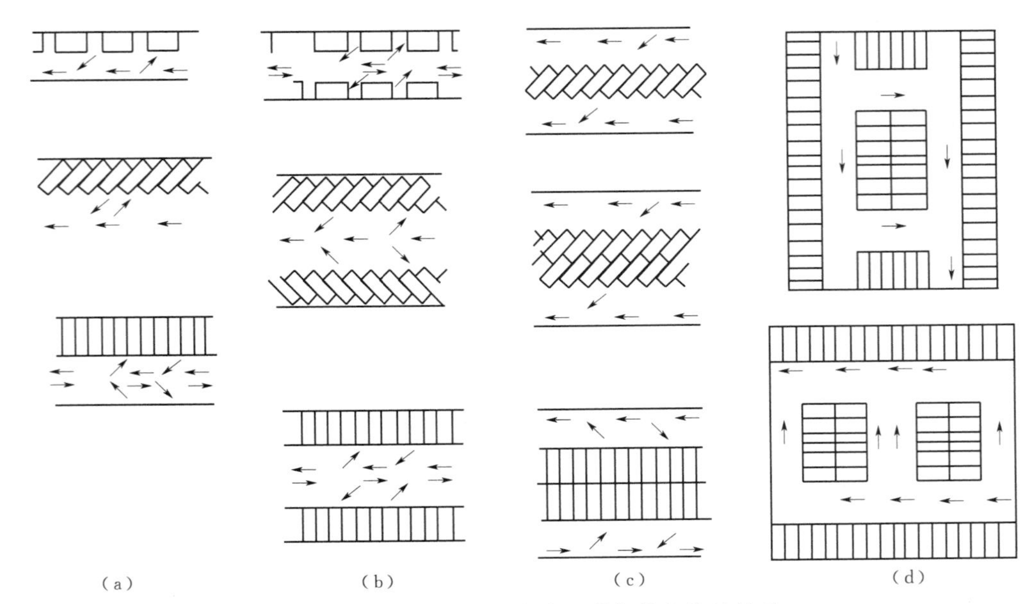

(a)　(b)　(c)　(d)

图 2.2.2-9　停车间内行车通道与停车位的关系

表 2.2.2-3　小型车的最小停车位、通（停）东道宽度　单位：m

停车方式			W_{e1}	W_{e2}	L_t	W_d
平行式		后退停车	2.4	2.1	6.0	3.8
斜列式	30°	前进（后退）停车	4.8	3.6	4.8	3.8
	45°	前进（后退）停车	5.5	4.6	3.4	3.8
	60°	前进停车	5.8	5.0	2.8	4.5
	60°	后退停车	5.8	5.0	2.8	4.2
垂直式		前进停车	5.3	5.1	2.4	9.0
		后退停车	5.3	5.1	2.4	5.5

注　W_u为停车带宽度；W_{e1}为停车位毗邻墙体或连续分隔物时，垂直于通（停）车道的停车位最小宽度；W_{e2}为停车位毗邻时，垂直于通（停）车道的停车位最小宽度；W_d为通车道最小宽度；L_t为平行于通车道方向的最小停车位宽度；Q_t为机动车倾斜角度。

f. 附属设施。

i. 营业和管理设施：管理设施都是停车场的中枢部门；维修养护设施：从事结构物维修和养护管理。环境与防尘设施：地下停车场必须有通风设施，且每小时通风次数不少于10次，全采用机械式强制通风。消防设施：消火设备室，火灾传感器，火灾报警器、排烟机械室、泵室、紧急电源室等，设置中央监视系统。为利用者服务的设施。

ii. 标志设施：大体分为引导标志、诱导标志及其他标志3种。引导标志是向利用者表示停车场内设施的内容。诱导标志有限制性诱导和目的性诱导两种。其他标志有对停车区域划分、人行道划分、危险禁止入内、禁止吸烟的标志。

iii. 标志设置方法：路面标志；柱、墙面标志；顶板悬吊标志。

(6) 地下车库防火。在火灾中造成人员伤亡的主要因素是浓烟和与烟同时发生的有毒气体。而地下车库属密闭空间，因此浓烟所造成的危害就更为明显，一方面，车库内一些轻质材料及防水材料等可燃物在助燃空气不足时燃烧，将大量发烟，并伴生有毒气体；另一方面，由于缺乏自然通风，使烟迅速达到一定浓度，短时间即可对人员造成极大的生命威胁。地下车库防火的关键是遵循防患于未“燃”，立足于“自救”的原则，做到“预防为主，防消结合”。

1）地下车库的防火分类耐火等级。汽车库的防火分类是按停车数量多少来划分类别的，根据《汽车库、修车库、停车场设计防火规范》（GB 50067—2014）（下简称《规范》），车库防火分类分为四类。《规范》规定地下车库的耐火等级应为一级。这是因为地下车库缺乏自然通风和采光，发生火灾时火势易蔓延，扑救难度大。地下车库通常为钢筋混凝土结构，可达一级耐火等级要求。

2）地下车库的防火分区。大型高层建筑的地下车库往往规模较大，为了将火势控制在发生范围内，避免向外蔓延，需将地下车库按一定面积划分为防火分区。《规范》规定，地下车库不设自动灭火系统时，其防火分区最大建筑面积为 $2000m^2$，设有自动灭火系统时，其防火分区最大建筑面积可增加一倍，为 $4000m^2$。各防火分区以防火墙进行分隔，当必须在防火墙上开设门、窗、洞口时，应设置甲级防火门、窗或耐火极限不低于 3.0h 的防火卷帘。

3）地下车库的安全疏散。《规范》对地下车库的安全疏散做了以下规定。

a. 地下车库人员安全出口应和汽车疏散出口分开设置。这是因为不论平时还是在火灾情况下，都应做到人、车分流，各行其道，避免造成交通事故，不影响人员的安全疏散。

b. 地下车库的每个防火分区内，其人员安全出口不应少于两个，目的是能够有效地进行双向疏散。但若不加区别地多设出口，会增加车库的建筑面积及投资。因此，符合下列条件之一的可设一个出口：①同一时间车库人数不超过 25 人；②Ⅳ类汽车库，即停车数不超过 50 辆的汽车库；③当地下车库规模较大，划分为两个以上的防火分区，且相邻防火分区之间的防火墙上设有防火门时，每个防火分区可分别设一个直通室外的安全出口。

c. 地下车库室内疏散楼梯应设置封闭楼梯间，其与室内最远工作点的距离不应超过 45m。当设有自动灭火系统时，其距离不应超过 60m。单层或设在建筑物首层的汽车库，室内最远工作点至室外出口的距离不应超过 60m。

d. 地下车库的汽车疏散出口不应少于两个，但符合下列要求的可设一个：①Ⅳ类汽车库，即停放车辆不超过 50 辆的地下车库可设置一个单车道的出口；②汽车疏散坡道为双车道，且停车数少于 100 辆的地下车库，仅需设一个双车道出口即可。当地下车库规模较大而用地狭窄需要设置多层地下车库时，可按照本条规定，根据本层地下车库所担负的车辆疏散是否超过 50 辆或 100 辆来确定汽车出口数。汽车疏散坡道的单车道宽度不应小于 3m，双车道宽度不宜小于 5.5m。两个汽车疏散出口之间的间距不应小于 10m。

2.2.3 地下铁道

大、中城市的交通现状主要表现为：交通阻塞，行车速度慢；交通秩序混乱；耗能多，污染严重等。为了缓解城市地面交通，开始转向地下铁路轨道系统，国际隧道协会定义地铁为轴重相对较重、单方向输送能力在3万人次/h以上的城市轨道交通系统为地铁。线路通常设在地下隧道内，也有的在城市中心以外的地区从地下转到地面或高架上。

（1）国内外地铁的发展。初步发展阶段（1863—1924年）；停滞萎缩阶段（1924—1949年）；再发展阶段（1949—1969年）；高速发展阶段（1970年至今）。21世纪地铁向着高速地铁发展，我国通车地铁已逾500km，30多个城市在建地铁，预计到2020年中国将有45座以上城市将建地铁，目前已建地铁逾4000km。

（2）发达国家地铁建设的经验。

1）支持大运输量公共交通系统发展，控制小汽车的盲目发展。

2）城市轨道交通促使城市社会、经济、资源和环境的协调发展，使城市走向可持续发展的道路。

3）规划要有科学性、可行性、经济性、前瞻性。

4）重视各种渠道筹集资金，加快地铁和轨道交通的发展。

5）长远规划与近期实施相结合。

6）地铁和轻轨建设实行改革开放政策，吸取世界各国的先进技术。

7）引进竞争机制，建立健全地铁轻轨运营管理体系。

1. 城市轨道交通的分类及特点

（1）分类。一条交通线路单方向每小时的乘客通过量称为交通容量。根据交通容量将城市轨道交通分为：市郊铁路，5万～8万人/h，属特大交通容量；地铁，3万～5万人/h，属大交通容量；轻轨，1万～3万人/h，属中交通容量；有轨电车，小于1万人/h，属小交通容量。

（2）特点。

1）运量大。每小时单向输送能力，公共汽车为2000～5000人；轻轨为5000～40000人；地铁为30000～70000人；地铁年客运量可达4亿人次，可吸引城区客流的21%，减少地面交通压力50%，较大程度地缓解沿线区域交通紧张的矛盾。

2）速度快。公共汽车为10～20km/h；轻轨为20～40km/h；地铁为40～80km/h。

3）时间准。地铁按时间发车，每个车站只停车40s，而且中途没有红绿灯，还决不会出现塞车等状况，这些都能够有效地节约时间。

4）污染少。地铁每年将减少50t的一氧化碳、40t碳氢化合物的排放，可降低城市噪声、废气污染，改善地面环境，可将地面改造成优美的步行街。

5）省空间。地铁可节省地面空间，综合占地仅为道路交通地1/3左右，保存城市中心“寸土寸金”的地皮。

6）安全舒适。轨道交通工具的事故率大大低于道路交通，安全性好，还具有一定的抵抗战争和地震破坏的能力。

（3）修建地铁的条件。根据以往的规定，人口超过100万，地面空间紧张，为了保护城市景观和解决交通问题，更充分地利用城市地下空间的城市才能考虑修建地铁。根据2003年《国务院关于加强城市快速轨道交通建设管理的通知》中规定，建设地铁必须符合4个条件：①地方财政一般预算收入在100亿元以上；②国内生产总值GDP达到1000亿元以上；③城市总人口超过700万，城区人口在300万人以上；④规划线路的客流规模达到单向高峰3万人/h以上。此外，必须是网络化，单线不能审批。对经济条件较好、交通拥堵问题比较严重的特大城市其城轨交通项目予以优先支持。

2. 地铁规划主要内容

（1）交通圈总体交通量的预测，是城市地铁路网规划的基础资料。

城市交通圈总体的输送体系的规划，首先是调查城市交通客流、交通体系和土地利用的现状，再研究城市未来的发展规划和交通体系的配置；并以这些数据和相互关系为基础，预测城市交通的总输送需求，以此来规划城市的交通体系，地铁路网是城市交通体系的重要组成部分。

（2）地铁路线输送量的预测，是地铁线路走向规划和建设规模的重要依据。

地铁路线输送量的预测是以沿地铁线路出行人口的现状为基础，并综合考虑车站吸引客流区域内的人口及其乘车率、从其他交通工具转移的人数、地铁路线对沿线的开发效果、人口的自然增加等，来预测各地铁车站可能吸引的客流量，以此确定地铁车站的规模。具体方法为，计算沿地铁线路各车站相互出发、到达（OD）的人数，按流向分别整理，计算出一天内各站间的出发、到达和通过的人数。在此基础上对输送能力进行预测。

3. 地铁线路网的规划

地铁的规划是在对城市交通圈总体交通量发生和需求预测的基础上进行的，在进行路网规划时，要从城市未来发展的全面观点出发做出判断和决策。主要考虑以下几点：①路网规划要与客流预测相适应，符合城市发展的规划，贯通城市中心及其他主要地点，并均匀布置；②与周围地区和城市业务地区以最短时间联络；③力求多设换乘地点，方便出行客流；④合理布置车站间距，提高列车的运行效率；⑤为了最大限度吸引沿线路面交通量，应沿干线道设置；⑥应与周围地区已成铁路线相联络。地铁根据其功能、使用要求、设置位置的不同划分成车站、区间隧道（双线、单线）和车辆段及附属建筑物四个部分，如图2.2.3-1所示。

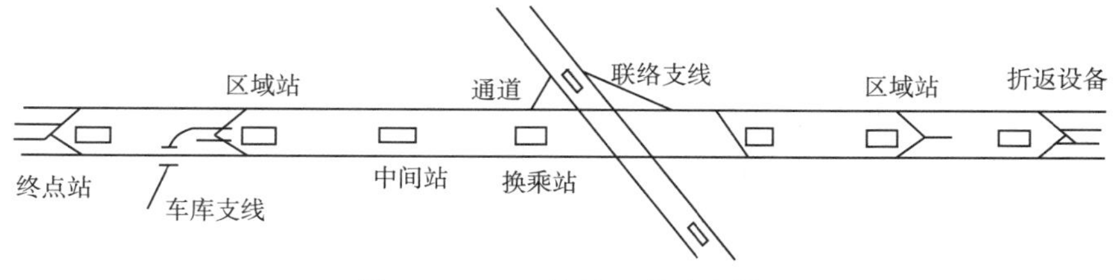

图2.2.3-1 地铁工程示意图

车站与乘客的关系极为密切；同时对保证地铁安全运行起着很关键的作用；区间是连接相邻两个车站的行车通道，它直接关系到列车的安全运行；车辆段是地铁列车停放和进行日常检修维修的场所，它又是技术培训的基地。

（1）轨道及线路。地铁主体结构工程设计使用年限为100年。地铁线路应为右侧行车的双线线路，并采用1435mm标准轨距，轨道有钢轨、轻轨、连接件、道床、道岔组成。正线采用50kg/m以上的钢轨，车场线采用43kg/m的钢轨，轻轨线路可用50kg/m钢轨。轨枕式整体道床和浮置板式整体道床在地铁中广泛运用。地铁线路是由路基、隧道、地铁车站、轨道组成的一个整体工程结构，是列车运行的基础。按运营中的作用分为正线、辅助线和车场线。

1）线路的平面位置。线路平面圆曲线半径应根据车辆类型、地形条件、运行速度、环境条件等综合因素比选确定，我国《地铁设计规范》（GB 50157—2013）规定线路平面的最小曲线半径，应符合表 2.2.3－1 所规定数值。圆曲线最小长度，在正线、联络线、出入线上，A 型车不宜小于 25m，B 型车不宜小于 20m；在困难情况下，不得小于一节车厢的全轴距；车场线不应小于 3m。

表 2.2.3－1　　圆曲线最小曲线半径　　单位：m

线路	A 型车		B 型车	
地段	一般地段	困难地段	一般地段	困难地段
正线	350	300	300	250
联络线、出入线	250	150	200	150
车场线	150	—	150	—

2）线路的纵断面。地铁线路覆盖层一般应在 2.5m 以上；要在考虑防护要求、技术条件、投资及地质情况等因素基础上确定线路的埋置深度；纵断面坡度尽量用足最大限制，同时应确保排水要求的最缓坡度；尽量使车站结构底部比区间高而形成进出站节能坡。

3）最大纵坡。正线最大坡度宜采用 30‰，困难地段最大坡度可采用 35‰，在山地城市的特殊地形地区，经技术经济比较，有充分依据时，最大坡度可采用 40‰；联络线、出入线的最大坡度宜采用 40‰。

4）最小纵坡。区间隧道的线路坡度宜采用 3‰，困难条件下可采用 2‰；对于区间地面线和高架线，当具有有效排水措施时，可采用平坡。

（2）竖曲线。

1）线路坡段长度不宜小于远期列车长度，并应满足相邻竖曲线间的夹直线长度不小于 50m 的要求。

2）为了缓和变坡度的急剧变化，使列车通过变坡点时产生的附加速度不超过允许值，相邻坡度代数差不小于 2‰时，应设圆曲线型的竖曲线连接，竖曲线的半径不应小于表 2.2.3－2 的规定。

表 2.2.3－2　　竖 曲 线 半 径　　单位：m

线路类型		一般情况	困难情况
正线	区间	5000	2500
	车站端部	3000	2000
联络线、出入线、车场线		2000	

（3）坡段长度。综合考虑行车平稳及工程量的影响来确定最短坡段长度。

1）一般情况下线路纵向最小坡段小于列车长度时，可以使一列车范围内只有一个变坡点。

2）坡段长度还应满足竖曲线夹直线长度不宜小于 50m，有利于列车运行和线路的维修。

(4) 地铁路网形式。路网的类型有图 2.2.3-2 所示的几类，其中 2 是 5 的改良型，15 及 16 适用于半圆形城市。大部分情况下，路网的形式有放射状、环状和综合型。

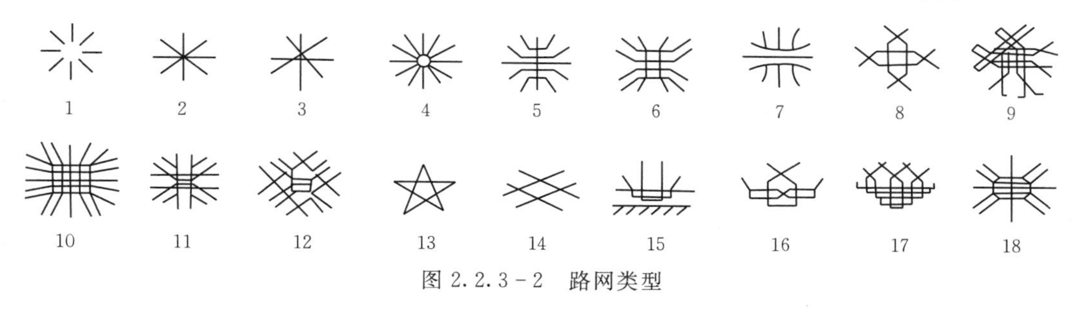

图 2.2.3-2　路网类型

1) 单线式：常用于城市人口不多，对运输量要求不高的中小城市，如图 2.2.3-3 所示。

2) 环线式：它将线路闭合形成环路，可以减少折返设备，如图 2.2.3-4 所示。

3) 多线式：又称辐射式，是将单线式地铁网汇集在一个或几个中心，通过换乘站从一条线换乘到另一条线。常规划于呈放射状布局的城市街道，如图 2.2.3-5 所示。

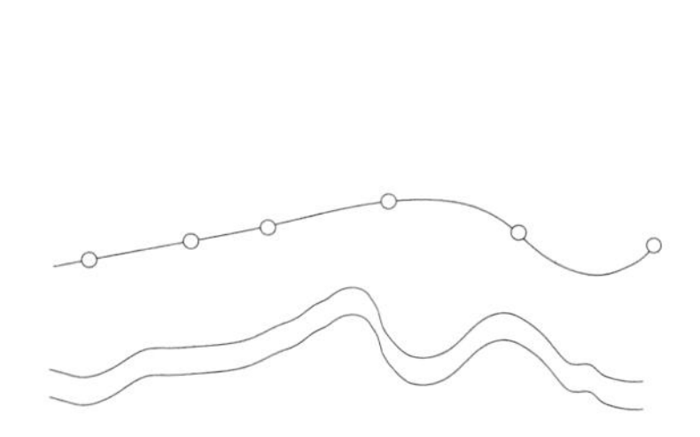

图 2.2.3-3　罗马单线式

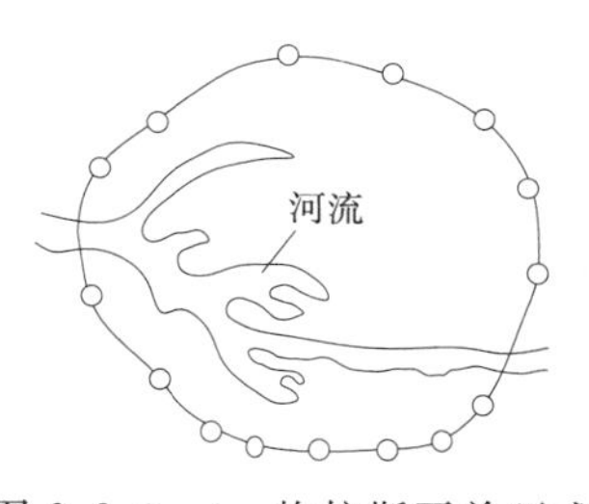

图 2.2.3-4　格拉斯哥单环式

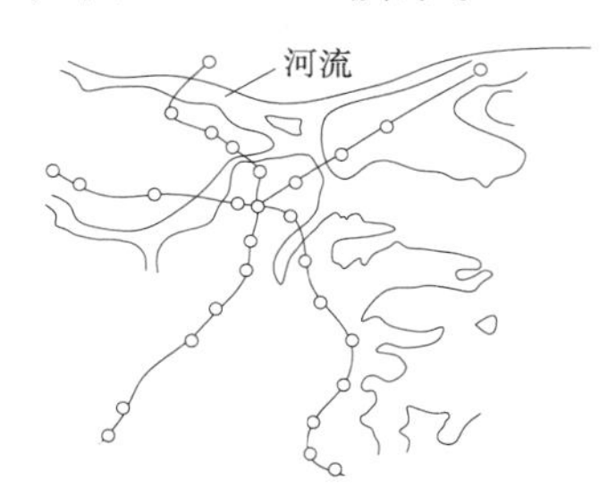

图 2.2.3-5　波士顿放射式

4) 蛛网式：蛛网式由放射式和环式组成，运输能力大，是大多数大城市地铁建造的主要形式。蛛网式地铁通常不是一期完成的，而是分期完成，首先完成单线或单环，然后完成直线段，如图 2.2.3-6 所示。

5) 棋盘式：由数条纵横交错布置的线路网组成，大多与城市道路走向相吻合。特点是客流量分散、增加换乘次数、车站设备复杂，如图 2.2.3-7 所示。

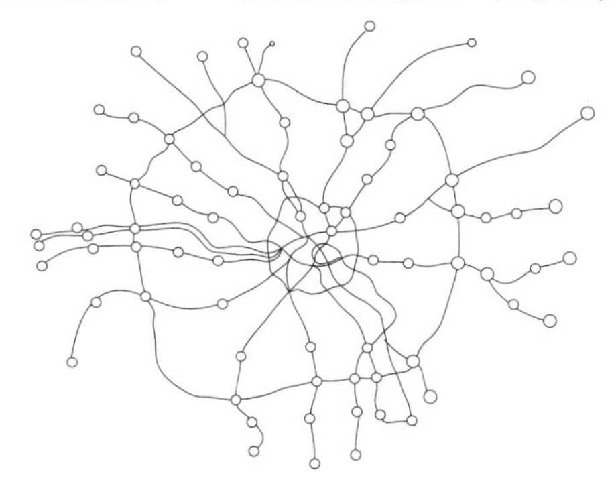

图 2.2.3-6　莫斯科蛛网式

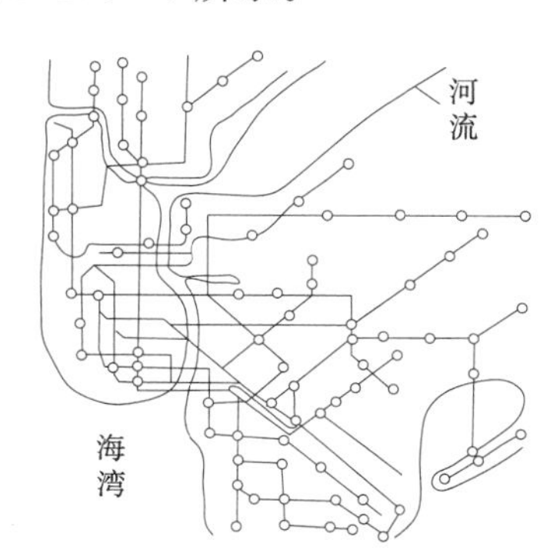

图 2.2.3-7　纽约棋盘式

(5) 车站。地铁车站设施要具有集中而有效地处理高峰期旅客的功能。这些设施包括客流的乘降站台、升降口、出入口、售检票处、中央大厅、环境控制、管理、防灾等基本设施，各种设施的配置都要考虑有效地利用地下空间和提高旅客流动的效率。地下铁道车站是供乘客上下车和换乘、候车的场所，一般包括供乘客使用、运营管理、技术设备和生活辅助四大部分。乘客使用部分：有出入口至地面站厅、地下中间站厅、楼梯、电梯、坡道、步行道、售票、检票、站台、厕所等。运营管理部分：有行车主副值班室、站长室、办公室、会议室、广播室、信号用房、通信室、工务工区、休息值班室等。技术用房部分：有电器用房、通风用房、给排水用房、电梯机房等。生活辅助部分：有客运服务人员休息室、清洁工具室、储藏室等。地铁车站可根据所处位置、埋深、运营性质、结构横断面形式、站台形式、换乘方式的不同进行分类。

1) 地铁站分类。

a. 按车站与地面相对位置分类：地下车站，车站结构位于地面以下；地面车站，车站位于地面；高架地面车站，车站位于地面高架桥上，如图 2.2.3-8 所示。

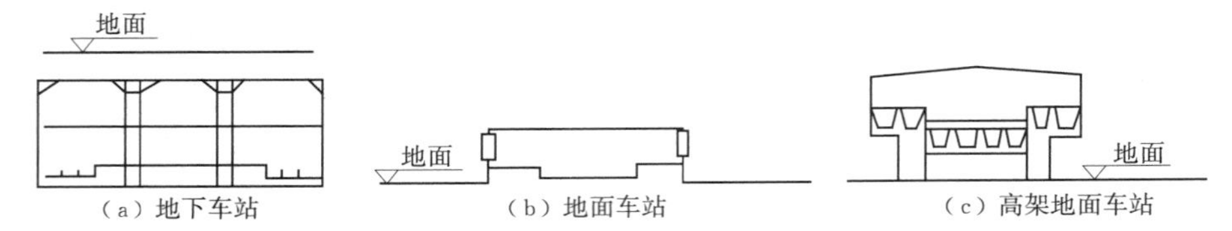

图 2.2.3-8 地铁车站相对位置分类

b. 按车站埋深分类：浅埋车站，车站结构顶板位于地面以下的深度较浅；深埋车站，车站结构顶板位于地面以下的深度较深。地铁线路的埋置深度的确定，考虑因素有二：一是工程造价，一般而言埋深越浅造价越低（与施工方法有关）；二是地面情况及城市地下管线设置，地面为道路时及考虑设置地下埋设物和管道，要求从地面到隧道拱顶的深度大于 2.5m；三是防护要求，埋深越深防护效果越好。

c. 按车站运营性质分类：中间站（即一般站），中间站仅供乘客上、下车之用；区域站（即折返站），区域站是设在两种不同行车密度交界处的车站；换乘站，换乘站是位于两条及两条以上线路交叉点上的车站；枢纽站，枢纽站是由此站分出另一条线路的车站；联运站，车站内设有两种不同性质的列车线路进行联运及客流换乘；终点站，设在线路两端的车站。其构成如图 2.2.3-9 所示。

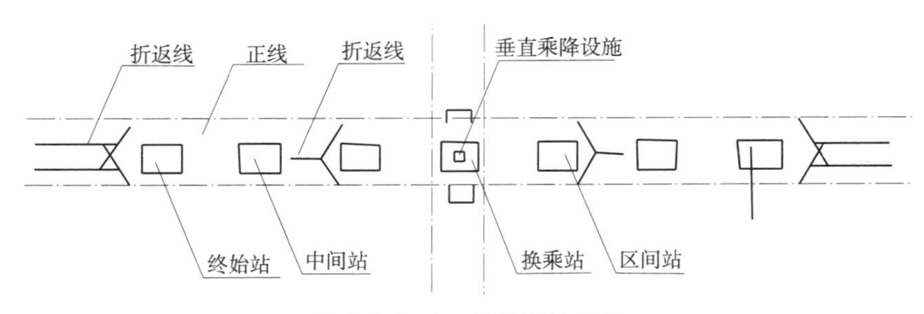

图 2.2.3-9 地铁车站分类

d. 按车站结构横断面形式分类，可分为矩形断面、拱形断面、圆形断面及其他类型断面。

e. 按设置位置分类：中心站，设于城市中心；郊区站，设于郊区；联络站，（换乘）设于两条线的交汇处通过联络通道把两条线上的车站站台相连。

f. 按形态分类，可分为单层站、双层站、多层站。车站的断面形式有矩形、拱形和圆形，如图 2.2.3－10 所示。

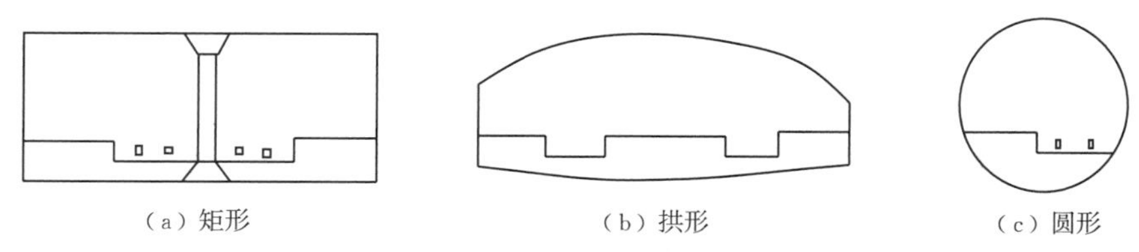

（a）矩形　（b）拱形　（c）圆形

图 2.2.3－10　车站的断面形式分类

g. 按车站站台形式分类：站台的宽度由客流乘降人数、升降台阶的位置和宽度等决定。一般的站台宽度：侧式站台为 3.5～7m，岛式站台为 8～12m。

i. 岛式站台：站台位于上、下行行车线路之间。岛式站台特点：站台面积利用率高、能灵活调剂客流、乘客使用方便等，因此，一般常用于客流量较大的车站。有喇叭口（常用作车站设备用房）的岛式车站在改建扩建时，延长车站是很困难的，如图 2.2.3－11 所示。

ii. 侧式站台：站台位于上、下行行车线路的两侧，这种站台布置形式称为侧式站台。侧式站台特点：侧式车站站台面积利用率、调剂客流、站台之间联系等方面不及岛式车站。因此，侧式车站多用于客流量不大的车站及高架车站。当车站和区间都采用明挖法施工时，车站与区间的线间距相同，故无需喇叭口，可减少土方工程量，改建扩建时，延长车站比较容易，如图 2.2.3－12 所示。

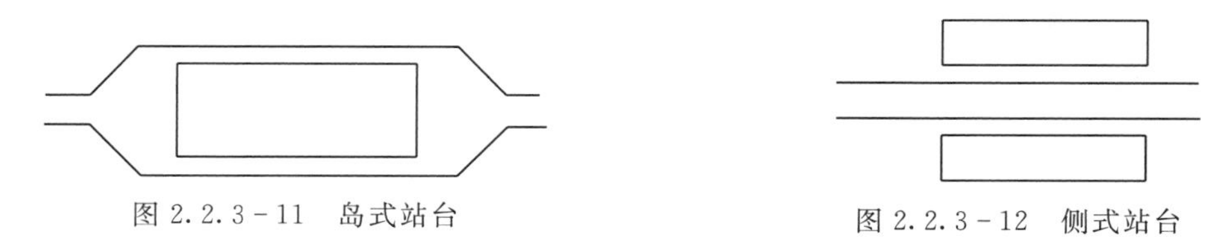

图 2.2.3－11　岛式站台

图 2.2.3－12　侧式站台

iii. 岛、侧混合式站台：岛、侧混合式站台是将岛式站台及侧式站台同设在一个车站内，如图 2.2.3－13 所示。侧式站台和岛式站台各尤其优、缺点，将其对比见表 2.2.3－3。

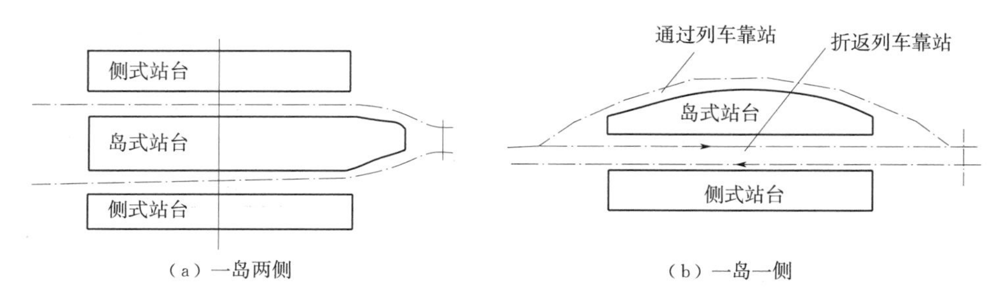

（a）一岛两侧　（b）一岛一侧

图 2.2.3－13　岛、侧混合式站台

表 2.2.3-3　　站台形式比较表

序号	项目	侧式站台	岛式站台
1	线形	一般维持直线即可	直线段，至少设两处反向曲线
2	建筑宽度	相对合理	较宽
3	结构内空间的利用	合理利用	利用率低
4	设计的难易，时间	容易，短	困难，长
5	站台可否延长	可能	困难
6	建设费	小	大
7	相反方向站台的联络	联络不便	方便
8	站台的利用数	两站台，分别使用，总的利用度低	利用度高
9	站台的混杂程度	上、下列车同时到达时无混杂集中	中

站台上的升降口，一般用台阶或自动扶梯与上部大厅及地面出入口相接续，站台旅客的处理能力决定于列车的停车时间、站台台阶的布置和宽度、站台的宽度等。从防灾角度出发，升降口至少要两个以上。一个升降口处理升降旅客的能力 Q（人）可由式（2.2.3-1）决定，即

$$Q=(v_2 d+\mu_1 N)(h-t) \tag{2.2.3-1}$$

式中　v_2——一台阶单位宽度的升降旅客的流动速度，人/s；

μ_1——一台自动扶梯的输送能力，人；

d——台阶宽度，m；

h——高峰时列车运行间隔，s；

t——乘降时间，s；

N——自动扶梯台数。

2）地铁车站的组成。地铁车站由车站主体（站台、站厅，生产、生活用房）、出入口及通道、通风道及地面通风亭等三大部分组成。

3）地铁车站平面布局。前期工作：收集设计资料；现场调查研究，掌握第一手资料，合适补充完善收集到的资料；考虑初步设想和构思；与有关单位密切配合协作，协商解决设计中的问题。

出入口布置的选定：车站出入口的位置，一般都选在城市道路两侧、交叉路口及有大量人流的广场附近。设在火车站、公共汽车站、电车站附近，便于乘客换车。车站出入口与城市人流路线有密切的关系。应合理组织出入口的人流路线，尽量避免相互交叉和干扰。车站出入口不宜设在城市人流的主要集散处，以便减少出入口被堵塞的可能。车站出入口应设在比较明显的部位，便于乘客识别，如图 2.2.3-14 所示。单独修建的地面出入口和地面通风亭，一般都设在建筑红线以内。与周围建筑物之间的距离应满足防火距离的要求。一、二级耐火等级的多层民用建筑物不应小于 6m；一、二级耐火等级的工业建筑物不应小于 10m；一、二级耐火等级的高层主体建筑不应小于 13m；一、二级耐火等级高层建筑的附属建筑物不应小于 6m。

风亭（井）布置：应根据地面建筑的现场条件或规划要求，风井可集中或分散布置。应尽量与地面建筑相结合。进、排、活塞风井口部距建筑物的距离均应不小于5m。

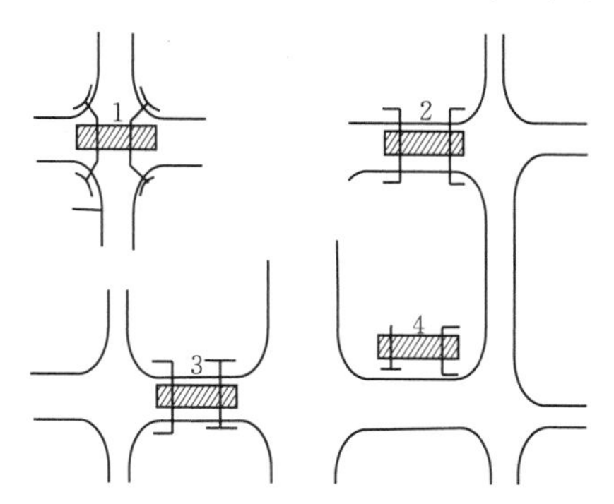

图 2.2.3-14　地铁车站与路口关系（阴影部分为车站）

4）地下铁道车站建筑设计。

a. 车站规模：车站规模主要指车站外形尺寸大小、层数及站房面积多少。车站规模主要根据本站远期预测高峰小时客流量、所处位置的重要性、站内设备和管理用房面积、列车编组长度及该地区远期发展规划等因素综合考虑确定。车站规模一般分为3个等级（1级站、2级站、3级站）。

b. 站厅：站厅的作用是将由出入口进入的乘客迅速、安全、方便地引导到站台乘车，或将下车的乘客同样地引导至出入口出站。站厅的布置有图2.2.3-15所示的3种类型，根据车站运营及合理组织客流路线的需要，站厅划分为付费区及非付费区两大区域。

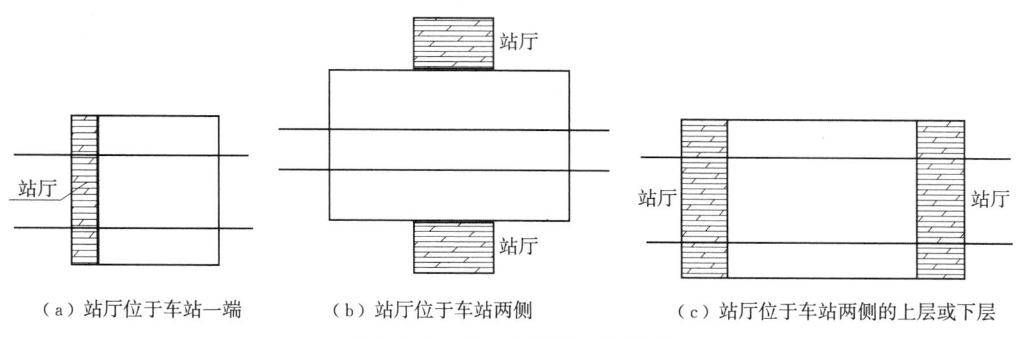

图 2.2.3-15　站厅的布置类型

5）站台主要尺寸。

a. 站台长度：站台长度为列车最大编组数的有效长度与停车误差之和，即

$$L=S\times n+\Delta \qquad (2.2.3-2)$$

式中　L——站台计算长度，m；

S——电动客车每节长度（BJ-2型为19.42m）；

n——客车节数，节；

Δ——停车误差总数，1～2m。

有效长度与停车误差应符合以下规定：有效长度在无站台门的站台应为列车首末两节车辆司机室门外侧之间的长度；有站台门的站台应为列车首末两节车厢尽端客室门外侧之

间的长度；停车误差当无站台门时应取1～2m，有站台门时应取±0.3m。

b. 站台总宽度。

岛式站台宽度为

$$B_d=2b+nz+t \tag{2.2.3-3}$$

侧式站台宽度

$$B_c=b+t+z \tag{2.2.3-4}$$

式中　b——侧站台宽度，应按照式（2.2.3-5）中的较大者取值，即

$$\begin{cases} b=\dfrac{Q_{上}\times\rho}{L}+b_a \\ b=\dfrac{Q_{上,下}\times\rho}{L}+M \end{cases} \tag{2.2.3-5}$$

n——横向柱数；

z——纵梁宽度（含装饰层厚度），m；

t——每组楼梯与自动扶梯宽度之和（含与纵梁间所留空隙），m；

$Q_{上}$——远期或客流控制期每列车超高峰小时单侧上车设计客流量，人；

$Q_{上,下}$——远期或客流控制期每列车超高峰小时单侧上、下车设计客流量，人；

ρ——站台上人流密度，取0.33～0.75m^2/人；

L——站台计算长度，m；

M——站台边缘至站台门立柱内侧距离，无站台门时，取为0m；

b_a——站台安全防护带宽度，取0.4，采用站台门时用M代替b_a值，m。

站台各部位的最小宽度和最小高度应按表2.2.3-4设计。

表2.2.3-4　　车站各部位最小宽度和高度　　单位：m

<table>
<tr><th colspan="2">名称</th><th>最小宽度</th><th>名称</th><th>最小高度</th></tr>
<tr><td colspan="2">岛式站台</td><td>8.0</td><td>地下站厅公共区（地面装饰层面至吊顶面）</td><td>3</td></tr>
<tr><td colspan="2">岛式站台的侧站台</td><td>2.5</td><td>高架站厅公共区（地面装饰层面至梁底面）</td><td>2.6</td></tr>
<tr><td colspan="2">侧式站台（长向范围内设梯）的侧站台</td><td>2.5</td><td>地下车站站台公共区（地面装饰层面至吊顶面）</td><td>3</td></tr>
<tr><td colspan="2">侧式站台（垂直于侧站台开通道口设梯）的侧站台</td><td>3.5</td><td>地面、高架车站站台公共区（地面装饰层面至风雨篷底面）</td><td>2.6</td></tr>
<tr><td rowspan="2">站台计算长度不超过100m且楼梯、扶梯不伸入站台计算长度</td><td>岛式站台</td><td>6.0</td><td>站台、站厅管理用房（地面装饰层面至吊顶面）</td><td>2.4</td></tr>
<tr><td>侧式站台</td><td>4.0</td><td>通道或天桥（地面装饰层面至吊顶面）</td><td>2.4</td></tr>
<tr><td colspan="2">通道或天桥</td><td>2.4</td><td>公共区楼梯和自动扶梯（踏步面沿口至吊顶面）</td><td>2.3</td></tr>
<tr><td colspan="2">单向楼梯</td><td>1.8</td><td></td><td></td></tr>
<tr><td colspan="2">双向楼梯</td><td>2.4</td><td></td><td></td></tr>
<tr><td colspan="2">与上、下均设自动扶梯并列设置的楼梯（困难情况下）</td><td>1.2</td><td></td><td></td></tr>
<tr><td colspan="2">消防专用楼梯</td><td>1.2</td><td></td><td></td></tr>
<tr><td colspan="2">站台值轨道去的工作梯（兼疏散梯）</td><td>1.1</td><td></td><td></td></tr>
</table>

（6）区间隧道。区间隧道包括区间行车通道段和区间设备段（如折返线、地下存车线、联络线）以及其他附属建筑物（站务用房、电气用房、其他用房）。内设列车运行及安全检查用的各种设施，如轨道、电车线路、线路标志、通信及信号用电缆、照明、通风设施等。其主要作用是：供列车通过、放置设备及安全检查各种设置。地铁区间隧道的断面，一般分为箱形和圆形两种。明挖法多采用箱形断面，这种断面结构经济，施工简便，材料大部分用钢筋混凝土。典型的地铁区间断面如图 2.2.3－16 所示。盾构法则采用圆形断面，其类型有单线、双线。近几年，由于矿山法的应用，马蹄形断面也开始使用。

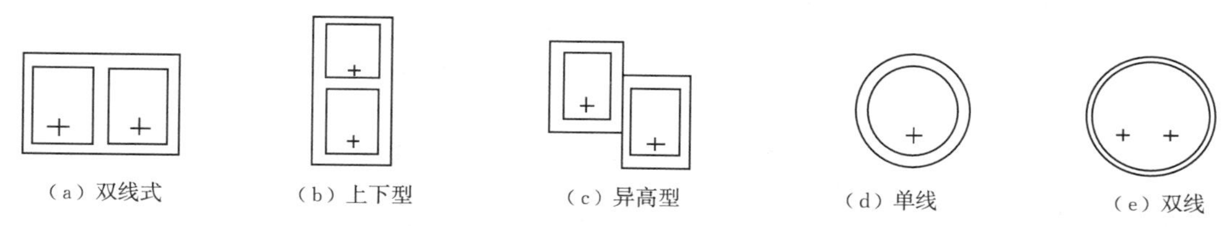

图 2.2.3－16　地铁区间断面示意图

区间隧道的地下结构应结合施工方法、结构形式、断面大小、工程地质、水文地质及环境条件等因素，合理确定其埋深及与相邻隧道的距离，应符合下列规定。

1）盾构法施工的区间隧道覆土厚度和并行隧道间净距不宜小于隧道外轮廓直径。

2）矿山法区间隧道最小覆土厚度不宜小于隧道开挖宽度的 1 倍，矿山车站隧道的最小覆土厚度不宜小于 6～8m。

（7）地铁通风。地铁通风包括：自然通风，利用列车活塞风；半机械通风，车站采用机械通风，区间隧道采用自然通风或相反；机械通风等。其通风系统分为以下 3 类。

1）开式系统：是应用机械或“活塞效应”的方法使地铁内部与外界交换空气，利用外界空气冷却。

2）闭式系统：使地铁内部基本上与外界大气隔断，仅供给满足乘客所需新鲜空气量。

3）屏蔽门式系统：在车站站台边缘安装屏蔽门，将车站公共区域与列车运行区域分隔开，车站采用空调系统，区间隧道用通风系统（机械通风或活塞通风，或两者兼用）。

（8）出入口设置。车站出入口的主要作用在于吸引和疏散客流，它与所服务的半径范围内的居民人口数量有密切关系。因此，要在对居民出行方式调查的基础上，确定有可能使用地铁的人口比例。

1）出入口位置、数量及计原则。最好选择沿线主要街道的交叉路口或广场附近，尽量扩大服务半径，方便乘客。一个车站其出入口的数量要视客运需要与疏散的要求而定，最低不得少于两个，且在街道两侧应设有车站入口，车站如位于街道的十字交叉口处客流量大的情况下，出入口数量以 4 个为宜，布置在交叉点的四角，这样有利于乘客从不同方向进出地铁。处于底面多条街道相交路口的大型地铁车站，根据需要也可以设置多个出口，如图 2.2.3－17 所示。

2）车站出入口的设计，还须考虑到下列原则和有关问题。

a. 车站出入口布置应与主要客流量的方向相一致，建筑形式应考虑到当地的气候条件。

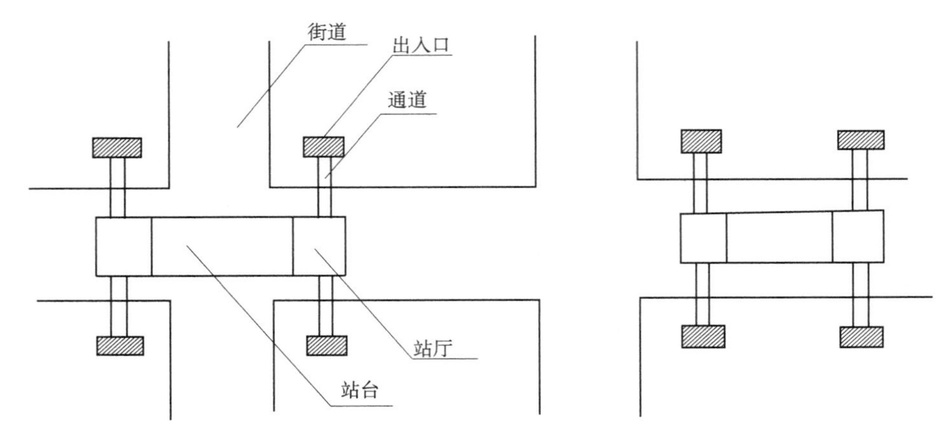

图 2.2.3-17 街道交叉处地铁站出入口布置比较

b. 车站出入口和通道宜与城市地下人行过街道、地下街、公共建筑的地下层相结合或连通，统一规划，同步或分期实施建设。

c. 车站出入口与底面建筑物合建时，在出入口与底面建筑物之间应采取防火措施。

d. 车站底面出入口上下自动扶梯的设置，应根据提升高度和经济条件而定。既要方便乘客，又不能超出财力盲目安设自动扶梯，国内一般当提升高度大于 8m 时设上行自动扶梯，超过 12m 时，上下行均设自动扶梯。

e. 车站出入口必须设置有特征的地铁统一的标志，以引导乘客。

f. 出入口宽度按计算确定，但最小宽度不应小于 2.5m。

3）出入口宽度计算。

a. 单向（二侧）为

$$B_1 \geqslant b_1$$

b. 双向（二侧）为

$$B_2 \geqslant 2 \times b_1/2$$

c. 双向（二侧、四支）为

$$B_3 \geqslant 2 \times b_2/4(\mathrm{m})$$

d. 单支（二侧）为

$$b_1 = Q \cdot a/(2C_1)$$

e. 双支（二侧）为

$$b_2 = Q \cdot a/(4C_1)$$

式中 C_1——通道双向运行通过能力；

a——不均匀系数，一般 $a=1\sim1.25$；

Q——超高峰客流量，人/min。

上述设计参数如图 2.2.3-18 所示。

4）楼梯宽度计算。

$$B = \frac{Q \times T}{C}(1+\alpha_b) \tag{2.2.3-6}$$

式中 T——列车运行间隔时间，min；

C——楼梯通过能力，人/min；

α_b——加宽系数，一般采用0.15。

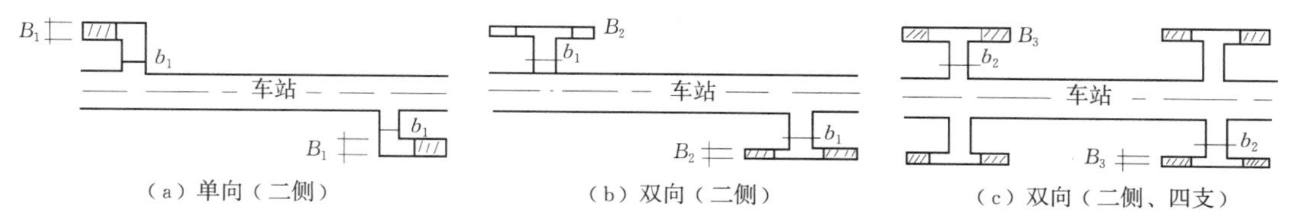

（a）单向（二侧）　（b）双向（二侧）　（c）双向（二侧、四支）

图 2.2.3-18　出入口宽度计算示意图

（9）防灾设施。地铁设计中主要考虑火灾、水灾和地震的防治。防灾设施包括防止灾害发生、灾害救援和阻止灾害扩大等设施，灾害防治的总体原则是预防为主、防消结合。从预防火灾和减少损失的角度来讲，建筑和设备的不燃化、良好的通风设计、旅客的诱导标志和避难设施是很重要的。此外，还需要设置灾害防治报警和监控系统。水灾的防治主要措施有插板防水灌入、设置双道防水门、抬高标高、设置防水盖、修筑防水壁、作防水隔断门。

2.2.4　地下综合管廊和物流系统

1. 地下综合管廊概念

地下综合管廊是指为综合管理和维护城市公用设施的各种管道（如通信电缆、电力电缆、高压煤气管、低压煤气管、压力水管、给水管、污水处理管、垃圾处理管等）、电缆集中敷设在一个管道（管廊）的地下洞室。在一个城市的发展过程中，常有已修建的地下埋设物，造成道路下的地下空间利用混杂和不合理，为了解决这个问题，修建集中设置的共同地下管道是有效的途径。

修建综合地下管廊的优点有以下几个。

（1）避免沿线用户无规划地乱用地下空间，多次开挖路面，既破坏道路结构，又影响交通和居民生活。

（2）可采取暗挖法施工，不妨碍交通和对地面设施产生破坏，从而保护城市地面环境。

（3）一般属于深埋，不影响地面高层建筑及其他地下建筑物或浅层地下空间结构，节省城市地下空间。

（4）可畅通地通过绝大多数城市地下空间，且路线较短。

（5）各路管线相互配合，相互影响较小，空间利用率高，便于及时检修，且可回收利用。

（6）管线结构使用寿命长，利于扩建和战时防护。

（7）工程造价与传统地下给排水、电力、电信、供热、供气等管线的总造价不相上下，经济和环境效益明显。

2. 地下综合管廊的结构

地下综合管廊基本构成由标准断面、特殊断面（支线、电缆接头位置、进物孔、人孔等）、通风口及出入口、附属设备（排水、通风、照明、防灾安全等设备）等部分组成。共同管道原则上设在车道的下面，其平面线形与道路中心一致。考虑排水的需要，纵坡不宜小于2‰，尽可能与道路纵坡一致，在交叉地段可取平坡。从路面到管道顶的覆盖厚度，标准地段不小于2.5m，特殊地段及通风口处，原则上要保证路面铺装厚度。地下管道或地下管廊的典型断面形式有圆形、拱形和矩形，如图2.2.4-1（a）、（b）所示。

3. 地下物流系统

地下物流系统最终发展目标：是形成一个连接城市各居民楼或生活小区的地下管道物流运输网络，并达到高度智能化，人们购买任何商品都只需点一下鼠标，所购商品就像自来水一样通过地下管道很快地“流入”家中，这是最理想的状况。

在正常情况下，通过这种系统可以实现36km/h的恒定运输速度。这种地下管道快捷物流运输系统，将和传统的地面交通和城市地下轨道交通共同组成未来城市立体化交通运输系统，其优越性在于：可以实现污染物零排放、对环境无污染，且没有噪声污染；系统运行能耗低、成本低；运输工具寿命长、不需要频繁维修，可实现高效，智能化、无中断物流运输；和其他地面交通互不影响；运行速度快、准时、安全；可以构建电子商务急需的现代快速物流运输系统，不受气候和天气的影响等。例如，德国的CargoCap地下管道物流系统，其主要构成如图2.2.4-1（c）所示。

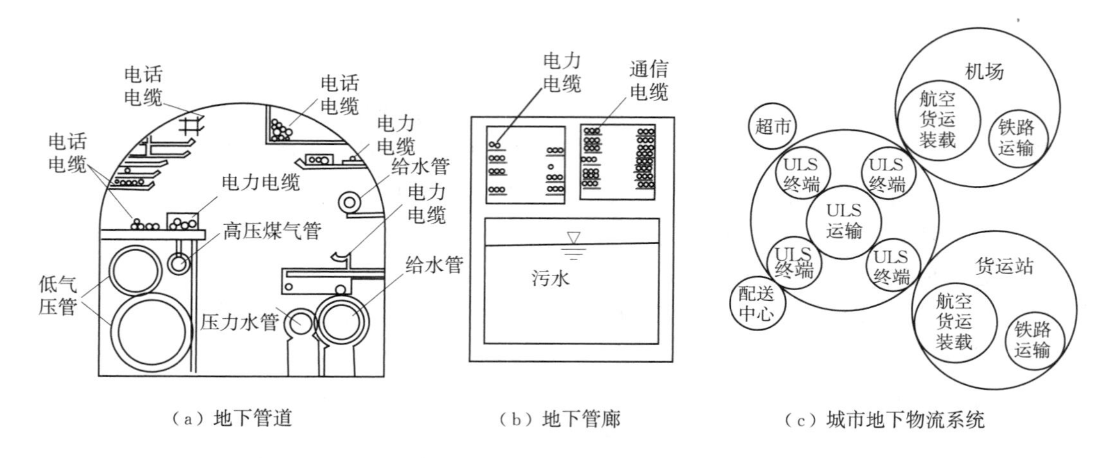

（a）地下管道　（b）地下管廊　（c）城市地下物流系统

图2.2.4-1　城市地下管道、地下综合管廊及地下物流系统

2.2.5　地下能源供给设施

1. 电力供应设施

城市电力供应设施主要包括两方面：一是送电和配电线路的地下化；二是地下变电站的大量涌现。送、配电线路地下化的作用效果见表2.2.5-1。

表2.2.5-1　送、配电线路地下化的作用效果

功能	作用效果
强化防灾功能	（1）由于消防车易于活动，增强消防效果； （2）在密度很大的市街地带，由于高压线转入地下，提高了地区安全性； （3）由于排除架空线，可防止沿线建筑施工及小孩玩耍时的触电事故

续表

功能	作用效果
使道路交通通畅	(1) 由于排除交叉点的电杆、电线，防止了车辆交通的障碍； (2) 由于排除人行道上的电杆，防止了母子车、残疾人的交通不便
促进稳定供应	(1) 高压干线的地下化，提高了大容量的供应及供应的稳定性、可靠性； (2) 减少地震火灾的受害程度，也防止了风害、雷击的事故
提高城市景观	(1) 由于免去电杆、电线，改善了道路景观，增加了开放感； (2) 可扩充道路的有效空间，扩大了绿化面积，改善了城市景观
有效利用道路空间	(1) 扩大道路的绿化空间，人行的通行空间； (2) 可增加占用道路的设施（如交通安全设施，装饰设施等）的可靠

(1) 送、配电线路地下化。

1) 管路式。管路的线形和管形与已有埋设物有关，采取直线困难时，中间插入曲线段。其最小曲率半径不小于5m，过小的半径对牵引电缆时会产生很大侧压力和拉力。管的内径 d 与收纳的电缆外径 D 的关系，要满足以下条件：管内布设一条电缆时，$D \geqslant 1.3d$ 且 $D \geqslant d+30\text{mm}$；管内布设两条电缆时，$2.85d \geqslant D \geqslant 2.16d$。

2) 管道式。管道（或洞道）的标准断面，视施工方法而定，有圆形、矩形和马蹄形等。其净空尺寸则由其中容纳的电缆数、类型、作业方式、维修方便等条件决定，如图2.2.5-1所示。

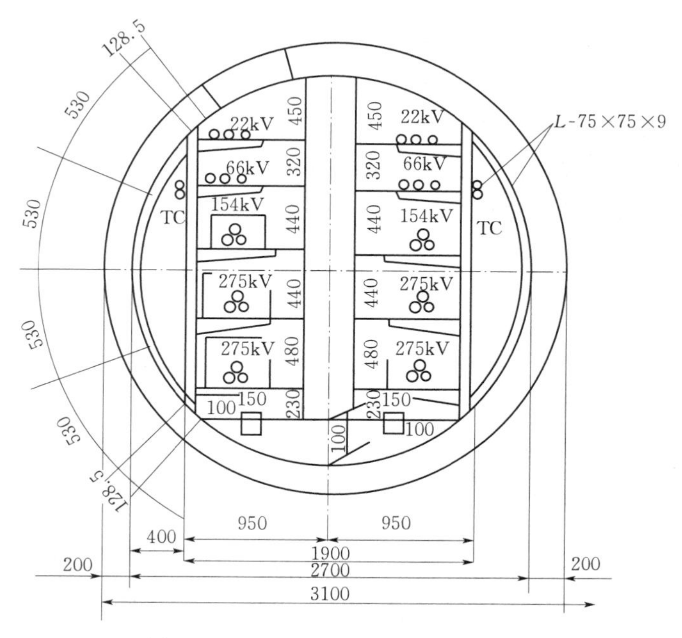

图 2.2.5-1　地下送、配电线路管道

(2) 地下变电站。城市的供电需要大容量的变电站，由于城市的密集化和高昂的地价，取得合适的用地较为困难。

2. 天然气供给设施

天然气供给设施与上下水道一样，也是利用地下空间最多的设施之一。天然气供给的管道通常有高压管和低压管之分，后者一般用于向家庭供给天然气。一般来说，干管多埋于地面下0.6～1.5m处，其他导管埋在地面下0.6～1.2m处。目前，多数国家将天然气供给导管安置在共同市政管道中。

我国“西气东输”工程是管道工程，采取干支结合、配套建设方式进行，管道输气规模设计为每年120亿m^3。项目第一期投资预测为1200亿元，上游气田开发、主干管道铺设和城市管网总投资超过3000亿元。工程在2000—2001年内先后动工，于2007年全部建成，是中国距离最长、管径最大、投资最多、输气量最大、施工条件最复杂的天然气管道。实施西气东输工程，有利于促进我国能源结构和产业结构调整，带动东部、中部、西部地区经济共同发展，改善管道沿线地区人民生活质量，有效治理大气污染。这一项目的实施，为西部大开发、将西部地区的资源优势变为经济优势创造了条件，对推动和加快新疆及西部地区的经济发展具有重大的战略意义。

3. 地区性冷暖房

采用地区暖房的主要目的是为了减少对大气的污染，目前国外修建的地区冷暖房，几乎都是利用石油以及城市天然气为燃料（如瑞典、芬兰、丹麦、德国等普及率相对较高），今后将向利用废热或复合能源的冷暖房发展。美国每年安装约4万套地源热泵系统，意味着降低温室气体（如CO_2等）排放100万t，相当于减少50万辆汽车的污染物排放或种植404686hm^2（$1hm^2=10^4m^2$）树的效果，年节约能源费用可达42亿美元。此外，美国、德国等正在研究开发“非枯竭性的无污染能源”——深层干热岩发电，我国近年来也积极投入到地下干热岩、地下热水的热能开发和应用中，干热岩（HDR）是指埋深超过2000m、温度超过150℃的地下高温岩体，其特点是岩体中很少有地下流体存在。据估算，中国大陆3000～10000m深处干热岩资源总计相当于860万亿吨标准煤，是中国目前年度能源消耗总量的26万倍。

4. 上、下水道设施

(1) 上水道设施。从上水道设施的布置看，无论是从遥远的山间水库，还是市区铺设的导水管路及配水场，一般都修建在地下。导水管网铺设是根据城市布局形成的，一般主干导水管埋设于城市的主要道路下，预留接口分配到城市各小区。其形式上有单独铺设形成整个城市的导水管网，但更多的是将主干导水管铺设在共同市政管道中，组成城市的主干导水管网，如图2.2.5-2所示。

(2) 下水道设施。下水道的基本作用是防止降雨时市区积水、改善环境卫生、城市生活和工厂污水排放、粪便处理、防止水质污染、保护水资源以及下水的再利用。下水道集水方式主要分为分流式和合流式，如图2.2.5-3所示。

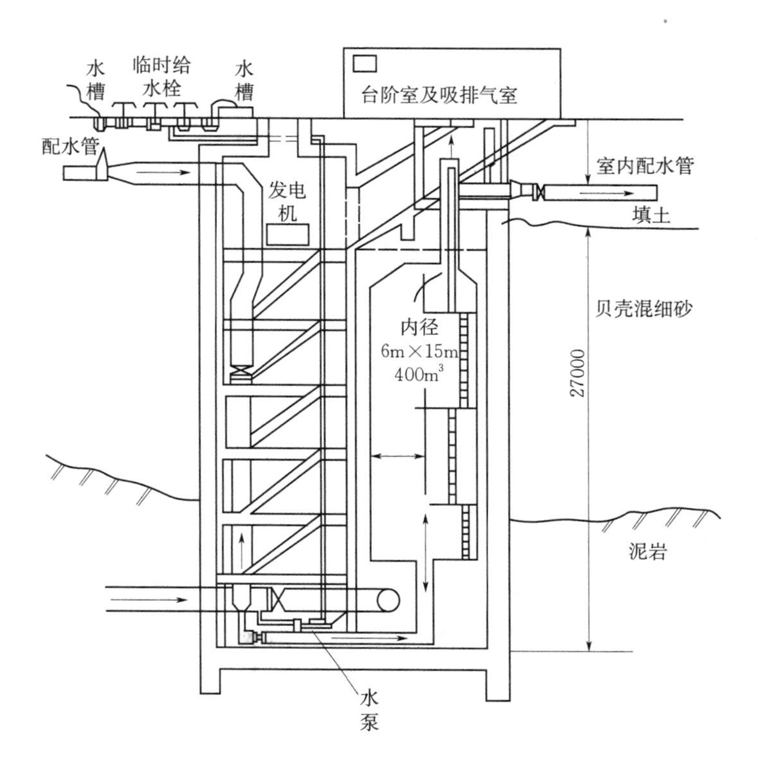

图 2.2.5-2　竖井式上水道给水设施

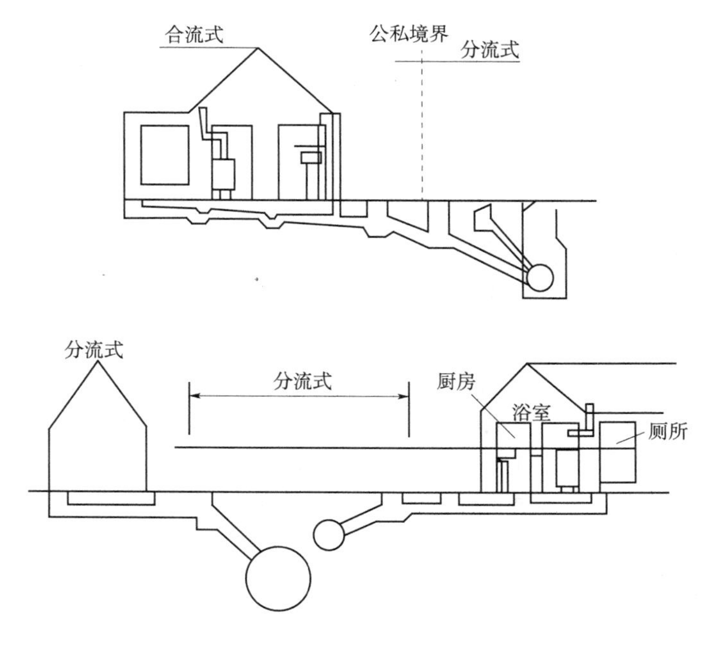

图 2.2.5-3　下水道集水方式

2.2.6 地下人防工程

1. 人防工程概念

城市人防工程主要是为防御战时各种武器的杀伤破坏（包括空气冲击波、热辐射、光辐射、核辐射、电磁脉冲效应、地运动、生化武器毒害、武器直接命中等）而修筑的地下洞室工程。如人员掩蔽工事、作战指挥部、军用地下工厂、地下仓库、医院、地下电站、地下水库等。地下铁道、建筑物的地下室等，也可作为战时防护所需要的地下人防工程。城市人防工程，应做到平战结合，以战为主兼顾平时使用的经济效益作用。

2. 人防工程分类

（1）根据战备需求和城市特点分为单建式和附建式，前者是单独修筑的地下防护工程，后者是根据城市人防要求将多层或高层建筑物的地下室修建成防空地下室。

（2）按照地层条件和施工方法可分为坑道式、地道式、掘开式和防空地下室。

3. 人防工程的防护原则

（1）利用岩土介质和地下结构来掩护人员免遭杀伤，保障仪器设备、器材的安全运行，此外还要保障物资、食品、饮水的储备。

（2）对于单建式人防工程，设计时可按照相应规范只考虑冲击波、热辐射、光辐射、核辐射作用进行设计。

（3）人防工程结构的厚度和覆盖层厚度通常能够使辐射剂量削弱到允许程度，因此地下人防工程的设计关键是各类出入口通道。

（4）对于电磁脉冲效应，常用单独或集中屏蔽方式来防护，可采用电路中的过滤器装置来限制。

（5）还应考虑航弹直接命中的可能，应采取措施将直接命中所带来的危害降到最低程度。

（6）对生化危害的防护关键在孔口部位，应采取分段密闭和除尘、滤毒的进风系统装置进行设计。

4. 人防工程出入口的设计原则

（1）人防工程的出入口防护设施主要包括防护门、防护密闭门、密闭门、防毒通道、洗消间等。

（2）每个单元的出入口的形式及数量应根据功能需要决定，但至少应设置两个出入口，一个专供平时使用，一个供战时紧急备用，且通向地面的出入口或通风口应避开地面建筑的倒塌范围，露出地面的维护建筑应采取轻型材料构筑，便于及时清除。

（3）出入口的形式主要有拐弯式、直通式、穿廊式和竖井式，如图 2.2.5－4 所示。拐弯式最为常见，其优点是，防护门不易受到碎片的撞击而影响其启闭，直通式出入口主要用于大型车辆的通过，穿廊式出入口结构较为复杂，但其受到冲击波的压力低于拐弯式和直通式，竖井式出入口一般用作紧急出入口。

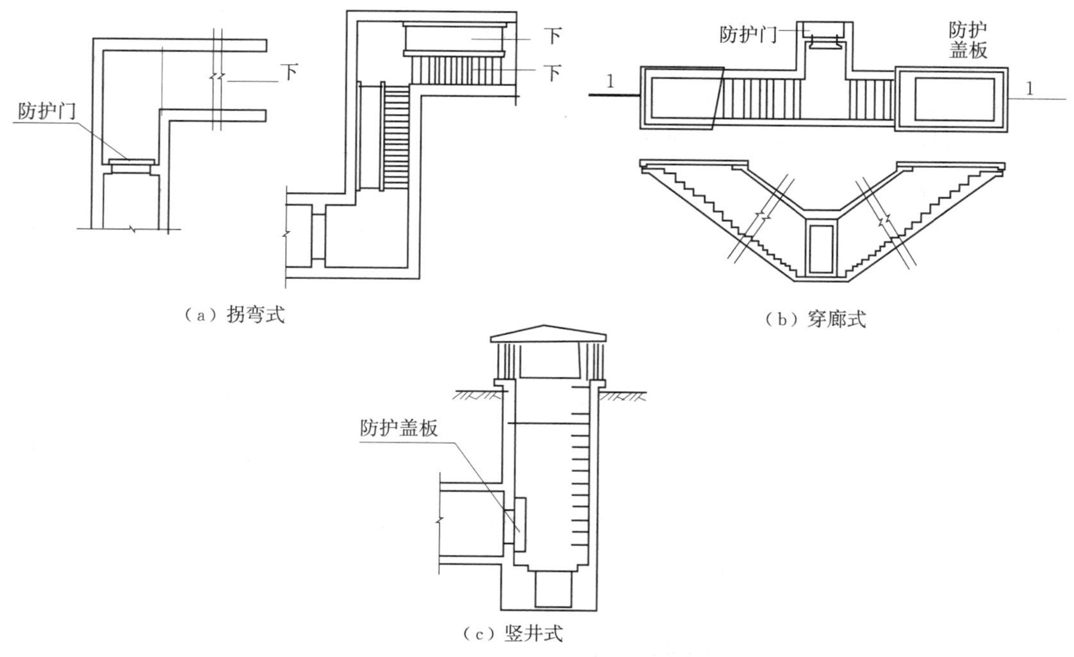

（a）拐弯式

（b）穿廊式

（c）竖井式

图 2.2.5-4　地下人防工程的出入口形式

2.3　地下运输隧道工程

能在短时间、短距离内完成大量的物流、人流、战略物资的输送，是一个国家经济发展所必须解决的问题，而要满足输送物资的“短、平、快”要求，则必然要和大规模国土的地下空间的开发存在必然关联，因此，大面积地下运输隧道工程的开发是未来发展的必然趋势。

1. 隧道的概念

隧道是埋置于地层中的工程建筑物，是人类利用地下空间的一种形式。1970 年国际经济合作与发展组织则将隧道定义为：以某种用途、在地面下用任何方法按规定形状和尺寸修筑的断面积大于 $2m^2$ 的洞室。

2. 隧道的种类

隧道的种类繁多，从不同的角度区分，就有不同的分类方法。分类比较明确的还是按照隧道的用途来划分，可以有以下几种。

（1）按地质条件可分为土质隧道和石质隧道。

（2）按埋深可分为浅埋隧道和深埋隧道。

（3）按所处位置可分为山岭隧道、城市隧道、水底隧道。

（4）按施工方法分为钻爆法隧道、明挖法隧道、机械法隧道、沉埋法隧道。

（5）按断面形状分为圆形隧道、矩形隧道、马蹄形隧道。

（6）按隧道长度 L（山岭隧道）分为：铁路特长隧道（$L>10000$m）、铁路长隧道

($3000\text{m}<L<10000\text{m}$)、铁路中长隧道($500\text{m}<L<3000\text{m}$)、铁路短隧道($L<500\text{m}$);公路特长隧道($L>3000\text{m}$)、公路长隧道($1000\text{m}<L<3000\text{m}$)、公路中长隧道($500\text{m}<L<1000\text{m}$)、公路短隧道($L<500\text{m}$)。

(7)按使用功能分类可分为交通隧道、水工隧洞、市政隧道、矿山隧道。

3. 隧道的用途

(1)交通隧道。这是隧道中为数最多的一种,它们的作用是提供运输地下通道。其特点是:能够克服高程障碍,常见的“逢山开洞、遇河架桥”;能够克服平面障碍,傍山沿河时“截弯取直”“穿越河流”水底隧道;能够绕避不良地质;能够保留地面自然景观,如上海黄浦江上的隧道。其基本分类:按用途分可分为铁路隧道、公路隧道、航运隧道(海峡通道);按隧道所处位置分可分为山岭隧道、水底隧道、地下铁道。

1)铁路隧道。其主要用于单次大客流量和大物流长距离轨道运输系统,一般供机车运输用,分为山岭隧道、水下隧道、城市隧道。

2)公路隧道。其主要用于单次小客流量和小物流长距离路面运输系统,一般供汽车行驶的通道,还兼作管线和行人等通道。

3)水底隧道。当交通需要横跨河道时,一般可以架桥或渡轮通过。但是,如果在城市区域以内,河道通航需要较高的净空,此时采用水底隧道,既不影响河道通航,也避免了风暴天气渡轮中断的情况,而且在战时不易暴露交通设施目标,防护层厚,是国防上的较好选择。

4)地下铁道。地下铁道是解决大城市交通拥挤、车辆堵塞等问题,且能大量快速运输乘客的一种城市交通设施。它可以是很大一部分地面客流转入地下,可以高速行车且可缩短车次间隔时间,节省了乘车时间,便利了乘客的活动。在战时还可以起到人防工程的功能。

5)航运隧道。当运河需要越过分水岭时,克服高程障碍成为十分困难的问题,一般需要绕行很长的距离。修建航运隧道,把分水岭两边的河道沟通起来既可以缩短航程,又可以省掉船闸的费用,船只可迅速而顺直地通过,航运条件大为改善。

6)人行地道。为了提高交通运送能力及减少交通事故,可以修建人行地道和地下立交车道。这样可以缓解地面交通压力,也大大减少了交通事故。

(2)水工隧道。水工隧道(也称为水工隧洞)也是水利枢纽的一个重要组成部分,根据其用途又可分为引水隧洞、尾水隧洞、导流隧洞、泄洪隧洞、排沙隧洞等,详见第4章。

(3)市政隧道。市政隧道是城市中为安置各种不同市政设施而修建的地下孔道。主要分为给水隧道、污水隧道、管路隧道、线路隧道、人防隧道。

(4)矿山隧道。在矿山开采中,常设一些隧道(也称巷道),从山体以外通向矿床。主要包括运输隧道、给水巷道、通风巷道。

2.3.1 铁路隧道

1. 世界铁路隧道的发展

世界上第一座铁路隧道是1829年修建于英国利物浦—曼彻斯特的铁路上,由蒸汽机车牵引，截至1990年，全世界共有逾12000km的铁路隧道，其中最著名是连接日本北海道和本州的青函隧道，通过津轻海峡的海底隧道，隧道断面为马蹄形，内径为9.6m，全长53.85km（海底部分23.3km，陆上部分30.5km）。青函隧道平均埋深100m，最大水深140m，为一条双线隧道加一条辅助坑道。

2. 我国铁路隧道发展

我国是个多山的国家，山地、丘陵、高原等山区面积约占全国面积的2/3，铁路穿越这些地带时往往会遇到山岭障碍。同时铁路还有小曲线半径限制，常限制于山岳地形无法绕过，需要修建隧道以克服高程或平面障碍。隧道既可以使线路顺直、线路缩短，又可以减小坡度，还可以躲开各种不良地质条件，从而提高牵引数，多拉快跑，使运营条件得以改善。自1890年，我国修建的第一座铁路隧道——台湾的狮球岭隧道（长仅261m）以来，我国铁路隧道在数量、总长度上已处于世界领先地位（万米以上部分隧道），现将我国铁路隧道的运营、规划情况进行统计，见表2.3.1-1～表2.3.1-3。

表2.3.1-1　我国正在运营的20km及以上大长铁路隧道统计

隧道名称	隧道长度/m	所在铁路线	修筑年份/年
新关角隧道	32645	西格铁路二线	2011
新关角隧道	28238	兰渝铁路	2007
西秦岭隧道	28236	兰州—重庆铁路	2008
太行山隧道	27848	石太高铁	2007
戴云山隧道	27558	向莆铁路	2011
中天山隧道	22450	南疆铁路图库二线	2009
青云山隧道	22161	向莆铁路	2011
高盖山隧道	21104	向莆铁路	2010
吕梁山隧道	20738	太中银客运专线	2010
乌鞘岭隧道	20050	兰新铁路复线	2006
木寨岭隧道	19025	兰渝铁路	2003

表2.3.1-2　我国在建长度20km以上的特长铁路隧道

隧道名称	隧道长度/m	所在铁路线	修筑年份/年
高黎贡山隧道	34538	大理—瑞丽	2014
平安隧道	28426	成都—兰州	2013
云屯堡隧道	22923	成都—兰州	2014
崤山隧道	22751	内蒙古—华中铁路	2015
小相岭隧道	21775	新建成昆铁路	2016
当金山隧道	20100	敦煌一格尔木铁路	2013

自2017年以来，在约1.0万km的设计和规划的铁路隧道中，高铁及城际铁路隧道

1900余座，长约4200km，其中设计时速为300～350km/h的高铁隧道1000座，长约2500km，设计时速为250km/h的铁路隧道600座，长约1000km，规划长度大于10km的特长隧道有200座，长约2800km。

表2.3.1-3　　我国规划长度20km以上的特长铁路隧道

隧道名称	隧道长度/m	所在铁路线	设计时速/（km/h）
热贡隧道	35520	西宁—成都	200
海子山隧道	32541	川藏线雅安—林芝段	160（预留200）
芒康山隧道	30534	川藏线雅安—林芝段	160（预留200）
伯舒拉岭隧道	28031	川藏线雅安—林芝段	200
海南东山特长隧道	26900	西宁—成都	200
岷山隧道	20100	兰州—成都	200
深圳枢纽1号隧道	24560	深圳—茂名铁路	250
江湾隧道	22310	柳州—贺州—韶关铁路	160
依洛隧道	21219	宜昌—西安铁路	160
彝良隧道	20590	重庆—昆明铁路	350
坪寨隧道	20456	水城—盘县铁路	250（预留350）

3. 铁路隧道的设计内容

铁路隧道的设计内容包括：①隧道位置选择；②隧道方案与绕行方案、明堑方案及与跨河建桥的比较；③隧道洞口位置的确定；④隧道平、纵面设计；⑤铁路隧道静空、各类限界、曲线加宽的确定及横断面设计；⑥隧道建筑物（衬砌、洞门）的构成及结构设计。具体设计方法见第5章。

高速铁路是铁路现代化的标志。高速铁路行车速度高，对基础设施要求高，线路最小曲线半径大，所以高速铁路上必然会出现大量的隧道工程。高速铁路隧道与一般铁路隧道相比有较多的不同，主要与列车空气动力学相关。高速铁路隧道设计涉及洞口形式、隧道及列车断面、隧道结构耐久性、洞内设施及轨道类型等一系列问题。

2.3.2　公路隧道

1. 世界公路隧道的发展概况

公路的限制坡度和限制最小曲线半径都没有铁路那样严格，过去的山区修筑公路时为节省工程造价很少修建隧道。但随着社会的发展，高速公路逐渐出现，它要求线路顺直、平缓、路面宽敞，于是在穿越山区时也常采用隧道方案。此外，为避免平面交叉，利于高速行车，城市附近也常采用隧道方式通过。世界各国已建成的长度大于10km的公路隧道见表2.3.2-1。

表 2.3.2-1　　世界各国已建成的长度大于 10km 的公路隧道

隧道名称	国家	长度/m
勃朗峰（Mt. Blance）	法国—意大利	11600
弗雷儒斯（Frejus）	法国—意大利	12901
圣哥达（St. Gothard）	瑞士	16918
秦岭终南山隧道	中国	18020
大坪里隧道	中国	12290
包家山隧道	中国	11500
宝塔山隧道	中国	10391
阿尔贝格（Arlberg）	奥地利	13927
格兰萨索（Gran Sasso）	意大利	10137
关越Ⅰ（Kan-Etsu）	日本	10920
关越Ⅱ（Kan-Etsu）	日本	11010
居德旺恩（Gudvanga）	挪威	11400
Folgefonn	挪威	11100
Aurland Laerdal	挪威	24500
坪林（Pinglin）	中国台湾	12900
Hida	日本	10750

我国公路隧道1980年后开始大规模修建，按照其长度排名见表2.3.2-2和表2.3.2-3。

表 2.3.2-2　　我国公路隧道排名

序号	隧道名称	长度/m	位置	车道数
1	秦岭终南山隧道	18020	陕西	2×2
2	大坪里隧道	12290	甘肃	2×2
3	包家山隧道	11500	陕西	2×2
4	宝塔山隧道	10391	山西	2×2
5	泥巴山隧道	9985	四川	2×2
6	麻崖子隧道	9000	甘肃	2×2
7	龙潭隧道	8700	湖北	2×2
8	米溪梁隧道	7923	陕西	2×2
9	括苍隧道	7930	浙江	2×2
10	方斗山隧道	7581	重庆	2×2

表 2.3.2-3　　2013—2016 年来我国长、特长公路隧道统计

年份	长隧道（1～3km）		特长隧道（超过 3km）	
	数量	长度/km	数量	长度/km
2013	2303	3936.2	562	2506.9
2014	2623	4475.4	626	2766.2
2015	3138	5376.8	744	3299.8
2016	3520	6045.5	815	3622.7

2. 公路隧道的设计内容

公路隧道的设计内容包括：①公路隧道的选址；②平、纵断面设计；③公路隧道内空断面设计；④公路隧道的洞门与装修；⑤公路隧道的防排水；⑥公路隧道的通风与照明；⑦公路隧道的防灾设施。

2.3.3 海峡隧道

海峡隧道之所以受到越来越多的重视主要有以下几点原因：①国际间合作的加强和需求；②各国经济实力的不断增长；③科学技术的发展，尤其是开发和利用地下空间技术的发展。海峡隧道所面临的投资、规划、勘察、设计、施工、安全运营等问题都是最为前沿的，至今尚无统一的规范指南和理论指导。目前已经运营和在建及设想中的几个著名海峡隧道如下。

（1）青函隧道。连接北海道、本州的青森和函馆，全长 53.85km，水下 23.30km，1988 年 3 月 13 日正式运营，1939 年开始规划，1946 年开始调查，1964 年开始挖导坑，1971 年正式施工，1972 年进行海底段施工，于 1983 年 1 月 27 日导坑贯通，1988 年 3 月正式通车运营，从规划到通车历时近 50 年。

（2）英法海峡隧道。这是一条把英国英伦三岛连接往法国的铁路隧道，它由 3 条长 51km 的平行隧洞组成，总长度 153km，其中海底段的隧洞长度为 3×38km，是世界第二长的海底隧道及海底段世界最长的铁路隧道。两条铁路洞衬砌后的直径为 7.6m，开挖洞径为 8.36～8.78m；中间一条后勤服务洞衬砌后的直径为 4.8m，开挖洞径为 5.38～5.77m。从 1986 年法、英两国签订关于隧道连接的坎特布利条约（Treaty of Canterbury）到 1994 正式通车，历时 8 年多，耗资约 100 亿英镑（约 150 亿美元），也是世界上规模最大的利用私人资本建造的工程项目。

（3）东京湾公路隧道横贯东京湾的中部，连接了千叶县木更津市和神奈川县川崎市。全长 15.1km。其中航运繁忙的川崎侧 9.5km 范围内为用盾构法建造的海底隧道。工程 1989—1996 年，成功实现了日本东京湾双线公路隧道施工。

（4）规划中的杭州湾隧道工程长度 9.85km 左右，其中盾构法隧道长度为 8.815km，隧道内径 11.52m，隧道厚度为 0.55m，最小曲率半径 $R=2500$m，最大水头至隧道顶部约 45.0m、至隧道底部约 57.62m，盾构隧道两管净距 7.38m。

（5）大连至烟台海底隧道，指辽宁大连至山东烟台之间修建的海底隧道，归属铁路总公司管理，届时从大连到烟台最少只需要 30min，大大缩短了华东地区与东北地区的时间。计划“十三五”时期开工建设，建设总工期需要 10 年。未来有望通行时速 250km 的动车组，预计整体投资在 2600 亿元左右，12 年左右即可收回成本。

（6）大连湾跨海交通工程穿越黄海侧大连湾，连接大连市核心区与金州新区，大连湾海底隧道自东海头 K6＋400 进洞，经岛上明挖暗埋段、敞开段于 K11＋260 出隧道接跨海大桥，隧道全长 4860m，设计为 80km/h 城市快速路，近期双向六车道，远期双向八车道（不设紧急停车带），结构外包宽度达 43.6m，单孔行车孔跨度达 17.55m，是目前世界上单孔跨度最大、结构外包尺寸最大的沉管隧道，同时也是仅次于在建的港珠澳大桥工程沉管隧道的第二长沉管隧道。

（7）胶州湾海底隧道，又称“青岛胶州湾隧道”。南接青岛市黄岛区的薛家岛街道办事处，北连青岛市主城区的团岛，下穿胶州湾湾口海域。隧道全长7800m，分为陆地和海底两部分，海底部分长3950m。该隧道位于胶州湾湾口，连接青岛和黄岛两地，双向6车道。2011年6月30日正式开通运营。胶州湾隧道处于火山岩及次火山群地带，覆盖层较薄，断裂带密集，共穿越18条断层破碎带，断面最大跨度达28.20m，最深处位于海平面以下82.81m。

（8）台湾海峡是中国台湾岛与福建海岸之间的海峡，属东海海区，南通南海。呈北东一南西走向，长约370km。北窄南宽，北口宽约200km；南口宽约410km；最窄处在台湾岛白沙岬与福建海坛岛之间，约130km。总面积约8万km^2。台海隧道是一个连接位于台湾海峡东西两侧的中国大陆与台湾的工程设想，目前尚未进入实质性阶段。

（9）中韩海底隧道是指连通中国和韩国的交通设施，讨论路线有华城—威海（374km）、仁川—威海（362km）、忠清南道泰安—威海（320km）、黄海南道瓮津郡-长山—威海（398km）等路线。中韩海底隧道各线路的工程费用在72.6万亿韩元到123.4万亿韩元之间，但能创造70万个就业机会，截至2009年年末，两国政府尚未就该项目发表中央层面的评价，项目的命运未来仍存在较大变数。

2.3.4　水工隧洞

1. 水工隧洞的概念

水工隧洞主要指的是在山体中或地下开凿的过水隧洞。水工隧洞可用于灌溉、发电、供水、泄水、输水、施工导流和通航。水工隧洞主要由进水口、洞身段和出口段组成（发电用的引水隧洞在洞身后接压力水管，渠道上的输水隧洞和通航隧洞只有洞身段。闸门可设在进口、出口或洞内的适宜位置。出口设有消能防冲设施。为防止岩石坍塌和渗水等，洞身段常用锚喷（采用锚杆和喷射混凝土）或钢筋混凝土做成临时支护或永久性衬砌。洞身断面可为圆形、城门洞形或马蹄形。有压隧洞多用圆形。进出口布置、洞线选择以及洞身断面的形状和尺寸，受地形、地质、地应力、枢纽布置、运用要求和施工条件等因素所制约，需要通过技术经济比较后确定。

2. 水工隧洞的发展现状

我国幅员辽阔，但水资源相对贫乏且分布不均一。为了解决干旱地区用水，需要进行跨流域调水，其中不少跨流域调水工程输水干线穿过分水岭及山岭地带，主要依靠水工隧洞引水。中国的水力资源主要集中在西南的雨量充沛、河谷狭窄陡峻地区，适宜修建许多高水头大容量的水电站，所以也常需布置长引水隧洞或高坝。据2001年以前的统计，中国已建成长度为5km以上的引水发电隧洞20座。例如，小浪底水利枢纽泄洪隧洞直径为14.5m；雅砻江上的二滩水电站导流隧洞断面达17.5m×23m，洞内最高流速达50m/s；三峡地下厂房尾水洞尺寸为24m×36m；天荒坪抽水蓄能电站高压隧洞的静、动水压总水头达830m；广西天湖水电站不衬砌引水隧洞内水压水头也逾600m。

已建成的由青海大通河引水至甘肃秦王川的调水工程，总干线全长86.9km，其中隧洞33座总长75.11km，最长的盘道岭隧洞长15.72km；万家寨水利枢纽引黄河水穿过海河流域至太原的引水工程，隧洞总长超过 200km，最长的南干线 7 号隧洞长达 42.9km；辽宁大伙房调水工程输水隧洞长 86km；陕西三河口水库至金盆水库的秦岭隧洞工程总长度 65km；陕西引汉济渭引水隧洞工程总长度约 108km；规划中的从长江上游引水至黄河上游的南水北调西线工程，要穿过巴颜喀喇山，自然环境及地质条件极其严峻，隧洞长度均超过 100km，最长的达 243.8km，将是 21 世纪的宏伟工程。

“南水北调”等工程是把长江流域水资源自其上游、中游、下游，结合中国疆土地域特点，分东、中、西三线抽调部分送至华北与淮海平原和西北地区水资源短缺地区，东线工程的起点位于江苏扬州江都水利枢纽；中线工程的起点位于汉江中上游的丹江口水库，供水区域为河南、河北、北京、天津四省（市）。工程规划区涉及人口 4.38 亿人，调水规模 448 亿 m^3。工程规划的东、中、西线干线总长度达 4350km。东、中线一期工程干线总长为 2899km，沿线六省市一级配套支渠约 2700km。此外，西南地区的云、贵、川三省水力资源占全国的 68%，但目前开发还不到 8%。国家启动“西电东输”战略工程，不仅有效利用了这些水利资源，更为西部地区的发展提供了契机。

在国外也兴建有大量水工隧洞，尤其是调水工程的长水工隧洞。据不完全统计，目前国内外已建成的 10km 以上的水工隧洞达 90 座，中国占 11 座。就目前而论，中国在水工隧洞建设的许多方面已处于世界先进水平，但在某些方面，特别是隧洞的施工及管理，与国外相比尚存在一定的差距，随着施工方法的改进，逐渐由人工法→矿山法→新奥法→掘进机法改进，钻爆法开挖日进尺约 10m，月进尺 200m；隧洞掘进机开挖日进尺约 30m，月进尺 500m。

第3章 地下洞室围岩分级及围岩压力

3.1 围岩分级方法

3.1.1 基本分级方法及原则

围岩的概念包括：①坑道周围一定范围内，对坑道稳定有影响的那部分岩体，一般在横断面上为6～10倍的洞径；②坑道周围一定范围内，受隧道工程施工和使用中车辆荷载影响的那部分岩体；③隧道开挖后其周围产生应力重分布范围内的岩体。围岩既是承载结构的基本组成部分，又是造成荷载的主要来源，工程中为了便于设计、施工，习惯上将地下洞室围岩进行分级，围岩分级的目的如下。

（1）作为选择施工方法的依据。

（2）进行科学管理和正确评价经济效益。

（3）确定结构上的荷载。

（4）确定支护结构的类型和尺寸。

（5）是制定劳动定额、材料消耗标准的基础。

常见的围岩分级方法主要有以下几大类。

1. 以岩石强度或岩石物性指标为代表的分级方法

（1）以岩石强度为基础的分级方法。这种围岩分级方法单纯以岩石的强度为依据。例如，新中国成立前及新中国成立初期（如修成渝线时）的土石分级法，即把岩石分为坚石、次坚石、松石及土四类，并设计出相应的4种隧道衬砌结构类型。在国外，如日本初期采用的“国铁铁石分级法”。这种分级方法认为坑道开挖后，它的稳定性主要取决于岩石的强度。岩石越坚硬，坑道越稳定；反之，岩石越松软，坑道的稳定性就越差，包括岩石的抗压和抗拉强度、岩石坚固性系数f、弹性模量等物理力学参数，以及如抗钻性、抗爆性等工程指标。

（2）以岩石的物性指标为基础的分级方法。在这类分级方法中具有代表性的是苏联普洛托奇雅柯诺夫教授提出的“岩石坚固性系数”分级法（或称为f值分级法，或叫普氏分级法），把围岩分成10类，见表3.1.1－1。

$$f_{岩石}=(1/100\sim1/150)R_c,\quad f_{岩体}=Kf_{岩石} \tag{3.1.1-1}$$

式中 R_c——岩石饱和单轴极限抗压强度；

K——地质条件折减系数。

表 3.1.1-1　　岩体坚固性系数分级（普氏分级法）

坚固系数 f	围岩地质特征	岩层名称	容重 γ/（kN/m^3）	内摩擦角 φ_k
15	坚硬、密实、稳固、无裂隙和未风化的岩层	很坚硬的花岗岩和石英岩，最坚硬的砂岩和石灰岩	26～30	—
8	坚硬、密实、稳固，岩层有很小裂缝	坚硬的砂岩、石灰岩、大理岩、白云岩、黄铁矿，不坚硬的花岗岩	25	80°
6	相当坚硬的、较密实的、稍有风化的岩层	普通砂岩、铁矿	24～25	75°
5	较坚硬的、较密实的、稍有风化的岩层	砂质片岩、片状砂岩	24～25	73°
4	较坚硬的、岩层可能沿层面或节理脱落的岩层，已受风化的岩层	坚硬的黏土岩、不坚硬的石灰岩、砂岩、砾岩	25～28	70°
3	中等坚硬的岩层	不坚硬的片岩，密实的泥灰岩，坚硬胶结的黏土	25	70°
2	较软岩石	软片岩、软石灰岩、冻结土、普通泥灰岩、破碎砂岩、胶结的卵石	24	65°
1.5	较软或破碎的地层	碎石土壤、破碎片石、硬化黏土、硬煤、黏结的卵石和碎石	18～20	60°
1.0	较软或破碎的地层	密实黏土、坚硬的冲积土、黏土质土壤、掺砂土、普通煤	18	45°
0.6	颗粒状的和松软的地层	湿沙、黏砂土、种植土、泥灰、软砂黏土	15～16	30°

2. *以岩体构造、岩性特征为代表的分级方法*

（1）太沙基分级法。太沙基在1946年提出使用钢拱支撑围岩分级方法，见表3.1.1-2。限于当时条件，仅把不同岩性、不同构造条件的围岩分成9类，每类都有一个相应的地压范围值和支护措施建议。在分级时是以坑道有水的条件为基础的，当确认无水时，4～7类围岩的地压值应降低50%。这一分级方法曾长期被各国采用，至今仍有广泛的影响。

表 3.1.1-2　　太沙基分类

岩层状态	土荷载高度	说　明
坚硬的，不受损害	0	当有掉块或岩爆时可设轻型支撑
坚硬的，呈层状或片状的岩层	0～0.5B	采用轻型支撑，荷载局部作用，变化不规则
大块、有一般节理的	0～0.25B	
有裂痕，块度一般的岩层	0.25B－0.35（$B+H_t$）	无侧压

续表

岩层状态	土荷载高度	说明
裂隙较多块度小的岩层	(0.35～1.10)$(B+H_t)$	侧压很小或没有
完全破碎的，但不受化学侵蚀的	1.10 $(B+H_t)$	有一定侧压，由于漏水，隧道下部分变软，支撑下部要作基础。有必要时可采用圆形支撑
挤压变形缓慢岩层（覆盖厚度中等）	(1.10～1.20)$(B+H_t)$	有很大侧压时修仰拱，推荐采用圆形支撑
挤压变形缓慢的岩层，覆盖层较厚	(2.10～4.50)$(B+H_t)$	
膨胀性地质条件	与 $(B+H_t)$ 无关	要用圆形支撑，激烈时可缩性支撑

（2）以岩体综合物性为指标的分级方法。20 世纪 60 年代我国在积累大量铁路隧道修建经验的基础上，提出了以岩体综合物性指标为基础的“岩体综合分级法”，并于 1975 年经修正后正式作为铁路隧道围岩分级方法，后来多次修订后列入我国现行的《铁路隧道设计规范》（TB 10003—2016）。

3. 与地质勘探手段相联系的分级方法

（1）按弹性波（纵波）速度的分级方法。围岩弹性波速度是判断岩性、岩体结构的综合指标，它既可反映岩石软硬，又可表达岩体结构的破碎程度。根据岩性、地性状况及土压状态，将围岩分成 7 类。我国从 1986 年起，也开始将围岩弹性波（纵波）速度引入我国围岩分级法中，将围岩分为 6 级，见表 3.1.1－3。

表 3.1.1－3　弹性波（纵波）速度分类　单位：km/s

围岩类别	Ⅰ	Ⅱ	Ⅲ	Ⅳ	Ⅴ	Ⅵ
弹性波（纵波）速度 v_p	>4.5	3.5～4.5	2.4～4.0	1.5～3.0	1.0～2.0	<1.0

注　饱和土壤；$v_p<1.5$km/s。

（2）以岩石质量为指标的分级方法——RQD 方法。单一的综合岩性指标：岩石质量指标（Rock Quality Designation，RQD）也是反映岩体破碎程度和岩石强度的综合指标。岩石质量指标是指钻探时岩芯复原率，或称岩芯采取率，即

$$\text{RQD}=\frac{10\text{cm 以上岩芯累计长度}}{\text{单位钻孔长度}}\times 100\% \qquad (3.1.1-2)$$

RQD>90%即为优质的；75%<RQD<90%为良好的；50%<RQD<75%为好的；25%<RQD<50%为差的；RQD<25%为很差的。该分级方法只考虑了岩块的大小或完整性，未考虑岩石的质量和其他性质的影响。

算例：某钻孔长度为 250cm，其中岩芯采取总长度为 200cm，而大于 10cm 的岩芯总长度为 157cm，则岩芯采取率为 200/250=80%，RQD=157/250=63%。

4. 组合多种因素的分级方法

（1）挪威 Q 系统。巴顿（N. Barton）等人所提出了“岩体质量 Q”，Q 与 6 个表明岩体质量的地质参数有关，Q 系统主要以 Q 值来评价岩体质量的优劣。根据不同的 Q 值，将岩体质量评为 9 等。

$$Q=\frac{\text{RQD}}{J_n}\frac{J_r}{J_a}\frac{J_w}{\text{SRF}} \qquad (3.1.1-3)$$

式中 RQD——岩石质量指标；

J_n——节理组数目；

J_r——节理粗糙度；

J_a——节理蚀变值；

J_w——节理含水折减系数；

SRF——初始应力折减系数。

RQD/J_n表示岩体的完整性；J_r/J_a表示结构面的形态、充填物特征及次生变化程度；J_w/SRF：表示水与其他应力存在时对岩体质量的影响。

1）节理组数影响（J_n）取值，见表 3.1.1－4。

2）节理粗糙度影响（J_r）取值，见表 3.1.1－5。

表 3.1.1－4　节理组数影响表

节理发育情况	J_n值
整体的，没有或很少有节理	0.5～1
一组节理	2
1～2 组节理	3
2 组节理	4
2～3 组节理	6
3 组节理	9
3～4 组节理	12
4～5 组节理岩体被多组节理切割成块	15
压碎岩石，似土类岩石	20

表 3.1.1－5　节理粗糙度影响表

节理面粗糙程度情况	J_r值
①节理面直接接触；②剪切时当时剪切变形小于 100cm，岩壁接触	
不连续节理	
粗糙而不规则的起伏节理	4
光滑，但是起伏的节理	3
有擦痕，但是具起伏的节理	2
平坦且粗糙，或不规则节理	1.5
光滑平直节理	1.5
平直且光滑的节理	1
剪切后节理不再直接接触	0.5
节理面间充填有不能使节理面直接接触的连续黏土矿物	1.0
节理面间充填有不能使节理面直接接触的砂、砾石或挤压破碎带	1.0

注　1. 如有关节理组平均间距大于 3.0m，则加 1.0m；
2. 只要节理的线理居于有利方位，J_n=0.5 可用于具有线理的板状光滑节理。

3）节理蚀变程度影响（J_a）取值，见表 3.1.1－6。

表 3.1.1－6　节理蚀变程度影响表

节理蚀变程度情况	J_a值	φ
节理直接接触		
坚硬的，半软弱的经过处理而紧密的且不具透水充填的节理（如石英或绿帘石充填）	0.75	
节理而未产生蚀变，仅少数表面有变化	1.0	25°～30°
轻微蚀变的节理，表面被半软弱矿物所覆盖，具砂质微粒、风化岩土等	2.0	25°～30°
节理为粉质黏土或砂质黏土覆盖，少量黏土，半软弱岩覆盖	3.0	20°～35°

续表

节理蚀变程度情况	J_a值	φ
有软弱的或低摩擦角的黏土矿物覆盖在节理面（如高岭石、云母、绿泥石、滑石、石膏等）或含少量膨胀性黏土（不连续覆盖，厚度为1～2m或更薄）的节理面	4.0	8°～16°
当剪切变形小于10cm时，节理面直接接触		
砂质微粒，岩石风化物充填	4	25°～30°
紧密固结的半软弱黏土矿物充填（连续的或厚度小于5mm）	6	16°～34°
中等的或轻微固结的黏土矿物充填（连续的或厚度小于5mm）	8	12°～16°
膨胀性黏土充填，如连续分布的厚度小于5mm蒙脱石充填时，J_n值取决于膨胀性颗粒所占百分比，以及水的渗透情况	8～12	6～12°
剪切后，节理面不再直接接触		
破碎带夹层或挤压破碎带岩石和黏土［对各种黏土状态的说明见2）］	6～8或8～12	6°～24°
粉质或砂质黏土及少量黏土（半软弱）	5	
厚的连续分布+的黏土带或夹层［黏土状态说明见2）］	10、13或13～20	6°～24°

4）巴顿岩体质量（Q）分类——裂隙水影响（J_a）取值，见表3.1.1-7。

表3.1.1-7　　裂隙水影响表

裂隙水情况	J_w值	近似水压力/（kg/cm^2）
开挖时干燥，或有少量水渗入，即只有局部渗入，渗水量小于5L/min	1.0	小于1.0
中等入渗，或充填物偶然受水压冲击	0.66	1.0～2.5
大量入渗，或为高水压，节理未充填	0.5	2.5～10
大量入渗，或高水压，节理充填物被大量带走	0.33	2.5～10
异常大的入渗，或具有很高的水压，但水压随时间衰减	0.1～0.20	大于10
异常大的入渗，或具有很高且持续的无衰减的水压	0.05～0.1	大于10

注　1. 表中后4项的系数是粗略的估计，如设置排水措施，J_w增大。
2. 没有考虑冰层所引起的特殊问题。

5）巴顿岩体质量（Q）分类——地应力影响（SRF）取值。根据围岩性质、结构特征、节理性质、地下水及隧洞埋深等因素估计其应力状态。围岩初始应力越高、SRF取值越大。经验数据：脆性而坚硬、有严重岩爆现象的岩石：SRF=10～20；坚硬、有单一剪切带的岩石：SRF=2.5。

6）根据Q值可将岩体分为9类，见表3.1.1-8。Q分类的优点：考虑因素相对全面，适用于各种岩石（软、硬）；Q分类的缺点：没有考虑节理方位（怕失去简单的特点，影响通用性）。

表 3.1.1-8　　岩体质量评估“岩体质量——Q”

岩体质量	特别好	极好	良好	好	中等	不良	坏	极坏	特别坏
Q	400～1000	100～400	40～100	10～40	4～10	1～4	0.1～1	0.01～0.1	0.001～0.01

（2）岩体质量为指标的分级方法——RMR、RSR、BQ方法。宾尼奥夫斯基（Bieniawski，1976）提出RMR系统以RMR（Rock Mass Rating）值来代表岩体的质量或稳定性，主要针对下列6个评估因素及指标，将围岩分为5类，并提供不同隧道跨度围岩的无支护自稳时间，以及各类围岩的凝聚力（c）与内摩擦角（φ）。

$$RMR=R_1+R_2+R_3+R_4+R_5+R_6 \tag{3.1.1-4}$$

1）R_1～R_5分值的计算，见表3.1.1-9。

表 3.1.1-9　　R_1～R_5 分值的计算

	参数		参数与定额分值的关系						
R_1	强度	I_s/MPa	＞10	4～10	2～4	1～2	单轴压缩试验		
		σ_{cw}/MPa	＞250	100～250	50～100	25～50	5～25	1～5	＜1
		定额分值	15	12	7	4	2	1	0
R_2	RQD		90～100	75～90	50～75	25～50	＜25		
	定额分值		20	17	13	8	3		
R_3	节理间距		＞2m	0.6～2m	02～0.6m	0.06～0.2m	＜0.06m		
	定额分值		20	15	10	8	5		
R_4	节理状态		节理面很粗糙，不连续，闭合，岩壁不风化	节理面略粗糙，张开度小于1mm，岩壁微风化	节理面略粗糙，张开度小于1mm，岩壁强风化	节理面有擦痕，或断层泥厚1～5mm，张开度1～5mm，连续	软弱的断层泥厚大于5mm或张开度大于5mm，连续		
	定额分值		30	25	20	10	0		
R_5	地下水	每10m隧洞的流量/（L/min）	无	＜10	10～25	25～125	＞125		
		节理水压力/主应力	0	0～0.1	0.1～0.2	0.2～0.5	＞0.5		
		一般状态	完全干燥	稍潮湿	潮湿	滴水	有水流出或溢出		
		定额分值	15	10	7	4	0		

2）节理方位对RMR的修正值R_6，见表3.1.1-10。

表 3.1.1-10　　节理走向与倾向对 RMR 的修正值 R_6

节理走向与倾向		非常有利	有利	中等	不利	非常不利
分值 R_6	隧洞	0	−2	−5	−10	−12
	基础	0	−2	−7	−15	−25
	边坡	0	−2	−25	−50	−60

3）岩体分级的意义：考虑不支护隧道的自稳时间，具体见表 3.1.1-11。

表 3.1.1-11　　岩　体　分　级

分类号	Ⅰ	Ⅱ	Ⅲ	Ⅳ	Ⅴ
岩体描述	很好	好	较好	较差	很差
岩体评分值 RMR	81～100	61～80	41～60	21～40	0～20
平均自稳时间	15m 跨，20 年	10m 跨，1 年	5m 跨，1 星期	2.5m 跨，10h	1m 跨，30min
岩体的内聚力/kPa	＞400	300～400	200～300	100～200	＜100
岩体内摩擦角	＞45°	35°～45°	25°～35°	15°～25°	＜15°

4）适用条件：适用于坚硬、节理岩体，浅埋隧道，不适用于挤压、膨胀、涌水的及软岩体隧道。

5）岩体变形模量 E_m 的估算，即

$$E_m = 10^{\frac{RMR-10}{40}} \quad \text{GPa} \qquad (3.1.1-5)$$

美国的威克海姆（G. E. Wickham）等人于 1974 年提出了岩体结构分类法 RSR（Rock Structure Rating），RSR 分类是将地质参数 A、节理参数 B、地下水参数 C 等综合累加积分，得到的岩体质量总评分，其变化范围为 25～100。RSR 和 RMR 之间的关系可用式（3.1.1-6）描述，即

$$RSR = 0.77RMR + 22.4 \qquad (3.1.1-6)$$

BQ 方法：该方法由《工程岩体分级标准》（GB/T 50218—2014）提出，我国《岩土工程勘察规范》（GB 50021—2017）根据我国实际进行了改进，认为岩体基本质量分级不仅与岩石的坚硬和完整程度有关，还和地下水、软弱结构面、地应力等因素有关，故据此先提出了与岩石的坚硬和完整程度有关的岩体基本质量指标值 BQ，然后再考虑地下水、软弱结构面、地应力等因素，又提出了岩体基本质量指标修正值 [BQ]。

5. 以工程对象为代表的分级法

适用于喷锚支护的原国家建委颁布的围岩分级法（1979 年）、苏联在巴库修建地下铁道时所采用的围岩分级法（1966 年）。其优点是：目的明确，而且和支护尺寸直接挂钩，因此使用方便，对指导施工起很大作用。但分类指标以定性描述为主，带有很大的人为因素。但总体而言，岩体分级应能反映以下几点。

（1）分级应主要以岩体为对象。

（2）分级宜与地质勘探手段有机地联系起来。

（3）分级要有明确的工程对象和工程目的。

（4）分级宜逐渐定量化。

值得注意的是，近年国内外有关学者提出采用模糊数学分级、根据坑道周边量测的收敛值分级、采用人工智能—专家系统分级等的建议。这些设想都将使围岩分级方法日趋完善。

3.1.2　铁路隧道围岩分级

我国铁路隧道的围岩分级方法采用《铁路隧道设计规范》（TB 10003—2016）。2013

年发布的《地铁设计规范》（GB 50157—2013）规定：暗挖结构的围岩分级按现行《铁路隧道设计规范》（TB 10003—2016）确定。

1. *以围岩稳定性为基础的分级方法*

（1）围岩分级的基本因素。

1）岩石坚硬程度，其划分见表 3.1.2-1。

表 3.1.2-1　岩石坚硬程度划分

岩石类别		单轴饱和极限抗压强度 R_c/MPa	代表性岩石
硬质岩石	极硬岩	60 以上	（1）花岗岩、闪长岩、玄武岩等； （2）硅质、钙质胶结的砾岩及砂岩、石灰岩、云岩等； （3）片麻岩、石英岩、大理岩、板岩、片岩等
	硬岩	30～60	
软质岩石	较软岩	15～30	（1）凝灰岩等； （2）泥砾岩，泥质砂岩，泥质页岩，灰质页岩，泥灰岩，泥岩，煤等； （3）云母片岩或千枚岩等。 全风化的各类岩石和成岩作用差的岩石
	软岩	5～15	
	极软岩	5 以下	

2）岩体的完整程度，其划分见表 3.1.2-2。

表 3.1.2-2　岩体完整程度的划分

完整程度	结构面状态	结构类型	岩体完整性指数
完整	结构面 1～2 组，以构造型节理或层面为主，密闭性	巨块状整体结构	>0.75
较完整	结构面 2～3 组，以构造型节理、层面为主，裂隙多呈密闭型，部分为微张型，少有充填物	块状结构	0.55～0.75
较破碎	结构面一般为 3 组，以节理及风化裂隙为主，在断层附近受构造作用影响较大，裂隙以微张型和张开型为主，多有填充物	层状结构， 块石碎石结构	0.35～0.55
破碎	结构面大于 3 组，多以风化型裂隙为主，在断层附近受构造作用影响大，裂隙宽度以张开型为主，多有充填物	碎石角砾状结构	0.15～0.35
极破碎	结构面杂乱无序，在断层附近受断层作用影响大，宽张裂隙全为泥质或泥夹岩屑充填，充填物厚度大	散体状结构	≤0.15

注　岩体强度：$R_{cs}=R_c\eta$，式中：R_c—岩石强度，η—岩体构造削弱系数，见表 3.1.2-3。

表 3.1.2-3　岩体构造对强度的削弱系数 η

岩体状态	η 的建议值
厚度大于 1.0m 之间，有一组裂隙，间距大于 1.5m	0.9
厚度在 0.5～1.0m 之间，不超过 2 组裂隙，间距在 0.5～1.0m 之间	0.7
厚度在 0.5～1.0m 之间，不超过 3～4 组裂隙，间距在 0.5～1.0m 之间	0.5
厚度小于 0.5m，裂隙少于 6 组，间距小于 0.5m	0.3
厚度小于 0.5m，裂隙少于 6 组，间距小于 0.3m	0.1～0.2

用现场测定的岩体弹性波速度 v^2 与同种岩石试件弹性波速度 v_0^2 的比值来决定，此时定

义岩体完整性指标为 K_v，则岩体强度 R_{cs} 与岩石强度 R_c 的关系（表 3.1.2－4）可表示为

$$R_{cs}=K_vR_c=\left(\frac{v^2}{v_0^2}\right)R_c \tag{3.1.2-1}$$

表 3.1.2－4　岩体抗压强度与弹性波速度之间的关系

类别	岩体弹性波速度 v/（km/s）	岩石弹性波速度 v/（km/s）	完整性系数 K_v	岩体强度 R_{cs}/MPa	含有裂隙的试件强度 R_{c0}/MPa
A	1.4～2.3	5.14	0.06～0.17	8.1～21.8	10.0～30.0
B	3.0～3.6	5.38	0.29～0.39	37.2～50.7	40.0～60.0
C	4.0～4.5	5.53	0.51～0.65	66.0～83.8	70.0～90.0
D	4.8～5.2	5.61	0.73～0.83	95.0～112.0	90.0～115.0

注　R_c＝130MPa。

衡量围岩的完整程度要考虑以下几方面的因素。

a. 对于受软弱面控制的岩体，按照软弱面的产状、贯通性以及充填物的情况，可将围岩分为完整、较完整、较破碎、破碎、极破碎。

b. 由于围岩的完整性与其所受的地质构造变动的程度有关，因此，按照围岩受地质构造影响的程度，可将围岩分为构造变动轻微、较重、严重、很严重 4 个等级。

c. 由于围岩的完整性还与节理（裂隙）的发育程度有关，因此，按照节理（裂隙）发育程度的不同又分为节理不发育、节理较发育、节理发育及节理很发育四级，作为围岩完整性的定量指标。

d. 当风化作用使结构发生变化时，还应按照岩体风化程度的不同将围岩分为风化轻微、较重、严重、极严重四级。

（2）围岩基本分级及其修正。

1）基本分级。《铁路隧道设计规范》（TB 10003—2016）考虑岩石坚硬程度和岩体完整程度。将隧道的围岩划分为 6 级，即Ⅰ、Ⅱ、Ⅲ、Ⅳ、Ⅴ、Ⅵ，围岩稳定性由好到差，具体见表 3.1.2－5。

表 3.1.2－5　铁路隧道围岩分类

类别（级别）	围岩主要工程地质条件 / 主要工程地质特征	结构特征和完整状态	围岩开挖后的稳定状态
Ⅰ	硬质岩石（饱和抗压极限强度 R_b＞60MPa），受地质构造影响轻微，节理不发育，无软弱面（或夹层）；层状岩层为厚层，层间结合良好	呈巨块状整体结构	围岩稳定，无坍塌，可能产生岩爆
Ⅱ	硬质岩石（R_b＞30MPa），受地质构造影响较重，节理较发育，有少量软弱面（或夹层）和贯通微张节理，但其产状及组合关系不致产生滑动；层状岩层为中层或厚层，层间结合一般，很少有分离现象；或为硬质岩石偶夹软质岩石	呈大块状砌体结构	暴露时间长，可能会出现局部小坍塌，侧壁稳定，层间结合差的平缓岩层，顶板易塌落
	软质岩石（R_b≈30MPa），受地质构造影响轻微，节理不发育，层状岩层为厚层，层间结合良好	呈巨块状整体结构	

续表

<table>
<tr><th>类别（级别）</th><th>围岩主要工程地质条件
主要工程地质特征</th><th>结构特征和完整状态</th><th>围岩开挖后的稳定状态</th></tr>
<tr><td rowspan="2">Ⅲ</td><td>硬质岩石（R_b＞30MPa），受地质构造影响严重，节理发育，有层状软弱面（或夹层），但其产状及组合关系尚不致产生滑动；层状岩层为薄层或中层，层间结合差，多有分离现象；或为硬、软质岩石夹层</td><td>呈块（石）碎（石）状镶嵌结构</td><td rowspan="2">拱部无支护时可产生小坍塌，侧壁基本稳定，爆破震动过大易坍塌</td></tr>
<tr><td>软质岩石（R_b＝5～30MPa），受地质构造影响较重，节理较发育；层状岩层为薄层、中层或厚层，层间结合一般</td><td>呈大块状砌体结构</td></tr>
<tr><td rowspan="2">Ⅳ</td><td>硬质岩石（R_b＞30MPa）受地质构造影响很严重，节理很发育，层状软弱面（或夹层）已基本被破坏土</td><td>呈碎石状压碎结</td><td rowspan="2">拱部无支护时可产生较大的坍塌，侧壁有时失去稳定</td></tr>
<tr><td>软质岩石（R_b＝5～30MPa），受地质构造影响严重，节理发育土：①略具压密或成岩作用的黏土及砂类土；②黄土（Q_1，Q_2）；③一般钙质、铁质胶结的碎、卵石土、大块石土</td><td>呈块（石）碎（石）状镶嵌结构
①、②呈大块状压密结构；③呈巨块状整体结构</td></tr>
<tr><td rowspan="2">Ⅴ</td><td>石质围岩位于挤压强烈的断裂带内，裂隙杂乱，呈石夹土或土夹石状</td><td>呈角（砾）碎（石）状松散结构</td><td rowspan="2">围岩易坍塌，处理不当会出现大坍塌，侧壁经常小坍塌，浅埋时易出现地表下沉（陷）或坍塌至地表</td></tr>
<tr><td>一般第四系的半干硬～硬塑的黏性土及稍湿至潮湿的一般碎、卵石土、圆砾、角砾土及黄土（Q_3，Q_4）</td><td>非黏性土呈松散结构；黏性土及黄土呈松软结构</td></tr>
<tr><td rowspan="2">Ⅵ</td><td>石质围岩位于挤压极强烈的断裂带内，呈角砾、砂、泥松软体状</td><td>呈松软结构</td><td rowspan="2">围岩极易坍塌变形，有水时土砂常与水一齐涌出，浅埋时易坍塌至地表</td></tr>
<tr><td>软塑状黏性土及潮湿的粉细砂等</td><td>黏性土呈易蠕动的松软结构，砂性土呈潮湿松散结构</td></tr>
</table>

2）隧道级别的修正。隧道级别的修正主要包括：①地下水影响的修正；②围岩初始地应力状态修正；③风化作用的影响。

a. 地下水影响的修正：大量的施工实践表明，地下水是造成施工塌方、使隧道围岩丧失稳定的最重要因素之一，因此，在围岩分级中不能忽视地下水的影响。地下水对围岩的影响主要表现在以下方面。

i. 软化围岩。使岩质软化、强度降低，对软岩尤其突出，对土体则可促使其液化或流动，但对坚硬致密的岩石则影响较小，故水的软化作用与岩石的性质有关。

ii. 软化结构面。在有软弱结构面的岩体中，水会冲走充填物或使夹层软化，从而减少层间摩阻力，促使岩块滑动。

iii. 产生流砂和潜蚀。在某些围岩中，如石膏、岩盐和蒙脱石为主的黏土岩中，遇水后产生膨胀，在未胶结或弱胶结的砂岩中可产生流砂和潜蚀。

iv. 承压水作用。承压水可增加围岩的滑动力，使围岩失稳。

根据单位时间的渗水量可将地下水状态分为3级，见表3.1.2-6。

表3.1.2-6　地下水状态的分级

级别	状态	渗入量 L/（min·10m）
Ⅰ	干燥或湿润	<10
Ⅱ	偶有渗水	10～25
Ⅲ	经常渗水	25～125

根据地下水状态对围岩级别的修正，见表3.1.2-7。

表3.1.2-7　地下水影响的修正

地下水状态分级	围岩级别					
	Ⅰ	Ⅱ	Ⅲ	Ⅳ	Ⅴ	Ⅵ
Ⅰ	Ⅰ	Ⅱ	Ⅲ	Ⅳ	Ⅴ	—
Ⅱ	Ⅰ	Ⅱ	Ⅳ	Ⅴ	Ⅵ	—
Ⅲ	Ⅱ	Ⅲ	Ⅳ	Ⅴ	Ⅵ	—

b. 围岩初始地应力状态修正，当无实测资料时，可根据隧道工程埋深、地貌、地形、地质、构造运动史、主要构造线与开挖过程中出现的岩爆、岩芯饼化等特殊地质现象，做出评估，见表3.1.2-8，其影响修正见表3.1.2-9。

表3.1.2-8　初始地应力状态评估

初始应力状态	主要现象	R_c/σ_{max}
极高应力	硬质岩：开挖过程中时有岩爆发生，有岩块弹出，洞壁岩体发生剥离，新生裂缝多，成洞性差 软质岩：岩芯常有饼化现象，开挖过程中洞壁岩体有剥离，位移极为显著，甚至发生大位移，持续时间长，不易成洞	<4
高应力	硬质岩：开挖过程中可能出现岩爆，洞壁岩体有剥离和掉块，新生裂缝较多，成洞性较差 软质岩：岩芯时有饼化现象，开挖过程中洞壁岩体位移显著，持续时间长，成洞性差	4～7

表3.1.2-9　初始地应力影响的修正

初始地应力状态	围岩级别				
	Ⅰ	Ⅱ	Ⅲ	Ⅳ	Ⅴ
极高应力	Ⅰ	Ⅱ	Ⅲ或Ⅳ *	Ⅴ	Ⅵ
高应力	Ⅰ	Ⅱ	Ⅲ	Ⅳ或Ⅴ * *	Ⅵ

注　*围岩岩体为较为破碎的极硬岩、较完整的硬岩时，定为Ⅲ级；围岩岩体为完整的较软岩、较完整的软硬互层时，定为Ⅳ级；* *围岩岩体为破碎的极硬岩、较破碎及破碎的硬岩时，定为Ⅳ级；围岩岩体为完整及较完整软岩、较完整及较破碎的较软岩时，定为Ⅴ级。

c. 风化作用的影响。隧道洞深埋深较浅，应根据围岩受地表的影响情况进行围岩级别修正。当围岩为风化层时应按风化层的围岩分级考虑。围岩仅受地表影响时，应较相应围岩降低 1～2 级。

2. 弹性波速度的分级方法

根据岩体的弹性波速度进行的岩体分级见表 3.1.2－10。

表 3.1.2－10　　基于弹性波速度的岩体分级

围岩级别	岩体特征	土体特征	围岩弹性纵波速度/(km/s)
Ⅰ	极硬岩，岩体完整		>4.5
Ⅱ	极硬岩，岩体较完整；硬岩，岩体完整		3.5～4.5
Ⅲ	极硬岩，岩体较破碎；硬岩或软硬岩互层，岩体较完整；较软岩，岩体完整		2.5～4.0
Ⅳ	极硬岩，岩体破碎；硬岩，岩体较破碎或破碎；较软岩或软硬岩互层，且以软岩为主，岩体较完整或较破碎；软岩，岩体完整或较完整	具压密或成岩作用的黏性土、粉土及砂类土，一般钙质、铁质胶结的碎（卵）石土、大块石土，黄土（Q_1、Q_2）	1.5～3.0
Ⅴ	软岩，岩体破碎至极破碎；全部极软岩及全部极破碎岩（包括受构造影响严重的破碎带）	一般第四系坚硬、硬塑黏性土，稍密及以上、稍湿、潮湿的碎（卵）石土、圆砾土、角砾土、粉土及黄土（Q_3、Q_4）	1.0～2.0
Ⅵ	受构造影响很严重呈碎石、角砾及粉末、泥土状的断层带	软塑状黏性土、饱和的粉土、砂类土等	<1.0（饱和状态的土<1.5）

3. 其他影响因素的处理

（1）坑道横断面大小对围岩稳定性级别的影响。

（2）坑道横断面形状对围岩稳定性级别的影响。

（3）施工方法对围岩稳定性级别的影响。

（4）设计阶段采用修正后的围岩分级；施工阶段根据实际情况进一步判定，围岩的分级依据不变。

3.1.3　公路隧道围岩分级

国标《工程岩体分级标准》（GB 50218—94）与《公路隧道设计规范》（JTGD 70—2004）围岩分级的思路、方法和采用的分级指标完全相同，采用了两个复合指标，即岩体基本质量指标 BQ 和修正的岩体基本质量指标 [BQ]，即采用了两步分级法，只是分级的对象不包括土体。

1. 公路隧道围岩分级的综合评判方法

公路隧道围岩分级的综合评判方法宜采用两步分级，并按以下顺序进行。

1）根据岩石的坚硬程度和岩体完整程度两个基本因素的定性特征和定量的岩体基本质量指标 BQ 综合进行初步分级。

2）对围岩进行详细定级时，应在岩体基本质量分级基础上考虑修正因素的影响，修正岩体基本质量指标值。

3）按修正后的岩体基本质量指标［BQ］，结合岩体的定性特征综合评判，确定围岩的详细分级。

岩石坚硬程度划分如下。

（1）定性分析，具体见表 3.1.3-1。

表 3.1.3-1　岩石坚硬程度的定性划分

名称		定性鉴定	代表性岩石
坚硬岩石	坚硬岩石	锤击声清脆，有回弹，振手，难击碎，浸水后大多数无吸水反应	未风化～微风化的花岗岩、正长石、闪长岩、辉绿岩、玄武岩、安山岩、片麻岩、石英片岩、硅质板岩、石英岩、硅质胶结的砾岩、石英砂岩、硅质石灰岩等
	较坚硬岩石	锤击声较清脆，有轻微回弹，稍振手，较难击碎，浸水后有吸水反应	弱风化的坚硬岩；未风化～微风化的熔结凝灰岩、大理岩、板岩、白云岩、石灰岩、钙质胶结的砂页岩等
软质岩石	较软岩	锤击声不清脆，无回弹较易击碎，浸水后指甲可以刻出印痕	强风化的坚硬岩；弱风化的较坚硬岩；未风化的～微风化的凝灰岩、千枚岩、砂质泥岩、泥灰岩、泥质砂岩、粉砂岩、页岩等
	软岩	锤击声哑，无回弹，有凹痕，易击碎，浸水后手可掰开	强风化的坚硬岩；弱风化～强风化的较坚硬岩；弱风化的较软岩；微风化的泥岩等
	极软岩	锤击声哑，无回弹，有较深凹痕，手可以捏碎，浸水后可捏成型	全风化的各种岩石；各种半成岩

（2）用岩石单轴饱和抗压强度 R_c 定量判断。岩石坚硬程度定量指标用岩石单轴饱和抗压强度 R_c 表达。R_c 一般采用实测值，若无实测值时，可采用式（3.1.3-1），即

$$R_c = 22.82 I_{s(50)}^{0.75} \tag{3.1.3-1}$$

式中　$I_{s(50)}$——岩石点荷载强度指数；

R_c——与岩石坚硬程度定性划分的关系见表 3.1.3-2。

表 3.1.3-2　R_c 与岩石坚硬程度定性划分的关系

R_c/MPa	>60	60～30	30～15	15～5	<5
坚硬程度	坚硬岩	较坚硬岩	较软岩	软岩	极软岩

（3）岩体完整程度定性划分。

1）定性划分，见表 3.1.3-3。

表 3.1.3-3　岩体完整程度定性划分

名称	结构面发育程度		主要结构面的结合程度	主要结构面类型	相应结构类型
	组数	平均间距/m			
完整	1～2	>1.0	好或一般	节理、裂隙、层面	整体状或巨厚层结构
较完整	1～2	>1.0	差	节理、裂隙、层面	块状或厚层结构
	2～3	1.0～0.4	好或一般		块状结构
较破碎	2～3	1.0～0.4	差	节理、裂隙、层面、小断层	裂隙块状或中厚层结构
	>3	0.4～0.2	好		镶嵌块破碎结构
			一般		中薄层状结构
破碎	>3	0.4～0.2	差	各种结构面	裂隙块状结构
		<0.2	一般或差		碎裂状结构
极破碎	无序		很差		散体结构

2）定量判断。岩体完整程度的定量指标用岩体完整性系数 K_v 表达。

a. K_v 一般用弹性波探测值，应针对不同的工程地质岩组或岩性段，选择有代表性的点、段，测试岩体弹性纵波速度，并应在同一岩体取样测定岩石纵波速度，按式（3.1.3-2）计算，即

$$K_v=\left(\frac{v_{pm}}{v_{pr}}\right)^2 \tag{3.1.3-2}$$

式中　v_{pm}，v_{pr}——分别为岩体和岩石弹性纵波速度。

b. 若无探测值时，可用岩体体积节理数 J_v 按表 3.1.3-4 确定对应的 K_v 值。

表 3.1.3-4　J_v 与 K_v 对照表

J_v/（条/m³）	<3	3～10	10～20	20～35	>35
K_v	>0.75	0.75～0.55	0.55～0.35	0.35～0.15	<0.15
完整程度	完整	较完整	较破碎	破碎	极破碎

岩体体积节理数（J_v）应针对不同的工程地质岩组或岩性段，选择有代表性的露头或开挖壁面进行节理（结构面）统计。除去成组的节理外，对延伸长度大于 1m 的分散节理，也应予以统计。已被硅质、铁质、钙质等充填而胶结的节理，应不予统计。每一测点面积不应小于 2m×5m。

$$J_v=S_1+S_2+\cdots+S_n+S_k \tag{3.1.3-3}$$

式中　S——第 n 组节理每米长测线上的条数；

S_k——每立方米岩体非成组节理条数。

K_v 与定性划分的岩体完整程度的对应关系按表 3.1.3-4 确定。

2. 公路隧道围岩分级（表 3.1.3-5）中基本质量 BQ 的确定

$$BQ=90+3R_c+250K_v \tag{3.1.3-4}$$

表 3.1.3-5　　公路隧道围岩分级

围岩级别	围岩或土体主要定性特征	BQ或修正指标[BQ]
Ⅰ	坚硬岩，岩体完整，巨整体状或厚层状结构	>550
Ⅱ	坚硬岩，岩体较完整，块状或厚层状结构； 较坚硬岩，岩体完整，块状整体结构	550～451
Ⅲ	坚硬岩。岩体较破碎，巨块（石）碎（石）状镶嵌结构；较坚硬岩或软硬岩层，岩体较完整，块状体或中厚层结构	450～351
Ⅳ	坚硬岩，岩体较破碎，破碎结构；较坚硬岩，岩体较破碎～破碎，镶嵌破碎结构；较软岩或软硬岩互层，且以软岩为主，岩体较完整～较破碎，中薄层状结构 土体：压密或成岩作用的黏性土及砂性土；黄土（Q_1，Q_2）；一般钙质、铁质胶结的破碎石土，卵石土、大块石土	350～251
Ⅴ	较软岩，岩体破碎；软岩，岩体较破碎～破碎；极破碎各类岩体，碎、裂状，松散结构 一般第四季的半干硬至坚硬的黏土及稍湿至潮湿的碎石土，卵石土，角砾及黄土（Q_3，Q_4），非黏性土呈松散结构，黏性土及黄土呈松散结构	≤250
Ⅵ	软塑状黏性土及潮湿、饱和粉细砂层、软土等	

其限制条件：①当 $R_c>90K_v+30$ 时，以 $R_c=90K_v+30$ 代入式（3.1.3-4）；②当 $K_v>0.04R_c+0.4$ 时，以 $K_v=0.04R_c+0.4$ 代入式（3.1.3-4）。

3. 围岩基本质量 BQ 须进行修正[BQ]

$$[BQ]=BQ-100(K_1+K_2+K_3) \tag{3.1.3-5}$$

式中　K_1——地下水影响修正系数，见表3.1.3-6；

K_2——主要软弱结构面产状影响修正系数，见表3.1.3-7；

K_3——初始地应力状态影响修正系数，见表3.1.3-8。

高初始地应力地区围岩在开挖过程中出现的主要现象见表3.1.3-9。

表 3.1.3-6　　地下水修正系数 K_1

地下水状态 BQ	>450	451～351	351～251	<250
潮湿或点状出水	0	0.1	0.2～0.3	0.4～0.5
淋雨状或涌流状出水，水压小于0.1MPa或单位出水量小于10L/(min·m)	0.1	0.2～0.3	0.4～0.6	0.7～0.9
淋雨状或用流出水，水压大于0.1MPa或单位出水量大于10L/(min·m)	0.2	0.4～0.6	0.7～0.9	1.0

表 3.1.3-7　　主要软弱结构面产状影响修正系数 K_2

结构面产状及其与洞轴线的组合关系	结构面与洞轴线夹角30° 结构面倾角30°～60°	结构面与洞轴线夹角大于60° 结构面倾角大于75°	其他组合
K_2	0.4～0.6	0～0.2	0.～0.4

表 3.1.3-8　　初始应力状态影响修正系数 K_3

初始应力状态 BQ	>450	550～451	450～351	350～250	<250
极高应力区	1.0	1.0	1.0～1.5	1.0～1.5	1.0
高应力区	0.5	0.5	0.5	0.5～1.0	0.5～1.0

表 3.1.3-9　　高初始地应力地区围岩在开挖过程中出现的主要现象

应力情况	主要现象	R_c/σ_{max}
极高应力	(1) 硬质岩：开挖过程中有岩爆发生，有岩块弹出，洞壁岩体发生剥离，新生裂缝多，成洞性差； (2) 软质岩，岩芯常有饼化现象，开挖过程中洞壁岩体有剥离，位移极为显著，甚至发生大位移，持续时间长，不易成洞	<4
高应力	(1) 硬质岩，开挖过程中可能出现岩爆，洞壁岩体有掉块现象，新生裂缝较多，成洞性差； (2) 软质岩：岩芯时有饼化现象，开挖过程中洞壁岩体位移显著，持续时间较长，成洞性差	4～7

注　σ_{max}为垂直洞轴线方向的最大初始应力。

4. 根据围岩分级确定围岩物理力学参数与指标

(1) 公路隧道围岩物理力学指标可根据围岩分级进行选取，见表 3.1.3-10。

表 3.1.3-10　　各级围岩的物理力学指标表

围岩级别	重度 /(kN/m³)	弹性抗力系数 k/(MPa/m)	变形模量 E/MPa	泊松比 μ	内摩擦角 φ/(°)	黏聚力 c/MPa	计算摩擦角 φ_c/(°)
Ⅰ	26～28	1800～2800	>33	<0.2	>60	>2.1	>78
Ⅱ	25～27	1200～1800	20～33	0.2～0.25	50～60	1.5～2.1	70～78
Ⅲ	23～25	500～1200	6～20	0.25～0.3	39～50	0.7～1.5	60～70
Ⅳ	20～23	200～500	1.3～6	0.3～0.35	27～39	0.2～0.7	50～60
Ⅴ	17～20	100～200	1～2	0.35～0.45	20～27	0.05～0.2	40～50
Ⅵ	15～17	<100	<1	0.4～0.5	<20	<0.2	30～40

注　本表数值不包括黄土地层；选用计算摩擦角时不再计内摩擦角和黏聚力。

(2) 岩体结构面抗剪断峰值强度参数，见表 3.1.3-11。

表 3.1.3-11　　岩体结构面抗剪断峰值强度参数表

序号	两侧岩体的坚硬程度及架构面结合程度	内摩擦角 φ/(°)	黏聚力 c/MPa
1	坚硬岩，结合好	>37	>0.22
2	坚硬～较坚硬岩，结合一般；较软岩，结合好	37～29	0.22～0.12
3	坚硬～较坚硬岩，结合差；较软岩～软岩，结合一般	29～19	0.12～0.08
4	较坚硬～较软岩，结合差～结合很差；软岩，结合差；软质岩的泥化面	19～13	0.08～0.05
5	较坚硬岩及全部软质岩，结合很差；软质岩泥化层本身	<13	<0.05

5. 根据围岩分级确定公路隧道自稳能力

根据围岩分级来确定隧道的自稳能力，见表 3.1.3-12。

表 3.1.3-12　　公路隧道各级围岩自稳能力判断

围岩级别	自稳能力
Ⅰ	跨度 10～20m，可长期稳定，偶有掉块，无塌方
Ⅱ	跨度 10～20m，可基本稳定，局部可发生掉块或小塌方；跨度 10m，可长期稳定，偶有掉块

续表

围岩级别	自稳能力
Ⅲ	跨度10～20m，可稳定数日至1个月，可发生小塌方；跨度5～10m，可稳定数月，可发生局部块体位移及小～中塌方；跨度5m，可基本稳定
Ⅳ	跨度5m，一般无自稳能力，数日至数月内可发生松动变形，小塌方，进而发展为中～大塌方。埋深小时，以拱部松动破坏为主，埋深大时有明显塑性流动变形和挤压破坏；跨度小于5m，可稳定数日至1个月
Ⅴ	无自稳能力，跨度5m或更小时，可稳定数日
Ⅵ	无自稳能力

注　1. 小塌方：塌方高度小于3m，或塌方体积小于30m³；2. 中塌方：塌方高度小于3～6m或塌方体积小于30～100m³；3. 大塌方：塌方高度大于6m或塌方体积大于100m³；可以得到以下的结论：①应选择对围岩稳定性（主要表现在变形破坏特性上）有重大影响的主要因素；②选择测试设备比较简单、人为性小、科学性较强的定量指标；③主要分级（类）指标要有一定的综合性，最好采用复合指标，以便全面、充分地反映围岩的工程性质，并应以足够的实测资料为基础。

3.1.4　其他地下洞室围岩分级

1. 总参工程兵《坑道工程》围岩分类

根据单一岩性指标、单轴饱和抗压强度和复合指标、岩体质量指标 R_m 及应力比 S，将围岩分为3种五大类，见表3.1.4－1。

表3.1.4－1　　总参工程兵《坑道工程》围岩分类

岩质类型	A种：硬质岩					B种：软质岩					C种：特殊岩土
分类	Ⅰ	Ⅱ	Ⅲ	Ⅳ	Ⅴ	Ⅰ	Ⅱ	Ⅲ	Ⅳ	Ⅴ	Ⅴ
状况	稳定	基本稳定		不稳定				基本稳定	稳定性差	不稳定	不稳定
R_c			>30MPa					5～30MPa			<5MPa
K_v	≥0.75	0.27～0.75		<0.1～0.45				>0.75	<0.2～0.75		
R_m	>60	30～60	15～30	5～15	<5			>15	<15		<5
S	>4	>2		>1				≥2	≥1		

我国总参工程兵坑道工程围岩分类中所采用的岩体质量指标 R_m 和应力比 S 分别为

$$\begin{cases} R_m = R_c K_v K_w K_J \\ S = \dfrac{R_m}{\sigma_m} \end{cases} \tag{3.1.4-1}$$

式中　R_c——岩石单轴饱和极限抗压强度；

K_v——岩体完整性系数，岩体越完整，取值越大，变化范围为1.0～0.08，由实测确定；

K_w——地下水影响减折系数，变化范围为1.0～0.4，无水时取1.0，视具体情况由经验确定；

K_J——岩层面产状要素影响折减系数，变化范围为1.0～0.5；

σ_m——最大的垂直地应力。

2.《水工隧洞设计规范》(SL 279—2016) 的围岩分级

规范规定：水工隧洞的围岩分类，岩洞按《水利水电工程地质勘察规范》(GB 50487—2008) 的规定执行，土洞按《土工试验规程》(SL 237—1999) 的规定执行。《水利水电工程地质勘察规范》的围岩工程地质分类以控制围岩稳定的岩石强度、岩体完整程度、结构面状态、地下水和主要结构面产状5项因素之和的总评分为基本判据，围岩强度应力比S为限定判据，见表3.1.4-2。

表3.1.4-2　《水工隧洞设计规范》(SL 279—2016) 的围岩分级

围岩级别	围岩特性	围岩总评分T	围岩强度应力比S
Ⅰ	稳定。围岩可长期稳定，一般无不稳定块体	$T>85$	>4
Ⅱ	基本稳定。围岩整体稳定，不会产生塑性变形，局部可能产生掉块	$85\geqslant T>65$	>4
Ⅲ	局部稳定性差。围岩强度不大，局部会产生口塑性变形，可能产生塌方或变形破坏，完整的较软岩可能暂时稳定	$65\geqslant T>45$	>2
Ⅳ	不稳定。围岩自稳时间较短。规模较大的各种变形破坏都可能发生	$45\geqslant T>25$	>2
Ⅴ	极不稳定。围岩不自稳，变形破坏严重	$T\leqslant 25$	

围岩总评分T是5项因素的评分之和。岩石强度、岩体完整程度、结构面状态、地下水状态、主要结构面产状这5项因素的评分都有一定的评分标准。

3.《锚杆喷射混凝土支护技术规范》(GB 50086—2001) 的围岩分级

规范规定：围岩级别的划分，应根据岩石坚硬性、岩体完整性、结构面特征、地下水和地应力状况等因素综合确定。《水工隧洞设计规范》(SL 279—2016) 围岩工程地质分类和国标《锚杆喷射混凝土支护技术规范》(GB 50086—2001) 所采用的围岩/岩体强度应力比S，S综合考虑了岩石强度、岩体完整性和地应力的因素，采用式(3.1.4-2) 计算，即

$$S=R_c\times\frac{K_v}{\sigma_m}\quad或\quad S=R_c\times\frac{K_v}{\sigma_1}\tag{3.1.4-2}$$

式中　R_c——岩石饱和单轴抗压强度；

K_v——岩体完整性系数；

σ_m——围岩的最大主应力；

σ_1——垂直洞轴线的较大主应力。

3.2 围岩压力

3.2.1 影响围岩稳定的因素

影响围岩稳定的主要因素包括地质因素（如初始应力场、岩石力学性质、岩体结构面特征）和工程因素（如施工方法、洞室几何形状、支护时机及刚度）等。

1. 地质因素

（1）岩体结构特征。岩体的结构特征可以简单地用岩体的破碎程度或完整性来表示，在某种程度上它反映了岩体受地质构造作用的严重程度。岩体的破碎程度或完整状态是指构成岩体的岩块大小及这些岩块的组合排列形态。

（2）结构面性质和空间的组合。在块状或层状结构的岩体中，控制岩体破坏的主要因素是软弱结构面的性质及它们在空间的组合状态。从下述的5个方面来研究结构面对地下工程围岩稳定性影响的大小：①结构面的成因及其发展史；②结构面的平整、光滑程度；③结构面的物质组成及其充填物质情况；④结构面的规模与方向性；⑤结构面的密度与组数。

（3）岩石的力学性质。在整体结构的岩体中，控制围岩稳定性的主要因素是岩石的力学性质，尤其是岩石的强度。一般来说，岩石强度越高洞室越稳定。

（4）围岩的初始应力场。围岩的初始应力场是地下工程围岩变形、破坏的根本作用力，它直接影响围岩的稳定性。

（5）地下水状况。地下水对围岩的影响主要表现在软化围岩、软化结构面、承压水作用。

2. 人为因素

（1）地下洞室尺寸和形状。在同一级（类）围岩中，洞室跨度越大，围岩的稳定性就越差；地下洞室的形状主要影响开挖后围岩的应力状态。

（2）施工中采用的开挖方法。开挖方法对地下工程围岩稳定性的影响较为明显，在分级（类）中必须予以考虑。

3.2.2 围岩破坏机制

地下洞室开挖常能使围岩的性状发生很大变化，促使围岩性状发生变化的因素，除卸荷回弹和应力重分布之外，还有水分的重分布。一般说来，洞室开挖后，如果围岩岩体承受不了回弹应力或重分布的应力作用，围岩即将发生塑性变形或破坏。这种变形或破坏通常是从洞室周边，特别是那些最大压应力或拉应力集中的部位开始，而后逐步向围岩内部发展的。围岩的变形破坏是渐进式逐次发展的。开挖→应力调整→变形、局部破坏→再次调整→再次变形→较大范围破坏。地下洞室围岩在开挖过程中的破坏类型与围岩的结构特征有关，以下根据其结构特征来分析围岩的破坏模式。

1. 整体状和块状围岩

该类岩体具有很高的力学强度和抗变形能力，主要结构面是节理，很少有断层，含有少量的裂隙水。在力学属性上可视为均质、各向同性、连续的线弹性介质，应力应变呈近似直线关系。围岩具有很好的自稳能力，其变形破坏形式主要有岩爆、脆性开裂及块体滑移等。这类围岩的整体变形破坏可用弹性理论分析，局部块体滑移可用块体极限平衡理论来分析。岩爆是高地应力地区，由于洞壁围岩中应力高度集中，使围岩产生突发性变形破坏的现象。脆性开裂出现在拉应力集中部位。块体滑移是以结构面切割而成的不稳定块体滑出的形式出现。其破坏规模与形态受结构面的分布、组合形式及其与开挖面的相对关系控制，如图 3.2.2-1 所示。

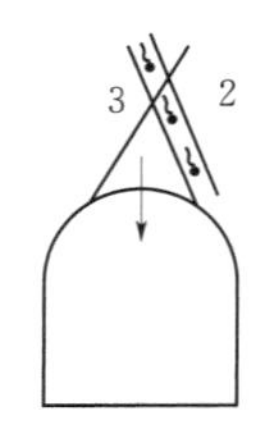

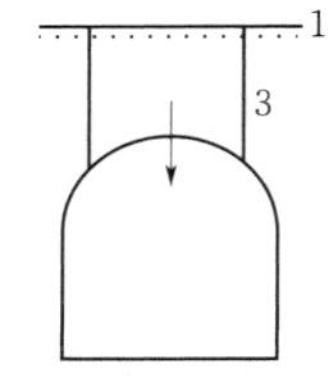

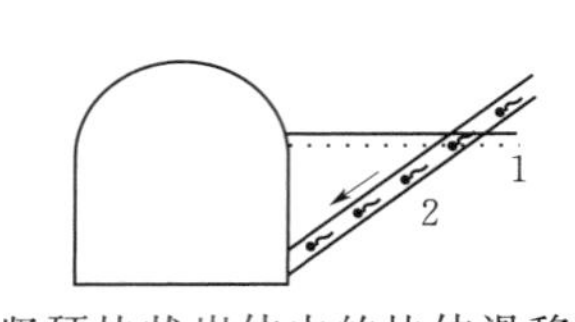

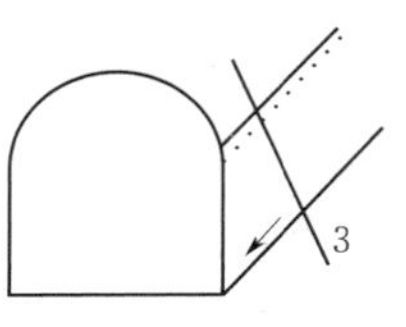

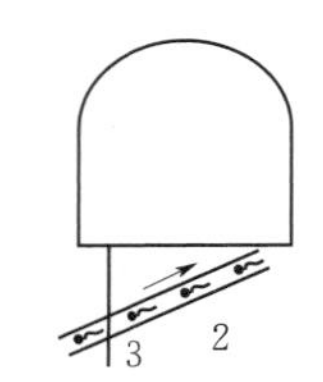

图 3.2.2-1　坚硬块状岩体中的块体滑移形式示意图

1—层面；2—断裂；3—裂隙

2. 层状围岩

该类围岩常呈软、硬岩层相间的互层形式。结构面以层理面为主，并有层间错动及泥化夹层等软弱结构面发育。变形破坏主要受岩层产状及岩层组合等控制，破坏形式主要有沿层面张裂、折断塌落、弯曲内鼓等，常见的有水平层状、倾斜层状和直立层状破坏，如图 3.2.2-2 所示。变形破坏常可用弹性梁、弹性板或材料力学中的压杆平衡理论来分析。

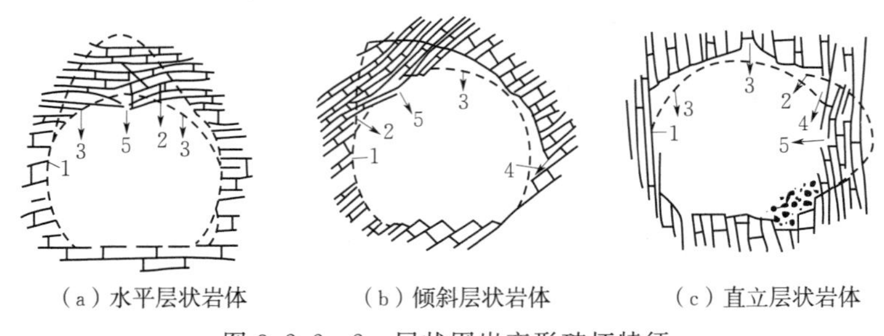

（a）水平层状岩体　（b）倾斜层状岩体　（c）直立层状岩体

图 3.2.2-2　层状围岩变形破坏特征

1—设计断面轮廓线；2—破坏区；3—弯曲；4—张裂；5—折断

（1）在水平层状围岩中，洞顶岩层可视为两端固定的板梁，在顶板压力下，将产生下沉弯曲、开裂，如图 3.2.2-2（a）所示。

（2）在倾斜层状围岩中，常表现为沿倾斜方向一侧岩层弯曲塌落，另一侧边墙岩块滑移等破坏形式，形成不对称的塌落拱。将出现偏压现象，如图 3.2.2-2（b）所示。

（3）在直立层状围岩中，当天然应力比值系数 $\lambda<1/3$ 时，洞顶发生沿层面纵向拉裂，被拉断塌落。侧墙则因压力平行于层面，常发生纵向弯折内鼓，进而危及洞顶安全，如图 3.2.2-2（c）所示。

3. 碎裂状围岩

碎裂岩体是指断层、褶曲、岩脉穿插挤压和风化破碎加次生夹泥的岩体。变形破坏形式常表现为塌方和滑动，可用松散介质极限平衡理论来分析。在夹泥少、以岩块刚性接触为主的碎裂围岩中，不易大规模塌方；围岩中含泥量很高时，由于岩块间不是刚性接触，易产生大规模塌方或塑性挤入。碎裂状围岩洞顶岩体的破坏模式如图 3.2.2－3 所示。

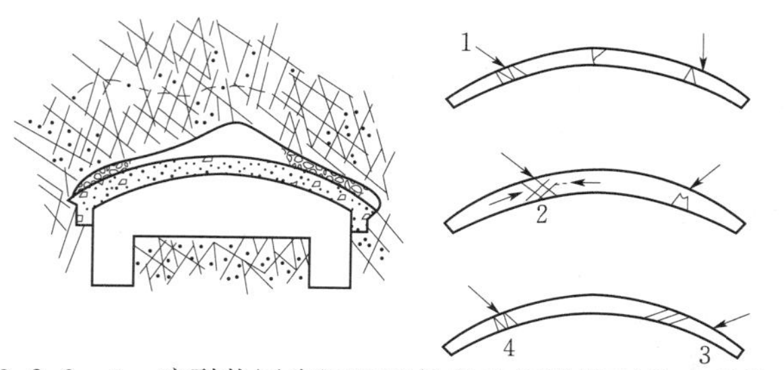

图 3.2.2－3　碎裂状围岩洞顶岩体松动解脱及顶拱破裂模式

1，4—张破裂；2—压剪破裂；3—剪破裂

4. 散体状围岩

散体状岩体是指强烈构造破碎、强烈风化的岩体。常表现为弹塑性、塑性或流变性。围岩结构均匀时，以拱顶冒落为主。当围岩结构不均匀或松动岩体仅构成局部围岩时，常表现为局部塌方、塑性挤入及滑动等变形破坏形式，其破坏模式与地质条件关系较大，如图 3.2.2－4 所示。可采用松散介质极限平衡理论配合流变理论来分析。

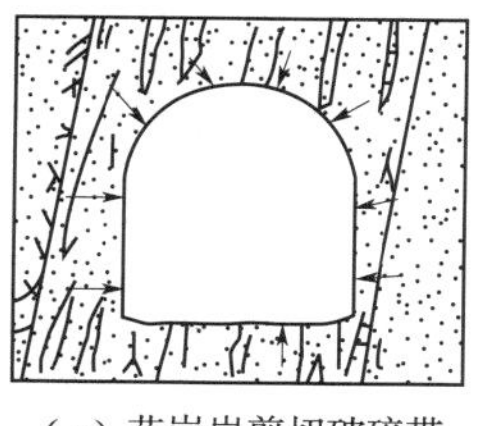

（a）花岗岩剪切破碎带

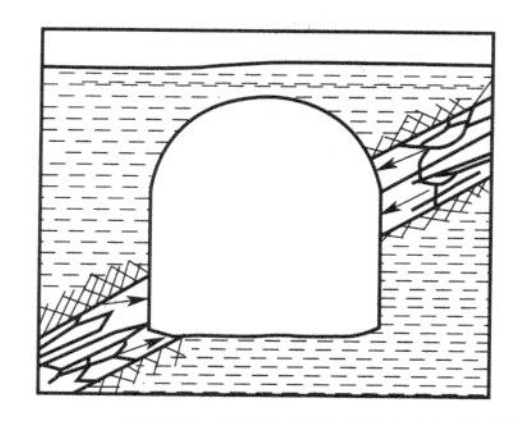

（b）页岩中的缓倾角破裂带

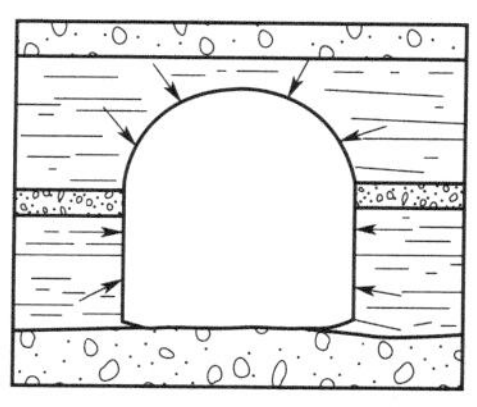

（c）富含蒙脱石的风化火山灰

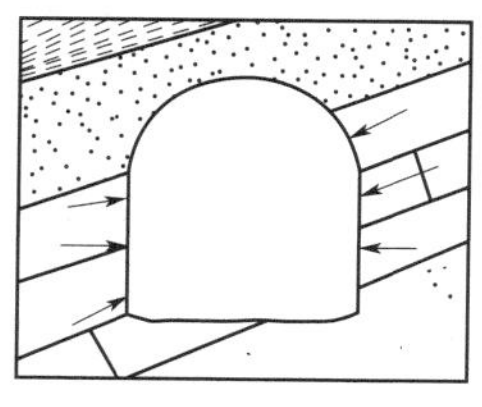

（d）固结差的泥岩

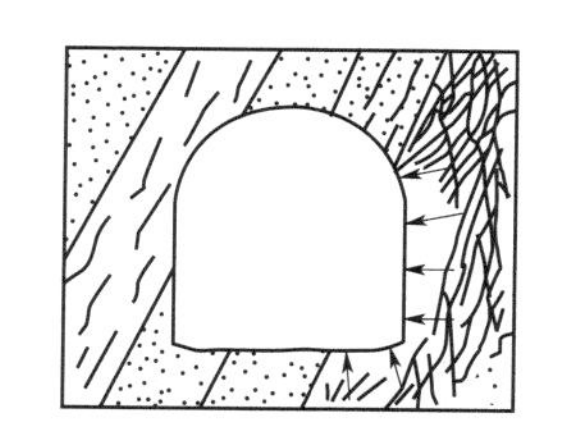

（e）遭剪切破坏的风化的云母片岩

（f）与岩脉相接触的强蚀变细斑岩

图 3.2.2－4　散体状岩体塑性破坏地质条件

将上述不同结构条件下围岩的破坏机制、破坏方式、破坏特征进行总结，见表 3.2.2－1。

表 3.2.2－1　　围岩破坏分析方法及稳定性评价

<table>
<tr><th>类型</th><th>亚类</th><th>破坏机制</th><th>变形破坏过程</th><th colspan="2">分析方法</th><th>稳定性评价</th></tr>
<tr><td rowspan="3">块状结构</td><td>整体状</td><td>岩爆、劈裂</td><td>瞬间能量释放</td><td colspan="2">弹性理论，断裂力学</td><td>良好</td></tr>
<tr><td>块体状</td><td>块体塌滑、开裂</td><td>与爆破同时发生或因爆破逐次松动、突然塌方</td><td rowspan="2">块体力学</td><td rowspan="2">弹脆性、节理单元
赤平投影作图
坐标投影作图</td><td>良好（局部加固）</td></tr>
<tr><td>裂隙块状</td><td>块体塌滑</td><td>突然发生与爆破松动有关</td><td>较好（局部重点处理）</td></tr>
</table>

续表

类型	亚类	破坏机制	变形破坏过程	分析方法	稳定性评价
层状结构	互层	顺层滑动、岩层弯曲	稳定变形、失稳变形时间可达数天至数十天	弹性、黏弹性、弹塑性理论；层状单元，层体结构力学	较好及良好
	间（夹）层	顺层滑动、塌落	稳定变形可达数日至一月以上	弹性、黏弹性、弹塑性理论；层状单元，层体结构力学	较好（局部加固）
	薄层	顺层滑动、岩层弯曲、剥裂	稳定变形可达数日至数十日	弹性、黏弹性、弹塑性理论；层状单元，层体结构力学	一般（局部加固）
	软层	塑性变形及剪切破坏	变形阶段达数月甚至更长	弹性、黏弹性、弹塑性理论；层状单元，层体结构力学	较差
碎裂结构	镶嵌	松动崩塌	变形过程很短，一般在数天以内	双向无拉伸材料，碎块力学	一般
	碎裂	松动崩塌、塑性变形和剪切破坏	变形阶段达数月甚至更长	弹塑性，不抗拉材料；黏弹塑性碎块力学	差或较差
	层状结构	松动塌方、塑性变形和剪切破坏	变形阶段达数月甚至更长	弹塑性，不抗拉材料；黏弹塑性碎块力学	差或较差
松散结构	松散	松动剪切破坏	变形阶段达数月甚至更长	弹塑性，散体，极限平衡	差或很差
	松软	塑性变形、剪切破坏	变形阶段可达数月、一年甚至更长	弹塑性理论、黏弹塑性分析	很差

3.2.3 围岩压力计算

1. 围岩压力概念及其分类

(1) 围岩压力概念。围岩压力是指引起地下开挖空间周围岩体和支护变形或破坏的作用力。它包括由地应力引起的围岩应力以及围岩变形受阻而作用在支护结构上的作用力。围岩压力的确定目前常用 3 种方法，即直接量测法、经验法或工程类比法和理论估算法。

(2) 围岩压力按成因分类。

1) 松动压力。由于开挖而松动或坍塌的岩体以重力形式直接作用在支护结构上的压力称为松动压力，是衬砌为了阻止岩块松弛或岩块移动下塌等形成的荷载。采用松散介质极限平衡理论，或块体极限平衡理论计算分析。松动压力常通过下列 3 种情况发生。

a. 在整体稳定的岩体中，可能出现个别松动掉块的岩石。

b. 在松散软弱的岩体中，坑道顶部和两侧边帮冒落。

c. 在节理发育的裂隙岩体中，围岩某些部位沿软弱面发生剪切破坏或拉坏等局部塌落。

2) 形变压力。形变压力是由于围岩变形受到与之密贴的支护（如锚喷支护等）的抑制，而使围岩与支护结构共同变形过程中，围岩对支护结构施加的接触压力。采用塑性理论计算（见后文的岩体力学方法），其产生的机制包括以下几种。

a. 弹性变形压力。当采用紧跟开挖面进行支护的施工方法时，由于开挖面的“空间效应”使支护受到一部分围岩的弹性变形作用而产生的压力称为弹性变形压力。

b. 塑性变形压力。在过大的二次应力作用下围岩发生塑性变形而使支护受到的压力称为塑性变形压力。

c. 流变压力。在流变性很显著的围岩中，一定的二次应力会使围岩发生随时间而增加的变形。这种变形会使围岩鼓出，引起很大的洞室收敛变形。由此变形在支护上产生的压力称为流变压力，其特点是压力随时间变化。

变形压力是由围岩变形表现出来的压力，所以变形压力的大小，既决定于原岩应力大小、岩体力学性质，也决定于支护结构刚度和支护时间。由于现代地下结构施工技术的发展，已经有可能在坑道开挖后及时地给围岩以必要的约束，阻止围岩松弛，不使其因变形过度（形成松动区）而产生松动压力。此时坑道开挖而释放的围岩压力将由支护结构与围岩组成的地下结构体系共同承受。一方面，围岩本身由于支护结构提供了一定的支护阻力，而引起它的应力调整达到新的平衡；另一方面，由于支护结构阻止围岩变形，也必然要受到围岩给予的反作用而发生变形。这种反作用力和围岩的松动压力极不相同，它是支护结构与围岩在共同变形的过程中对支护结构施加的压力，称为变形压力。这种变形压力的大小和分布规律不仅与围岩的特性有关，而且还取决于支护结构变形特征——刚度以及架设时间。变形压力多发生在以新奥法施工原理为指南的锚喷支护结构中。

3）膨胀压力。当岩体具有吸水膨胀崩解的特征时，由于围岩吸水而膨胀崩解所引起的压力称为膨胀压力。可以采用弹塑性理论配合流变性理论进行分析。岩体的膨胀性，既决定于其蒙脱石、伊利石和高岭石的含量，也取决于外界水的渗入和地下水的活动特征。岩层中蒙脱石含量越高，有水源供给，膨胀性越大。

在以往实验中人们已经观察到，膨胀荷载一般只在仰拱处产生，即膨胀荷载的方向与自重荷载相反，但量值常大于覆盖层自重的若干倍。因此对承重结构来说，膨胀荷载常为最不利的荷载形式。膨胀荷载的大小与岩体状态、隧道结构形式等很多因素有关，目前还没有计算模型来计算膨胀荷载的大小，通常只有根据经验数据或量测结果来估计。太沙基根据经验提出膨胀压力可相当于 $h_c=80\text{m}$ 厚覆盖层的自重，假设覆盖层岩体的重度为 $\gamma=24\text{kN/m}^3$，则膨胀荷载为 $P_v=\gamma h_c=1.92\text{MPa}$。

4）冲击压力。冲击压力是在围岩中积累了大量的弹性变形能以后，由于隧道的开挖，围岩的约束被解除，能量突然释放所产生的压力，又称为岩爆，一般在高地应力的坚硬岩石中发生。岩爆是围岩的一种剧烈的脆性破坏，常以“爆炸”的形式出现。岩爆发生时能抛出大小不等的岩块，大型者常伴有强烈的震动、气浪和巨响，对地下开挖和地下采掘事业造成很大的危害。

2. 围岩松动压力的确定方法

（1）深埋隧道围岩松动压力的确定方法。

1）深埋隧道自然拱成拱机制。深埋隧道松动压力仅是隧道周边某一破坏范围（自然拱）内岩体的重量，而与隧道埋置深度无关。围岩在开挖后的“成拱作用”分为 4 个阶段；即变形阶段、松动阶段、塌落阶段和成拱阶段，如图 3.2.3-1 所示。

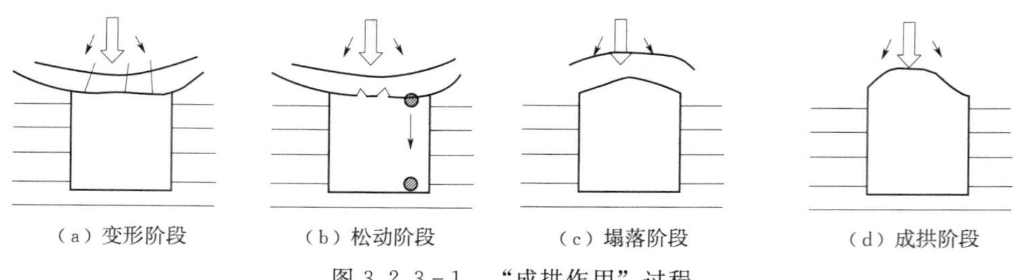

图 3.2.3-1 “成拱作用”过程

自然拱范围除了受到围岩地质条件、支护结构架设时间、刚度以及它与围岩的接触状态等因素外，还与隧道的形状和尺寸有关，隧道拱圈越平坦，跨度越大，则自然拱越高，围岩的松动压力也越大；与隧道的埋深也有关，只有当隧道埋深超过某一临界值时才有可能形成自然拱，习惯上将这种隧道称为深埋隧道，否则称为浅埋隧道；还与施工因素有关，施工扰动越大，形成的自然拱越大。

2）我国《铁路隧道设计规范》（TB 10003—2016）推荐的围岩压力计算方法。

a. 采用破损阶段法设计隧道结构上的竖向荷载 q，即

$$q=0.45\times 2^{s-1}\gamma\omega \tag{3.2.3-1}$$

式中 s——围岩类别，如Ⅲ类围岩，则 $s=3$；

γ——围岩容重，kN/m^3；

ω——宽度影响系数，且 $\omega=1+i\ (B-5)$；

B——坑道的宽度，m；

i——以 $B=5m$ 为基准，B 每增减 1m 时的围岩压力增减率，当 $B<5m$ 时取 $i=0.2$，当 $B>5m$ 时取 $i=0.1$。

以上公式是在塌方统计的基础上，考虑地质条件及坑道宽度建立的。两个公式的适用条件为：①$H_t/B<1.7$，H_t坑道净高度（m）；②深埋隧道；③不产生显著的偏压力及膨胀压力的一般围岩；④采用传统的矿山法施工。随着现代隧道施工技术的发展，隧道开挖引起的破坏范围将会被控制在最小限度内，所以围岩松动压力的发展也将受到控制。在上述产生竖向压力的同时，隧道也会有侧向压力出现，即围岩水平匀布松动压力 e，其计算方法参见表 3.2.3-1 中的经验值（一般取平均值），其适用条件同式（3.2.3-1）和式（3.2.3-2）。

表 3.2.3-1　　围岩水平匀布松动压力

围岩级别	Ⅰ～Ⅱ	Ⅲ	Ⅳ	Ⅴ	Ⅵ
水平匀布压力	0	$<0.15q$	$(0.15\sim0.30)\ q$	$(0.30\sim0.50)\ q$	$(0.5\sim1.00)\ q$

b. 采用概率极限状态法设计隧道结构上的竖向荷载 q，即

$$q=\gamma\times 0.41\times 1.79^{s} \tag{3.2.3-2}$$

【算例 1】 某隧道穿越Ⅲ类围岩，其开挖尺寸：净宽 7.4m，净高 8.8m，围岩的天然容重 $\gamma=21.0kN/m^3$，试确定围岩的松动压力值。计算简图如图 3.2.3-2 所示。

【解】 （1）验算坑道的高度与跨度之比：$H_t/B=8.8/7.4=1.2<1.7$。

（2）可按照式（3.2.3-1）来计算围岩垂直匀布压力 q 值：因 $B=7.4>5.0m$，故 $i=0.1$，

$\omega=1+0.1\times(7.4-5.0)=1.24$，则 $q=0.45\times2^{6-3}\times21\times1.24=93.7\text{kPa}=0.094\text{MPa}$。

（3）围岩水平匀布压力 e，查表 3.2.3－1 得：$e=(1/6\sim1/3)\times0.094=0.016\sim0.031\text{MPa}$。

3）普氏理论。普氏基于“自然拱”概念的计算理论为：在具有一定黏结力的松散和破碎岩体中开挖坑道后，其上方会形成一个抛物线形的自然拱（假定的抛物线方程），作用在支护结构上的围岩压力就是自然拱内松散岩体的重量，如图 3.2.3－3 所示。

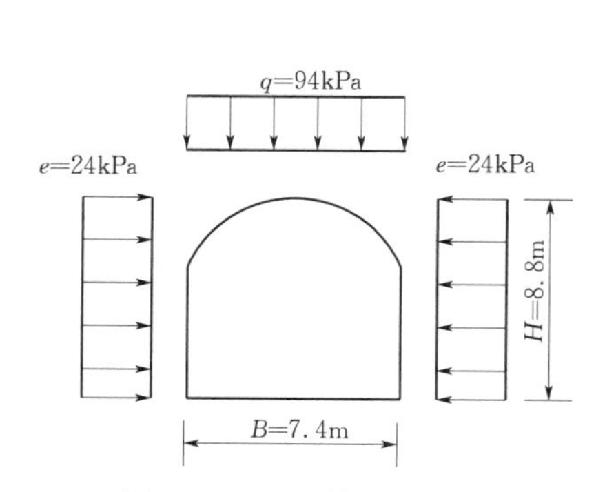

图 3.2.3－2　算例 1 用图

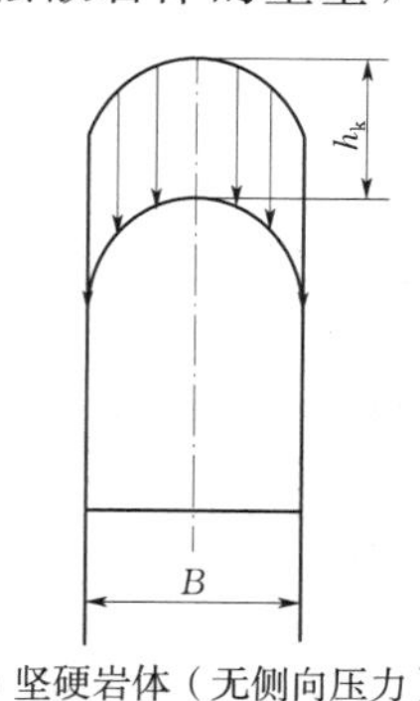

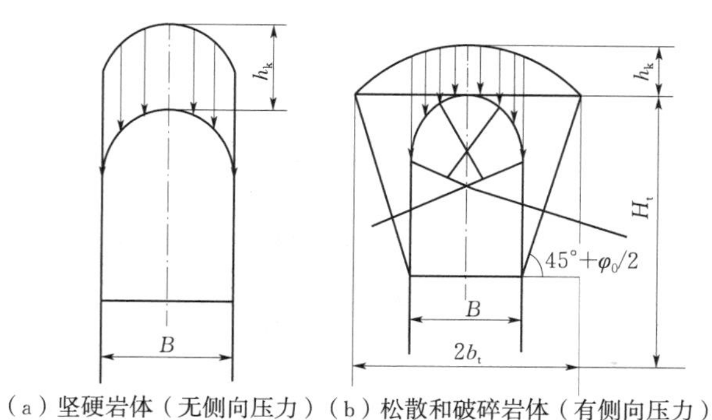

（a）坚硬岩体（无侧向压力）（b）松散和破碎岩体（有侧向压力）

图 3.2.3－3　普氏理论自然拱的形成

实际上，自然平衡拱有各种形状，在岩层倾斜的情况下，还会产生歪斜的平衡拱，如图 3.2.3－4 所示。

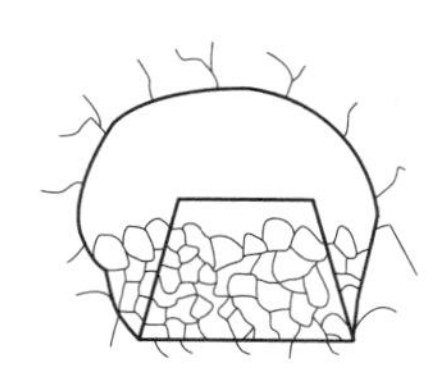
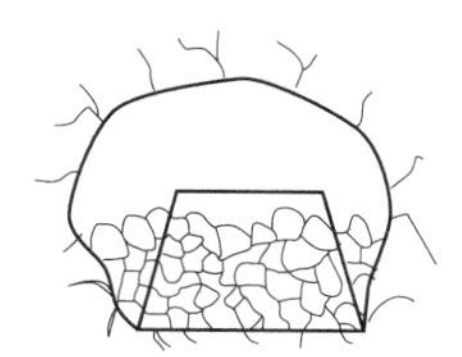
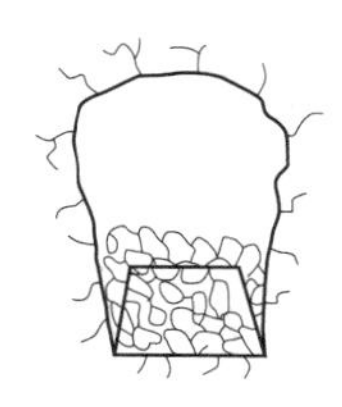

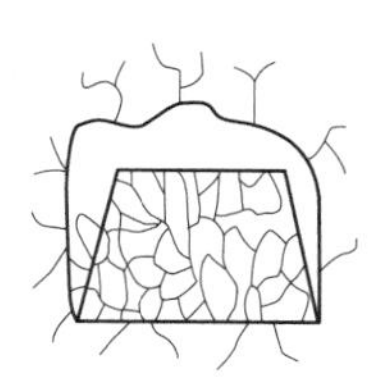

图 3.2.3－4　天然形成的集中典型的平衡拱

自然拱的形状和尺寸（即它的高度和跨度）均与岩体的坚固性系数 f（侧摩擦系数）有关，其取值见表 3.2.3－2。

表 3.2.3－2　不同类型岩体的坚固性系数 f 与岩体的抗剪强度指标的关系

松软岩体	坚硬完整岩体	砂土及其他松散材料（$c=0$）
$\begin{cases}\tau_f=c+\sigma\tan\varphi\\ \tau_f=\sigma\cdot f\end{cases}\Rightarrow f=\tan\varphi+c/\sigma=\tan\varphi_0$	$f=\sigma_c/10$	$f=\tan\varphi$

表 3.2.3－2 中，σ_c 为岩石的单轴抗压强度；φ、φ_0 分别为岩体的内摩擦角和似摩擦角；τ、σ 分别为岩体的抗剪强度和剪切破坏时的正应力；c 为岩体的黏结力。也可参考表 3.2.3－3 的普氏系数。

表 3.2.3－3　普氏岩石坚固系数分类表

围岩类别	岩石名称	f_{kp}	$\gamma/(\text{kN/m}^3)$	$\varphi_k/(°)$
极坚硬的	最坚硬的、致密的及坚韧的石英石和玄武石，非常坚硬的其他岩石	20	28～30	87
	极坚硬的花岗岩、石英斑岩、砂质片岩，最坚硬的砂岩及石灰岩	15	26～27	85
	致密的花岗岩，极坚硬的砂岩及石灰岩，坚硬的砾岩，很坚硬的铁矿	10	25～26	82.5

续表

围岩类别	岩石名称	f_{kp}	γ/(kN/m³)	φ_k/(°)
坚硬的	坚硬石灰岩，不坚硬花岗岩，坚硬的砂岩、大理石、黄铁矿及白云石	8	25	80
	普通砂岩、铁矿	6	24	75
	砂质片岩、片岩状砂岩	5	25	72.5
中等坚硬的	坚硬的黏土质片岩，不坚硬的砂岩、石灰岩，软的砾岩	4	26	70
	不坚硬的片岩，致密的泥灰岩，坚硬的胶结黏土	3	25	70
	片岩、石灰岩、冻土，泥凝灰岩、破碎砂岩，胶结卵石和砂砾掺石的土	2	24	65
	碎石土，破碎的片岩，卵石和碎石，硬黏土，坚硬的煤	1.5	18～20	60
	密实的黏土，普通煤，坚硬冲击土，黏土质土，混有石子的土	1.0	18	45
	轻砂质黏土、黄土、砂砾、软煤	0.8	16	40
松软	湿砂，砂土壤，种植土，泥炭，轻砂壤土	0.6	15	30
不稳定的	散砂，小砂砾，新堆积土，开采出的煤	0.5	17	27
	流砂，沼泽土，含水的黄土及其他含水的土	0.3	15～18	9

由普氏理论假定，对于侧壁不稳定的地下洞室，假定侧壁与竖直方向面存在一个$45°-\varphi_0/2$的滑裂面，则根据极限平衡原理，可得到自然拱的高度h_k与半跨b_t，即

$$h_k=\frac{b_t}{f} \tag{3.2.3-3}$$

其中，自然拱的半跨b_t与洞室净跨$B=2b$及岩体的似摩擦角的关系可用式（3.2.3-4）表示，即

$$b_t=b+H_t\cdot\tan\left(45°-\frac{\varphi_0}{2}\right) \tag{3.2.3-4}$$

由此可得到，简化的竖向围岩压力q表示为

$$q=\gamma h_k \tag{3.2.3-5}$$

平均侧向围岩压力e（按朗肯土压力理论计算）表示为

$$e=\left(q+\frac{1}{2}\gamma H_t\right)\tan^2\left(45°-\frac{\varphi_0}{2}\right) \tag{3.2.3-6}$$

对于侧壁稳定，不存在滑裂面的地下洞室，其围岩压力可表示为

$$q=\frac{4b^2}{3f}\gamma \tag{3.2.3-7}$$

普氏理论的适用条件：散体结构的岩体，如强风化、强烈破碎岩体以及松动岩体；新近堆积的土体等。

此外，洞室上覆岩体需要有一定的厚度（埋深$H>5b_1$，b_1为半跨），才能形成平衡拱。以下情况，由于不能形成压力拱，故不能采用普氏理论计算围岩压力：①$f<0.8$，洞室埋深$H<(2\sim2.5)h$或$H<5b_1$，埋深H指由洞顶衬砌顶部至地表面（当基岩直接出露时）或松散堆积物（如土层）接触面的竖直距离；②采用明挖法施工的地下洞室；③$f<0$

的软土体如淤泥、淤泥质土、粉砂土、粉质黏土和饱和软黏土等，因其不能形成压力拱。

【算例 2】 如图 3.2.3-5 所示的公路隧道，围岩 $f=1.5$，硬黏土，$\varphi_k=60°$，$\gamma=22\text{kN/m}^3$。试用普氏理论确定围岩压力值。

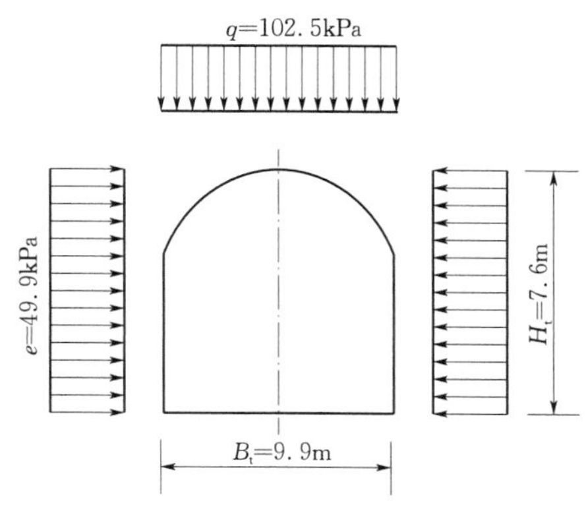

图 3.2.3-5 算例 2 用图

【解】 此时，平衡拱跨度 B_1 为

$$B_1=B_t+2H_t\tan\left(45°-\frac{\varphi_g}{2}\right)=9.9+2\times7.6\tan\left(45°-\frac{60}{2}\right)=13.97(\text{m})$$

平衡拱高度 h 为

$$h=\frac{b}{f_{kp}}=\frac{13.97/2}{1.5}=4.66(\text{m})$$

垂直压力视为均布时，有

$$q=\gamma h=22\times4.66=102.5(\text{kPa})$$

侧压力视为均布时，有

$$e=\left(q+\frac{1}{2}\gamma y\right)\tan^2\left(45°-\frac{\varphi_g}{2}\right)=\left(102.5+\frac{1}{2}\times22\times7.6\right)\tan^2\left(45°-\frac{60}{2}\right)=49.9(\text{kPa})$$

4）太沙基（Terzaghi）理论。将岩体视为散粒体，坑道开挖后，其上方的岩体因坑道的变形而下沉，并产生图 3.2.3-6 所示的错动面 OAB。

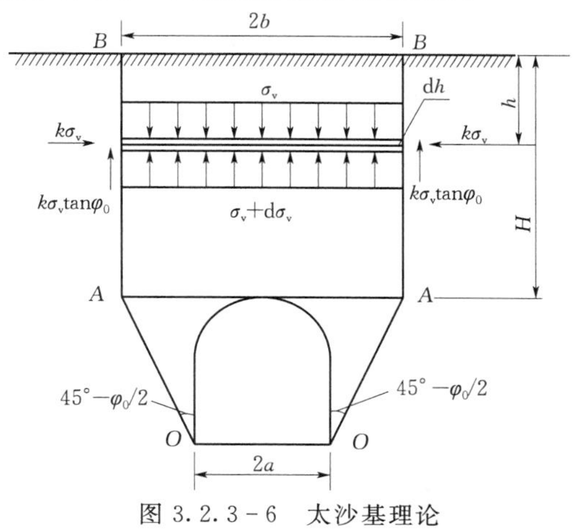

图 3.2.3-6 太沙基理论

假定作用在任何水平面上的竖向压应力 σ_v 是匀布的，相应的水平力为 $\sigma_h = k\sigma_v$（k 为侧压力系数），在地面深度为 h 处取出一厚度为 dh 的水平条带单元体，考虑其平衡条件 $\sum V=0$，得出

$$2b(\sigma_v + d\sigma_v) - 2b\sigma_v + 2k\sigma_v \tan\varphi_0 dh - 2b\gamma dh = 0 \tag{3.2.3-8}$$

展开后得

$$\frac{d\sigma_v}{\gamma - \frac{k\sigma_v \tan\varphi_0}{b}} - d_h = 0 \tag{3.2.3-9}$$

解上述微分方程，并引进边界条件：$h=0$ 时 $\sigma_v=0$，可得

$$\sigma_v = \frac{\gamma b}{\tan\varphi_0 \cdot k}(1 - e^{-k\tan\varphi_0 \cdot \frac{h}{b}}) \tag{3.2.3-10}$$

随着坑道埋深 h 的加大，$e^{-k\tan\varphi_0 \frac{h}{b}}$ 趋近于零，则 σ_v 趋于某一个固定值，即

$$\sigma_v = \frac{\gamma b}{\tan\varphi_0 \cdot k} \tag{3.2.3-11}$$

太沙基根据实验结果得出 $k=1\sim1.5$，取 $k=1$ 则

$$\sigma_v = \frac{\gamma b}{\tan\varphi_0} \tag{3.2.3-12}$$

如以 $\tan\varphi_0 = f$ 代入，则

$$\sigma_v = \frac{\gamma b}{f} = \gamma h \tag{3.2.3-13}$$

式中 b、φ_0 含义同前。此时便与普氏理论计算公式相同。太沙基认为，当 $H \geqslant 5b$ 时为深埋隧道。至于侧向均布压力则仍按朗金公式计算，即

$$e = \left(\sigma_v + \frac{1}{2}\gamma H_t\right)\tan^2\left(45° - \frac{\varphi_0}{2}\right) \tag{3.2.3-14}$$

【算例 3】 一砂性土质隧道，埋深 $h=40$m，围岩容重 $\gamma=20$kN/m^3，侧压力系数 $\lambda=1.0$，内摩擦角 $\varphi=28°$，隧道宽度 $B=6$m，高度 $H=8$m，见图 3.2.3-7。试确定围岩压力。

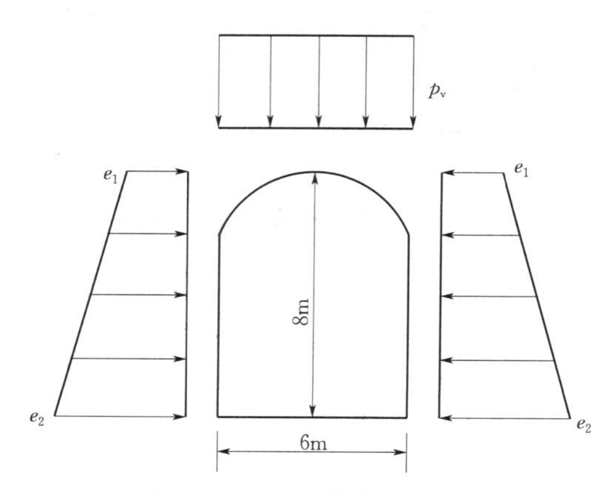

图 3.2.3-7 算例 3 用图

【解】 按照太沙基理论计算隧道顶部垂直压力 σ_v，即

$$\sigma_v=\frac{\gamma b_1}{\tan\varphi}=\frac{\gamma\left[b+H\cdot\tan\left(45°-\frac{\varphi}{2}\right)\right]}{\tan\varphi}=\frac{20\times\left[\frac{6}{2}+8\tan\left(45°-\frac{28°}{2}\right)\right]}{\tan28°}=294(\text{kPa})$$

水平压力 e_1 为

$$e_1=\sigma_v\tan^2\left(45°-\frac{\varphi_0}{2}\right)=294\times\tan^2\left(45°-\frac{28°}{2}\right)=106(\text{kPa})$$

水平压力 e_2 为

$$e_2=(\sigma_v+\gamma H_t)\tan^2\left(45°-\frac{\varphi_0}{2}\right)=(294+20\times8)\times\tan^2\left(45°-\frac{28°}{2}\right)=164(\text{kPa})$$

平均水平压力 e 为

$$e=\left(\sigma_v+\frac{1}{2}\gamma H_t\right)\tan^2\left(45°-\frac{\varphi_0}{2}\right)=\frac{e_1+e_2}{2}=135(\text{kPa})$$

【算例 4】　一直墙形隧道建于软弱破碎岩体中，埋深 $h_0=50$m，围岩容重 $\gamma=24\text{kN/m}^3$，侧压力系数 $\lambda=1.0$，内摩擦角 $\varphi=36°$，岩体抗压强度 $R=12$MPa，隧道宽度 $B=6$m，高度 $H=8$m，见图 3.2.3-7。试确定围岩压力。

【解】　岩石的坚固系数 $f=R/10=12/10=1.2$，压力拱高度 h 为

$$h=\frac{b}{f}=\frac{b+H\tan\left(45°-\frac{\varphi}{2}\right)}{f}=\frac{3+8\tan\left(45°-\frac{36°}{2}\right)}{1.2}=5.9(\text{m})$$

根据太沙基公式计算竖向围岩压力为

$$\sigma_v=\frac{\gamma b}{f}=\gamma h=24\times5.9=141.5(\text{kPa})$$

水平压力 e_1 为

$$e_1=\sigma_v\tan^2\left(45°-\frac{\varphi_0}{2}\right)=141.5\times\tan^2\left(45°-\frac{36°}{2}\right)=36.7(\text{kPa})$$

水平压力 e_2 为

$$e_2=(\sigma_v+\gamma H_t)\tan^2\left(45°-\frac{\varphi_0}{2}\right)=(141.5+24\times8)\times\tan^2\left(45°-\frac{36°}{2}\right)=86.6(\text{kPa})$$

（2）浅埋隧道围岩松动压力的确定方法。

1）深、浅埋隧道的判定原则。隧道埋深不同，确定围岩压力的计算方法也不同，因此有必要来分清深埋与浅埋隧道的界限。一般情况下应以隧道顶部覆盖层能否形成“自然拱”为原则。但要确定出界限是困难的，因为它与许多因素有关，因此只能按经验作出概略的估算。从深埋隧道围岩松动压力值是根据施工坍方平均高度（等效荷载高度）出发，为了能形成此高度值，隧道上覆岩体就应有一定的厚度；否则坍方会扩展到地面。为此，深、浅埋隧道分界深度至少应大于坍方的平均高度且具有一定余量。根据经验，这个深度通常为 2～2.5 倍的坍方平均高度值，即

$$H_p=(2\sim2.5)h_q \tag{3.2.3-15}$$

式中　H_p——深、浅埋隧道分界的深度；

h_q——坍方平均高度，$h_q=0.45\times2^{6-s}\omega$，当隧道覆盖层厚度 $H\geqslant H_p$ 时为深埋，

当 $H<H_p$时为浅埋。

一般在松软的围岩中取高限 $2^{6-s}\omega$，在较坚硬围岩中取低限，对于其他情况，则应作具体分析后确定。

2）浅埋隧道围岩松动压力的确定方法。当隧道埋深不大时，不能形成“自然拱”。采用松散介质极限平衡理论进行分析。滑动岩体重量＝滑面上的阻力＋支护结构的反作用力（围岩松动压力）。

a. 隧道埋深 h 不大于等效荷载高度 $h_q(h\leqslant h_q)$，忽略滑面上的摩擦阻力，则围岩的匀布围岩压力如下。

竖向围岩压力 q 为

$$q=\gamma h \tag{3.2.3-16}$$

式中 γ——围岩容重，kN/m³；

h——隧道埋置深度，m。

侧向围岩压力 e 为

$$e=\left(q+\frac{1}{2}\gamma H_t\right)\tan^2\left(45°-\frac{\varphi_0}{2}\right) \tag{3.2.3-17}$$

b. 隧道埋深 h 大于等效荷载高度 h_q（即 $h>h_q$）。如图 3.2.3-8 所示，假定岩体中所形成的破裂面是一个与水平面成 β 角的斜直面，如图 3.2.3-8 中的 AC、BD。当洞顶上覆盖岩体 $FEGH$ 下沉时受到两侧岩体的挟持，同时又带动了两侧三棱岩体 ACE 和 BDF 的下滑，而当整个下滑岩体 $ABDHGC$ 下滑时，又受阻于滑动面外侧的未扰动岩体。斜直面 AC、BD 是一个假定破裂滑面，该滑面的抗剪强度决定于滑面的摩擦角 φ 及黏结力 c，为简化计算，采用岩体的似摩擦角 φ_0。

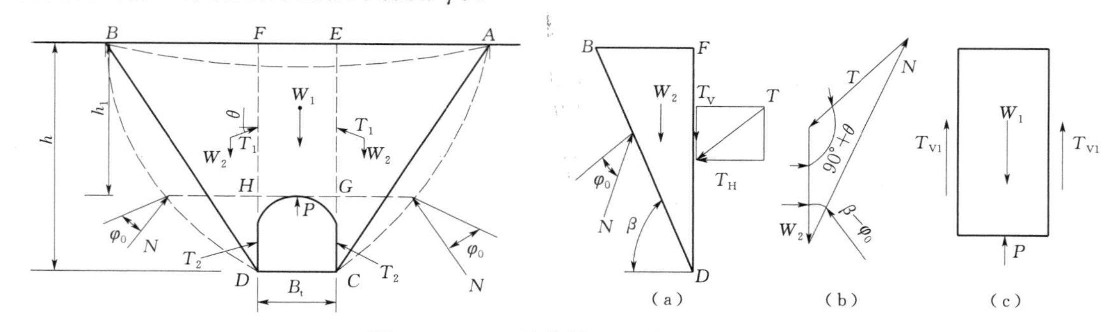

图 3.2.3-8　计算模型及受力分析图

基于上述假定，按力的平衡条件可求出作用在隧道支护结构上的围岩松动压力值。从图 3.2.3-8 可知，作用在支护结构上总的垂直压力为

$$P=W_1-2T_1\sin\theta \tag{3.2.3-18}$$

式中 W_1——已知的 $EFHG$ 的岩体重力；

$T_1\sin\theta$——$EFHG$ 岩体下滑时受两侧岩体挟制的摩擦力，其中 θ 已知，而 T_1 是未知的，故必须先算出 T_1 值后才能求出 P。其步骤如下。

i. 求两侧三棱体对洞顶岩体的挟制力 T_1。取三棱体 BDF（或 ACE）作为脱离体分析，可知作用在其上的力有 W_2、T、N，如图 3.2.3-8（a）所示。其中 W_2 为 BDF 的岩体重力，T 为隧道与上覆岩体下沉而带动三棱体 BDF 下滑时在 FD 面上产生的带动下滑力，N 为 BD 面上的摩擦阻力。从图 3.2.3-8 知 $T=T_1+T_2$，T_1、T_2 分别为上覆岩体部分和衬砌部分带动 FD 面下滑时的带动力，其方向如图 3.2.3-8（b）所示。因此，要求出 T_1 必须先求 T。根据静力平衡条件，可绘出力的多边形，如图 3.2.3-8（b）所示。以便求出 T 值。

三棱体重力为

$$W_2=\frac{1}{2}\gamma\times\overline{BF}\times\overline{DF}=\frac{1}{2}\gamma h^2\frac{1}{\tan\beta} \tag{3.2.3-19}$$

式中，h、β 见图 3.2.3-8 所示模型计算简图。

由正弦定理得

$$\frac{T}{\sin(\beta-\varphi_0)}=\frac{W_2}{\sin[90°-(\beta-\varphi_0+\theta)]} \tag{3.2.3-20}$$

将式（3.2.3-20）代入，化简后得

$$T=\frac{1}{2}\gamma h^2\frac{\tan\beta-\tan\varphi_0}{\tan\beta[1+\tan\beta(\tan\varphi_0-\tan\theta)+\tan\varphi_0\tan\theta]}\frac{1}{\cos\theta} \tag{3.2.3-21}$$

令

$$\lambda=\frac{\tan\beta-\tan\varphi_0}{\tan\beta[1+\tan\beta(\tan\varphi_0-\tan\theta)+\tan\varphi_0\tan\theta]} \tag{3.2.3-22}$$

则

$$T=\frac{1}{2}\gamma h^2\frac{\lambda}{\cos\theta} \tag{3.2.3-23}$$

在此，应仔细分析式（3.2.3-22）的物理含义，从散体极限平衡理论可知，T 为 FD 面上的带动下滑力，为 T_1 和 T_2 之和，而 λ 即为 FD 面上侧压力系数。衬砌上覆岩体下沉时受到两侧摩阻力为 T_1，根据上述概念可直接写出

$$T_1=\frac{1}{2}\gamma h_1^2\frac{\lambda}{\cos\theta} \tag{3.2.3-24}$$

欲求得 T_1 必须先求出 λ，但从式（3.2.3-22）知，λ 为 β、φ_0、θ 的函数。前已说明 φ_0、θ 为已知，而 β 为 BD 与 AC 滑面与隧道底部水平面的夹角，由于 BD 和 AC 滑面并非极限状态下的自然破裂面，它是假定与岩体 $EFHG$ 下滑带动力有关的，而其最可能的滑动面位置必然是 T 力为最大值时带动两侧岩体 BFD 和 ECA 的位置。基于这一概念，应当利用求 T 极值来求得 β 值。

ii. 求破裂面 BD 的倾角 β。令 $\frac{d\lambda}{d\beta}=0$，经化简得

$$\tan\beta=\tan\varphi_0+\sqrt{\frac{(\tan\varphi_0{}^2+1)\tan\varphi_0}{\tan\varphi_0-\tan\theta}} \tag{3.2.3-25}$$

由式（3.2.3-25）知，在 T 极值条件下的 β 值仅与 φ_0、θ 值有关，而 φ_0、θ 是随围岩类别而定的已知值，在求得 β 后，T_1 值也可求得，于是整个问题得以解决。

iii. 求围岩总的垂直压力 P，将求得的 T_1 值代入式（3.2.3-18）得

$$P=W_1-2\times\frac{1}{2}\gamma h_1^2\frac{\lambda}{\cos\theta}\sin\theta \tag{3.2.3-26}$$

而，$W_1=Bh_1\gamma$，则 $P=Bh_1\gamma-\gamma h_1^2\lambda\tan\theta$，所以

$$P=\gamma h_1(B-h_1\lambda\tan\theta) \qquad (3.2.3-27)$$

iv. 围岩垂直匀布松动压力 q 为

$$q=\frac{P}{B}=\gamma h_1\left(1-\frac{h_1\lambda\tan\theta}{B}\right)=\gamma h_1 K \qquad (3.2.3-28)$$

式中　K——压力缩减系数，且 $K=1-\dfrac{h_1\lambda\tan\theta}{B}$；

B——隧道开挖宽度；

h_1——洞顶岩体高度。

v. 求围岩水平匀布松动压力。若水平压力按梯形分布，则作用在隧道顶部和底部的水平压力可直接写为

$$\begin{aligned} e_1&=\gamma h_1\lambda \\ e_2&=\gamma h\lambda \end{aligned} \qquad (3.2.3-29)$$

式中　λ——侧压力系数，由式（3.2.3-22）求得。

若为匀布压力时，则

$$e=\frac{1}{2}(e_1+e_2) \qquad (3.2.3-30)$$

式中　K——压力缩减系数；

B——隧道开挖宽度；

h——洞顶岩体覆盖层厚度。

如无实测参数，可根据表3.2.3-4和表3.2.3-5中不同围岩级别来估算 θ 和 φ_0。

表3.2.3-4　θ 与 φ_0 值间的关系

岩体似摩擦角 φ_0	θ	岩体似摩擦角 φ_0	θ
<20°	(0～0.1) φ_0	45°～50°	(0.5～0.6) φ_0
20°～30°	(0.1～0.2) φ_0	50°～55°	(0.6～0.7) φ_0
30°～35°	(0.2～0.3) φ_0	55°～60°	(0.7～0.8) φ_0
35°～40°	(0.3～0.4) φ_0	60°～65°	(0.8～0.9) φ_0
40°～45°	(0.4～0.5) φ_0	>65°	0.9φ_0

表3.2.3-5　θ 及 φ_0 计算值

围岩级别	Ⅰ	Ⅱ	Ⅲ	Ⅳ	Ⅴ	Ⅵ
θ/(°)	73	60	43	23	12.5	7.5
φ_0/(°)	>78	67～78	55～66	43～54	31～42	≤30

vi. 比尔鲍曼公式计算竖向围岩压力 σ_v 为

$$\sigma_v=\gamma h\left[1-\frac{h}{2a_1}K_1-\frac{c}{\gamma a_1}(1-2K_2)\right] \qquad (3.2.3-31)$$

式中，$a_1=\dfrac{B}{2}+H_t\tan\left(45°-\dfrac{\varphi_0}{2}\right)$，$K_1=\tan\varphi\cdot\tan^2\left(45°-\dfrac{\varphi_0}{2}\right)$，$K_2=\tan\varphi\cdot$

$\tan\left(45°-\frac{\varphi_0}{2}\right)$

【算例 5】　如图 3.2.3-9 所示的单线铁路隧道，处在Ⅳ级围岩中，如埋深 $h=20\text{m}$，围岩容重查得 $\gamma=21.5\text{kN/m}^3$，计算时取纵向单位宽度的一环。$B=7.4\text{m}$，$H_t=8.8\text{m}$。$h_q=0.41\times1.794=4.21\text{m}$，$q=21.5\times4.21=90.5\text{kN/m}$，水平压力 $e=(0.15\sim0.3)q=13.5-27.15\text{kN/m}$，检算 $h=20\text{m}>(2\sim2.5)h_q$，属深埋条件，正确。

如果 $h=8\text{m}$，$h<2h_q$ 应为浅埋。查得：$\varphi_0=55°$，$\theta=23°$，$\tan\varphi_0=1.428$，$\tan\theta=0.425$。

$$\tan\beta=\tan\varphi_0+\sqrt{\frac{(\tan^2\varphi_0+1)\tan\varphi_0}{\tan\varphi_0-\tan\theta}}=3.508$$

$$\lambda=\frac{\tan\beta-\tan\varphi_0}{\tan\beta[1+\tan\beta(\tan\varphi_0-\tan\theta)+\tan\varphi_0\tan\theta]}=0.116$$

则竖向围岩压力 q 为

$$q=\gamma h\left(1-\frac{\lambda h\tan\theta}{B}\right)=162.84\text{kN/m}$$

侧向围岩压力 e 为

$$e_1=\gamma h\lambda=19.95\text{kN/m},e_2=\gamma(h+H_t)\lambda=41.9\text{kN/m}$$

【算例 6】　某公路隧道通过Ⅳ级围岩，开挖尺寸如图 3.2.3-10 所示，埋深 7.6m。用矿山法施工，围岩天然容重 $\gamma=22\text{kN/m}^3$，试确定围岩压力值。

【解】　坑道高度与跨度之比为：$H_t/B_t=7.6/9.9=0.77<1.7$

垂直均布围岩压力：$q=\gamma\times h_q=0.45\times2^{s-1}\times\gamma\omega$；因为，$B_t=9.9\text{m}>5\text{m}$，故 $i=0.1$，则，$\omega=1+0.1\times(9.9-5)=1.49$，所以，$q=0.45\times2^{s-1}\times22\times1.49=118$（kPa）；水平均布围岩压力为 $e=(0.15\sim0.3)q=(0.15\sim0.3)\times118=17.7\sim35.4$(kPa)。

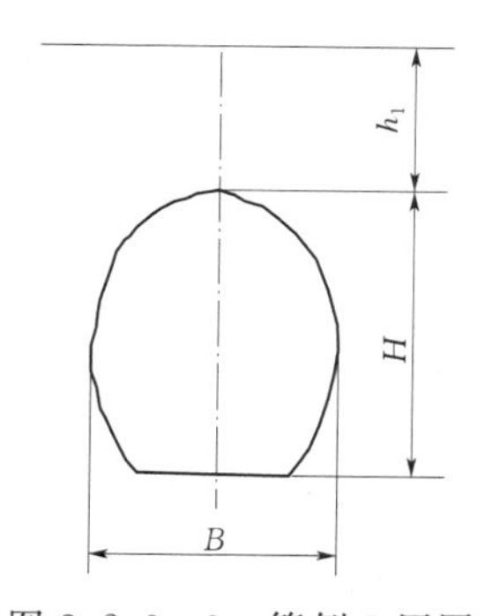

图 3.2.3-9　算例 5 用图

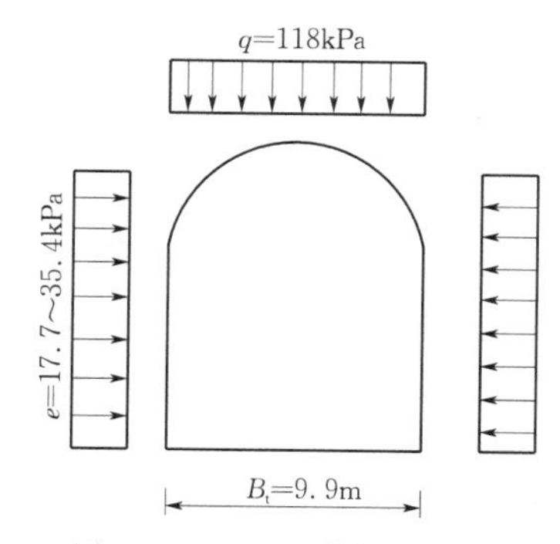

图 3.2.3-10　算例 6 用图

(3) 块体极限平衡理论。坚硬块状岩体常被各种结构面切割成不同形状和大小的块体。地下洞室开挖后，某些块体向洞内滑移，这时作用于支护衬砌上的围岩压力将等于这些滑移体的重量或它们的剩余下滑力的分量（侧壁围岩压力），如图 3.2.3-11 所示。实际操作中，可采用赤平投影法找出洞壁围岩中不稳定的分离块体，进行稳定性校核分析，当岩块稳定时作用在衬砌上的围岩压力为 0，当岩块不稳定时将产生围岩压力。

根据不稳定块体所在的位置，计算围岩压力方法如下。

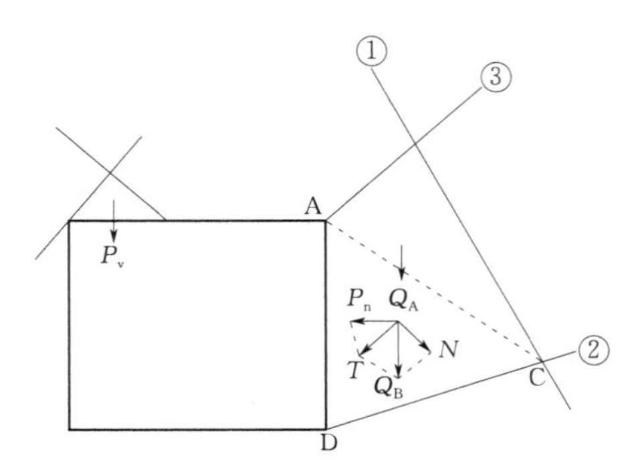

图 3.2.3-11　基于块体理论的围岩压力计算简图

1）不稳定分离体位于洞顶时，有

$$P_v=\frac{\rho gV}{F} \tag{3.2.3-32}$$

式中　V——不稳定分离体体积；

F——分离体与支撑结构的接触面积。

2）不稳定分离体位于侧壁时，假定CD为滑移面，CD面上摩擦角为φ，$c=0$，则

$$P_H=\frac{(T-N\tan\varphi)\cos\alpha}{F} \tag{3.2.3-33}$$

$$\begin{cases}T=(Q_A+Q_B)\sin\alpha\\N=(Q_A+Q_B)\cos\alpha\end{cases}$$

式中　Q_A，Q_B——分别为分离体ABC和ACD的重量；

F——分离体与支撑结构的接触面积；

α——滑动面倾角。

（4）偏压、明挖隧道围岩压力的确定。由于地形条件或地质构造引起的偏压，其隧道的围岩压力计算方法原理可采用《公路隧道设计规范》（JTG D70—2004）中提供的方法。

（5）大跨隧道与小净距隧道围岩压力。

1）大跨隧道。

a. 开挖后的应力重分布变得不利。

b. 隧道底脚处的应力集中过大，要求较大的地基承载力。

c. 隧道拱顶不稳定，计算多采用普氏理论与块体极限平衡理论。

d. 估计大跨隧道会有较大的松弛压力。

我国与日本已把大断面公路隧道的修建技术列为重大研究课题予以实施，包括：扁平、大断面隧道的力学问题；隧道断面结构的研究；施工方法的研究；施工技术的研究。

2）小净距隧道。双洞小净距隧道，包括平行小净距、错台小净距和交叉重叠小净距，如图3.2.3-12所示。

因洞间净距小于1倍洞跨，必然导致施工扰动影响的相互叠加，尤其是后开挖隧道的施工和支护方法及其对先行隧道结构的影响。为防止出现破坏与失稳，对隧道围岩采用预加固办法，特别加固两隧道中间岩体，以增加水平方向对岩体的侧向约束。其次是控制对两隧道中间所夹岩层的爆破破坏深度，特别是对其边墙部位的破坏深度，尽可能地减少其

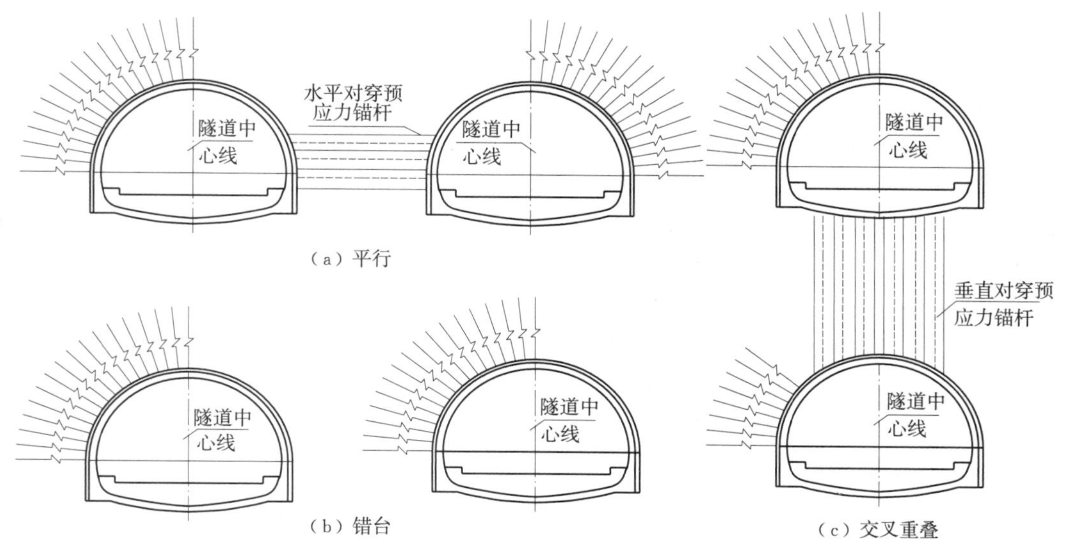

图 3.2.3-12　小净距隧道典型断面

松弛范围；控制隧道边墙爆破时质点的震动速度，使之不破坏已有支护。建议小净距隧道从两端相向施工，避免同时同向推进，并且开挖面间距至少应在 1 倍洞径以上。

小净距双线隧道的围岩受力分析与相邻隧道最小间距的确定，可按照表 3.2.3-6 进行设计。

表 3.2.3-6　两相邻单洞隧道的最小净距

围岩级别	Ⅰ	Ⅱ	Ⅲ	Ⅳ	Ⅴ	Ⅵ
最小宽度	1.0B	1.5B	2.0B	2.5B	3.5B	4.0B

注　1. B 为隧道开挖断面的宽度。

2. 隧道塌方，采用明挖法施工时或采用特殊的施工方法（如加固底层法、盾构开挖法等），表中数值可酌情增减。

（6）现场量测法确定围岩压力。围岩压力的实测一般都要与围岩的物理力学性质的试验、围岩的变形量测、围岩的初始应力量测等相配合。此外，还应量测围岩的变形情况（量测中常采用量测锚杆，或量测坑道断面开挖后的收敛），及围岩深部的应力情况（采用量测围岩深部应力的应力计）。

1）直接测量法。其包括采用土压力计的直接测量法和其他敏感元件（测力计、应变计）的间接测量法。目前，主要采用压力盒、压力传感器等，压力盒按工作原理分为机械作用式、电测式和液压式等，目前使用较多的是钢弦式压力盒。

2）模型试验方法。通过室内模型试验推算结构上作用的压力及围岩变形情况。在直接量测压力时至今仍无法既量测切向压力又量测法向压力（在同一测点处）；测得的压力值为围岩与衬砌间的接触应力，包含了主动压力和弹性压力，从测得的接触应力中确定围岩压力值往往不能办到。

3）间接测量法。在间接法中，测试仪器不是直接记录应力或应力变化值，而是测量某些与应力有关的间接物理量的变化，然后，根据已知的应力—应变关系，由测得的间接物理量计算出测点的原岩应力值。这类方法有应力解除法、松弛应变测量法、地球物理方法等。其中，应力解除法是目前国内外应用最广泛的方法，也是目前唯一能够比较准确地确定岩体中三维应力状态的方法。利用量测隧道衬砌的应变、变形来推算作用在其上的围岩压力的方法，则仍需要假定压力分布形状、分布范围等，这也就难以达到正确确定围岩压力问题的预期目的；加上就量测技术本身来说，在精确度及稳定性方面还存在问题，有待于进一步改进提高；量测元件的设置、仪表的操作等对量测结果会产生影响，这与操作人员的技术水平及熟练程度有很大关系。因此，在围岩压力量测方面还有待于深入研究、改进、实践、提高。

4）构造应力场地质力学分析法。岩体中的一切构造形迹，如岩层倾斜、褶曲、破裂和错动等，无一不是岩体在地应力作用下形成的永久变形的现象，是地壳构造运动的力学作用的残迹。因此，根据构造形迹可以宏观地反推出地应力的性质和方向，这就是地质力学分析的基本概念。

5）构造应力场的位移反演法。构造应力场的反演法是根据现场实测位移来反推岩体应力场的方法。基于此法，不仅可以反演原岩应力场，而且还可反演岩体参数。

a. 应力反分析法。该法是依据在工程区域内有限个实测应力值，建立相应的数学力学模型，推求整个工程区域内的初始应力场。

b. 位移反分析法。该法是基于现场量测位移来反推系统的力学特征及其地质背景的初始参数（即工程区域内的力学特征参数、初始地应力等）。

c. 混合反分析法。反分析所采用的信息既有位移量测值，又有应力（或荷载）量测值。

第4章 水工隧洞基本设计技术

4.1 水工隧洞工作特点及分类

1. 水工隧洞的工作特点

(1) 水力特点（进口位于水下）。进口位置低，可以提前预泄；止水要求严格，承受的水头较高；流速快，易引起空化、空蚀，脉动会引起闸门振动；出口流量较大，能量集中，需采取适当的防冲设施。

(2) 结构特点（洞身处于地下）。洞室开挖后，引起应力重分布，导致围岩变形甚至崩塌，为此常布置临时支护和永久性衬砌，以承受围岩压力；在运行期，承受较大内水压力的隧洞，要求围岩具有足够的厚度和必要的衬砌；须做好地质勘探工作，尽量避开不利的工程地质、水文地质地段。

(3) 施工特点。隧洞一般断面小，洞线长，工序多，干扰大，施工条件差，工期较长；施工导流隧洞或兼有导流任务的隧洞，其施工进度往往控制整个工程的工期；采用先进施工方法，改善施工条件，加快施工进度，提高施工质量是隧洞建设中值得研究的重要课题。

2. 水工隧洞的分类

(1) 按功能分类。其主要包括引水发电隧洞（引水隧洞和尾水隧洞)、灌溉隧洞、供水隧洞（供给生活用水、工业用水的隧洞)、导流隧洞（也称施工导流隧洞，是临时性建筑物，施工期将河道水流引至下游河床的隧洞，目的是保证施工地段正常作业)、排水隧洞（用作降低地下水位的隧洞，放空水库用的隧洞，尾矿坝排水隧洞均属此类)、泄洪隧洞（宣泄洪水)、航运隧洞、漂木隧洞（用于流放木材)、排沙隧洞（定期排放水库淤砂的隧洞)、多用途隧洞（一条隧洞兼有多种用途，如发电及泄洪、灌溉及供水、导流及泄洪等)。

(2) 按水力条件分类。按隧洞过水流态可分为有压隧洞和无压隧洞，在同一条隧洞中允许有不同流态，如上游为有压隧洞，下游为无压隧洞。有压隧洞指的是隧洞在工作时水流充满全部断面，并且洞顶存在一定的内水压力的隧洞（发电引水隧洞、泄洪隧洞、闸门上游部分的隧洞)，无压隧洞指的是隧洞在工作时水流并未充满全部断面，洞内水面距洞顶有一定的净空（灌溉和供水隧洞、渠道上的输水隧洞、通航和浮运隧洞、泄洪隧洞、闸门下游部分的隧洞)。

（3）按所处的围岩介质分类，有岩质隧洞、土质隧洞。

（4）按围岩加固方式分类，有不衬砌隧洞、喷锚衬砌隧洞、混凝土或钢筋混凝土衬砌隧洞。

（5）按流速大小分类，有低流速隧洞、高流速隧洞，其界限为20m/s。

4.2 水工隧洞的布置与结构特点

4.2.1 水工隧洞的洞线选择

水工隧洞是水利枢纽中的一个重要组成部分，路线（包括高程）必须与水利枢纽的建设任务协调一致，和周围环境及自然条件（如地形、地质、水文、水文地质、施工条件等）相适应，最后通过几个可能方案的技术经济比较选定，多数水工隧洞之所以发生问题，多为布置上考虑不周所致的失误，轻则增加结构设计难度或造成工期的拖延，重则迫使在施工中途改变设计线路或不能按预定目的运行。应特别强调的是，布置中的失误所造成的不良水力条件远非结构措施所能补救。造成不合理的工程布置的原因有：①地质资料不足，使洞线选择欠佳；②忽视水力条件；③工程规划不周；④片面强调最短洞线，轻视地质条件等。

水工隧洞的洞线选择是隧洞布置的首要问题，必须充分掌握基本资料，进行必要的水力计算，根据枢纽总体布置和隧洞用途，综合考虑地形、地质、水流、施工、埋藏深度、沿线建筑物以及对周围环境影响等各种因素，通过可能方案的技术经济比较，选出合理的隧洞路线。水工隧洞设计应符合《水工隧洞设计规范》（SL 279—2016）（或DL/T 5195—2004）的要求。

1. 地形条件

（1）洞线方位应便于上、下游水流衔接。

（2）平面布置应力求成直线，使洞线最短。

（3）进出口地形陡缓适中，均匀对称，以利于进、出口建筑物布置。

（4）便于布置施工支洞，对外交通方便，有利于施工和管理。

2. 地质条件

不良地质条件的存在，将降低隧洞的承载能力，增加隧洞衬砌的工程量，甚至造成围岩失稳坍塌；为简化支护结构、降低工程造价和保证施工安全，应充分发挥围岩自承能力；尽量把隧洞置于坚硬、完整、稳定体内，避开大范围的软弱破碎带，严重风化区，遇水易泥化、崩解、膨胀和溶解的岩体，以及地下水发育、地应力过高的地段。

（1）块体结构岩体中的隧洞。一般情况下，洞线应首先与较主要和较大的结构面的走向呈大角度相交。若有两组较主要的结构面，洞线最好沿其分角线布置，洞线与主要结构面的交角不宜小于30°，尽量做到洞壁不出现由陡倾角结构面切割形成的较大倒楔体（图4.2.1-1），洞顶不出现较大的三棱体（图4.2.1-2）。

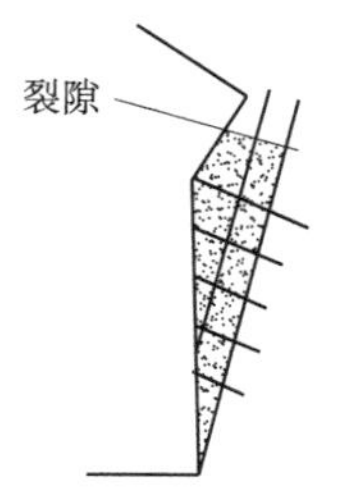

图 4.2.1-1　洞壁倒楔体示意图

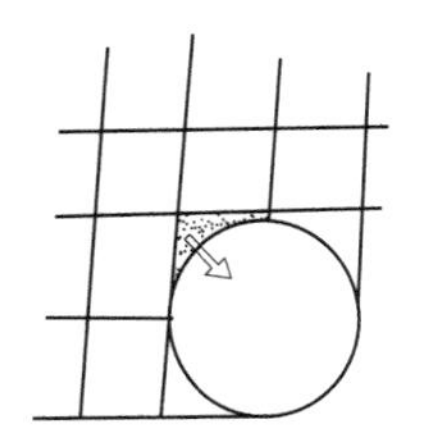

图 4.2.1-2　洞顶三棱体示意图

(2) 层状岩体中的隧洞。围岩稳定和承载能力取决于岩层厚度、强度、层面连接的紧密程度以及洞线与岩层走向的交角：洞线与岩层交角为 0°～25°的洞段，洞壁岩层严重松弛，发生滑动和倾倒交角为 25°～45°的洞段，洞壁岩层轻微松弛，发生外鼓和少量脱落交角大于 45°的洞段，洞壁基本稳定，如图 4.2.1-3～图 4.2.1-5 所示。

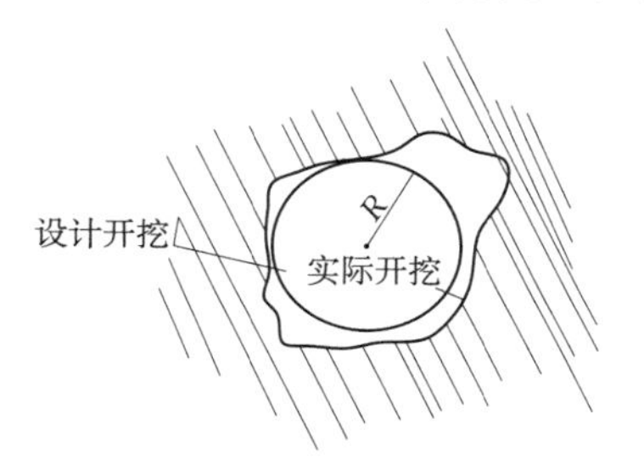

图 4.2.1-3　层状岩体中塌方

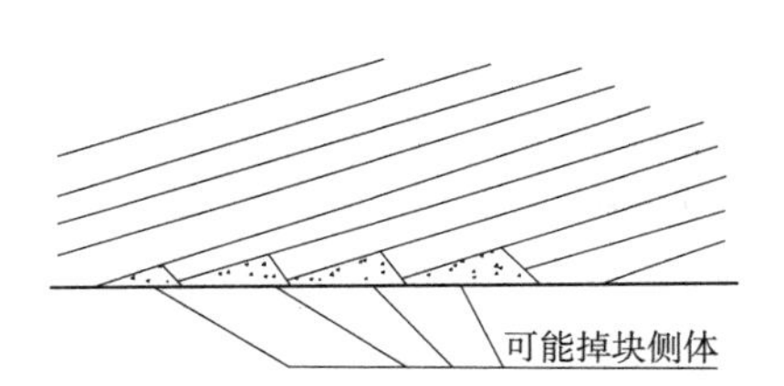

图 4.2.1-4　垂直于缓倾角岩层的隧洞

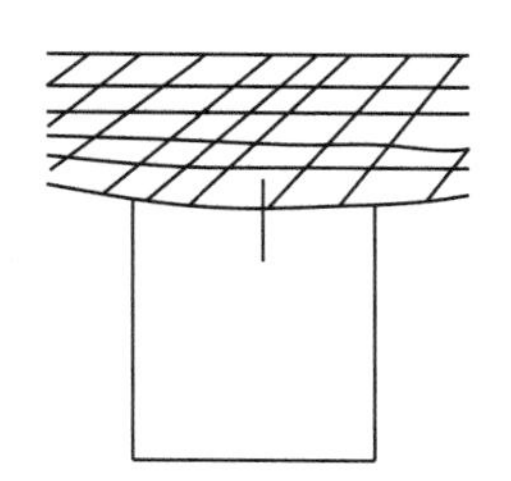
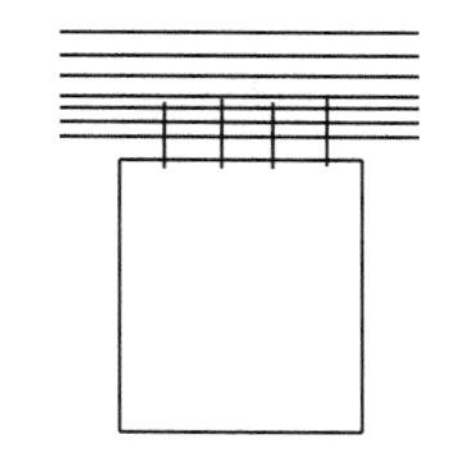

图 4.2.1-5　平卧岩层隧洞及锚固

(3) 破碎岩体中的隧洞。隧洞穿过断层破碎带或强烈风化带，特别是被泥质充填或胶结不良时，围岩已近似松散体，其稳定性非常差，稍有疏忽，很容易发生大范围的塌方，力争洞线与破碎带正交，减少其暴露范围和塌方概率，如图 4.2.1-6 和图 4.2.1-7 所示。

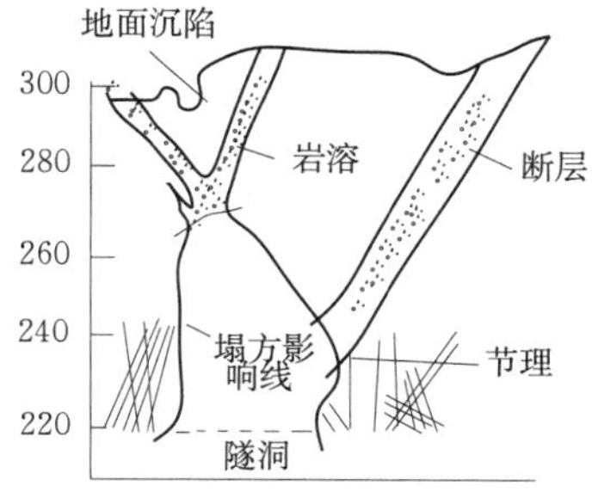

图 4.2.1-6　破碎岩体中的隧洞

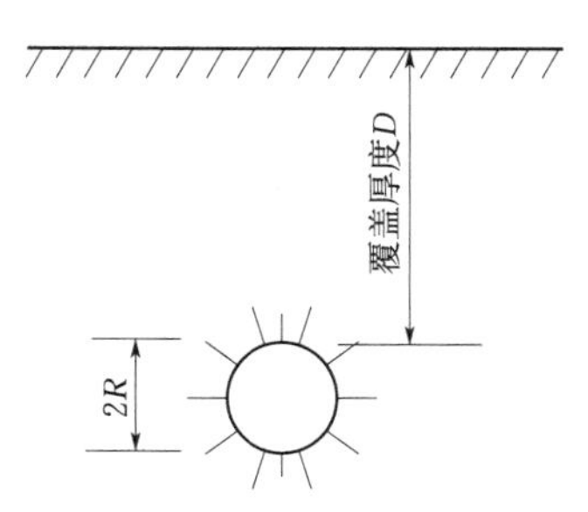

图 4.2.1-7　有压隧洞上覆岩体厚度

（4）地下水对围岩稳定的影响。地下水对围岩稳定具有决定性影响，以往的隧洞塌方实例多数都是伴随地下水活动而发生的。在不利的岩体结构面组合条件下选择洞线，要重视地下水问题，最好避开地表水可能内渗的冲沟和地下水位高、含量大的储水层等部位；否则，应预先做好详细研究并准备妥善的防、排水措施。

（5）地应力对围岩稳定的影响。在低地应力地区的洞室，地应力对围岩稳定一般不起控制作用，而在高地应力地区，地应力就可能成为影响围岩稳定的重要因素，高地应力地区的岩体一般都较坚硬、完整，围岩变形和破坏可能主要受地应力控制，洞线宜与最大水平地应力方向近似平行，与前述洞线垂直构造线的要求共同成为选择洞线的原则。

3. 隧洞埋藏深度

（1）要防止进口出现涡流，把空气吸入洞内，即要求潜孔进口有一定淹没深度。进口涡流的出现和空气的吸入，将恶化进口流态，影响洞内压力分布，还会把污物吸附在拦污栅上，减小进洞流量。

（2）要保证有压隧洞的压力裕幅，要求隧洞沿程断面均处在水力压坡线之下。压力裕幅指有压隧洞压坡线与隧洞洞顶的高差，有压隧洞之所以要规定最小压力裕幅，是为了防止洞内出现负压而引起洞壁结构振动、空蚀和产生附加荷载，如果设计中已充分考虑到电站最不利的运行情况，正确估计了各项水头损失，一般采用不小于 2m 水头压力裕幅已足，但由于水头损失计算的不准确性及可变性，长隧洞应根据具体情况适当增加。经水力计算，若压力裕幅不能满足要求时，除可采取增大洞径或收缩出口等措施外，也可降低隧洞设置高程，即增加隧洞的埋深。

（3）要保证围岩稳定，要求洞顶岩体或傍山隧洞岸边一侧岩体有一定厚度。洞顶岩体覆盖厚度，或称隧洞围岩厚度，涉及围岩承载能力、围岩渗透稳定、地层荷载、结构计算边界条件和施工成洞条件等。上抬理论认为，要使围岩的承载能力得到保证，必须使作用于洞壁上的上抬内水压力（水头 H）不大于洞顶覆盖体的重量，取岩体容重为 2.5，$D>0.4H$。

（4）最小围岩厚度的考虑原则。

1）围岩坚硬完整无不利滑动面时，有压隧洞洞身岩体覆盖厚度可遵循不小于 $0.4H$ 的要求；若不衬砌，洞身垂向围岩厚度不小于 H，侧向不小于 $1.5H$。

2）裂隙发育或软弱破碎的岩体，有压隧洞应考虑内水外渗的可能，查清不利滑动面的情况，通过渗透稳定分析确定围岩厚度。

3）洞身段的埋深要求，一般都不会存在太大的困难。突出的矛盾在洞口段，它涉及明挖量大小、进洞工期和高边坡问题。

4）平行隧洞间的岩柱厚度，从理论上讲不宜小于 2 倍洞径，实际工程中由于布置原因常不能满足要求，故不少工程采取一定措施后按 1 倍洞径考虑。

5）挪威按内水压力小于地应力最小主应力的原则确定不衬砌隧洞埋深的方法可供参考。

4. 洞线选择的步骤

（1）通过区域性地质勘察和地表测绘，根据初步掌握的地质资料，结合枢纽总体布置，提出可供选择的若干条隧洞线路。

（2）在各比较线路上，进行有代表性的勘探，进一步掌握各条线路的地层情况，提出地质条件较优的洞线位置。

（3）在此基础上考虑水力条件和施工因素，全面衡量选出较为经济的洞线。

（4）在选定的路线上增加钻孔，必要时在进出口进行平硐和探洞，搜集更加详细的地质资料，以最终确定洞线和选定隧洞设置高程。

4.2.2　水工隧洞洞身段横、纵断面

1. 常用的横断面形状及其尺寸

水工隧洞的断面类型主要有圆形、城门洞形、马蹄形、矩形、高拱形（或称蛋形）等，选择隧洞的横断面形式和尺寸时，主要根据地质、施工和运用条件，由技术经济比较确定，隧洞的断面形状对过水能力有一定影响，但在选择断面形状（图 4.2.2－1）时主要并不决定于过水能力，而常依据地质和施工条件来确定。

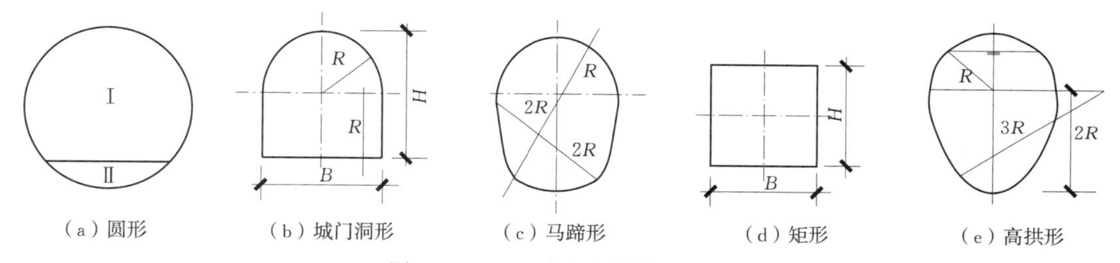

图 4.2.2－1　常用的横断面形状

（1）圆形断面。多用于有压隧洞，适用于各种地质条件，最适用于掘进机开挖，其水力特性最佳，在内、外水压力作用下，其受力条件也最好。圆形断面的缺点是圆弧线底板不适宜钻爆法开挖的交通运输。

（2）城门洞形断面。多用于明流隧洞，适应于无侧向山岩压力或侧向山岩压力很小的地质条件，断面高宽比（H/B）一般为 1.0～1.5。洞内水位变化较大时，采取大值，水位变化不大，采取小值，顶拱圈心角一般在 90°～180°范围选取。围岩坚硬完整，垂直向压力不大者可取小值，否则取大值，直墙与底板连接处应力集中，常由圆弧连接，圆弧半径 $r=(0.10\sim0.15)B$，城门洞形断面便于钻爆法施工开挖，对高速明流洞，水面余幅容易保证。

（3）马蹄形断面。适应于不良地质条件及侧压力较大的围岩条件，过水能力仅次于圆形断面。

（4）矩形断面。多半是为适应孔口闸门的需要而采用，水流条件和受力条件都不如其他断面形状。

2. 选择断面形式的一般原则

（1）对有压隧洞和用掘进机或盾构法开挖的隧洞，一般均采用圆形断面，在地质条件优良、内水压力不大的情况下，为了钻爆施工的方便，有压隧洞也可采用马蹄形和城门洞形。

（2）在地质条件良好的情况下，无压隧洞多数采用城门洞形断面。当地质条件不太好，洞顶和两侧围岩不稳定时采用马蹄形断面，如果洞顶岩石很不稳定，则采用高拱形比

较有利。

(3) 各种形状的横断面通常采用 $H=B$，只有当洞内水位变化较大，或洞内水面曲线与底坡不同，而水深变化较大的情况下才采用 $H=(1\sim1.5)B$，甚至 $H>1.5B$ 的横断面。

(4) 确定隧洞横断面尺寸时，无压隧洞水面以上的空间一般不小于隧洞断面的 15%，顶部净空高度不小于 40cm。对于高流速无压隧洞考虑掺气影响后，水面以上的空间一般还要等于隧洞断面的 15%～25%，并且水面不宜超出直墙范围。

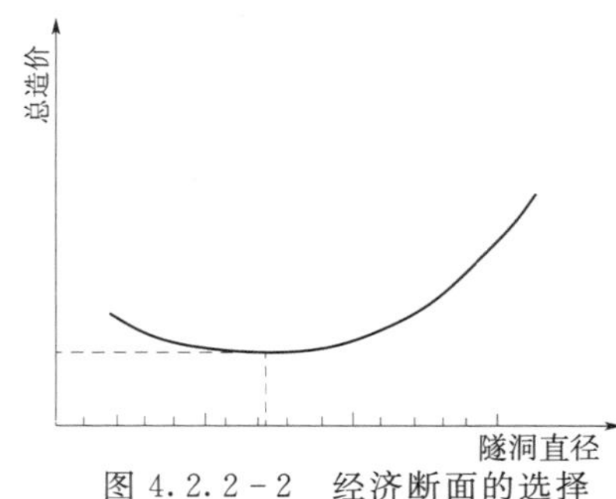

图 4.2.2-2　经济断面的选择

3. 经济断面的选择

在隧洞过水流量已定的情况下，断面尺寸决定于洞内流速，流速越大所需横断面尺寸越小，但水头损失越大，故发电隧洞流速有一个经济值称为经济流速，有压隧洞为 2.5～4.5m/s，不衬砌隧洞一般小于 2.5m/s，拟定一系列或几个不同的横断面尺寸的隧洞方案连同相应的有关建筑物算出其总造价，以纵坐标表示总造价，以横坐标表示隧洞横断面尺寸，如图 4.2.2-2 所示。

4. 横断面尺寸的估算

(1) 无压隧洞，即

$$D=\left(\frac{nQ}{0.284\sqrt{i}}\right)^{3/8},\ b=\left(\frac{nQ}{0.336\sqrt{i}}\right)^{3/8} \tag{4.2.2-1}$$

(2) 一般隧洞，即

$$D=0.2834\sqrt[6]{\lambda}\sqrt{Q}\approx(1.0\sim1.5)\sqrt{Q} \tag{4.2.2-2}$$

(3) 有压隧洞，即

$$D=\sqrt[7]{\frac{5.2Q_{max}^3}{H}} \tag{4.2.2-3}$$

式中　D，b——圆形断面直径和矩形断面的宽度，m；

Q，H——流量（m^3/s）和作用水头（m）；

i，n——底坡和洞壁糙率，普通混凝土的洞壁糙率 n 在 0.012～0.015 之间；

λ——摩阻系数，$\lambda=8g/c^2$，c 为谢才系数，$g=9.81m/s^2$。

(4) 施工掘进及人行通道。横断面尺寸一般至少宽 1.5m、高 1.8m，圆形断面的隧洞以内径不小于 1.8m 为宜。

5. 纵断面形状及其坡度

(1) 缓坡隧洞（图 4.2.2-3）。就水力条件而言，一条隧洞的洞身最好采用一个固定不变的顺坡，长洞也不宜坡度多变，更不宜设置反坡。一般认为，有轨运输的最大坡度不宜超过 10‰，无轨运输最大坡度不宜超过 20‰。原则上讲，为便于开挖出碴和材料运输，坡度宜尽可能放缓，若要自流排水，也不能过缓。

(2) 陡坡隧洞（斜井）（图 4.2.2-4）。斜井的坡度，国内外已建工程多为 30°～60°，主要取决于明流水力条件和斜井的施工方法；从水压力分布来说，斜井坡度以不大于40°为宜。从施工考虑，若采用自上而下开挖，为节省动力，坡度不宜太陡，一般控制在30°以内，若自下而上开挖，为便于自动溜碴，坡度不宜小于45°，且与岩性和爆破块大小有关。

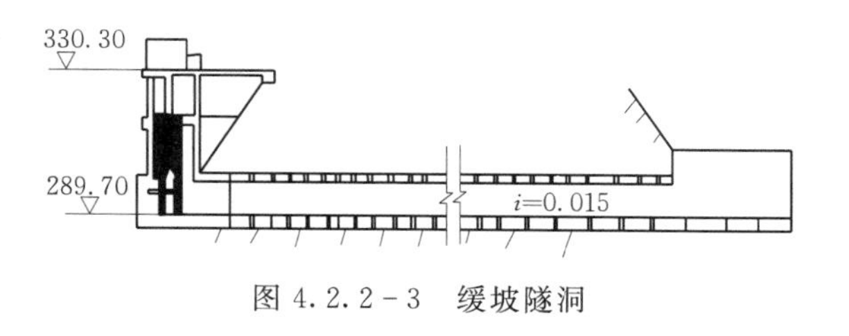

图4.2.2-3　缓坡隧洞

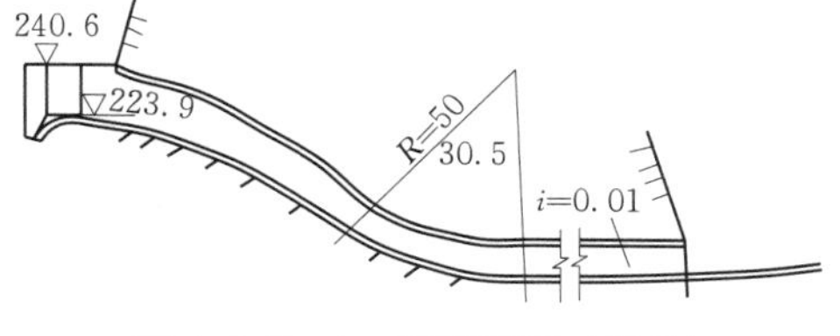

图4.2.2-4　陡坡隧洞（斜井）

(3) 龙抬头隧洞（图4.2.2-5）。土石坝枢纽，多采用岸边导流隧洞进行施工导流，施工后期常将导流洞改建成永久泄洪隧洞，常用于宣泄洪水。

(4) 竖井（图4.2.2-6）。一般认为，当采用斜井布置而坡度太陡，如超过60°时，从施工难易程度考虑，宜采用竖井。

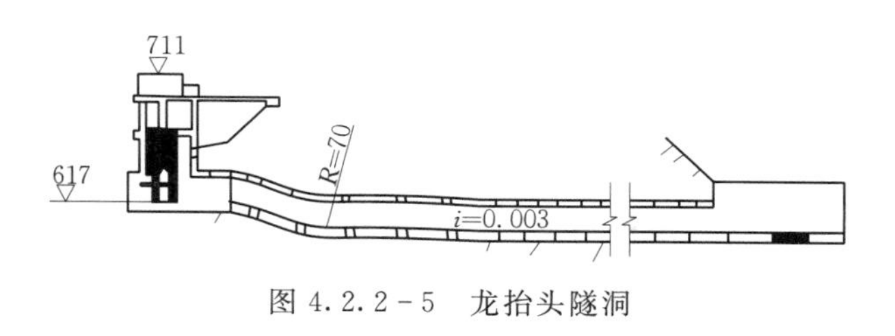

图4.2.2-5　龙抬头隧洞

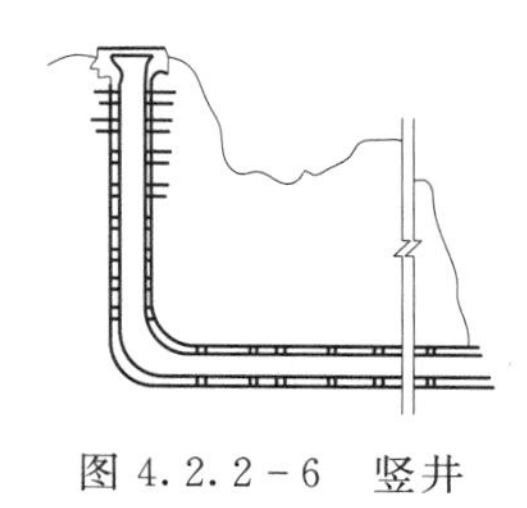

图4.2.2-6　竖井

4.2.3　水工隧洞的进出口及渐变段

1. 水工隧洞的进口段

流入隧洞的水是通过隧洞进口进入的。从水源表面取水的叫浅水进口，或叫开敞式进口；从水源深处取水的叫深水进口。深水进口又可以按照进口后洞身水流流态的不同分为两种。如果洞内水流是有压的，则称为深式长管进口；如果洞内水流是无压的，则称为深式短口进水。

无压隧洞可用浅水进口。如果是引水隧洞，那么进口的洞顶要比洞前最高水位高，至少要高40cm左右，好让空气进入隧洞，称为自由水面。洞底高程要比最低水位低，才能在最低水位时使足够的水流进隧洞。浅水进口有许多好处。比如作用于闸门上的水压力比较小，可以采用露顶面结构简单的闸门。所用闸门启闭机械也比较简单而轻便。进口建筑物的造价比较低，操作和检修都方便容易。这些好处都不是深水进口所能得到的。尤其是为了灌溉农田而从水库引水的进口，如果采用浅水进口，引取的水是水库表面的水，水温较高，对于农作物的生长是有好处的。

有压隧洞要用深水进口，引水的深水进口应该设在最低水位以下至少0.5～1.0m，随流量而定，免得引水时在水面形成旋涡，带进空气，并增加进口处水头损失，洞口应该比将来泥沙淤积面高些，以免引水时带进泥沙。采用浅水或深水进口的方式，一般根据洞前水位过程线来确定。凡是洞前水位过程线中高水位和低水位差别不大的，就表示水位变化范围比较小。这时不论是为了引水还是泄水都可采用浅水进口。如果情况相反，水位变化范围较大，那么只有采用深水进口。

在进口段一般都要布置一道拦污栅，一道修闸门，一道工作闸门，深水进口还要加一个通气孔。进口段常采用矩形或圈门结构，坡底是水平的，长度以能布置闸门为度，有压泄水隧洞的工作往往布置在出口处。进水口应采用曲线形的边墙和顶墙，以减少进口的水头损失，并避免发生振动和汽蚀。

浅水式（开敞式）进口常采用迎水面直立，而在平面上布置成圆弧形的边墙；或者是由倾斜边变直立的扭曲形边墙，边墙的长度大于闸门前最大水深的 2 倍。对于这两种边墙，前者适用于软弱地基，后者适用于岩石地基。对于深式长管进口，进口的顶部和两侧采用具有椭圆曲线的收缩形式。孔口的高度比在 1.5 左右，侧墙椭圆曲线的短半轴应大于孔口宽度的 1/5。由实践得知，采用下列椭圆曲线方程是合适的，即

$$\frac{x^2}{D^2}+\frac{y^2}{(0.31D)^2}=1 \quad 或 \quad x^2+10.4y^2=D^2 \tag{4.2.3-1}$$

对于深式短管进口，工作闸门和检修门一般都设在进口段内，工作闸门前的压力段的长度通常小于 3～4 倍孔口的高度，检修闸门前入口段的长度则在 0.8～1.0 倍工作闸门的孔口高度以内。

2. 水工隧洞的渐变段

为了安装闸门方便起见，隧洞的进口段常采用矩形或圈门形（即洞顶是圆拱，下面是矩形）的断面，而洞身则采用圆形、马蹄形断面，为了使水流从进口段能平顺地流到隧洞洞身，在进口段和洞身段之间插入一个渐变段，如果闸门设在隧洞中部，则在闸门段上下游都设渐变段，如闸门设在出口处，则仅在闸门上游设一渐变段，渐变段的长度一般为洞身段断面宽度的 2～3 倍，通常不小于 1.5～2.0 倍洞宽或洞径，在渐变段开始处，断面和进口段一样，然后逐步使断面的四角变成圆弧形，在渐变段和洞身段连接时，它的断面已转变到和隧洞洞身的断面完全一样。设进口断面的高度为 h，宽为 b，洞身断面的直径为 d，则渐变段中央断面Ⅱ—Ⅱ的高为 0.5 $(h+d)$，宽为 0.5 $(b+d)$，顶部及底部的平面部分的宽度为 0.5h，左右两侧的平面部分的高度为 0.5h，Ⅱ—Ⅱ断面的 4 个角耦呈圆弧形，圆弧的半径 $r=0.25d$。渐变段 1/4 和 3/4 长度处的断面可按比例绘制。当隧洞断面而非圆形时，渐变段过渡断面的边界则不能用上述方法绘制，而只能借助手描。进口断面的面积一般比洞身断面的面积大 25%左右，如图 4.2.3-1 所示。

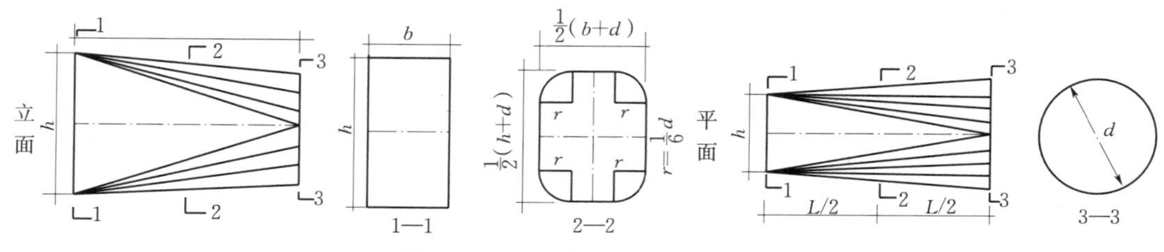

图 4.2.3-1　水工隧洞的渐变段

3. 水工隧洞的出口段

泄洪隧洞出口段如直接和渠道或河道连接，要解决消能问题把从隧洞流出的最大流量

除以水面宽度，得到单宽流量大，能冲刷渠底与河底，掏成深坑，造成破坏。

消能方式常采用水跃消能和挑流消能。水跃消能多用于中小水头的隧洞（图 4.2.3－2），挑流消能多用于高水头隧洞（图 4.2.3－3）。不管哪种消能方式，水流出洞后一般都进行扩散，以减小单宽流量，削弱水流的冲击力。挑流消能要求隧洞出口河床覆盖浅，其下埋藏有坚硬完整的基岩，冲坑的形成不致危及挑坎本身及其附近建筑物和岸边的稳定。隧洞挑流的出口宜远离枢纽其他建筑物，避开不利的风向，以免挑流形成的水雾影响枢纽建筑的正常运用，出口高程与下游河道水位要适应，防止高水位时水流挑不出去。挑流消能方式结构简单，工程费用节省，但应用条件有局限性。

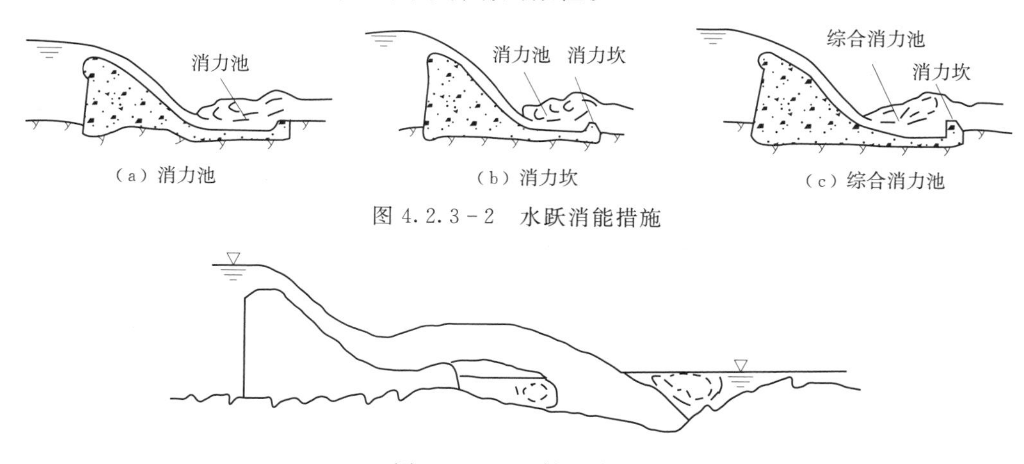

图 4.2.3－2　水跃消能措施

图 4.2.3－3　挑流消能

平常的隧洞出口，可用平台扩散的构造形式使流出隧洞的水流平顺地扩散后在消力池中进行消能。

平台扩散段 β 的底面一般做成水平的，但也有和衔接段一起做成反弧的，两侧翼墙向下游扩散，扩散角应以 arc tan（$1/2Fr$）为限，此时水流可扩散到全槽。如扩散角过大，则水流集中在中央部分，两侧出现旋涡。衔接段的底面常采用抛物线形的曲线，以免产生负压（即底面上的水压小于一个大气压）造成汽蚀。当洞底为水平时，可采用下列抛物线方程，即

$$y=\frac{g}{2}\left(\frac{x}{v_x}\right)^2 \tag{4.2.3-2}$$

式中　v_x——抛物线起始断面的流速，m/s；

x，y——抛物线的横坐标和纵坐标。

当洞有一定的纵坡时，则采用下列抛物线方程，即

$$y=\frac{g}{2}\frac{x^2}{v_x^2}(1+\tan^2\varphi)+x\tan\varphi \tag{4.2.3-3}$$

式中　$\tan\varphi$——洞底纵坡。

消力池长度随水跃起的长度而定。据南京水利科学研究所的研究，得出扩散槽水跃的长度 l 公式如下：

当 $3<Fr_c<6$ 时，有

$$l=(1+0.6Fr_c)h_0''$$

当 $6<Fr_c<17$ 时，有

$$l=4.6h_0''$$

$$Fr_c=\frac{v_c}{\sqrt{gh_0'}} \tag{4.2.3-4}$$

式中 l——消力池中心槽的长度，m；

Fr_c——临界弗劳德数；

v_c——水跃起点 c 的流速，m/s；

h_0'——水跃起点的水深，m；

h_0''——水跃末端的水深，m，见图 4.2.3-4。

在设计好消力池后，最好进行水工模型试验加以验证。对于单宽流量较大和双线隧道洞的消力池设计，水工试验更属必要。

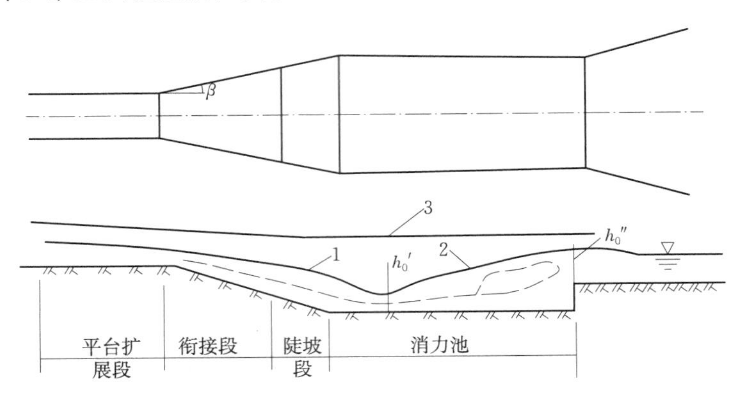

图 4.2.3-4 平台扩散消能

1—中线处水面线；2—翼墙处水面线；3—消力池翼墙顶

4.3 水工隧洞的水力计算

4.3.1 一般水力计算

水力设计的必要性。设计水工隧洞时，必须进行水力分析，以保证水工隧洞能够起到预期的作用，并获得良好的水流形态，断面尺寸、水力参数、水荷载、高速水流问题，都是水工隧洞水力学的重要课题，水力设计是水工隧洞设计的一个重要环节，一般水力计算，重点阐述高速水流问题及其设计原则：由于边界条件以及水流紊动、掺气、摩阻影响，要准确地求得所有问题的解答几乎不可能，常常要借助水工模型试验予以检验和修正。水力计算的内容如下。

(1) 过流能力。水工隧洞的泄流能力计算，分有压流和无压流两种情况。实际工程中，多半是根据用途先拟定隧洞设置高程及洞身断面和孔口尺寸，然后通过计算校核其泄流量，若不满足要求，再修改断面或变更高程，重新计算流量，如此反复计算比较，直至满意为止。

1）有压流的泄流能力（管流）。

$$\begin{cases} Q=\mu A\sqrt{2gH_0} \\ H_0=H+\dfrac{v_0^2}{2g} \end{cases} \tag{4.3.1-1}$$

式中　Q——泄流量；

μ——流量系数；

A——隧洞出口断面面积，约为洞身面积的80%～90%，m^2；

g——重力加速度度；

H——出口孔口静水头，上下游水位差（作用水头），m；

$v_0^2/2g$——隧洞进口上游行近流速水头。

一般情况下，不允许有压隧洞出现负压，出口段做成收缩形，出口断面的压力分布接近静水压力分布规律，静水头 H 可取上游设计水位与出口顶缘高程之差淹没出流的孔口，H 应取上游设计水位与下游相应水位之差，对高坝大库的隧洞进口，上游行进流速水头可取为零。式（4.3.1－1）中，流量系数采用式（4.3.1－2）和式（4.3.1－3）计算，即

隧洞自由出流和隧洞淹没出流的流量系数分别为 μ_1 和 μ_2（图4.3.1－1），即

$$\mu_1=\frac{1}{\sqrt{1+\sum\xi_j\left(\dfrac{A}{A_i}\right)^2+\sum\dfrac{2gl_i}{c_i^2R_i}\left(\dfrac{A}{A_i}\right)^2}} \tag{4.3.1-2}$$

$$\mu_2=\frac{1}{\sqrt{\left(\dfrac{A}{A_2}\right)^2+\sum\xi_j\left(\dfrac{A}{A_i}\right)^2+\sum\dfrac{2gl_i}{c_i^2R_i}\left(\dfrac{A}{A_i}\right)^2}} \tag{4.3.1-3}$$

式中　A——隧洞出口断面面积；

A_2——隧洞出口下游渠道过水断面面积；

ξ_j——局部水头损失系数；

A_j——与 ξ_j 相应流速的断面面积；

l_i，A_i，R_i，c_i——某均匀洞段的长度、面积、水力半径和谢才系数。

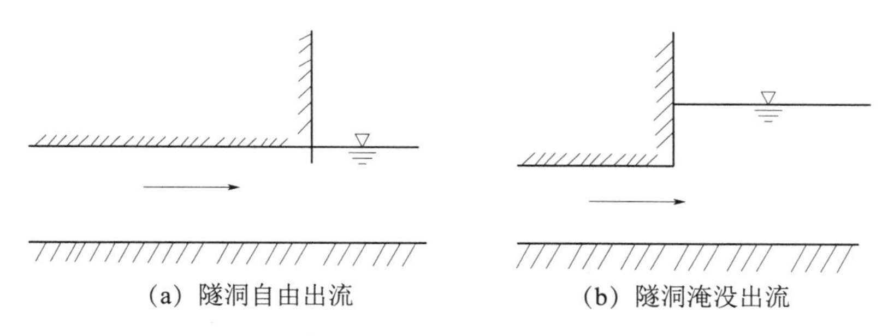

(a) 隧洞自由出流　　(b) 隧洞淹没出流

图4.3.1－1　隧洞出流方式

泄流能力计算公式适用于有压泄水隧洞，对发电的有压引水隧洞，其过流能力决定于机组设计流量，即流量为已知，要求确定洞径，发电洞的洞径大小选择，涉及动能经济效益比较，除遵循动能经济问题方面的指示外，以往多采用工程类比法，选择合适的流速，

再求得洞径，根据以往所建工程，发电引水隧洞的平均流速一般多采用3～6m/s。

2）无压流的泄流能力。

$$Q=\mu A\sqrt{2gH_0} \tag{4.3.1-4}$$

无压泄水隧洞的洞身底坡常大于临界坡度，洞内水流呈急流状态，其泄流能力不受洞长影响，而受进口控制，进口为深孔有压短管，仍可按公式有压流公式计算，而忽略其沿程水头损失。表孔堰流进口的斜井式无压隧洞，其泄流能力由堰流公式计算，即

$$Q=\varepsilon mB\sqrt{2g}H_0^{3/2} \tag{4.3.1-5}$$

式中 ε——侧收缩系数；

m——流量系数；

B——堰顶宽度，m；

H_0——包括行近流速水头 $v_0^2/2g$ 的堰顶水头。

流量系数和侧收缩系数与堰型有关。为保证曲线堰面与斜井底板有准确的切点，使过水表面平整，建议采用WES标准剖面堰型闸孔式进口的缓坡无压隧洞，其泄流能力因隧洞长短而有所不同，故水力学上有短洞和长洞之分；长短洞的界限根据已有的试验成果，对一般缓坡洞，长、短洞之分：$l_j=(5\sim12)H$，H 以进口底板算起的上游水深，对接近临界坡的缓坡隧洞，按上式计算的上限再加约30%，当实际洞长 $l<l_j$ 时称为短洞，当实际洞长 $l>l_j$ 时称为长洞。

（2）水头损失。隧洞中的水头损失由两部分组成，分为沿程损失和局部损失，即

$$h_v=\sum h_f+\sum h_j \tag{4.3.1-6}$$

1）沿程水头损失。

$$h_f=\frac{v^2}{c^2R}l\ ,\ c=\frac{1}{n}R^{1/6} \tag{4.3.1-7}$$

式中 v——断面平均流速；

R——水力半径；

c——谢才系数；

l——洞段长度。

表4.3.1-1　压力水道糙率 n 值表

序号	过水表面情况	糙率 n		
	岩面无衬砌	平均	最大	最小
1	（1）采用光面爆破；	0.030	0.033	0.025
	（2）普通钻爆法；	0.038	0.045	0.030
	（3）全断面掘进机开挖	0.017	—	—

续表

序号	过水表面情况	糙率 n		
2	钢膜现浇混凝土衬砌 （1）技术一般； （2）技术良好	 0.014 0.013	 0.016 0.014	 0.012 0.012
3	岩面喷混凝土 （1）采用光面爆破； （2）普通钻爆法； （3）全断面掘进机开挖	 0.022 0.028 0.014	 0.025 0.030 —	 0.020 0.025 —
4	钢管	0.012	0.013	0.011

2）局部损失。局部水头损失常以流速水头乘以局部水头损失系数表示，即

$$h_f=\xi\frac{v^2}{2g} \tag{4.3.1-8}$$

式中 ξ——局部水头损失系数，锐缘进口 $\xi=0.5\sim0.4$；小圆边缘进口 $\xi=0.2\sim0.25$；圆滑进口 $\xi=0.05\sim0.1$；

$v^2/2g$——与 ξ 相应的流速水头；

v——隧洞进口处流速。

4.3.2 高流速的防蚀设计

高坝大库日益增多，为适应调洪需要和保证大坝安全，高水头大流量的泄洪隧洞也日益增多。我国已建刘家峡、碧口和乌江渡水电站的泄洪隧洞，设计泄流量均在 $2000m^3/s$ 以上，最大水头已达 120m，由于流速高达 40～50m/s，因而带来了空蚀、掺气、波动、脉动和冲刷等与高速水流有关的特殊问题，这些问题处理不好，轻者给运行造成困难，重则将导致建筑物的破坏。以空蚀和冲刷为例，美国波尔德坝泄洪隧洞，于 1941 年在平均流量 $380m^3/s$（最大流量 $1070m^3/s$）和流速 46m/s 条件下连续运行 4 个月，先发生空蚀，而后又遭受高速水流的强烈冲击，致使斜坡与水平段连接曲线的底部形成了长 35m、宽 9.2m、深 13.7m 的巨大冲坑。刘家峡电站的右岸泄洪隧洞，于 1972 年闸门开启 3.5m 向下游放水，泄流量 $560\sim587m^3/s$，运行 315.4h，在反弧末端底板，同样由于空蚀及高速射流的直接冲刷，最终造成横跨整个洞宽长 23m，最大坑深 3.5m 的大范围破坏。空蚀及其预防方式如下。

高速水流对泄水建筑物过水边界可能产生的剥蚀有磨蚀、冲蚀和空蚀。磨蚀是指含沙水流对过水边界的磨损破坏。冲蚀是指高速水舌对固体边界的冲刷破坏。

空蚀由空穴引起，空穴是指在泄水建筑物中，如果体形不合理或过流面上有不平整体存在时，流场中会出现低压区；当其压力低至水的汽化压力时，水中所含气核就会急剧膨胀，形成空泡（在小于 0.006 大气压的极低压环境下，冰会直接升华变水蒸气），当空泡

进入邻近高压区后，又会即行溃灭。

在不掺气的单相水流中，空泡中主要含水蒸气，属蒸汽空泡，溃灭速度很快，溃灭中心附近的溃灭压力可达数千个大气压，包含在蒸汽空泡中的全部质量仅能储存总溃灭能的很少一部分，大部分溃灭能积存于压缩周围的水体，当空泡溃灭在固体边界附近时，就会在材料表面引起法向应力，使材料疲劳至损，这种现象称为空蚀。产生空穴的水流叫空穴流，是否发生空穴流，由空化数 σ 来判断，即

$$\sigma=\frac{2g(h_a+h_0-h_v)}{v_0^2} \tag{4.3.2-1}$$

式中 h_a——大气压力水头，m；

h_0——参考基准面处的水流压力水头，m，见表 4.3.2-1；

h_v——水流汽化压力水头，m；

v_0——参考基准面处的流速，m/s；

g——重力加速度，取 9.8m/s^2。

表 4.3.2-1　不同温度下参考基准面处的水流压力水头

水温/℃	0	5	10	15	20	25	30	40	50
h_0	0.06	0.08	0.13	0.17	0.24	0.32	0.43	0.75	1.26

当水流流经的边界几何形状（体形）一定时，就有一个空化的临界初始发生点，这时的水流空化数叫做“初生空化数”σ_i。一个体形的初生空化数应通过在减压箱或高速循环水洞中进行的模型试验来测定。当 $\sigma<\sigma_i$ 时，空穴区发生并将扩展，空穴流的发生并不意味着泄水建筑物必然遭受空蚀破坏，还取决于空穴强弱、溃灭地点、作用时间、材料性能等许多因素。由于泄水建筑物的外形和尺寸千差万别，所处河道水流特性不尽相同，以及模型缩尺影响，很难准确求得各种边界形状的初生空化数，并用以选定泄水建筑物的外形。设计多借鉴类似建筑物的工程经验，先初拟建筑物的外形轮廓，再经水工模型验证，使过水边界不产生负压，并采取其他多种预防措施，以达到避免空蚀破坏的目的。

预防空蚀破坏的措施有合理设计体形、严格控制不平整度、掺气减免空蚀、采用抗蚀材料、制定合理的运行方式等。

（1）体形合理就是要求过水轮廓保持流线形，不致造成水流分离，从而使水流压力过分降低而达到汽化压力。

1）深孔短管进水口。喇叭入口段的底板与引渠底板宜采取平直连接，以减少流线局部弯曲，顶、侧呈三向收缩，可设计成 1/4 椭圆曲线，有

$$\frac{x^2}{L_1{}^2}+\frac{y^2}{(L_1/3)^2}=1 \tag{4.3.2-2}$$

2）平板闸门槽。门槽由于过水边界突变，造成流态紊乱，使梢内容易形成强烈的漩涡，局部压力急剧降低，进而产生空穴流。

3）明流隧洞竖曲线。当隧洞底坡变化较大，应设计成竖曲线以适应高速水流的要求，从缓坡到陡坡的连接（如龙抬头隧洞的斜井段首部）常采用握奇曲线。

4）有压隧洞渐变段。为使流态平顺，减小水头损失，断面由矩形到圆形或由圆形到

矩形，均应以渐变段连接。

5）有压隧洞出口段。出口段体形对有压隧洞的压力状态起控制作用，理论和试验均证明，为不使洞身出现负压，隧洞出口段必须采用收缩型，使出口断面小于洞身断面，当洞线长，或洞身体形变化频繁，水头损失增大，出口断面要多收缩；反之，可少收缩；但过大的断面收缩，将过多降低泄流能力，出口段的设计，应遵循既要保持洞身的有压状态，又不致过大地降低泄流量的原则。根据工程经验，出口断面与洞身断面的收缩比，多数为0.8～0.9。对大、中型以及要求严格的工程，宜通过水工模型试验验证。断面形状可采用方形或矩形，孔口高度不应大于洞径。

（2）严格控制不平整度。体形设计是从整体上解决建筑物的轮廓外形问题，而把过水边界视作几何上的一个面，认为是理想光滑的。实际施工中，由于放样误差、模板错动、埋件外露以及其他各种原因，混凝土表面并不是理想的光滑面，而是高低不平，具有各式各样的凸体和凹陷，总称为不平整度。高流速过水表面的不平整将引起流线弯曲，水流分离，导致压力降低，促使空穴发生；不平整引起空穴的可能性，取决于不平整的形式和尺寸，以及该处的水流压力和流速。一般规律：不平整度越大，越易引起空穴，现代高水头泄洪隧洞的建设实践表明，过水表面不平整度的允许值是以mm作为计算单位，不满足要求时，其处理标准是很严格的。

1）严格保证过水边界的放线精度，弧线切点要准确。

2）有压洞和明流洞对不平整的要求差别很大，具体规定应有区别。

3）明流洞过水表面的钢筋和埋件露头，其空蚀敏感性特强，应全部铲平抹光。

4）各种转换段，如门槽、弯曲段、反弧段、挑流鼻坎及渐变段，流态复杂紊乱，压力变化急剧，容易空蚀，不平整度应从严要求。

5）过水边界预留的排水孔，孔口要平整，孔缘要光滑。

6）由于水流掺气可减缓空蚀，掺气段洞身边墙上部可从宽要求。

（3）掺气减免空蚀。改善混凝土的施工工艺虽可提高混凝土表面的光滑度，但费工、费时，而且在泄洪水头日益增高的情况下，不平整控制总有限度，这便迫使人们寻找其他途径，以解决高流速过水表面的空蚀问题，向水流内部掺气减蚀，是目前国外广为采用的有效措施。早在20世纪50年代，彼得卡的试验就曾指出：水流掺气量为1.5%～2.5%时，空蚀破坏可减至清水的1/10，掺气量在7.4%时，空蚀基本消除。水流掺气后，如果在流场中出现空化，空泡中主要含空气，系气体空泡。当空泡中气体含量足够高时，溃灭压力将显著降低水流掺气后，变成可压缩液体，在空泡溃灭过程中会起气垫缓冲作用，可以缓和直至完全避免空蚀破坏。

（4）采用抗蚀材料。

1）高标号混凝土。混凝土是建造隧洞的主要材料，其性能随它的标号增高而改善，不管是抗冲蚀和磨蚀，还是抗空蚀，都要求采用高标号混凝土。

2）钢板。钢板多用于门槽和叉管部位的镶护，比混凝土的抗空蚀能力高，但抗磨性能较差。

3）环氧砂浆。环氧砂浆是由环氧树脂和砂子按一定要求拌和而成的，属于表层抹护材料，环氧砂浆强度高，黏结牢固，抗空蚀和抗磨蚀性能均好，常用以修复混凝土表面的破坏。缺点是毒性大、价格贵，不适于大面积使用。

4）辉绿岩铸石板。辉绿岩铸石板是以辉绿岩为材料，由工厂拓模加工制造而成，呈板状，与建筑上镶护用的瓷砖相似，它的尺寸可以根据需要铸造，一般为20cm×10cm×1cm（长×宽×厚），根据冶金和矿山运输系统的经验，其抗磨能力可以比普通碳素钢高50倍，是一种很好的耐磨材料。使用这种材料存在的主要问题：它本身性脆易碎，容易被水流中大颗粒的推移质击破，与基础的黏结难以牢固，容易被急流冲掉。

5）钢纤维混凝土。钢纤维混凝土是新发展起来的一种建筑材料，国外已用于泄水隧洞的修复工程，将直径约0.5mm、长几厘米的钢纤维掺入混凝土中，就制成了性能优异的钢纤维混凝土，掺入钢纤维的混凝土，由于各项力学性能均有较大的提高，是一种性能良好的抗蚀材料，值得在泄水建筑物中试用观察，根据巴基斯坦的塔贝拉工程的经验，采用钢纤维混凝土可大大提高混凝土的抗空蚀性能。

（5）制定合理的运行方式。

1）禁止在水库最低限制水位以下开门运行，防止洞内吸入空气，影响泄量和流态。

2）明流洞，特别是龙抬头泄洪洞，应避免闸门小开度运行。因为在这种情况下流速变化不大，而水深却急剧减小，即薄水舌高流速具有较低的空化数，更容易发生空穴流。

3）闸门启闭要均匀，以免不对称进流引起洞内水流波动，造成流态不稳。

4）如采用提起闸门给隧洞充水，提门速度和开启高度要严格控制，提门过急过高会产生气锤现象，危害进口建筑物和设备的安全。

5）多孔进口最好采用同步启门，以保持洞内良好的流态。

4.4 水工隧洞衬砌结构和材料

4.4.1 衬砌的作用

1. 维持洞室的稳定

阻止坑道周边岩体变形的发展，使岩块保持稳定，松动的岩块不致脱落；满足相应的安全系数；初期支护只要求在施工过程使围岩保持必要的稳定；当围岩软弱时，单靠初期支护常难以维持长期稳定，应再加一层混凝土衬砌，增大安全系数；初期支护一般不考虑承担围岩长期流变变形的压力，流变荷载应该由二次混凝土衬砌来承担，因为衬砌改变了边界条件，衬砌还要承担地下水渗流荷载。

2. 保护围岩及支护

不接触大气而免遭风化，阻止水或空气与坑道周边的岩石接触，以防被它们冲刷或风化。

3. 改善水流条件

减少水工隧洞糙率开挖岩面常有较大不平整度或起伏差，其糙率系数$n=0.03\sim0.05$甚至更大，而混凝土衬砌的糙率系数$n=0.014$，即使因衬砌使隧洞过水断面减小，其水头损失仍将显著减小，从而减少电能损失，有长远的经济效益；使隧洞内表面形成一个平整和光滑的湿周，降低表面的糙率，改进水流条件，以使通过一定流量的隧洞能采用较小的断面积，从而降低隧洞的造价。

4. 减少漏水

当围岩渗透系数较大，则须用衬砌来减少漏水损失。混凝土的渗透系数一般为10^{-3}～10^{-1}cm/s，透水性极小，在坑道周边形成一个比较有效的隔水层，以减少从岩体渗入隧洞的地下水量或减少从隧洞渗入岩体的水量；混凝土如出现较大的裂缝，就仍将通过裂缝漏水，在内外水压力作用下，衬砌应不出现裂缝，或者对裂缝的宽度应有所限制，就修建在良好围岩中的圆形压力隧洞而言，混凝土衬砌一般无强度要求，仅有限制裂缝的要求；规范规定的素混凝土衬砌抗拉安全系数小于一般混凝土结构，就是考虑到混凝土开裂不会造成结构破坏的后果，当围岩坚硬、完整，自身能维持稳定，渗透系数又小时，经技术经济比较完全可以采用不砌衬设计。

4.4.2 常见的衬砌材料

需要衬砌的隧洞，可以沿隧洞长度选择一种或数种不同形式的衬砌。衬砌形式大致有以下几种。

1. 护面衬砌（平整衬砌）

主要为了减小糙率或防止岩石风化而采用，一般用喷浆、喷混凝土或抹水泥砂浆做成，其厚度不经计算而视开挖的平整程度按构造采用5～15cm；单纯为了减小糙率而采用护面衬砌时常与不衬砌方案进行技术经济比较；不衬砌的隧洞虽然省去了衬砌作业，但需要开挖断面较大，无论造价和工期可能是有利的也可能并不有利；无压隧洞为了减小糙率，还可以考虑只在断面及水的部分采用护面衬砌；还有为了施工方便和适当减小平均糙率而只在洞底做衬砌的。

2. 混凝土衬砌

当围岩比较完整不需要配钢筋抗拉时可采用混凝土衬砌，不论是无压隧洞还是有压隧洞，其衬砌厚度均由计算确定，但为了施工方便，一般衬砌厚度至少为20cm；小型水利工程中的无压隧洞有采用砖石砌筑的，其厚度也由计算确定，初步估算混凝土衬砌的厚度时一般可取隧洞直径的1/10。

3. 钢筋混凝土衬砌

有压隧洞或无压隧洞的钢筋混凝土衬砌初步估算时可取厚度为直径的1/16～1/12，单筋断面至少20cm，双筋断面至少25cm。

4. 组合式衬砌

（1）内层或称内圈主要用来保证衬砌不透水和承担一部分内水压力。

（2）外圈承担岩石压力并和围岩一起承担余下的内水压力。

国内已建的水利水电工程中，大都采用内层为钢板、外层为混凝土的双层衬砌；在体形比较复杂（如分岔口部位）和地质条件很差的地段，则采用内层为钢板外层为钢筋混凝土的衬砌。双层衬砌的内外层厚度原则上都由计算确定，通常钢板混凝土衬砌（俗称钢衬）中的混凝土厚度是由施工需要确定的：用薄钢板的内圈时，外圈混凝土厚度至少为20～30cm；用厚钢板的内圈时，为了双面焊缝施工的需要，外圈至少厚40～50cm，钢板厚度至少为10mm。

5．装配式衬砌

装配式衬砌用预制的混凝土或钢筋混凝土块拼装成衬砌环后用水泥砂浆灌注缝隙制成，一般用于盾构法开挖的隧洞或整断面开挖中要求立即支承围岩的隧洞。这种方式优点在于可以在工厂或工场预先浇制，质量较有保证，衬砌为拼装工作，便于快速施工缩短施工时间；缺点在于接缝较多，易漏水，从而需要考虑设置止水和防止接缝可能裂开的措施。

6．预应力衬砌

预先使衬砌产生环向压应力以抵消大部分或一部分内水压力产生的拉应力，普通衬砌施工完后直接对围岩进行高压灌浆，只用于圆形断面，预应力衬砌主要用于内水压力较高的隧洞中。

7．喷锚衬砌

喷锚衬砌是喷混凝土和锚杆联合加固围岩的衬砌（图4.4.2-1），喷锚支护的设计目前还没有完善的计算方法，主要采用工程类比或现场试验后进行设计。其中，锚杆并不直接承担荷载而是起锚固围岩使裂隙切割的岩石连成一体造成一个岩石承载拱的作用；喷锚衬砌不能单纯地将锚杆深度和喷的厚度视作“承载结构”；喷锚衬砌的洞壁糙率接近于不衬砌的糙率。水工隧洞中采用喷锚衬砌时，最好同时采用光面爆破；为提高喷层的抗裂性、抗冲蚀性和承载能力，可在喷前敷设钢筋网，喷锚支护可以与普通钢筋混凝土衬砌相结合；在围岩地质条件较差的地段，用喷混凝土作为临时支护，必要时可加设锚杆，随着断面的扩大，边开挖边喷锚，直至全断面形成，再做永久性的钢筋混凝土衬砌或其他形式的衬砌。

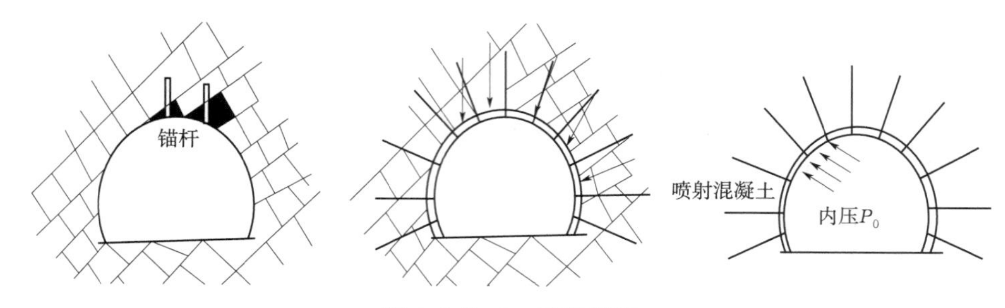

图4.4.2-1　喷锚衬砌

（1）楔缝式锚杆。分不灌浆与灌浆两种。前者在端部锚头割有中缝并夹入铁楔，插入钻孔后，利用冲击力使锚头叉开呈鱼尾形，将锚头嵌固于岩石中，安上垫板，旋紧外端螺帽后即可使围岩受压起锚固作用，但锚固力较低，宜作临时支护；后者是在锚杆与孔壁之间再灌以水泥砂浆，既可提高锚固力又能防止锚杆生锈，常用于永久支护。

（2）砂浆锚杆。无楔缝锚头，是在锚杆与孔壁之间填以水泥砂浆，凝固后牵制围岩的变形。其构造简单、经济、广泛使用。锚杆尺寸：直径一般16～25mm，长1.5～4.0m；

围岩条件较好、洞径较小时采用较小值。锚杆布置：一般呈梅花形布置，方向应尽量垂直于围岩的层面和主节理面。系统锚杆的间距应不大于 1/2 锚杆长度；对不良围岩，间距取 0.5～1m，不得大于 1.5m。

(3) 喷混凝土。应分层进行，每层 3～8cm，总厚度 5～20cm。在喷第一层之前应先喷一层厚约 1cm、水灰比较小的水泥砂浆。国外喷混凝土的抗压强度一般达 30MPa；国内一般为 20MPa，有的超过 30MPa。《水工隧洞设计规范》(SL 279—2016) 要求：喷混凝土标号不小于 R200；与围岩的黏结力，Ⅰ、Ⅱ类围岩不小于 1.2MPa，Ⅲ类围岩不小于 0.8MPa。

(4) 钢筋网喷混凝土。一般纵向筋为 ϕ6～10mm，环向筋 ϕ6～12mm，网格间距 15～30cm。钢筋网应在喷完一层混凝土之后随喷层起伏铺设，焊接于锚杆或专设的锚钉之上，保护层应不小于 5cm。喷锚隧洞的进、出口部位和闸室前后：宜采用混凝土或钢筋混凝土衬砌，其长度为 2～3 倍洞径或洞宽。

(5) 钢纤维喷混凝土。在喷混凝土中加入 1%～2%重量的钢纤维，混凝土抗压强度可提高 30%～60%，抗拉强度提高 50%～80%，抗磨蚀耐力提高 30%。可用于对抗冲刷、易磨损有较高要求的部位。钢纤维直径一般为 0.3～0.4mm、长 20～25mm。由向围岩钻孔插入锚杆，并在表面喷混凝土形成在围岩需要及时支护的情况下更能显示它的优越性。

确定喷锚支护结构的设计参数（喷混凝土层厚度、锚杆长度及间距等），有不同的理论及公式，但目前设计中主要采用的方法仍然是经验法或工程类比法。它是根据大量实际工程资料，按围岩工程地质特征、稳定情况、洞室尺寸等总结出来的经验数据，可供设计采用，《水工隧洞设计规范》(DL/T 5195—2004) 建议的喷锚支护设计参数见表 4.4.2-1。

表 4.4.2-1 《水工隧洞设计规范》(DL/T 5195—2004) 建议的喷锚支护设计参数

围岩类别	洞室开挖直径或跨度/m					
	$D<5$	$5<D<10$	$10<D<15$	$15<D<20$	$20<D<25$	$25<D<30$
Ⅰ	不支护	不支护或50mm喷射混凝土	(1) 50～80mm喷射混凝土；(2) 50mm喷射混凝土，布置长2～2.5m、间距1～1.5m锚杆	100～120mm喷射混凝土、布置长2.5～3.5m、间距1.25～1.5m锚杆。必要时设置钢筋网	120～150mm钢筋网喷射混凝土、布置长3.0～4.0m、间距1.5～2.0m锚杆	150mm钢筋网喷射混凝土、相间布置长4.0m和5.0m张拉锚杆、间距1.5～2.0m
Ⅱ	不支护或50mm喷射混凝土	(1) 80～100mm喷射混凝土；(2) 50mm喷射混凝土，布置长2～2.5m、间距1～1.25m锚杆	(1) 100～120mm钢筋网喷射混凝土；(2) 80～100mm钢筋网喷射混凝土、布置长2.0～3.0m、间距1.0～1.5m锚杆。必要时设置钢筋网	120～150mm钢筋网喷射混凝土、布置长3.5～4.5m、间距1.5～2.0m锚杆	150～200mm钢筋网喷射混凝土、布置长3.5～5.5m、间距1.5～2.0m锚杆，原位监测变形较大时修改支护参数	—

续表

围岩类别	洞室开挖直径或跨度/m					
	$D<5$	$5<D<10$	$10<D<15$	$15<D<20$	$20<D<25$	$25<D<30$
Ⅲ	（1）80～100mm喷射混凝土；（2）50mm喷射混凝土，布置长1.5～2.0m、间距0.75～1.0m锚杆	（1）120mm钢筋网喷射混凝土；（2）80～100mm钢筋网喷射混凝土、布置长2.0～3.0m、间距1.0～1.5m锚杆	100～150mm钢筋网喷射混凝土、布置长3.0～4.0m、间距1.5～2.0m锚杆，原位监测变形较大时进行二次支护	150～200mm钢筋网喷射混凝土、布置长3.5～5.0m、间距1.5～2.5m锚杆，原位监测变形较大时进行二次支护	—	—
Ⅳ	80～100mm钢筋网喷射混凝土、布置长1.5～2.0m、间距1.0～1.5m锚杆	150mm钢筋网喷射混凝土、布置长2.0～3.0m、间距1.0～1.5m锚杆，原位监测变形较大时进行二次支护	200mm钢筋网喷射混凝土、布置长4.0～4.5m、间距1.0～1.5m锚杆，原位监测变形较大时进行二次支护，必要时设置钢拱架或格栅拱架	—	—	—
Ⅴ	150mm钢筋网喷射混凝土、布置长1.5～2.0m、间距0.75～1.25m锚杆，原位监测变形较大时进行二次支护	200mm钢筋网喷射混凝土、布置长2.5～4.0m、间距1.0～1.25m锚杆，原位监测变形较大时进行二次支护，必要时设置钢拱架或格栅拱架	—	—	—	—

注　Ⅳ、Ⅴ类围岩为辅助工程措施，即施工安全支护；本表不适用于埋深小于2D的地下洞室和特殊土、喀斯特洞穴发育地质的地下洞室；二次支护可以是喷锚支护或现浇钢筋混凝土支护。

4.4.3　衬砌材料设计参数

1. 混凝土的设计强度

设计衬砌时，可采用表4.4.3-1中的数值。

表4.4.3-1　　**混凝土设计强度**　　单位：MPa

序号	强度种类	混凝土标号								
		75	100	150	200	250	300	400	500	600
1	轴心抗压强度	41.20	58.98	88.39	107.91	142.25	171.93	225.63	279.59	318.83

续表

序号	强度种类	混凝土标号								
		75	100	150	200	250	300	400	500	600
2	弯曲抗压强度	51.01	68.67	103.00	137.34	176.58	215.82	284.48	348.26	397.31
3	抗拉强度	6.67	7.85	10.30	12.75	15.21	17.17	21.02	24.03	26.00
4	抗裂强度	8.34	9.81	12.75	15.70	18.64	20.60	25.02	27.98	29.93

2. 混凝土结构构件的强度安全系数

混凝土结构构件的强度安全系数，按表4.4.3-2采用。

表4.4.3-2　　混凝土结构构件的强度安全系数

序号	受力特征	Ⅰ级建筑物		Ⅱ、Ⅲ级建筑物		Ⅳ、Ⅴ级建筑物	
		基本荷载组合	特殊荷载组合	基本荷载组合	特殊荷载组合	基本荷载组合	特殊荷载组合
1	按抗压强度计算的受压构件、局部承压	1.8	1.65	1.7	1.55	1.60	1.45
2	按抗拉强度计算的受压、受弯、受拉构件	2.6	2.30	2.65	2.20	2.50	2.10

3. 钢筋混凝土结构构件的强度安全系数

钢筋混凝土结构构件的强度安全系数，按表4.4.3-3采用。

表4.4.3-3　　钢筋混凝土结构构件的强度安全系数

序号	受力特征	Ⅰ级建筑物		Ⅱ、Ⅲ级建筑物		Ⅳ、Ⅴ级建筑物	
		基本荷载组合	特殊荷载组合	基本荷载组合	特殊荷载组合	基本荷载组合	特殊荷载组合
1	轴心受压构件、偏心受压构件、局部承压	1.70	1.55	1.60	1.45	1.50	1.40
2	轴心受拉、受弯构件、偏心受拉构件	1.85	1.45	1.50	1.40	1.40	1.35

4. 对于受内水压力控制的圆形有压隧洞的混凝土衬砌，混凝土的抗拉安全系数按表4.4.3-4采用

表4.4.3-4　　圆形有压隧洞衬砌混凝土的抗拉安全系数表

隧洞级别	Ⅰ级		Ⅱ、Ⅲ级		Ⅳ、Ⅴ级	
荷载组合	基本	特殊	基本	特殊	基本	特殊
混凝土达到设计抗拉强度时的安全系数	2.1	1.8	1.8	1.6	1.7	1.5

5. 混凝土的弹性模量

混凝土的弹性模量见表 4.4.3-5。

表 4.4.3-5 混凝土的弹性模量 单位：10^5kPa

混凝土标号 R	75	100	150	200	250	300	400	500	600
混凝土弹性模量 E_h	152.02	181.49	225.03	255.06	279.59	294.30	323.73	343.35	358.07

注 1. 混凝土的泊松比可采用 1/6。
2. 计算超静定钢筋混凝土结构的内力时，混凝土的弹性模量可近似地按表中所列数值的 0.7 倍计算。

6. 钢筋的设计强度

钢筋混凝土结构中的钢筋，应采用Ⅰ级、Ⅱ级、Ⅲ级钢筋，5 号钢筋和乙级冷拔，低碳钢丝。钢筋的设计强度按表 4.4.3-6 采用。

表 4.4.3-6 钢筋的设计强度 单位：10^2kPa

序号	钢筋种类	符号	受拉钢筋设计强度 R_l	受压钢筋设计强度 R'_l
1	Ⅰ级钢筋（3 号钢）	a	2354.40	
2	Ⅱ级钢筋（16 锰） 直径不小于 28mm 直径小于 28mm	b	3133.20 3335.40	3185.20 3335.40
3	Ⅲ级钢筋（25 锰硅）	c	3727.80	3727.80
4	5 号钢筋	d	2746.80	2746.80
5	冷拔Ⅰ级钢筋（直径小于 12mm）	ϕ^1	2746.80	2354.40
6	冷拔低碳钢丝（2 级，ϕ3～5mm） 用于焊接骨架和焊接网时 用于绑扎骨架和绑扎网时	ϕ^b	3531.60 2746.80	3531.60 2746.80

注 1. 钢筋的直径以整数 mm 计，从 3～50mm。常用的直径为 3、4、5、6、8、9、10、12、14、16、18、19、20、22、25、28、30、32、36、40mm。
2. 钢筋混凝土轴心受拉和小偏心受拉构件的受拉钢筋设计强度大于 33540kPa 时，仍按 33540kPa 采用。当钢筋混凝土结构的混凝土标号为 R100 时，仅允许采用Ⅰ级钢筋和 5 号钢钢筋。而且受拉钢筋设计强度应乘以系数 0.9。构件中配有不同种类的钢筋时，每种钢筋采用各自的设计强度。
3. 冷拔低碳钢钢丝主要用于焊接骨架、焊接网和箍筋。

7. 钢筋的弹性模量

钢筋的弹性模量见表 4.4.3-7。

表 4.4.3-7 钢筋的弹性模量 E_g 单位：10^6kPa

序号	钢筋种类	弹性模量 E_g
1	Ⅰ级钢筋、冷拉Ⅰ级钢筋	206.00
2	Ⅱ级钢筋、Ⅲ级钢筋、5 号钢钢筋	196.20
3	冷拔低碳钢丝	176.58

8. 钢筋混凝土结构构件最小配筋率、抗裂安全系数、最大裂缝宽度的允许值

钢筋混凝土结构构件最小配筋率和抗裂安全系数见表 4.4.3-8 和表 4.4.3-9。

表 4.4.3-8　钢筋混凝土衬砌的最小配筋率

序号	钢筋受力情况 混凝土标号	≤200	250～400	500～600
1	轴心受压构件的全部受压钢筋	0.40%	0.40%	0.40%
2	轴心受压及偏心受拉构件的受压钢筋	0.20%	0.20%	0.20%
3	受弯构件、偏心受压及偏心受拉构件的受拉钢筋	0.10%	0.15%	0.20%

表 4.4.3-9　钢筋混凝土结构构件的抗裂安全系数

受力特征建筑物级别	Ⅰ级	Ⅱ、Ⅲ级	Ⅳ、Ⅴ级
轴心受拉、小偏心受拉构件	1.25	1.20	1.15
受弯、偏心受压、大偏心受拉构件	1.15	1.10	1.05

对于需要验算裂缝宽度的钢筋混凝凝土衬砌，计算所得的最大裂缝宽度不应超过表4.4.3-10中所规定的允许值。

表 4.4.3-10　钢筋混凝土结构构件最大裂缝宽度 δ_{lmax} 允许值　单位：mm

序号	结构构件所处的条件			δ_{lmax}
1	经常处于水下的结构	水质无侵蚀性	水利梯度 $i \leqslant 20$	0.30
			水利梯度 $i > 20$	0.20
		水质有侵蚀性	水利梯度 $i \leqslant 20$	0.25
			水利梯度 $i > 20$	0.15
2	水位变动区的结构	水质无侵蚀性	年冻融循环次数小于50	0.25
			年冻融循环次数大于50	0.15
		水质有侵蚀性		0.15
3	水上结构			0.30

注　1. 如果构件表面设有专门的防渗面层或其他防护措施，最大裂缝宽度的允许值适当加大，经论证后，也可不作裂缝宽度验算。
2. 钢筋直径大于32mm时，最大裂缝宽度的允许值可按表列数字增大20%。
3. 序号2中，水位变动区系包括抬高水位以上2m的范围。

9. 混凝土及钢筋混凝土的容重

混凝土的计算容重应通过试验来确定，在无试验资料的情况下，混凝土按23.54kN/m³采用，也可近似地采用为24kN/m³；钢筋混凝土按24.63kN/m³采用，也可近似地采用为25kN/m³。

10. 混凝土的热学性质指标

混凝土的热学性质指标应通过试验来确定，无试验资料时，可采用下列数据：线胀系数 $\alpha=1.0\times10^{-5}/℃$；热导率 $C=2.6749\text{W}/(\text{m}\cdot\text{K})$；比热容 $\beta=1004.832\text{J}/(\text{kg}\cdot\text{K})$；导

温系数$\alpha=0.004m^3/h$。

11. 钢筋混凝土衬砌中钢筋的保护层

对于钢筋混凝土和钢丝网喷混凝土中的受力钢筋，钢筋以外混凝土保护层的厚度应根据衬砌的厚度按表4.4.3-11采用。

表4.4.3-11　　钢筋外最小保护层的厚度

衬砌厚度/cm	保护层厚度/cm	
	周围介质有侵蚀性	周围介质无侵蚀性
≤10	3	2
15～50	4	3
50～100	5	4
>100	6	5

12. 钢筋混凝土衬砌中有关钢筋的一些规定

(1) 钢筋的直径及间距。钢筋混凝土衬砌中受力钢筋的直径不得以小于12mm，也不宜大于32mm，常用16～25mm。沿隧道纵轴方向每米宽度内至少布置3根受力钢筋，以使结构能均匀受力。同时为了不使混凝土浇筑困难，每米宽度内不宜超过8根。钢筋间的净距应大于受力钢筋直径的3倍。单排钢筋不能满足净间距的要求时可增设两排。

(2) 钢筋的锚固。为了使受力钢筋有可能锚固，则采用绑扎骨架钢筋，则锚固的末端应制成半圆形的弯钩，弯钩的直径等于钢筋直径的2.5倍。如果在局部衬砌中配置受力钢筋，则受拉区钢筋应延长到不需配筋的断面以外等于20倍钢筋直径的地方，受压区钢筋应延长到不需配筋的断面15倍钢筋直径的地方。

(3) 钢筋的接头。受力钢筋因长度不够需要搭接时，应采用搭接长度为钢筋直径5倍的焊接接头，后钢筋直径20～30倍的绑扎接头。接头应设置在弯矩较小处，并应交错分布。

(4) 纵向分布钢筋。沿隧洞纵向布置的分布钢筋，可起到分散内力、防止表面裂缝和固定受力钢筋位置的作用。分布钢筋常采用10～16mm直径的圆钢筋，烟尘器周边分布的间距为20～50cm，而且沿周边每米宽度不少于两根。分布钢筋应放在钢筋的内侧，在与受力钢筋相交处用铁丝绑扎。

(5) 箍筋。当钢筋混凝土衬砌采用双层配筋时，应采用箍筋来固定两层受力钢筋的位置。箍筋通常用6～8mm直径的圆钢筋做成。衬砌厚度小于80cm时用6mm直径的圆钢筋，厚度大于80cm时用8mm直径的圆钢筋。箍筋间距：①应大于衬砌厚度的3/4；②不应超过50cm；③不应超过主钢筋直径的20～30倍。在主钢筋搭接处和构件接头处，箍筋应加密1倍。箍筋的环向间距最好与纵向分布钢筋一致。

(6) 其他钢筋。其他架立筋、附加钢筋等，均采用10～16mm直径的钢筋，随需要而定。

4.4.4　混凝土衬砌强度及裂缝宽度计算

1. 混凝土衬砌强度计算

对于混凝土衬砌，在通过静力分析求得衬砌各断面的内力（弯矩和轴向力）之后，即可以内力最大（一般以弯矩为准）的断面作为控制断面，根据该断面的弯矩和轴向力进行衬砌的强度计算。衬砌的强度计算就是检验控制断面上的应力，保证该断面上的最大拉应力不超过混凝土的允许抗拉强度，最大压应力不超过混凝土的允许抗压强度。对于既作用轴向压力又作用弯矩的衬砌断面，断面上的应力假定是按直线分布的，一侧应力较大，另一侧的应力较小，如图 4.4.4-1 所示。

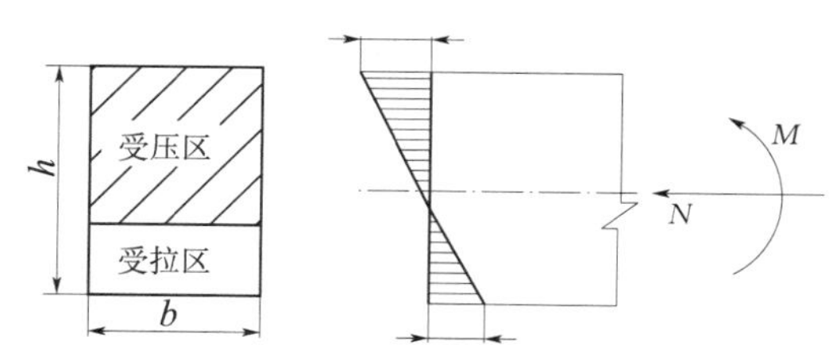

图 4.4.4-1　偏心受压断面

衬砌断面边缘处的最大应力为

$$\sigma_0=\frac{M}{W}+\frac{N}{F} \tag{4.4.4-1}$$

式中　M——荷载组合中的所有荷载在控制断面上产生的弯矩；

N——荷载组合中的所有荷载，在控制断面上产生的轴向力；

W——控制断面的弹性抵抗矩，对于矩形断面，$W=bh^2/6$；

b——衬砌控制断面的宽度，$b=1\text{m}$；

h——衬砌控制断面的厚度；

F——衬砌控制断面的面积。

衬砌断面边缘处的最小应力为

$$\sigma_i=\frac{M}{W}-\frac{N}{F} \tag{4.4.4-2}$$

为了使控制断面上的最大 0 边缘应力和最大边缘拉力保持在混凝土强度的允许范围之内，最大边缘压应力应满足

$$0.8\frac{M}{W}+\frac{N}{F}\leqslant\phi\frac{R_a}{K_a} \tag{4.4.4-3}$$

式中　ϕ——混凝土构件的纵向弯曲系数，由于衬砌被围岩所包围，故 $\phi=1$；

R_a——混凝土的抗压设计强度；

K_a——混凝土构件按抗压强度计算时的强度安全系数；

0.8——将弯曲压力折换为轴向压力的系数。

最大边缘拉应力应满足

$$\frac{M}{W}-\frac{N}{F}\leqslant\phi\frac{\gamma R_1}{K_1} \tag{4.4.4-4}$$

式中 γ——断面抵抗弯矩的塑性系数，对于矩形断面，$\gamma=1.55$；

R_1——混凝土的抗拉设计强度；

K_1——混凝土构件按抗拉强度计算时的安全系数。

对于受弯的混凝土衬砌，其断面的强度满足

$$K_1 \leqslant \frac{1}{6}\gamma R_1 bh^2 \tag{4.4.4-5}$$

2. 抗裂度验算

在使用中允许出现裂缝，但要求限制裂缝宽度的钢筋混凝土衬砌，应进行裂缝宽度的验算（表 4.4.4-1），其最大裂缝宽度的计算值不应超过所规定的允许值。

表 4.4.4-1　　裂缝宽度的验算

钢筋种类 结构构件工作条件	钢筋混凝土结构		预应力混凝土结构				
	Ⅰ级钢筋 Ⅱ级钢筋 Ⅲ级钢筋 冷轧带肋钢筋		冷拉Ⅰ级钢筋 冷拉Ⅱ级钢筋 冷拉Ⅲ级钢筋			碳素钢丝 刻痕钢丝 钢纹线 热处理钢筋 冷轧带肋钢筋 冷拔低碳钢丝	
	等级	[max] /mm	等级	[max] /mm	act	等级	act
室内正常环境	三级	0.3 (0.4)	三级	0.2		二级	0.5
露天或室内 高湿度环境		0.2	二级		0.5	一级	0

4.5 水工隧洞的荷载及组合

水工隧洞的常见荷载包括：①围岩压力；②衬砌自重；③内水压力；④外水压力；⑤灌浆压力；⑥温度应力；⑦地震力；⑧弹性抗力。

1. 围岩压力

围岩压力是指隧洞（地下结构）周围变形或破坏的岩层对衬砌或支撑上的压力，可采用第 3 章中的围岩压力计算方法进行计算，此外也可采用我国《水工隧洞设计规范》（SL 279—2016）来估算围岩压力。

（1）对于Ⅰ级围岩，自稳条件好、开挖后变形很快稳定的围岩，在衬砌设计时可不计围岩压力。

（2）洞室在开挖过程中采取支护措施，使围岩处于基本稳定或已稳定情况下，围岩压力取值可适当减小。

（3）不能形成稳定拱的浅埋隧洞，宜按洞室顶拱的上覆岩体重力作用计算围岩压力，再根据施工所采取的支柱措施予以修正。

（4）块状、中厚层至厚层状结构的围岩，可根据为严重不稳定块体的重力作用确定围岩压力。

薄层状及碎裂三体结构的围岩，作用在衬砌上的围岩压力可按下面的公式进行估算。

在垂直方向，有

$$q = (0.2 \sim 0.3)\gamma B \tag{4.5.0-1}$$

在水平方向，有

$$e = (0.05 \sim 0.10)\gamma H \tag{4.5.0-2}$$

式中　q，e——分别为均匀分布的垂直和水平围岩压力；

γ——岩石容重；

B——隧洞开挖宽度，m；

H——隧洞开挖高度，m。

（5）采用掘进机开挖的洞室，根据围岩条件，围压压力取值可适当减小。

（6）具有流变或膨胀等特殊性质的围岩，对衬砌结构可能产生变形压力时应进行专门研究。

2. 内水压力

内水压力是有压隧洞的重要荷载，常对衬砌计算起控制作用（图 4.5.0-1）。内水压力可通过水力计算确定，分为均匀内水压力（有压、无压区别对待）、满洞内水压力、水击压力。

（1）无压隧洞：只要算出洞内的水面线，即可确定内水压力。

（2）有压引水发电隧洞：内水压力＝全水头＋水击压力增值。

（3）有压隧洞：为简化，可对有压洞的内水压力进行分解：内水压力＝均匀内水压力＋无水头洞内满水压力，其中：均匀内水压力是由洞顶内壁以上水头 h 产生的，其值为 h；无水头洞内满水压力是指洞内充满水、洞顶压力为零、洞底压力等于 d 时的水压力。

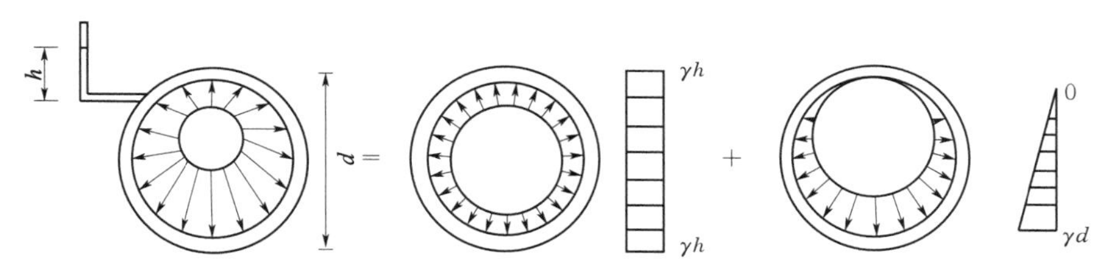

图 4.5.0-1　内水压力（有压洞内水压力＝均匀内水压力＋无水头洞内满水压力）

（4）水击压力。如果隧洞末端设有锥形阀等闸门或与水轮机相连接，则在闸门或水轮机的导叶迅速关闭时，在隧洞衬砌上还要受到水锤压力，这时在均匀内水压力上必须增算水锤压力。根据水轮机的关闭情况确定，一般可取总内水压力的 20%～30%。

$$\Delta p = \frac{\dfrac{2lv}{gT}}{2 - \dfrac{lv}{gH_0 T}} \tag{4.5.0-3}$$

式中　l——隧洞长度，m；

g——重力加速度，取 9.8m/s^2；

v——隧洞水的流速，m/s；

T——闸门或导叶关闭所需时间，一般为 2～3s；

H_0——内水压力水头。

3. 外水压力

隧洞穿过的山岭常有地下水存在于岩隙中间，由于降雨渗水、水库入渗或有压隧洞漏水回渗等对衬砌外壁施加外水压力，对于无压隧洞常以从地下水位到衬砌拱顶内壁的垂距和水容重相乘而得，对于有压隧洞，则指隧洞顶部内壁以上的水柱重量。

外水压力的确定方法如下。

（1）围岩与衬砌组成紧密结合整体，两者又都是不同程度的透水材料，因此内外水是连通的，不能截然分为内、外水压力。也就是说，不应将外水压力视为一种边界力，而应将外水压力视为在一定边界条件下，隧洞在地下水位以下的空间渗透力，通过渗流场计算可以求得作用在衬砌外表面的水压力。

（2）外水荷载折减系数［参考《水工隧洞设计规范》（DL/T 5195—2004）］。实际上地下水压力是渗透水在围岩和衬砌中产生的体积力，应通过渗透计算来确定；对于水文地质条件简单的隧洞，可采用地下水位线到隧洞表面的水柱高度乘以相应的折减系数 β 值后（表 4.5.0－1），作为该处隧洞外表面的地下水压力。围岩裂隙发育时取较大值；否则取小值。有内水压力组合时取较小值，放空检修情况则取较大值。

表 4.5.0－1　　折减系数 β 值取值

级　别	1	2	3	4	5
地下水活动状态	洞壁干燥或潮湿	沿结构面有渗水或滴水	沿裂隙或软弱结构面有大量滴水、线状流水或喷水	严重滴水，沿软弱结构面有小量涌水	严重股状流水，断层等软弱带有大量涌水
β 值	0～0.20	0.10～0.40	0.25～0.60	0.40～0.80	0.65～1.00

4. 灌浆压力（施工完建期或检修期）

（1）回填灌浆。回填灌浆的作用是处理围岩与衬砌之间的施工缝（主要为顶拱部位），充填衬砌与围岩之间的空隙，使之紧密接合，共同工作，改善传力条件和减少渗漏。其具体做法是在顶拱部位预留灌浆管，衬砌完成后，通过预埋管灌浆。在缺乏试验资料时，无压隧洞一般采用 0.1～0.2MPa，有压隧洞一般采用 0.2～0.8MPa，混凝土衬砌采用 0.2～0.3MPa；钢筋混凝土衬砌采用 0.3～0.5MPa，灌浆压力过高会破坏衬砌结构，如图 4.5.0－2 所示。回填灌浆压力分布在衬砌顶部中心角 90°～120°范围内，孔距、排距：2～6m（深入岩体大于 5cm）。进行内力计算时，可按 90°范围均布的径向压力考虑。回填灌浆压力可使衬砌顶部内缘产生拉应力，但属施工临时荷载，完建以后即逐渐减少。可在灌浆时采取措施，一般在设计中不予考虑。

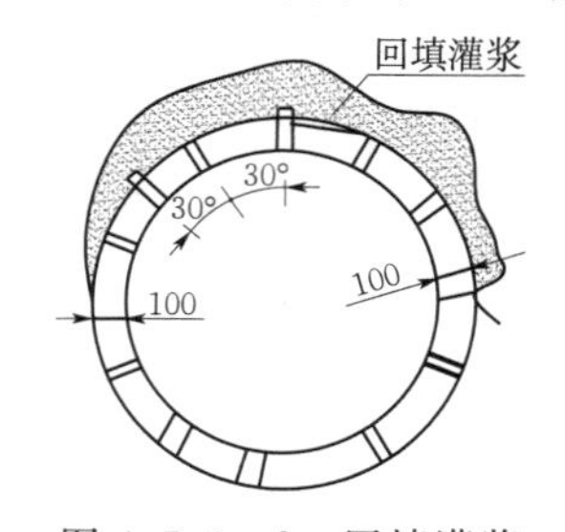

图 4.5.0－2　回填灌浆

（2）固结灌浆（高压隧洞围岩的特殊灌浆）为内水压力的 1.5～2.0 倍，一般为 0.4～

1.0MPa或更大。如图4.5.0-3所示，均匀分布于整个隧洞断面周围，固结灌浆压力对衬砌的作用相当于外水压力，使衬砌受压，仅当固结灌浆压力很大时，才有必要验算衬砌强度，一般在设计中可不予考虑。固结灌浆的目的是，加固围岩，提高围岩整体性，减小山岩压力，保证岩石的弹性抗力，减小地下水对衬砌的压力。孔深：入岩2～5m；围岩差或直径大的隧洞，入岩应达6～10m。排距2～4m，每排不少于6孔，对称布置；相邻断面错开排列，按逐步加密法灌浆。回填、固结灌浆孔常分排间隔排列，应在回填灌浆7～14d之后进行。

（3）接触灌浆，一般取值为0.2～0.3MPa，如图4.5.0-4所示。

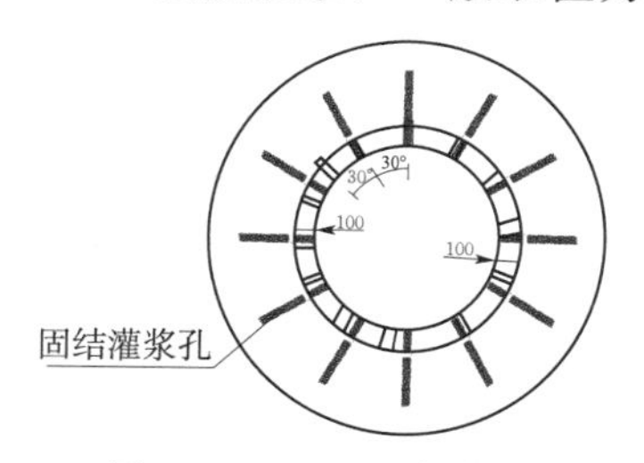

图4.5.0-3　固结灌浆

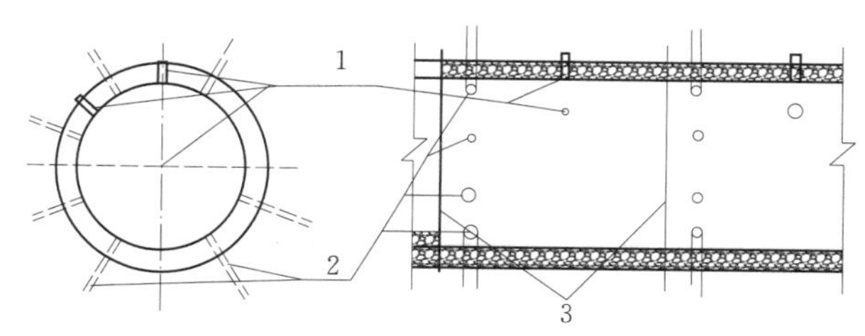

图4.5.0-4　灌浆孔布置示意图

1—回填灌浆孔；2—固结灌浆孔；3—伸缩缝

5. 弹性抗力

围岩阻止衬砌向围岩变形的力为

$$P=K\delta \tag{4.5.0-4}$$

可以看出，地层的弹性抗力系数 K 是抵抗单位面积的衬砌产生单位变位所需的力 P（kPa），δ 围岩变形（m），弹性抗力系数 K（kN/m^3），坑道的半径越大，K 值越小；反之亦然。单位弹性抗力系数：$K_0=K/r$，r 为洞室半径。

在隧洞衬砌的静力分析中，考虑了地层的弹性抗力，则可降低衬砌断面中的内力，从而减小衬砌的厚度；但如果地质方面的缺陷很显著，则弹性抗力系数不宜取得过大。对于有压隧洞的衬砌，考虑弹性抗力的条件：①洞周没有不利的滑动面，在内水压力作用下不致产生滑动和抬动；②围岩厚度大于内水压力水头的0.4倍；③围岩厚度大于隧洞开挖直径的3倍；④衬砌和围岩之间的空隙必须回填结实。对于无压隧洞，弹性抗力只存在于衬砌变位向着围岩的部分，而不产生于变位背离围岩部分，因此它在外周的分布形式随着衬砌不同而不同。见表4.5.0-2。

表4.5.0-2　岩石抗力系数表

坚硬程度	代表的岩石名称	节理裂隙多少、风化程度、间距/cm	圆形有压洞的单位弹性抗力系数 K_0/（kN/cm^3）	无压隧洞的岩石抗力系数 K/（kN/cm^3）
坚硬岩石	石英岩、花岗岩、流纹斑岩、安山岩、玄武岩、厚层矽质灰岩等	节理裂隙少，新鲜，30以上	10～20	2～5
		节理裂隙不发育，微风化，5～30	5～10	1.2～2
		节理裂隙发育，弱风化，5以下	3～5	0.5～1.2

续表

坚硬程度	代表的岩石名称	节理裂隙多少、风化程度、间距/cm	圆形有压洞的单位弹性抗力系数 K_0/（kN/cm^3）	无压隧洞的岩石抗力系数 K/（kN/cm^3）
中等坚硬岩石	砂岩、石灰岩、白云岩、砾岩等	节理裂隙少，新鲜，30以上	5～10	1.2～2
		节理裂隙不发育，微风化，5～30	3～5	0.8～1.2
		节理裂隙发育、弱风化，5以下	1～3	0.2～0.8
较软岩石	砂页岩互层、黏土，质岩石、致密的泥灰岩等	节理裂隙少，新鲜，30以上	2～5	0.5～1.2
		节理裂隙不发育，微风化，5～30	1～2	0.2～0.5
		节理裂隙发育，弱风化，5以下	小于1	小于0.2
松软岩石	严重风化及十分破碎的岩石、断层破碎带等		小于0.5	小于0.1

6. 衬砌自重

它是指沿隧洞轴线单位长度（1m）衬砌体的自重，它均匀作用于衬砌厚度的平均线上。计算衬砌厚度 h 应包括 0.1～0.3m 的平均超挖回填厚度在内，单位面积上的自重强度 g 为

$$g=\gamma_c h \quad (4.5.0-5)$$

式中 h——衬砌厚度，m，包括 0.1～0.3m 的超挖回填在内；

γ_c——衬砌材料的容重，kN/m^3。

7. 温度应力

由于衬砌混凝土的干缩和热胀冷缩，衬砌外侧围岩阻碍衬砌的自由胀缩，混凝土干缩和温度变化对衬砌的影响如下：施工期，混凝土的水化热和干缩；运行期，水温、气温变化，影响小。温升时产生压应力，降温时产生拉应力。混凝土耐压不耐拉，因此一般以温降作为控制情况。隧洞衬砌混凝土能承受的温降只有 7～10℃，超过则产生裂缝。

主要应通过改善施工条件和采取相应的结构措施来解决，选择适宜的水泥（低热），控制水灰比，加强养护，缩短浇筑长度，配置适量的温度钢筋。如果降温时衬砌完全被围岩所束缚，则混凝土内将产生拉应力，其值为

$$\sigma=\alpha E\Delta t \quad (4.5.0-6)$$

式中 σ——混凝土衬砌完全不能自由伸长时在降温后其内部产生的拉应力；

α——混凝土的线胀系数，即每降温 1℃，每米长的混凝土材料缩短的米数，一般为十万分之一；

E——混凝土在降温时的弹性模量。

寒冷地区：①对于有压圆形隧洞，根据弹性理论折算为等效内水压力；②对于无压隧洞，在确定温差后，按结构力学方法计算。非寒冷地区影响较小，一般不考虑。

8. 地震力

（1）在场地烈度为 7～9 度的地震区里建造水工隧洞，应考虑地震的影响。

（2）在9度以上的地震区建造水工隧洞，必须作特殊的研究和抗震设计。

（3）在设计水工隧洞时，应根据它的重要性和地质情况确定它的设防烈度。

例如，一般水工隧洞，如建在7度地震区，可按7度设防；但如果它的性质重要，或地层软弱破碎，埋深不大等原因，可以提高1度，按8度设防。地震时的附加荷载如下。

洞内水体激荡力为

$$P_e=\frac{K_e}{2\pi}\gamma_w C_p T \tag{4.5.0-7}$$

衬砌惯性力为

$$P_c=K_e G \tag{4.5.0-8}$$

附加山岩压力为

$$P_0=\pm\frac{\mu K_e \gamma_R C_p T}{2\pi(1-\mu)} \tag{4.5.0-9}$$

式中　K_e——地震系数；

C_p——纵波速度；

T——地震波周期；

γ_R——岩体容重；

μ——岩体泊松比。

此外，地震时围岩与衬砌还存在接触应力，其变化比较复杂（表4.5.0-3、表4.5.0-4），目前尚未找出规律。

表4.5.0-3　地震加速度和地震系数

地震烈度	地震加速度 a/（m/s²）	地震系数 K_e
6	0.125g	0.0125
7	0.25g	0.025
8	0.5g	0.05
9	1.0g	0.1

表4.5.0-4　地震纵波在岩体里的传播速度

岩体种类	C_p/（m/s）	岩体种类	C_p/（m/s）
石英岩	5000～6500	玄武岩	4500～6600
泥板岩	3500～5500	解长岩	4500～6500
大理岩	3500～6000	泥灰岩	1000～3500
白云岩	4500～6500	致密黏土、干砂	1000～3500
页岩	1400～3000	中密砂土、塑性黏土和壤土	1000～3500
石灰岩	2500～6000	砂、淤积土、沼泽土	200～500
砂岩	1400～4000		

9. 荷载组合

(1) 荷载组合原则。各个水工隧洞在施工期、完建期、投产运用期、放空修理期、发生地震期可能受到不同荷载组合的作用，各断面因每种荷载组合而产生的内力，包括弯矩和轴向力，不仅数量上有差异，而且有时正负符号相反，哪种组合可引起最不利的内力，只有对其危险的荷载组合做好内力计算才能确定。在荷载组合中，对于不完全可靠的荷载或作用不太清楚的荷载，应视其对衬砌产生不利影响，选用较小值或较大值或不予计入。

1) 对于圆形洞，垂直山岩压力和侧向山岩压力使拱顶产生的应力符号相反，有所抵消。一般估计的山岩压力不一定可靠，尤其侧向山岩能更不准确，宜不计侧向山岩压力。

2) 灌浆压力与外水压力不叠加，灌浆压力大于外水压力时顶部只计灌浆压力，其余为外水压力，而灌浆压力小于外水压力时可不计灌浆压力。

3) 考虑围岩抗力时可不计侧向山岩压力。

4) 灌浆压力和温度的作用可以采取措施防止或减少其不利影响，如当衬砌成为控制因素时，可不考虑或少考虑计算采用值，而应相应地采用施工技术措施解决。

(2) 几种常见荷载组合。

1) 正常运用情况（设计工况）。围岩压力＋自重＋宣泄设计洪水时的内水压力＋外水压力。

2) 施工、检修情况（校核工况 1)。围岩压力＋自重＋可能出现的最大外水压力。

3) 非常运用情况（校核工况 2)。围岩压力＋自重＋宣泄校核洪水时的内水压力＋外水压力。

正常、非正常运用情况均可能有几种不同的组合，可根据具体情况分析确定。

正常运用情况属基本组合，用以设计衬砌的厚度、材料标号和配筋量；其他情况用作校核（表 4.5.0-5)。

表 4.5.0-5　　水工隧洞荷载组合表

荷载	正常组合				偶然组合	
	完建期		运行期		特殊时期	
	有压	无压	有压	无压	有压	无压
衬砌自重	必有	必有	必有	必有	必有	必有
山岩压力	可有	可有	可有	可有	可有	可有
内水压力	无	无	必有	有一部分	必有	有一部分
外水压力	可有	可有	可有	可有	可有	可有
灌浆压力	可有	可有	可有	可有	可有	可有
温度应力	不计	不计	可有	可有	不计	不计
地震力	不计	不计	不计	不计	可有	可有
弹性抗力	可有	可有	可有	可有	—	—

4.6　有压圆形隧洞衬砌结构设计

由于水工隧洞的特殊性，其衬砌结构计算内容较多且较为复杂，本节主要阐述水工圆形有压隧洞在内水压力作用下衬砌结构的设计基本概念。圆形有压隧洞通常采用混凝土、钢筋混凝土或钢管与混凝土组合的衬砌，在均匀的内水压力作用下，衬砌的静力计算采用弹性力学的厚壁圆管理论推导的公式进行设计，该方法可以直接计算出衬砌中的混凝土和钢筋的应力，从而进行衬砌和钢筋截面设计。在组合荷载作用下，衬砌的计算还要考虑围岩的弹性抗力作用，但忽略衬砌与围岩之间的摩擦力，而其他荷载，如山岩压力、衬砌自重、无水头满洞水压力、地下水压力等对衬砌的作用还要考虑其与围岩弹性抗力之间的相互作用问题，这些荷载的作用一般采取结构力学中的弹性中心法，并结合力法原理求出冗余荷载，再进行衬砌的内力和配筋计算。

4.6.1　衬砌的初步拟定

隧洞衬砌是超静定结构，故在开始设计时必须根据经验设定厚度，再进行静力分析。分析结果，如认为设定的厚度不适当，则应重新设定厚度，再进行分析。无压隧洞：一般衬砌厚度可根据岩体坚固系数 f_k、净跨距 D（或 B）来确定拱顶厚度 h_0。

1．无压隧洞衬砌厚度的确定

拱顶衬砌厚度 h_0 与隧洞净跨距 D（或 B）的比值，h_0/B 与岩体坚固系数 f_k 的关系曲线如图 4.6.1-1 所示。拱顶 h_0 确定后，拱座厚度可取（1.0～1.6）h_0，仰拱厚度可取（0.6～0.8）h_0，边墙厚度可取（1.0～1.8）h_0。

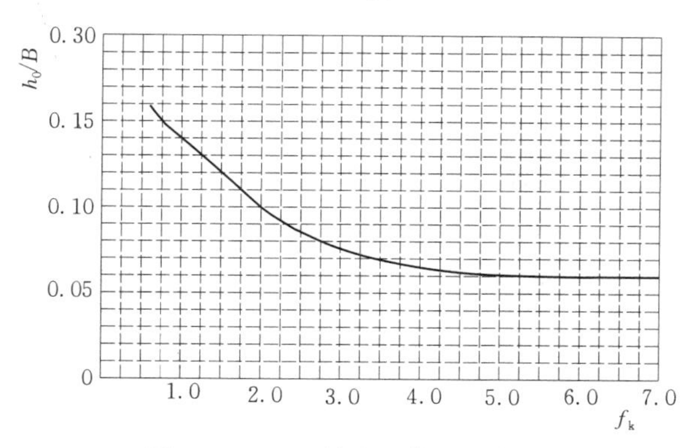

图 4.6.1-1　衬砌顶拱厚度曲线

2．有压圆形隧洞衬砌厚度的确定

有压圆形隧洞的衬砌厚度，可根据图 4.6.1-2 和图 4.6.1-3 所示的经验曲线来决定。以地层单位抗力系数 K_0 为横坐标，衬砌厚度 h/D_i 衬砌内径为纵坐标，找到内水压力 $P\times$100kPa 的曲线，求出 h' 值，除了 $D=4$m，PK_0 超过 800kPa 以外，其他再根据修正系数 β 求出最终的 $h=\beta h'$。

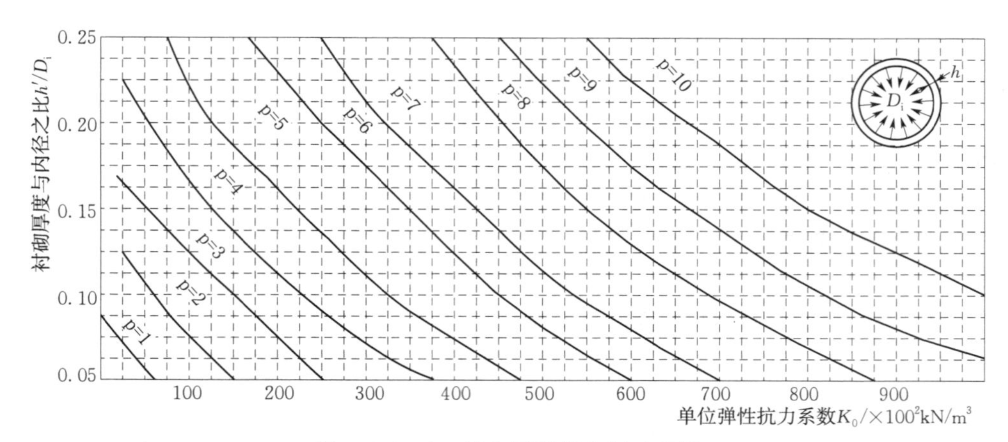

图 4.6.1－2　衬砌厚度拟定经验曲线

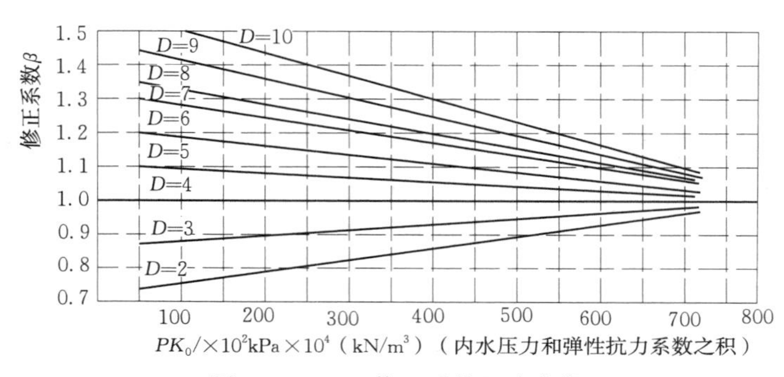

图 4.6.1－3　修正系数经验曲线

3．隧洞衬砌最小厚度的规定

隧洞衬砌最小厚度的规定见表 4.6.1－1。

表 4.6.1－1　　**隧洞衬砌最小厚度的规定**　　单位：cm

种类	衬砌部分	浆砌块石	混凝土	钢筋混凝土	青砖	钢丝网喷混凝土
无压隧洞	边拱	50	25	25	50	—
	拱圈	50	25	25	50	—
	底部	—	25	25	50	—
有压隧洞	单层衬砌	—	25	25		—
	混合式衬砌	—	25	25	—	

对于在均匀的内水压力作用下圆形有压隧洞的衬砌设计，应注意以下适用条件。

（1）隧道埋深大于 3 倍洞径，直径 $D_i<6.0$m。

（2）围岩类别为Ⅰ、Ⅱ类围岩，且岩体坚固系数 $f>6$（仅均匀内水压力作用）。

（3）内水压力在 20m 以下，用素混凝土设计；超过 20m 宜用钢筋混凝土设计。

其计算原理及过程如下：将衬砌视为无限弹性介质中的厚壁圆管，根据衬砌和围岩接触面的径向变位相容的条件，求出以内水压力 P 所表示的弹性抗力 P_0，再利用轴对称受力圆管的弹性力学厚壁管公式计算衬砌的内力。

4.6.2　混凝土衬砌设计

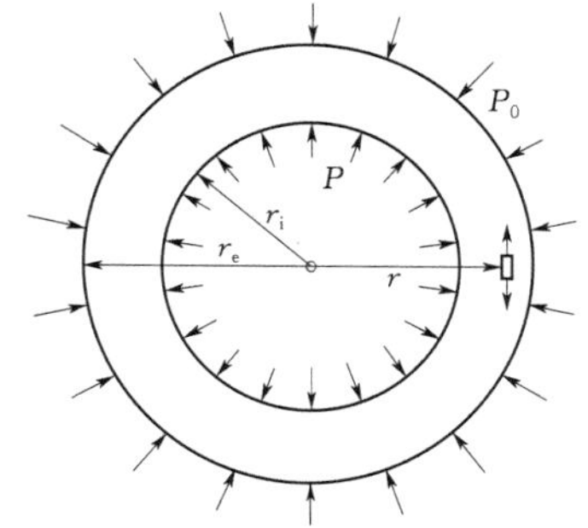

图 4.6.2-1　有压圆形隧洞衬砌计算简图

有压圆形隧洞的混凝土衬砌通常按照不开裂的情况进行设计，如图 4.6.2-1 所示，将混凝土衬砌视为厚壁圆管，其内外半径分别为 r_i、r_e，混凝土衬砌厚度为 h，r 为衬砌内任意半径，则在内水压力 P 的作用和弹性抗力 P_0 作用下，按图衬砌在均匀水压力弹性理论平面变形情况，求得厚管壁任意半径 r 处的径向变位 u 为

令，$t=\dfrac{r_e}{r_i}=\dfrac{r_1+h}{r_i}=1+\dfrac{h}{r_i}$，厚管壁理论解析解公式为

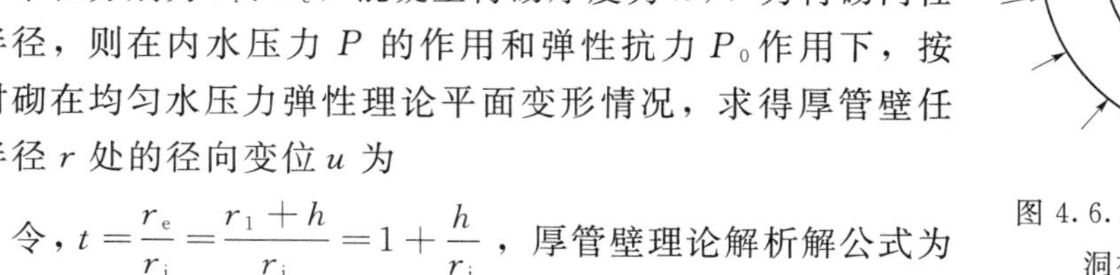

$$u=\frac{r(1+\mu)}{E}\left[\frac{(1-2\mu)+\left(\dfrac{r_e}{r}\right)^2}{t^2-1}P-\frac{\left(\dfrac{r_e}{r}\right)^2+(1-2\mu)t^2}{t^2-1}P_0\right] \tag{4.6.2-1}$$

取 $r=r_e$，得衬砌外缘的径向变位 u_e 为

$$u_e=\frac{r_e(1+\mu)}{E}\left[\frac{(1-2\mu)+1}{t^2-1}P-\frac{1+(1-2\mu)t^2}{t^2-1}P_0\right] \tag{4.6.2-2}$$

式中　E——衬砌材料的弹性模量；

μ——衬砌材料的泊松比；

t——衬砌外半径之比。

当开挖的洞壁作用有 P_0 时，按文克尔假定，洞壁的径向变位为

$$y=\frac{P_0}{K}=\frac{P_0 r_e}{100K_0} \tag{4.6.2-3}$$

根据变形相容条件，有

$$y=u_e \tag{4.6.2-4}$$

整理后，得围岩的弹性抗力为

$$P_0=\frac{1-A}{t^2-A}P$$

其中：

$$A=\frac{E-K_0(1+\mu)}{E+K_0(1+\mu)(1-2\mu)} \tag{4.6.2-5}$$

A 为弹性特征因数，E、K_0分别以 kPa 和 kN/m^3 计；若以 kg/cm^2 和 kg/cm^3 为单位，则需要将式中的 E 改为 $0.01E$。

按弹性理论的解答，厚壁管在均匀内水压力 P 和弹性抗力 P_0 作用下，管壁厚度内任意半径 r 处的切向正应力 σ_t（环向应力—拉应力）为

$$\sigma_t=\frac{1+\left(\dfrac{r_e}{r}\right)^2}{t^2-1}P-\frac{t^2+\left(\dfrac{r_e}{r}\right)^2}{t^2-1}P_0 \tag{4.6.2-6}$$

分别令 $r=r_i$ 及 $r=r_e$，内边缘切向拉应力为

$$\sigma_i=\frac{t^2+A}{t^2-A}P \tag{4.6.2-7}$$

外边缘切向拉应力为

$$\sigma_e=\frac{1+A}{t^2-A}P \tag{4.6.2-8}$$

即可得到单层衬砌在均匀内水压力 P 作用下内边缘切向拉应力 σ_i 和外边缘切向拉应力 σ_e，因为 $t>1$、$\sigma_i>\sigma_e$，表明衬砌内壁的切向应力恒大于外壁的切向应力。当不考虑弹性抗力时，即 $K_0=0$，则 $A=1$，如果围岩厚度大于3倍开挖洞径且洞径 $D<6$m 时，衬砌计算可只考虑内水压力。

对于混凝土衬砌而言，要考虑其所受到的最大应力来进行设计，故采用衬砌内壁的切向应力 σ_i 来设计混凝土的厚度 h，令 $\sigma_i=[\sigma_{hl}]$，$\sigma_{hl}=R_l/K_l$ 为混凝土允许轴心抗拉强度，R_l 为抗拉极限强度，K_l 为抗拉安全系数，为1.5～2.1，根据式（4.6.2-8）解出 t 得

$$t^2=A\frac{[\sigma_{hl}]+P}{[\sigma_{hl}]-P} \tag{4.6.2-9}$$

$$\left.\begin{aligned} t&=\frac{r_e}{r_i}=1+\frac{h}{r_i}\\ h&=r_i\left[\sqrt{A\frac{[\sigma_{hl}]+P}{[\sigma_{hl}]-P}}-1\right]\end{aligned}\right\} \tag{4.6.2-10}$$

关于混凝土的厚度 h 计算的讨论如下。

（1）当 $[\sigma_{hl}]$ 与 P 的数值逐渐接近时，h 逐渐扩大到不合理程度，$[\sigma_{hl}]<P$ 时，h 为虚数。

（2）当 $[\sigma_{hl}]>P$，$K_0<0.86E$ 时，衬砌厚度按照下式计算，即

$$h=r_i\left[\sqrt{A\frac{[\sigma_{hl}]+P}{[\sigma_{hl}]-P}}-1\right]\geqslant h_{min}\text{（结构最小厚度）}$$

（3）当 $[\sigma_{hl}]<P$，$K_0>0.86E$ 时，衬砌厚度采用结构最小厚度。

（4）当 $[\sigma_{hl}]>P$，$K_0>0.86E$ 时，应降低混凝土标号。

（5）当 $[\sigma_{hl}]<P$，$K_0<0.86E$ 时，应提高混凝土标号。

为了不使混凝土衬砌过厚，对坚固岩体内的混凝土衬砌，一般限制水头不大于20m，超过时宜用钢筋混凝土。混凝土应力校核采用

$$\left.\begin{aligned}\sigma_i&=\frac{t^2+A}{t^2-A}P\leqslant[\sigma_{hl}]\\ \sigma_e&=\frac{1+A}{t^2-A}P\leqslant[\sigma_{hl}]\end{aligned}\right\} \tag{4.6.2-11}$$

除内水压力外，还有其他荷载作用，计算各种荷载单独作用时产生的轴向力和弯矩，再按式（4.6.2-12）校核混凝土衬砌的切向拉应力，即

$$\sigma=\sigma_{ie}\pm\frac{\sum M}{W}-\frac{\sum N}{F}\leqslant[\sigma_{hl}]=\frac{R_l}{K_l} \tag{4.6.2-12}$$

式中 W——抗力矩，$W=bh^2/6$；

F——断面积，$F=bh$。

如需求出在均匀水压力作用下的断面内力，可先算 σ_i、σ_e，然后近似按直线分布求出 N 和 M。

$$\left.\begin{aligned} N &= \frac{\sigma_i + \sigma_e}{2}h \\ M &= \frac{\sigma I}{\gamma} = \frac{(\sigma_i - \sigma_e)h\left(\dfrac{h}{2} - \dfrac{h}{3}\right)}{2} \end{aligned}\right\} \tag{4.6.2-13}$$

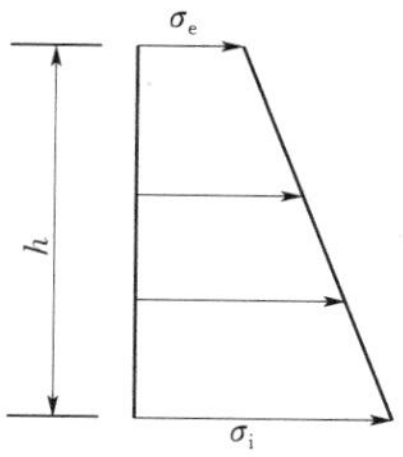

计算简图如图 4.6.2-2 所示。

图 4.6.2-2　衬砌内力计算简图

【算例 1】　某圆形有压隧洞，设计等级为Ⅰ级，采用混凝土衬砌，混凝土标号为 200，衬砌内半径为 $r_i=2.5\text{m}$，内水压力 $P=150\text{kPa}$（15m 水头），单位弹性抗力系数 $K_0=5\times10^6\text{kN/m}^3$，试设计衬砌厚度并进行内力校核。

【解】（1）先判断是否可用公式计算衬砌厚度，混凝土标号为 200，其相关设计参数为：弹性模量 $E_h=22\text{GPa}$，抗拉极限强度 $R_l=1050\text{kPa}$，抗拉安全系数 $K_l=2.1$，泊松比 $\mu=0.167$。

则有，$\sigma_{hl}/P=R_l/PK_l=1050/2.1\times150=3.3>1.0$，$K_0/E_h=5\times10^6/22\times10^6=0.22<0.86$，由此可判断 $[\sigma_{hl}]>P$，$K_0<0.86E$，则衬砌厚度可按照公式计算。

（2）求弹性特征因数 A，将上述参数代入可得到

$$A = \frac{E - K_0(1+\mu)}{E + K_0(1+\mu)(1-2\mu)} = \frac{22\times10^6 - 5\times10^6(1+0.167)}{22\times10^6 + 5\times10^6(1+0.167)(1-2\times0.167)} = 0.624$$

（3）计算衬砌厚度 h。

$$h = r_i\left[\sqrt{A\frac{[\sigma_{hl}]+P}{[\sigma_{hl}]-P}} - 1\right] = 2.5\times\left[\sqrt{0.624\times\frac{500+150}{500-150}} - 1\right] = 0.191$$

则可取衬砌的厚度 $h=0.20\text{m}$。则 $t=1+h/r_i=1+0.20/2.5=1.08$。

（4）校核混凝土衬砌的应力为

$$\sigma_i = \frac{t^2+A}{t^2-A}P = \frac{1.08^2+0.624}{1.08^2-0.624} = 495 \leqslant [\sigma_{hl}] = 500(\text{kPa})$$

$$\sigma_e = \frac{1+A}{t^2-A}P = \frac{1.08+0.624}{1.08^2-0.624} = 471 \leqslant [\sigma_{hl}] = 500(\text{kPa})$$

可见，衬砌的内边缘和外边缘的拉应力均满足要求，则混凝土衬砌的厚度可取 20cm。

4.6.3　钢筋混凝土衬砌设计

如果水头较高，超过 20.0m，内径 $D_i<6.0\text{m}$，围岩类别为Ⅰ、Ⅱ类围岩，则可采用钢筋混凝土设计。钢筋混凝土衬砌的静力计算，可根据其功能需求来确定设计方案，一般分为允许出现裂缝和不允许出现裂缝两种情况进行设计。

根据混凝土衬砌的设计原理，用 $[\sigma_{gh}]$ 代替 σ_{hl}，得

$$h = r_i\left[\sqrt{A\frac{[\sigma_{gh}]+P}{[\sigma_{gh}]-P}} - 1\right] \tag{4.6.3-1}$$

式中　σ_{gh}——钢筋混凝土的允许轴心抗拉强度。

衬砌边缘应力为

$$\sigma_i = \frac{F}{F_n} P \frac{t^2 + A}{t^2 - A} \leqslant [\sigma_{gh}] \tag{4.6.3-2}$$

$$[\sigma_{gh}] = \frac{R_f}{K_f} \tag{4.6.3-3}$$

式中　F——沿洞线 1m 长衬砌混凝土的纵断面面积；

F_n——F 中包括钢筋在内的折算面积；

R_f——混凝土设计抗裂强度；

K_f——抗裂系数。

如果通过式（4.6.3-1）求出 h 为负值或小于结构的最小厚度时，则应采用结构的最小厚度，钢筋采用最小配筋率，对称配置。

1. 双层配筋计算

（1）抗裂设计（不允许出现裂缝设计）。

1）按照公式计算衬砌厚度 h，即

$$h = r_i \left[\sqrt{A \frac{[\sigma_{gh}] + P}{[\sigma_{gh}] - P}} - 1 \right] \tag{4.6.3-4}$$

2）根据以下公式校核衬砌内力，即

$$\left. \begin{aligned} \sigma_i &= \frac{F}{F_r} P \frac{t^2 + A}{t^2 - A} \leqslant [\sigma_{gh}] \\ \sigma_e &= \frac{F}{F_r} P \frac{1 + A}{t^2 - A} \leqslant [\sigma_{gh}] \end{aligned} \right\} \tag{4.6.3-5}$$

混凝土折算面积为

$$F_r = F + nf = bh + \frac{E_g}{E_h}(f_i + f_0) \tag{4.6.3-6}$$

3）钢筋的配置。双层对称配筋，$f = \rho_{min} b h_0$，有效高度 $h_0 = h - a$，a 为保护层厚度，一般取 5cm。

（2）限裂设计（按照许可裂缝宽度要求设计）。

1）采用查表（图）法，如图 4.6.1-1 至图 4.6.1-3 所示，初步确定衬砌厚度 h。

2）双层对称配筋时，钢筋面积 $f = f_e + f_i$，钢筋截面积为

$$f = \frac{P r_i + K_0 \left(\dfrac{P r_i \ln \dfrac{r_e}{r_i}}{0.85 E_h} - \dfrac{r_i [\sigma_g]}{E_g} \right)}{\left(1 + \dfrac{r_e}{r_i}\right) [\sigma_g] - \dfrac{E_g P r_i \ln \dfrac{r_e}{r_i}}{0.85 E_h r_e}} \tag{4.6.3-7}$$

3）钢筋应力校核。

内侧钢筋 σ_{gi} 为

$$\sigma_{gi}=\frac{Pr_i+\left(\frac{E_g f_e}{r_e}+K_0\right)\left(\frac{Pr_i\ln\frac{r_e}{r_i}}{0.85E_h}\right)}{\left(f_i+f_e\frac{r_i}{r_e}\right)+\frac{r_iK_0}{E_g}}\leqslant[\sigma_g] \tag{4.6.3-8}$$

外侧钢筋 σ_{ge} 为

$$\sigma_{ge}=\frac{\frac{1}{r_e}\left(Pr_i^2-E_g f_i\left[\frac{Pr_i\ln\frac{r_e}{r_i}}{0.85E_h}\right]\right)}{\left(f_i+f_e\frac{r_i}{r_e}\right)+\frac{r_iK_0}{E_g}}\leqslant[\sigma_g] \tag{4.6.3-9}$$

式中　$[\sigma_g]$——钢筋允许应力。

2. 单层配筋计算

(1) 抗裂设计（不允许出现裂缝设计）。

1) 出现受拉破坏的可能性是内外均有可能，应分别计算衬砌内外两侧配筋时的衬砌厚度（$h_内$和$h_外$），选取二者中较大者，若$h_内$和$h_外$均小于0，或若$h_内$和$h_外$均小于h_{min}，则按照最小厚度h_{min}取值。

$$\begin{aligned}h_内&=r_i\left[\sqrt{A\frac{[\sigma_{hl}]+P}{[\sigma_{hl}]-P}}-1\right]\\h_外&=r_i\left[\sqrt{\frac{A([\sigma_{hl}]+P)+P}{[\sigma_{hl}]}}-1\right]\end{aligned} \tag{4.6.3-10}$$

2) 按照最小配筋率配筋，并按照式（4.6.3-11）进行衬砌应力校核，即

$$\left.\begin{aligned}\sigma_i&=\frac{F}{F_r}P\frac{t^2+A}{t^2-A}\leqslant[\sigma_{hl}]\\\sigma_e&=\frac{F}{F_r}P\frac{1+A}{t^2-A}\leqslant[\sigma_{hl}]\end{aligned}\right\} \tag{4.6.3-11}$$

(2) 限裂设计（按照许可裂缝宽度要求设计）。

1) 采用查表（图）法，如图4.6.1-1至图4.6.1-3所示，按照构造要求初步确定衬砌厚度h。

2) 确定钢筋面积f，钢筋截面积采用式（4.6.3-12）计算（内层配筋），即

$$f=\frac{1}{[\sigma_g]}\left[Pr_i+K_0\left(\frac{Pr_i\ln\frac{r_e}{r_i}}{0.85E_h}\right)\right]-\frac{K_0r_i}{E_g} \tag{4.6.3-12}$$

3) 钢筋强度校核，即

$$\sigma_{gi}=\frac{Pr_i+K_0\left(\frac{Pr_i\ln\frac{r_e}{r_i}}{0.85E_h}\right)}{f+\frac{K_0r_i}{E_g}}\leqslant[\sigma_g] \tag{4.6.3-13}$$

【算例 2】 某圆形有压隧洞，设计等级为Ⅰ级，采用钢筋混凝土衬砌，钢筋为三号钢，混凝土标号为200，衬砌内半径为 $r_i=2.5$m，内水压力 $P=400$kPa（40m 水头），单位弹性抗力系数 $K_0=2\times10^6$ kN/m^3，试按照上述设计方法来计算衬砌厚度，并采用不同配筋方法进行配筋计算，最后进行内力校核。

【解】 整理相关材料参数，三号钢的弹性模量 $E_g=210\times10^6$ kPa，钢筋的设计强度 $R_g=28\times10^4$ kPa，钢筋混凝土构件的强度安全系数 $K_g=1.4$，钢筋的允许应力 $[\sigma_g]=R_g/K_g=20\times10^4$ kPa；300 号混凝土设计抗裂强度 $R_f=1600$kPa，抗裂安全系数 $K_f=1.3$，钢筋混凝土的允许轴心抗拉强度 $[\sigma_{gh}]=R_f/K_f=1231$kPa；混凝土的弹性模量 $E_h=26$GPa，泊松比 $\mu=0.167$，设计抗拉强度 $R_l=1300$kPa，抗拉安全系数 $K_h=2.1$，混凝土的允许拉应力 $[\sigma_{hl}]=R_l/K_h=619$kPa。

（1）双层对称配筋计算（抗裂计算）。

1）先判断适用条件，内水压力 $P=400$kPa（40m 水头）>20m，衬砌内径为 $D_i=2r_i=5.0\text{m}<6.0\text{m}$。可采用公式进行计算钢筋混凝土衬砌的厚度。

2）求弹性特征因数 A，将上述参数代入，可得到

$$A=\frac{E-K_0(1+\mu)}{E+K_0(1+\mu)(1-2\mu)}=0.859$$

3）计算衬砌厚度 h，即

$$h=r_i\left[\sqrt{A\frac{[\sigma_{gh}]+P}{[\sigma_{gh}]-P}}-1\right]=0.7461\text{m}\approx0.75\text{m}$$

则可取衬砌的厚度 $h=0.20$m。则 $t=1+h/r_i=1+0.20/2.5=1.08$。

4）按照最小配筋率进行配筋，$\rho_{min}=0.1\%$。假定衬砌有效高度 $h_0=h-a$，a 为保护层厚度，一般取 5cm，得到 $f_e=f_i=\rho_{min}bh_0=7\text{cm}^2$，可配 $3\phi18$mm 的钢筋，则 $f_e=f_i=7.6\text{cm}^2$。

5）校核钢筋混凝土衬砌的应力。根据表 4.6.3-1，计算 $K_0/P=5000>E_g/[\sigma_g]=1050$，故经验系数 $\Phi=F/F_r=0.95$。代入公式进行内力校核，有

$$\sigma_i=\Phi\frac{t^2+A}{t^2-A}P=1254\leqslant[\sigma_{gh}]\approx1231\text{kPa}$$

$$\sigma_e=\Phi\frac{1+A}{t^2-A}P=880\leqslant[\sigma_{gh}]=1231\text{kPa}$$

可见，衬砌的内边缘和外边缘的拉应力基本满足要求，则混凝土衬砌的厚度可取 75cm。

（2）双层对称配筋计算（限裂计算）。根据抗裂双层配筋设计的结果可知，限裂配筋计算可适当放宽，假设衬砌厚度 $h=60$cm，保护层厚度为 5cm，则计算配筋面积并进行内力校核如下。

1）计算钢筋截面积 f，将上述材料参数代入公式，可知

$$f=\frac{Pr_i+K_0\left(\dfrac{Pr_i\ln\dfrac{r_e}{r_i}}{0.85E_h}-\dfrac{r_i[\sigma_g]}{E_g}\right)}{\left(1+\dfrac{r_e}{r_i}\right)[\sigma_g]-\dfrac{E_gPr_i\ln\dfrac{r_e}{r_i}}{0.85E_hr_e}}<0$$

可见，配筋量参数可采用最小配筋率进行配筋。

设 $\rho_{min}=0.15\%$。可得到 $f_e=f_i=\rho_{min}bh_0=8.25\text{cm}^2$，可采用 $2\phi18\text{mm}$ 和 $1\phi20\text{mm}$ 的钢筋间隔配置，则 $f_e=f_i=8.232\text{cm}^2$。

2）校核钢筋混凝土衬砌的应力，将材料参数代入公式，可得

$$\sigma_{gi}=4.0321\times10^4\text{kPa}\leqslant[\sigma_g]=2\times10^5\text{kPa},$$

$$\sigma_{ge}=3.1857\times10^4\text{kPa}\leqslant[\sigma_g]=2\times10^5\text{kPa}$$

上式表明，衬砌厚度 $h=60\text{cm}$ 及所对应的配筋面积满足要求。

（3）单层配筋（限裂设计）。根据抗裂双层配筋设计的结果可知，限裂配筋计算可适当放宽，假设衬砌厚度 $h=60\text{cm}$，保护层厚度为5cm，则计算配筋面积并进行内力校核如下。

1）计算钢筋截面积 f，将上述材料参数代入公式，可知

$$f=\frac{1}{[\sigma_g]}\left[Pr_i+K_0\left(\frac{Pr_i\ln\frac{r_e}{r_i}}{0.85E_h}\right)\right]-\frac{K_0r_i}{E_g}=-0.02\text{m}^2<0$$

可见，应根据最小配筋率配筋。

设 $\rho_{min}=0.15\%$。可得到 $f_e=f_i=\rho_{min}bh_0=8.25\text{cm}^2$，可采用 $2\phi18\text{mm}$ 和 $1\phi20\text{mm}$ 的钢筋间隔配置，则 $f_e=f_i=8.232\text{cm}^2$。

2）校核钢筋混凝土衬砌的应力，将材料参数代入公式，可得

$$\sigma_{gi}=\frac{Pr_i+K_0\left(\frac{Pr_i\ln\frac{r_e}{r_i}}{0.85E_h}\right)}{f+\frac{K_0r_i}{E_g}}=4.1346\times10^4\text{kPa}\leqslant[\sigma_g]=2\times10^5\text{kPa}$$

故上述衬砌厚度及配筋量满足要求。

第5章 交通隧道基本设计技术

隧道工程设计是出于开拓并持续安全应用地下通道空间的目的，勘察地形、地质、地物等环境条件，确定隧道位置，并根据隧道围岩自稳能力的强弱，选择确定为保持隧道稳定所需提供帮助的多少，即需要的加固范围以及选择确定支护的材料种类、结构形式，力学性能、参与时机、施作方法、监测方法、质量标准等支护技术参数，并评估支护的有效性和经济性的一系列工程规划活动，隧道工程设计总体上包括建筑设计、结构设计和施工设计。本章主要介绍公路隧道和铁路隧道的建筑设计和结构设计内容。

5.1 隧道线路及断面设计

5.1.1 隧道位置的选择

1. 线路与隧道位置的关系

隧道的位置与线路是互为相关的。隧道只是路线中的构造物，原则是当一段线路的方案比选一旦确定，区段上中小隧道的定位应服从路线的走向，隧道的位置就只能依从于线路的位置大体决定，最多是在上、下、左、右很小幅度内做些小的移动。长大隧道，工程规模很大，技术上也有一定困难，属于本区段的重点控制工程，其定位原则是在服从路线基本走向的同时，作为路线基本走向的控制点，这一区段的线路就得依从于隧道所选定的最优位置，然后线路以相应的引线凑到隧道的位置上来。隧道位置的选定与线路的选定是同时考虑的，不可分开。一般需要初步设计时在地形图上选择几条可能的建设方案，之后进行方案比选，明确路线在经济和技术上是否可行、是否符合实际需要来选定方案。

2. 按地形条件选择隧道位置

（1）越岭线上隧道位置的选择。当交通路线需要从一个水系过渡到另一个水系时必须跨越高程很大的分水岭，这段线路称为越岭线。当线路必须跨越分水岭时，分水岭的山脊线上总会有高程较低处，称为垭口。其特点是要克服很大的高差，线路长度和平面位置又取决于线路纵坡。隧道平面位置的选择主要是垭口位置的选择，可利用小比例尺地形图、航空照片、卫星照片等，并经隧道长度、施工难度、运营条件等综合比选几个可能的平面方案，最后确定最佳方案。其原则是：①优先考虑在路线总方向上或其附近的低垭口，因为这种垭口在两侧具备良好展线的横坡时，一般越岭隧道较短；②虽远离线路总方向，但垭口两侧有良好的展线条件的河谷，又不损失越岭高程的垭口；③隧道一般选在分水岭垭口两边河谷标高相差不多，并且两边河谷平面位置接近处；④工程地质和水文地质条件良好的垭口。

（2）河谷线上隧道位置的选择。线路沿河傍山而行时称为河谷线。这种线路左右受到山坡和河谷的制约，上下受到标高和限制坡度的控制，比选方案时可能移动的幅度不大。但是，虽然摆动的幅度很有限，但这一幅度对工程的难易、大小都有关系。当线路沿河傍山且线路坡度较为自由时，反复跨河“避难就易”的方案效果很好。遇到高程障碍，而地形紧迫，绕行有困难，展线又没有足够回旋的余地时，则应采用隧道穿山而过是较为合理可行的。其注意事项如下。

1）傍山隧道在埋深较浅的地段，一定要注意洞身覆盖厚度问题，参考表 5.1.1－1。为保持山体稳定和避免偏压产生，隧道位置宜往山体内侧靠（遵循“宁里勿外”原则），如图 5.1.1－1 所示。

表 5.1.1－1　　偏压隧道外侧拱肩山体最小覆盖厚度 t　　单位：m

地面坡 1∶m	级别	围岩级别			
		Ⅲ	Ⅳ石	Ⅳ土	Ⅴ
1∶0.75	双线	7.0	—	—	—
1∶1.0	单线	—	5.0	10.0	18.0
	双线	7.0	—	—	—
1∶1.25	双线	—	—	18.0	—
1∶1.5	单线	—	4.0	8.0	16.0
	双线	7.0	11.0	16.0	30.0
1∶1.2	单线	—	4.0	8.0	16.0
	双线	—	11.0	16.0	30.0
1∶2.5	单线	—	—	5.5	10.0
	双线	—	—	13.0	20.0

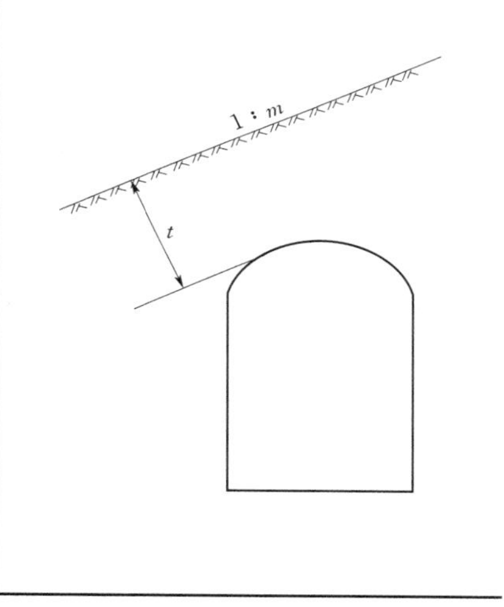

注　Ⅵ级围岩的 t 值可通过计算确定；Ⅲ、Ⅳ级石质围岩的 t 值应扣除表面风化破碎和坡积层厚度；“—”表示缺少统计资料，设计时通过工程类比或经验设计取值。

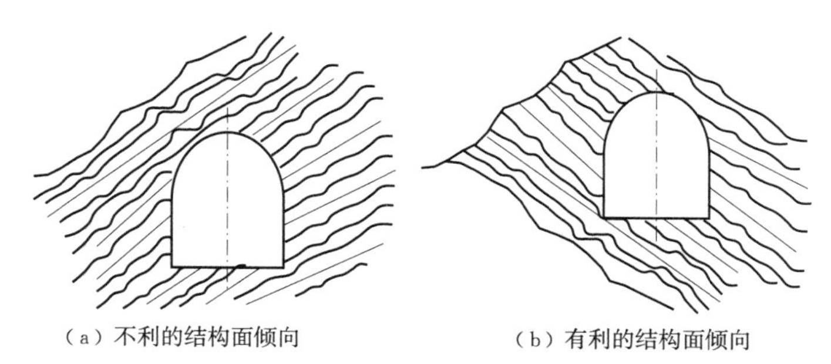

（a）不利的结构面倾向　　（b）有利的结构面倾向

图 5.1.1－1　结构面倾向对隧道位置的影响

2）河岸存在冲刷现象或河道窄，水流急，冲刷力强的地段，要考虑河岸冲刷对山体和洞身稳定的影响，隧道位置宜往山体内侧靠一些，有可能时最好设在稳定的岩层中，如

图 5.1.1-2 所示。

3）傍山隧道位置应考虑施工便道设置和既有道路的位置，应注意既有道路边坡的可能坍塌和施工便道对洞身稳定的影响，如图 5.1.1-3 所示。

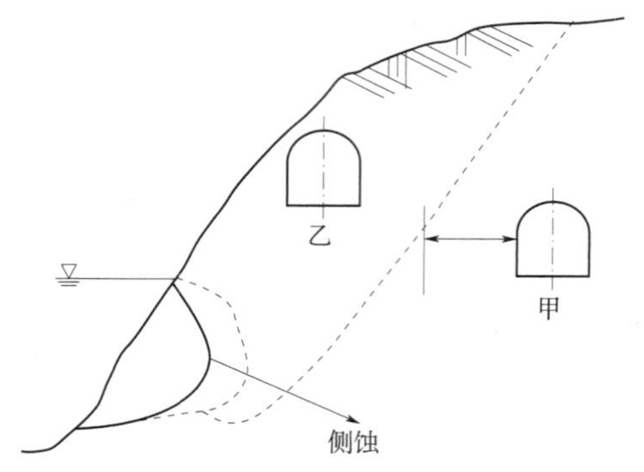

图 5.1.1-2　河岸受冲刷对洞身位置影响示意图

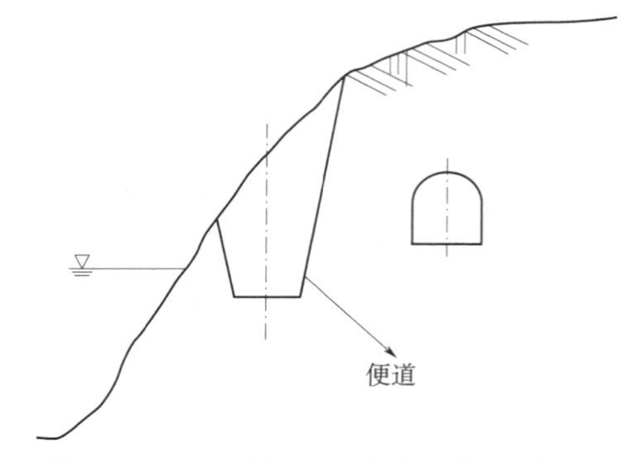

图 5.1.1-3　道路对洞身位置影响示意图

4）线路沿山嘴绕行应与直穿山嘴的隧道方案进行比较。如山嘴地段地形陡峻，地质复杂，河岸冲刷严重，以路堑或短隧道通过难以长期保证运营安全时，应"截弯取直"以较长隧道方案通过。

3. 地质条件对隧道位置的影响

（1）单斜构造与隧道位置的选择。

1）水平或缓倾角岩层。水平岩层（岩层倾角小于 5°～10°）：若岩层薄，彼此之间连接性差，又属不同性质的岩层，在开挖洞室（特别是大跨度的洞室）时，常常发生塌顶。如果层间连接紧密、厚度大、不透水、裂隙不发育、无破碎带，则对洞室稳定性有利，如图 5.1.1-4 所示。

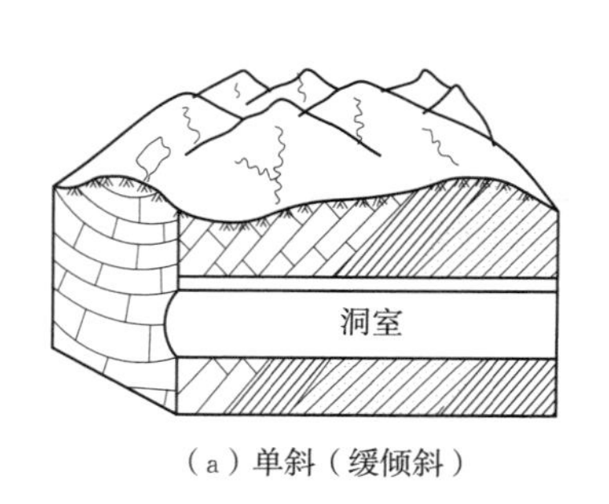

（a）单斜（缓倾斜）

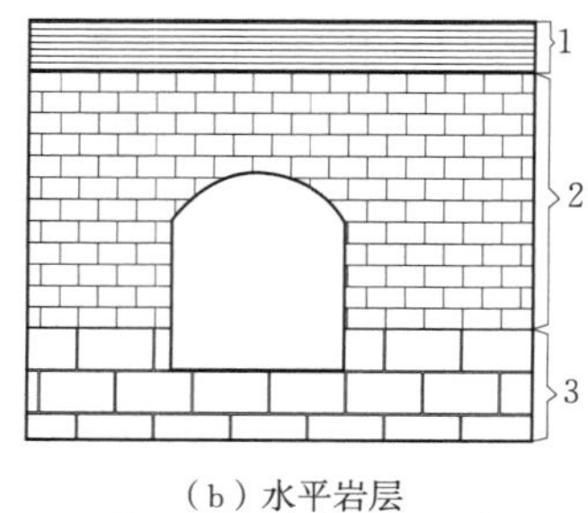

（b）水平岩层
1—页岩；2—石灰岩；3—泥灰岩

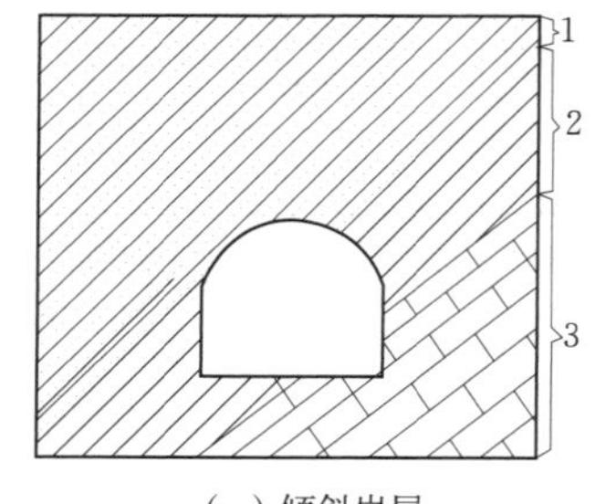

（c）倾斜岩层
1—砂砾岩；2—页岩；3—石灰岩

图 5.1.1-4　水平、缓倾斜岩层中地下洞室位置的选择

2）陡倾角岩层。选择在陡倾角岩层中的地下洞室一般说来是不利的，因为此时岩层完全被洞室切割，若岩层间缺乏紧密连接，又有几组裂隙切割，则在洞室两侧边墙所受的侧压力不一致，容易造成洞室边墙的变形，洞室轴线与岩层走向正交通常为较好的洞室布置方案，如图 5.1.1-5 所示。

3）直立岩层。不能将洞室置于直立岩层厚度与洞室跨度相等或小于跨度的地层内。一定要注意，不能把洞室选在软硬岩层的分界线上，如图 5.1.1-6 所示。

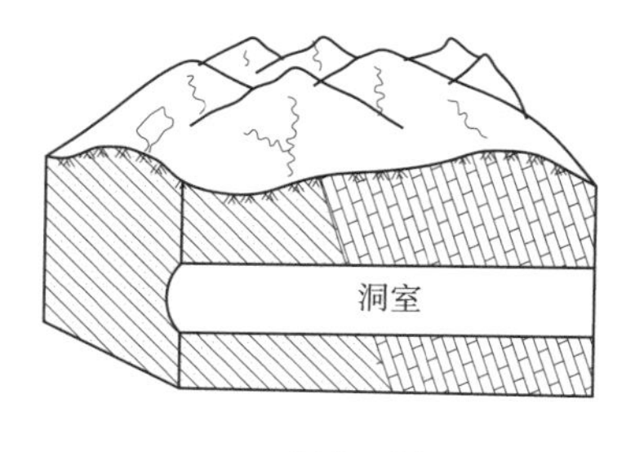

（a）单斜（陡倾立）

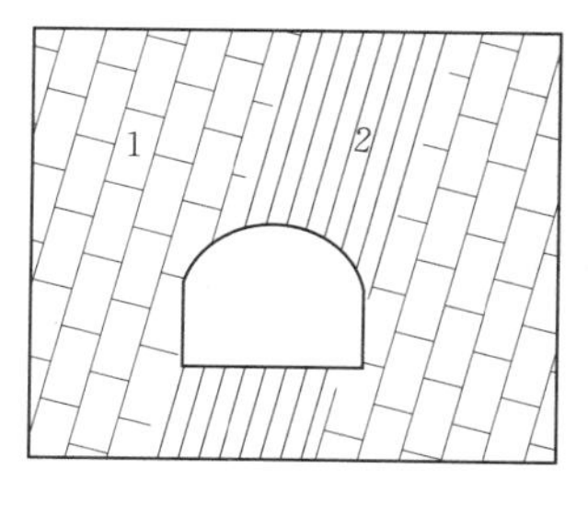

（b）陡立岩层中洞室

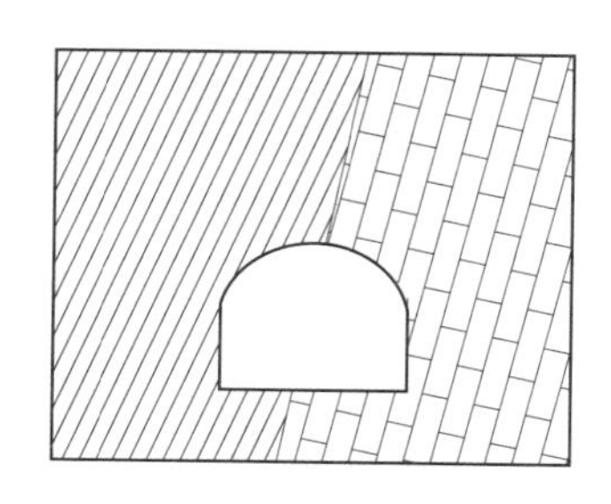

（c）陡立岩层及分界面处中洞室

1—石灰岩；2—页岩

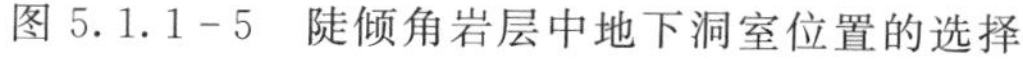

图 5.1.1-5 陡倾角岩层中地下洞室位置的选择

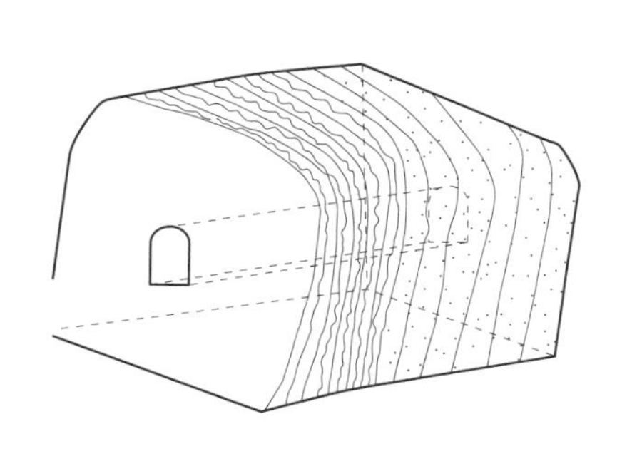

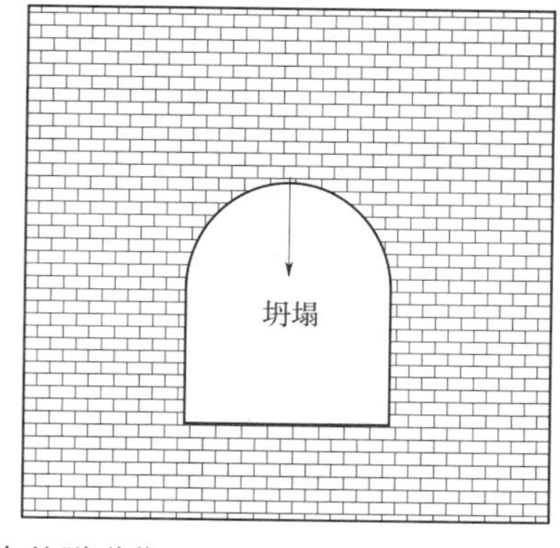

图 5.1.1-6 直立岩层中的隧道位置选择

(2) 褶皱构造与隧道位置的选择。背斜轴部形成了自然拱圈，背斜轴部的岩层处于张力带，遭受过强烈的破坏，故在轴部设置洞室一般是不利的。翼部：顶部及侧部均处于受剪切力状态；当洞室沿向斜轴线开挖时，对工程的稳定性极为不利，如图 5.1.1-7 所示。

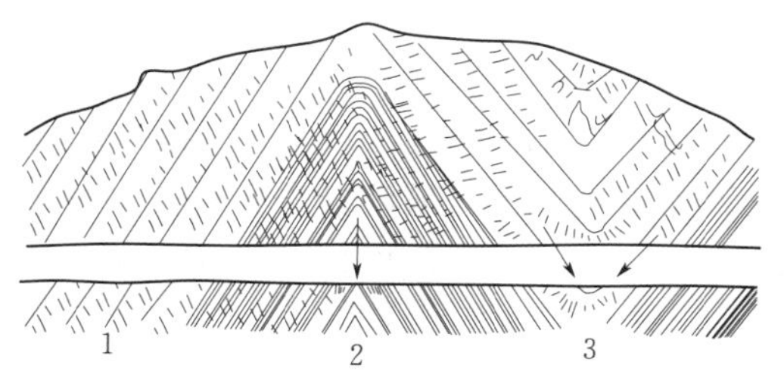

（a）垂直岩层走向穿过褶皱地区的隧道
1—岩层向开挖面倾斜；2—洞室穿过背斜轴部；
3—洞室穿过向斜轴部

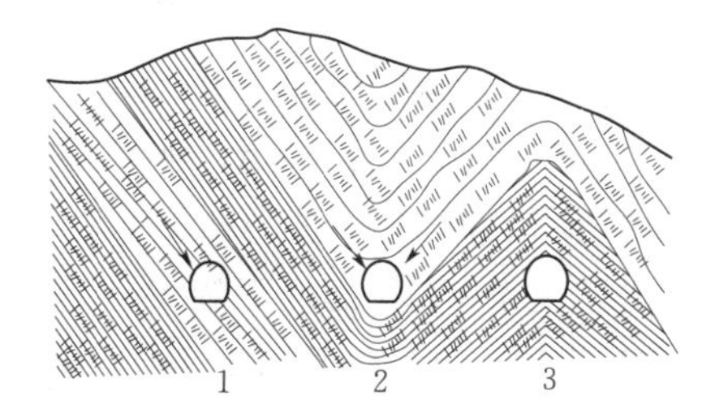

（b）褶皱地区平行岩层走向的隧道
1—洞室位于翼部；2—洞室沿向斜轴部；
3—洞室沿背斜轴部

图 5.1.1-7 褶皱构造隧道位置的选择

(3) 断裂构造，接触带与隧道位置的选择。一般情况下，应避免洞室轴线沿断层带的轴线布置，特别是在较宽的破碎带地段，易崩落，虽然断裂破碎带在洞室内属局部地段，但在断裂破碎带处岩层压力增加，有时还能遇到高压的地下水，影响施工，如图 5.1.1-8 所示。

(4) 不良水文地质的影响。在选址时最好选在地下水位以上的干燥岩体内，地下水量不大、无高压含水层的岩体内，如图 5.1.1-9 所示。

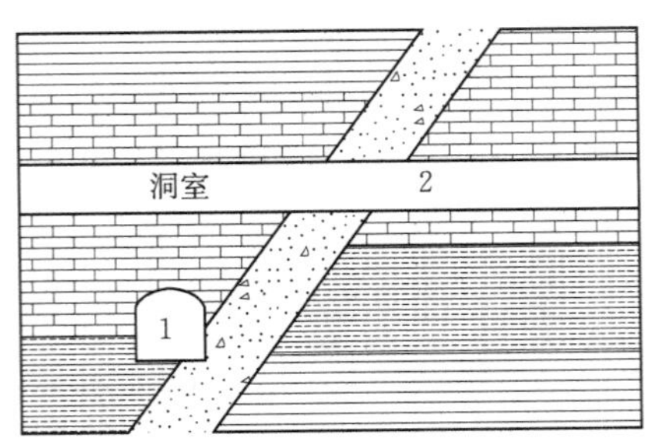

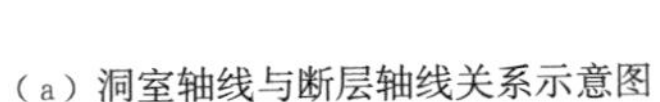
（a）洞室轴线与断层轴线关系示意图

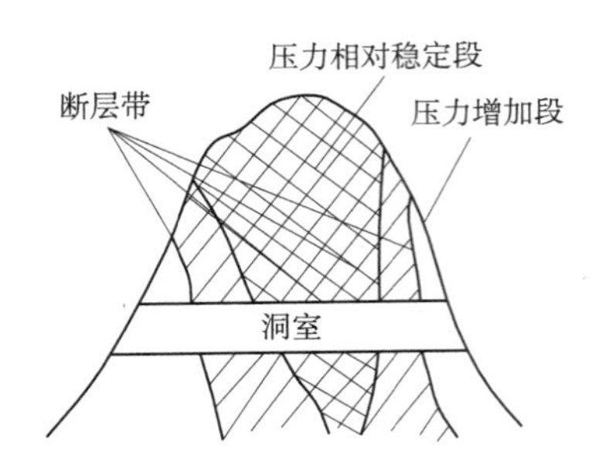

（b）洞室被几组断裂切割，洞室承受压力不同

图 5.1.1－8　断裂构造地带隧道位置选择

（5）不良地质的影响。

1）滑坡、错落地区。滑坡地区及滑坡带隧道位置的选择，应尽量远离滑坡面，不要将洞室选在滑坡带内或滑坡面交界处，如图 5.1.1－10 所示。

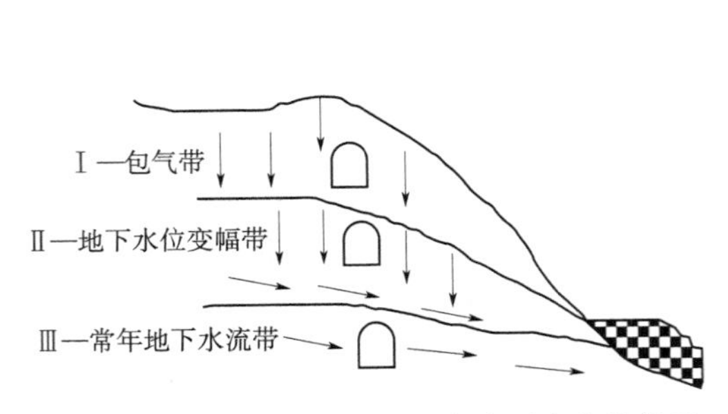

图 5.1.1－9　地下洞室工程和地下水位的关系

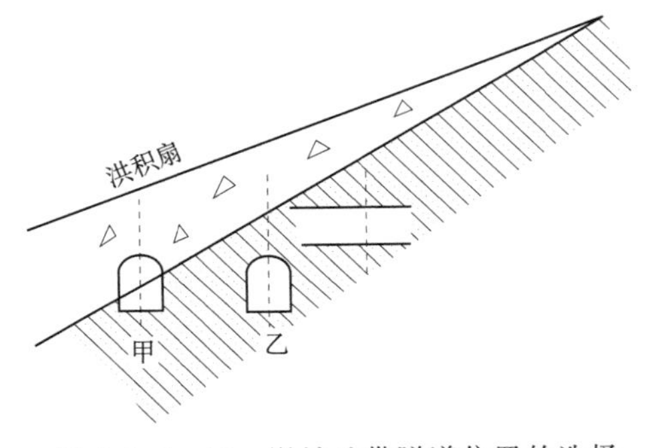

图 5.1.1－10　滑坡地带隧道位置的选择

2）岩堆、崩坍、堆积层以及危岩落石地区。尽量避开岩堆、崩坍、堆积层以及危岩落石地区。宝成线略阳至广元段 132km，自 1958 年通车至 1981 年水害前，先后接长或增建明洞 70 座（处），计 6km，80％以上皆因危岩、落石所致。1981 年水害后，因危岩、落石又增加明、棚洞 31 座（处），计 6.49km，尚不包括因支顶危岩及坡面防护平均每 1m 路基所费圬工 16m^3（已近于隧道每米衬砌圬工量），这足以说明防治危岩、落石的重要性，如图 5.1.1－11 和图 5.1.1－12 所示。

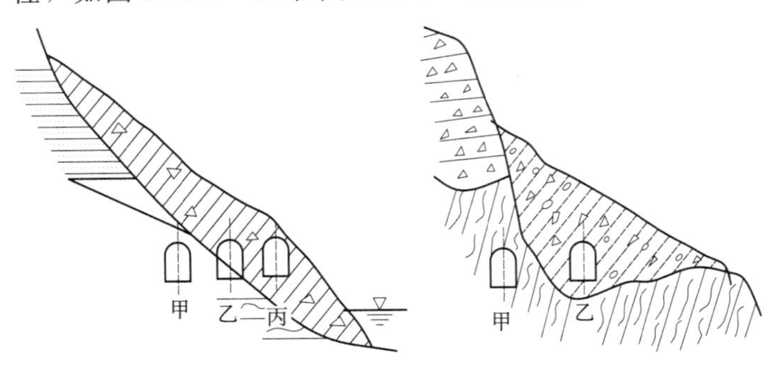

图 5.1.1－11　隧道通过堆积体位置的选择

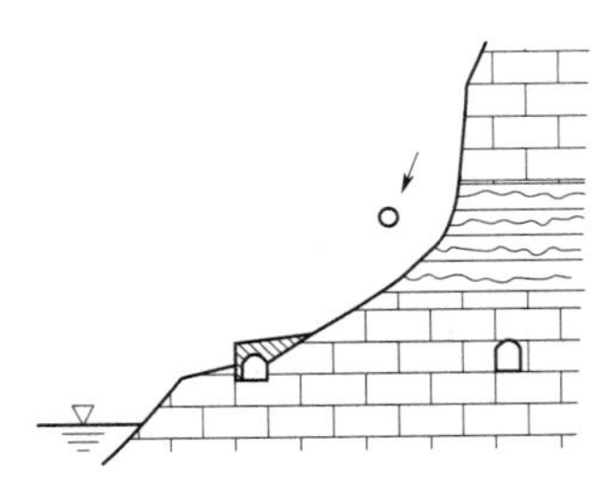

图 5.1.1－12　落石地带的隧道

3）泥石流地区。在选择隧道位置时，务必躲开泥石流泛滥区，如躲避不开，首先应充分预计和判明泥石流的成因、规模、发展趋势和冲、淤变化规律，并判定工程安全度，以决定隧道方案的可行性。当采用隧道与明洞方案比较时，一般以隧道方案通过较为安全可靠，在决定隧道位置时应使洞身置于基岩中或稳定的地层内，其顶板覆盖厚度应充分考虑以下因素对隧道产生的最不利影响：①预计河床（主河谷和本沟）最大下切及侵蚀基准面对隧道的影响；②泥石流可能的改道和变迁对洞身的影响；③充分预计隧道防排水的处理难以达到要求或泥石流沟床顶板坍顶等危害最不利情况时的影响；④施工爆破可能带来的危害，如顶板塌陷引起超载等对施工、衬砌结构安全等的影响。要查明泥石流洪积扇范围，不可把洞口放在洪积扇范围以内。图 5.1.1－13 所示为侧蚀地带的隧道。

4）溶洞地区。选择隧道位置时，应尽可能避开溶洞，如无法避开时，应探明溶洞的规模、性质和与隧道的位置关系，采取相应的设计、施工措施。设计时：一是选择在较狭窄地段，以垂直或大角度穿过，使通过岩溶地区最短；二是宜使隧道与岩溶间壁（特别是顶板和底板）有足够的岩壁厚度，或采取相应的工程措施（图 5.1.1－14）。施工时必须特别注意采取措施，预防岩溶水的突然袭击。

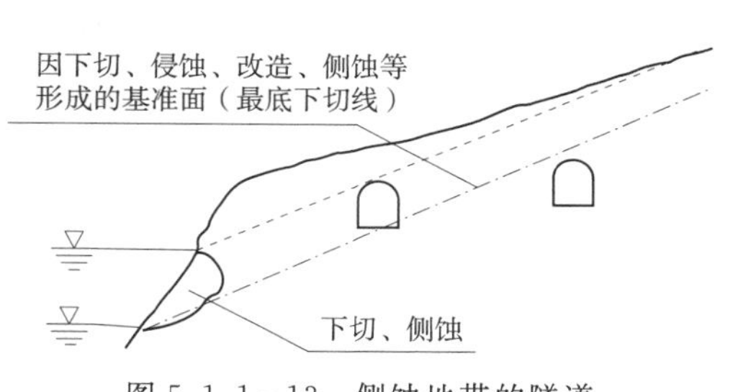

图 5.1.1－13　侧蚀地带的隧道

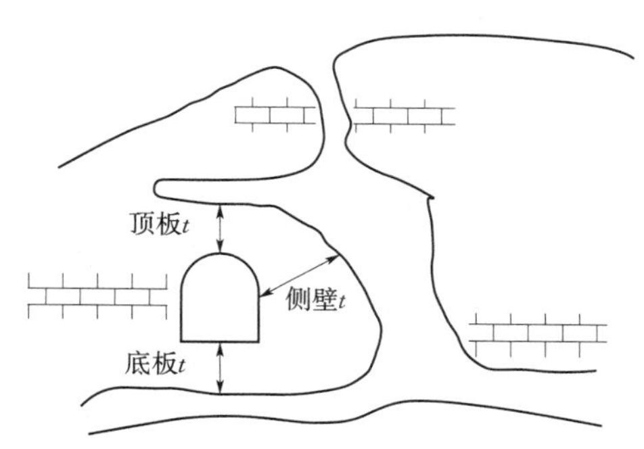

图 5.1.1－14　溶洞地区隧道位置的选择

5）瓦斯地区、黄土地区、地下水丰富地区。选择隧道位置时，最好不从瓦斯地区、湿陷性黄土地区和富水区中经过。不得已时也要尽可能地把隧道置于地下水位以上的地方，或在不透水层中穿过。我国西北地区的一座隧道断层水曾达 10000t/d。贵昆线上一座隧道，在大雨之后，所有溶洞同时出水达 50000t/d。

6）地温。选择隧道位置时，应尽可能不把隧道放在山体太深处。遇到部分地区埋深太大或高地温时，则应做好通风降温措施。

4. 城市隧道位置的选择

城市隧道主要包括公路隧道、铁路隧道、地铁、公共人行通道等，在选线的时候主要考虑其污染问题、行人和非机动车辆问题。其中，污染问题包括以下内容。

（1）空气污染。其一，由洞门直接排出。在一定的范围内不应有居民点，关于距离的大小需要查找气象资料和环保方面的法规。其二，污染空气经过竖井、斜井排出，不管洞口的标高是多少，都不能紧贴地面直排，必须以烟囱形式排放，且烟窗的高度经计算确定。

（2）噪声污染。用经常发生的 83dB 作为洞口的噪声源，然后按噪声在空气中传播衰减的公式计算，如果是居民点，就按居民点的允许噪声值，计算噪声源至居民点的所需距离。经过计算如果不能满足环保要求时，可以考虑采用防噪声挡墙或其他构造物遮挡，或者采取其他相应措施妥善解决。

(3) 排水污染。排水污染是指洞内排出的清洗水往往含有污染物，以及发生火灾时的消防水和车载泄漏的有害化学物质等，需要按市政和环保方面的相关法规正确处理，不能随意排放。

5. 水底隧道

城市水底隧道的设置位置及进出路，通常与城市整体规划、交通规划、名胜古迹、工业布局、旅游设施及郊区旅游点分布等有直接关系。选择位置时应注意：引道短、用地少、洞外展线容易、视距有保障、远离大居民区及公共场所等。水底隧道一般由水下部分和引道部分组成，水底部分的埋设深度与水深、航道要求、河床的地质情况、引道长度及坡度等有关。当引道坡度较大时，为避免降低通过能力，将减速的大型车辆从干道上分离出去，常在洞外敞开的引道段的右侧（即上坡侧），将车道适当加宽（一般为 2.5m）专作爬坡车道，以保证其他车辆能在原车道上顺利通过。

6. 隧道方案比较

比较的内容包括：①适当的线形，平面顺适、纵坡均衡、横断面合理；②经济的路线长度，舒适的运行条件，长大隧道方案的运行条件一般都应较好；③合理的用地，对环境的破坏少，并与当地环境和景观相协调；④施工难度小，便于就地取材；⑤建设投资少；⑥运行费用与养护费用少；⑦安全性好。

(1) 隧道方案与明堑的比较。

1) 经济和技术上的比较。一般说来，隧道造价比明堑要贵一些，施工技术也复杂一些，因此，除了展线和抬坡以外，单纯从经济和技术上比较，明堑方案常常比较省钱、省事又快速。从长期运营条件来看，隧道方案优于明堑。

2) 安全条件比较。经验指出，“山体可穿而不宜大挖，大挖必坍”。只有在保证安全的前提下，才能谈到经济和技术的比较。以宝成线秦岭盘山道为例。那里本应用隧道通过的，但为了赶工期、图省钱，草率地改用明堑方案。深挖 1∶0.75 和 1∶0.5 的陡边坡，边坡的高度达 60m，个别边坡达到 90m，岩层虽为花岗岩，但属于风化破碎带。开挖后表层岩石很快风化，边坡站立不住。施工期间就不断坍方，其中最大一次塌方就达 10 万 m^3。边坡顶上普遍出现纵向裂缝。以后多次刷方，刷到坡顶达 130m 仍不能稳定下来，直到铺轨时才不得不增添明洞，但已造成不应有的损失，并使施工程序极度混乱。

(2) 隧道方案与跨河建桥方案的比较。

1) 跨河建桥方案的优、缺点。

①一般情况是桥梁长度短而每延米的造价高；②一般跨过河谷的桥梁，河心不宜设墩，所以中孔跨度较大，两端基础必须十分坚实；③在洪水或严寒时期，施工就比较困难，因而施工有季节性；④跨河桥的最大缺点是桥头两端必然是曲线，甚至曲线半径很小。这就使得线路的行车条件变坏；⑤如果线路原本要抬坡争取高程，转为桥梁后，桥身及两端引线都要放在平坡上，于是就达不到争取高程的目的；⑥在国防意义上，跨河建桥

往往是空袭的明显目标，一旦受到破坏，全线就要中断，而且不能做临时变线。

2）隧道方案的优、缺点。

①隧道相对较长而每延米的造价要低一些；②隧道穿山而过，线路直、短、平；③施工不受季节影响；④隧道建成后维修养护的工作量较小；⑤战时可作列车掩蔽所；⑥如果线路前方遇到不良地质地段，修建隧道将增加困难；⑦如果隧道太长，工程太大，出碴太多，将会堵塞河道，施工场地不如桥梁开阔，不能容纳更多的人同时施工，那就不如建桥了。

（3）长隧道与短隧道群方案的比较。

1）短隧道群方案的优、缺点。

a. 优点：①一般说来，短隧道是比较容易施工的。有时只用简单的设备就可以进行施工，技术上难度也不大。②一群短隧道并不相连，这一座与那一座之间留有长短不等的明线部分；这样它们各自有自己的出口和入口，可以开辟较多的工作面，容纳较多的人同时工作，施工进度较快。③建成后，由于隧道短，多半可以只靠自然通风，不必另配机械通风系统。④运营成本低，车上旅客长时间处于地下的不舒服感觉可以减轻。

b. 缺点：①河谷边坡的地质多是比较复杂的，尤其是地表覆盖层更是风化地带，岩体松散破碎，节理切割严重。短隧道在此通过，坑道多不稳定，围岩压力很大，开挖时易致坍方。②隧道外侧覆土太薄，形成偏侧压力，使隧道的支护结构处于不利的受力状态。若是岩体的，层理是向外下倾的，更易发生剪切破坏，对隧道的稳定形成威胁。③多个隧道相距不远，有时前一座隧道的出口，隔不了多远就是另一座隧道的进口，施工时互相干扰，洞口场地也不好布置。④多条隧道要多建许多洞门建筑物，在工程造价上就不经济了。

2）长隧道方案的优、缺点。

a. 优点：①它将位于岩体深处坚固稳定的地层中，围岩压力小，坑道稳定，无偏压受力的情况；②支护可以简单，施工比较安全；③工程单一，施工不受干扰；④洞门建筑物只有两个，比多座短隧道为少。

b. 缺点：隧道长，技术上复杂一些，工程造价可能要贵一些。多年实践指出，线路还是倾向于向里靠一些，宁愿隧道长一些，但只是一座为好。虽然各个隧道的条件不同，不能把它绝对化，但是这一倾向是经过许多教训凝成的。

（4）双线单隧道和单线两隧道的比较。

1）双线单隧道的优、缺点。

a. 优点：①一座双线隧道所需的地位宽度比两座单线隧道的地位宽度要小，选线时易于安排布置；②一座双线隧道的开挖面面积比两座单线隧道的开挖总面积为小，也就是工程量要小，且施工的相互干扰也少些；③双线隧道的净空较大，坑道宽敞，有条件使用大型机械施工；④双线隧道的通风条件好，维修养护都较方便；⑤双线隧道的阻塞比小，在满足洞内会车最不利前提下，可有效提高乘车舒适度；⑥高速铁路空气动力学影响较小。

b. 缺点：①双线隧道断面跨度大，所受围岩压力也就大，因此需要更为有力的支护结构；②隧道施工时，因为压力大，临时支护困难，发生坍方事故的威胁较大；③双线隧道的一次工程投资比两座单线隧道先后修建的初期投资大，如高铁等一次修建总投资小；

④双线隧道断面积大，不能充分利用列车活塞风；⑤防灾救援难度大。

2）单线两隧道的优、缺点。

a. 优点：①断面小，压力小，坑道的稳定性好，施工容易，支护简单且安全；②对于近期尚不准备修第二线的新建隧道来说，可以先修第一线的单线隧道，预留第二线，待需要时才修，如此则初期一次投资较少；③若第一线隧道施工时采用了平行导坑，则平导即可作为第二线隧道的前进导坑；④对于长大隧道来说，两隧道对防灾救援有利；⑤单线隧道断面积小，能充分利用列车活塞风。

b. 缺点：①两座单线隧道必须横向相隔一定的安全距离，才能保证两隧道间的围岩土柱有足够的支承能力，以避免在修筑第二线隧道的施工中对第一线隧道有影响；②两座单线隧道无论是同时施工还是先后施工，施工时总会有些相互干扰，尤其是在修第二线隧道时，多半是在已成第一线不间断行车的条件下进行的，这就增加了施工的困难。

5.1.2 隧道洞口位置的选择

隧道位置选定以后，隧道长度由它的两端洞口位置确定。铁路隧道长度即隧道长度为其进出口洞门墙外表面与线路内轨顶面标高线交点之间的距离。公路隧道一般以洞门墙脚连线与路线测量中线的交点作为隧道起止点的计算点，如图 5.1.2－1 所示。隧道洞门有时不能设在地下部分的出口处，像水底隧道，洞门设在引道端部，此时隧道的全长为两侧引道端部洞门之间的距离，也称为隧道延长。确定隧道洞口位置时，应当结合地形、地质和水文地质条件、施工技术、运营条件以及附近相关工程，全面考虑来决定。而其中最主要的是考虑边仰坡的稳定，其次才是经济因素。其选择的原则如下。

（1）洞口不宜设在垭口沟谷的中心或沟底低洼处，最好选在沟谷一侧。

（2）洞口应尽可能设在山体稳定、地质较好、地下水不太丰富的地方，尽量避开不良地质地段，如断层、滑坡、岩堆、岩溶、流砂、泥石流、盐岩、多年冻土、雪崩、冰川等。

（3）当隧道线路通过岩壁陡立、基岩裸露处时，最好不刷动或少刷动原生地表，以保持山体的天然平衡。

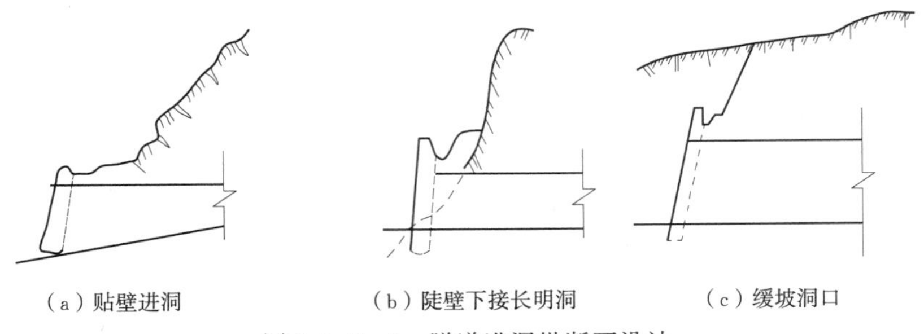

（a）贴壁进洞　（b）陡壁下接长明洞　（c）缓坡洞口

图 5.1.2－1　隧道进洞纵断面设计

（4）减少洞口路堑段长度，延长隧道，提前进洞。对处于漫坡地形的隧道，其洞口位置变动范围较大，一般应采取延长隧道的办法，以解决路堑弃土及排水的困难。

（5）为了确保洞口的稳定和安全，边坡及仰坡均不宜开挖过高，见表 5.1.2－1、表 5.1.2－2。

表 5.1.2－1　　洞口边坡及仰坡均控制高度（公路隧道）

围岩分类	Ⅰ～Ⅱ			Ⅲ		Ⅳ			Ⅴ～Ⅵ	
边仰坡坡率	贴壁	1∶0.3	1∶0.5	1∶0.5	1∶0.75	1∶0.75	1∶1	1∶1.25	1∶1.25	1∶1.5
设计开挖高度	15	20	25	20	25	15	18	20	15	18

表 5.1.2－2　　隧道洞口边仰坡的允许开挖高度及坡率（铁路隧道）

围岩分类		边仰坡坡率	边仰坡开挖最大高度/m	说明
Ⅰ		≤0.3	20	（1）边仰坡开挖最大高度，指洞口的垂直等高线的控制断面；（2）软岩坡面宜加设防护；（3）本表未考虑地下水对坡面稳定的影响因素；（4）本表不包括其他特种土类
Ⅱ	硬岩	1∶0.3～1∶0.5	18～20	
	软岩	1∶0.5～1∶0.75	16～18	
Ⅲ	硬岩	1∶0.5～1∶0.75	16	
	软岩	1∶0.75～1∶1	14～16	
Ⅳ	硬岩	1∶0.75～1∶1	12～14	
	软岩	1∶1～1∶1.25	12	
	土质	1∶1～1∶1.25	10～12	
Ⅴ		1∶1.25～1∶1.5	10	
Ⅵ		<1∶1.5	<10	

（6）洞口线路宜与等高线正交。使隧道正面进入山体洞口的边、仰坡开挖较小，洞口结构物不致受到偏侧压力，如图 5.1.2－2 所示。

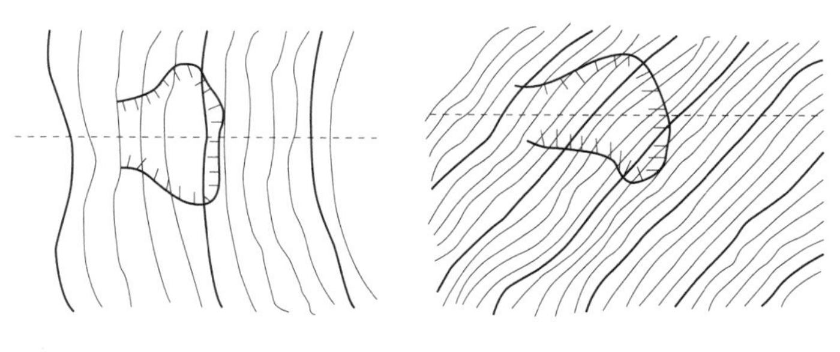

（a）正交洞门　　　　（b）斜交洞门

图 5.1.2－2　洞门与等高线相交情况平面示意图

（7）当线路位于有可能被水淹没的河滩或水库回水影响范围以内时，铁路隧道洞口标高应高出洪水位加波浪高度，公路隧道洞口路肩设计标高应高出水库设计水位（含浪高和壅水高）不小于 0.5m，以防洪水灌入隧道。同时应注意由于水的长期浸泡造成库壁坍塌对隧道稳定的不利影响，并采取相应的工程措施。当观测洪水高于标准时，应按观测洪水设计；当观测洪水的频率在高速公路、一级公路超过 1/300，二级公路超过 1/100，三、四级公路超过 1/50 时，则应分别采用 1/300、1/100 和 1/50 的频率设计，具体参见表 5.1.2－3。

表 5.1.2-3　公路隧道设计水位的洪水频率标准

隧道类别 公路等级	高速与一级	二级	三级	四级
特长隧道	1/100	1/100	1/50	1/50
长隧道	1/100	1/50	1/50	1/25
中、短隧道	1/100	1/50	1/25	1/25

(8) 当洞口附近遇有水沟或水渠横跨线路时，可设置拉槽开沟的桥梁或涵洞，以排泄水流。

(9) 当洞口地势开阔，有利于施工场地布置时，可利用弃渣有计划、有目的地改造洞口场地，以便布置运输便道、材料堆放场、生产设施用地及生产、生活用房等。另外，在桥隧相连时应注意防止因弃渣乱堆造成桥孔堵塞或推坏桥梁墩台建筑物。施工场地布置原则上是以进出路（施工便道）顺畅为引导，沿线展开各种场地和设施。生产场地靠近洞口，生活场地相对集中。场地既要安全，避开崩塌、滑落位置，还要注意防洪，有序互不干扰，清洁卫生。本着合理、实用、经济的原则进行施工场地布置。

(10) 环境保护是隧道洞口选择时应着重考虑的因素，应尽量少破坏天然植被，在村镇附近或在自然保护区及其附近，需要研究噪声和排除污染空气的影响、平交路口的影响。

(11) 在高寒地区修建隧道，还要研究雪崩、镇风、风吹雪等考虑设置防雪工程、防风工程和防路面冻害工程的必要性。

5.1.3　隧道平、纵断面设计

隧道内线路设计时，首先应满足整体线路规定的各种技术指标。而隧道内的环境条件比较差，无论是车辆运行还是维修养护，都处于不利的条件。所以，在设计隧道内线路时，还要附上为适应隧道特点的一些技术要求。

1. 铁路隧道平面设计

(1) 直线线路。一般情况下隧道内线路最好采用直线，曲线隧道存在以下缺点。

1) 曲线上的隧道。隧道建筑限界需要加宽，坑道的尺寸相应加大，不但增大了开挖土石数量，而且增加了衬砌的圬工量。

2) 在不同曲率曲线上的隧道。建筑限界加宽不同，隧道的断面是变化的，因而施工时支护和衬砌的尺寸均不一致，技术上较为复杂。

3) 由于曲线关系，洞内进行施工测量时，操作变得复杂，精度也有所降低。

4) 曲线隧道洞身弯曲，洞壁对气流的阻力加大，使通风条件变坏。

5) 曲线隧道较直线隧道增加了维护作业量和难度。

6) 列车运行在曲线隧洞内，空气阻力比直线隧道大，机车牵引力的损失大，降低了运营效率，甚至可能造成溜车事故。

7) 列车在曲线上行驶，产生了离心力，再加上洞内空气潮湿，使得钢轨磨损加速，从而使洞内的养护工作量增大。

（2）设置曲线隧道的情况。

1）当线路绕行于山嘴时，为了避免直穿隧道太长，或是为了便于开辟辅助性的施工横洞，有时也会有意识地设置与地形等高线相接近的曲线隧道，如图5.1.3-1所示。

2）当隧道越岭线时，线路常常是沿着垭口的一侧山谷转入山体后，又沿顺垭口的另一侧山谷转出。可以使隧道较长的中段放在直线上，但由于地形原因，隧道两端为了转向都要落在曲线上，这种情况是常见的。此时，如果垭口两侧沟谷地势开阔，则可将曲线放在洞口以外，如图5.1.3-2所示。

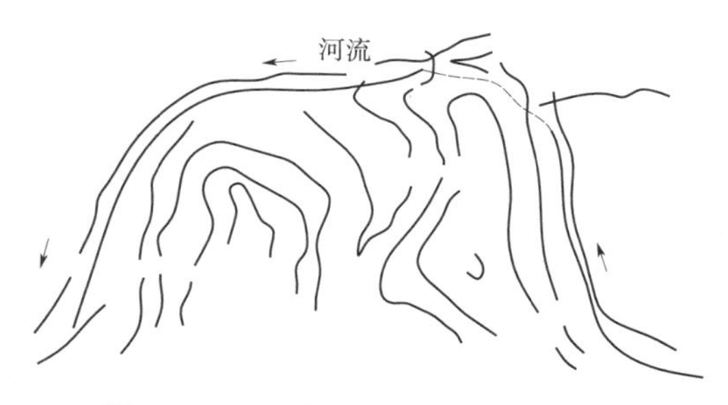

图5.1.3-1　河谷线曲线隧道示意图

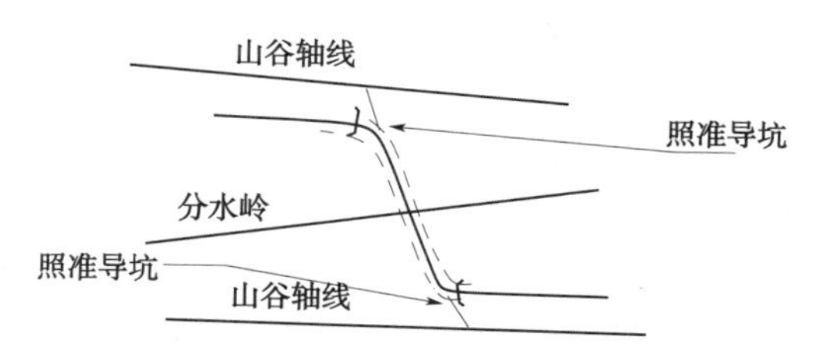

图5.1.3-2　越岭线曲线隧道示意图

3）有时，隧道已经施工，在开挖过程中发现前方有不良地质，不宜穿过。此时，不得不临时改线绕行，于是出现曲线，而且是沿着左转与右转两个曲线才能回到原线上来。

（3）设置曲线隧道时应注意的问题。

1）应尽可能采用较短的曲线或是半径较大的曲线，且将曲线设置在隧道洞口附近为宜，使曲线的影响小一些。

2）在曲线两端设缓和曲线时，最好不使洞口恰恰落在缓和曲线上。应尽可能将缓和曲线设在洞外一个适当距离（25m）以外。

3）隧道内若设置圆曲线，其长度不应短于一节车厢的长度。

4）在一座隧道内最好不设一个以上的曲线，尤其是不宜设置反向曲线或复合曲线。

5）当必须设置两条曲线时，两曲线间应有足够长的夹直线，一般是要求在3倍车辆长度以上（44m）。

2. 公路隧道平面设计

（1）平面线形基本要求。隧道的平面线形可以采用直线或曲线，应按《公路工程技术标准》（JTG B01—2003）规定进行。隧道的平面线形一般采用直线，这对通风有利，施工也容易。但有时设置曲线有利于驾驶员的"亮适应"。所以公路隧道采用曲线线形较铁路和地铁隧道为多。

1）《公路隧道设计规范》（JTG D70—2004）规定，应根据地质、地形、路线的走向、通风等因素确定隧道的平曲线线形。

a. 当设为曲线时，宜采用不设超高并能满足视距要求的平曲线半径，并不应采用加宽的平曲线。隧道不设超高的圆曲线，最小半径应符合表5.1.3-1的规定。

表 5.1.3-1　　不设超高的圆曲线最小半径　　单位：m

路拱设计速度/（km/h）	120	100	80	60	40	30	20
≤2.0%	5500	4000	2500	1500	600	350	150
>2.0%	7500	5250	3350	1900	800	450	200

b. 当由于特殊条件限制隧道平面线形设计为需设超高的曲线时，其超高值不得大于4%，技术指标应符合《公路路线设计规范》（JTG D20—2006）的有关规定。

c. 隧道线形应满足视距要求。隧道的行车视距与会车视距应符合表 5.1.3-2［《公路工程技术标准》（JTG B01—2003）］的规定。

表 5.1.3-2　　公路停车视距与会车视距

公路等级	高速公路、一级公路				二、三、四级公路				
设计速度/（km/h）	120	100	80	60	80	60	40	30	20
停车视距/m	210	160	110	75	110	75	40	30	20
会车视距/m	—	—	—	—	220	150	80	60	40

2）隧道及前后引线组成的路段应该做到线形平顺、行车安全舒适，并与环境景观协调一致。

3）如果长大隧道需要利用竖井、斜井通风时，在设计线路时应同时考虑便于设置。

对高等级道路，往往是分向行驶，而单向行驶的长隧道，如果在出口一侧放入大半径曲线，面向驾驶者的出口墙壁反光亮度是逐渐增加的。尤其是当出口处阳光可以直接射入以及洞门面向大海等亮度高的场合，有利于驾驶者的“亮适应”。

（2）高等级道路隧道要求。公路隧道设计规范规定，高速公路、一级公路的隧道应设计为上、下行分离的独立双洞。分离式独立双洞的最小净距，按对两洞结构彼此不产生有害影响的原则，结合隧道平面线形、围岩地质条件、断面形状和尺寸、施工方法等因素确定，一般情况可按表 5.1.3-3 取值。

表 5.1.3-3　　分离式独立双洞间最小净距（*B* 为隧道开挖面的宽度）

围岩类别	Ⅰ	Ⅱ	Ⅲ	Ⅳ	Ⅴ	Ⅵ
最小净距	1.0*B*	1.5*B*	2.0*B*	2.5*B*	3.5*B*	4.0*B*

按分离式双洞考虑的隧道净距，除直接与围岩级别有关外，还与隧道长度有关，可按表 5.1.3-4 取值。

表 5.1.3-4　　分离式独立双洞间净距修正参数

隧道级别	短隧道	中隧道	长隧道	特长隧道
修正系数	1.00	0.98	0.95	0.90

分离式双洞断面积比单洞断面积大，洞口展线长，但有利于运营通风与防灾，也有利于隧道施工。分离式独立双洞的距离也不是越大越好，只有在地形非常狭窄时不得不在大

范围采用分离式路基，甚至需要选择在不同路径各行其路，一般尽量使隧道之间的间距保持在“标准范围”之内为好；双线隧道的路面大体上应保持在同一标高上，横通道的纵坡以小于2%为宜；否则载重车的排烟量会很多，这对于发生交通事故需要疏散车辆来说不利较多。

（3）小净距隧道或连拱隧道的设计。当地形条件受限制时，只得选用小净距隧道；如果地形条件相当困难，隧道长度比较短时，为了保护植被免遭破坏，可选用连拱隧道，其特点如下。

1）先行洞围岩由于后行洞施工而再次出现松弛，从而增大作用在支护上的围岩荷载；反之，后行洞也由于先行洞造成的凌空面而产生较大变形。

2）对于连拱双洞，中壁是重要结构，然而应力却在此集中，中壁的下沉或中壁上覆的围岩的塑性化均给围岩或衬砌带来不利影响。

3）后行洞爆破施工引起的振动可能会对先行洞造成破坏性影响，应加以控制。

4）后行洞的开挖和衬砌完成后，会引起地下水位的降低，从而在较大范围内出现地层压密沉降，由此对先行洞会产生恶劣影响。

5）设计中，除工程类比法外，必要时应作数值计算和理论分析。

6）一般而言，先行洞围岩受两次扰动，因此宜加强支护，衬砌采用钢筋混凝土结构。

7）对于连拱双洞，较多采取侧壁导坑超前开挖的方法，当地质条件较好时，也可采取中导坑超前开挖的方法，支护和衬砌均应加强。

8）连拱双洞的中壁部容易产生应力集中，因此，宜采取地层改良加固或加强支护，以防止围岩松弛或下沉。

9）中壁设计时，宜采用有限元法、松弛荷载结构法或全土重荷载结构法（埋深情况）进行衬砌结构验算。

3. 铁路隧道纵断面设计

铁路隧道纵断面的设计必须满足行车安全和平顺的要求，并应考虑施工和养护的方便，设计主要考虑的因素是排水、施工、通风、越岭高程等。隧道纵断面设计的主要内容包括选定隧道内线路的坡道形式、坡度大小、坡段长度和坡段间的衔接等。

（1）坡道形式。坡道形式主要分为单坡形和“人”字坡形，如图5.1.3-3所示。两种不同的坡形适用在不同的隧道，设计时应结合隧道所在地段的地形、工程地质与水文地质、线路纵断面、牵引类型、隧道长度、施工条件、运营要求等具体情况全面考虑。对位于紧坡地段的隧道，要争取高程区段上的隧道、位于越岭隧道两端展线上的隧道、地下水不大的隧道或是可以单口掘进的短隧道，可以采用单坡形。对于长大隧道、越岭隧道、地下水丰富而抽水设备不足的隧道、出碴量很大的隧道，设计为“人”字坡形往往比较有利。

（2）坡度大小。考虑到运营效率、行车条件，线路的坡度以平坡为最好。为了能适应天然地形的形状以减少工程数量，需要随着地形的变化设置与之相适应的线路坡度。但设计坡度时注意应不超过限制坡度，即

$$i_{允}=i_{限}-i_{曲} \qquad (5.1.3-1)$$

式中 $i_{限}$——设计中允许采用的最大坡度；

$i_{允}$——按照线路等级规定的限制最大坡度；

$i_{曲}$——曲线阻力折算的坡度折减量。

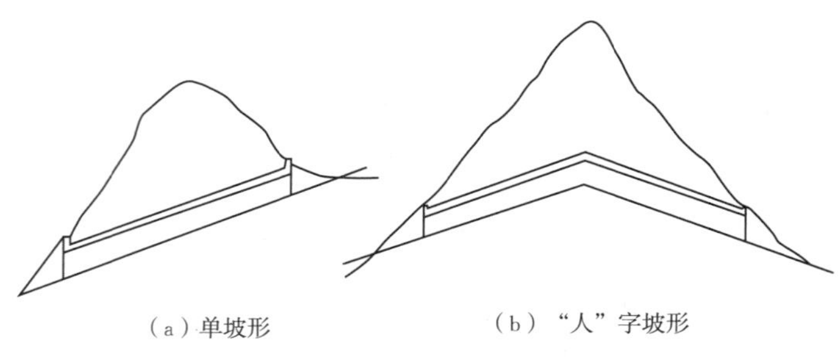

(a) 单坡形　　(b) “人”字坡形

图 5.1.3-3　铁路坡道形式

隧道内线路的最大允许坡度要在明线最大限制坡度上进行折减，乘以一个折减系数。

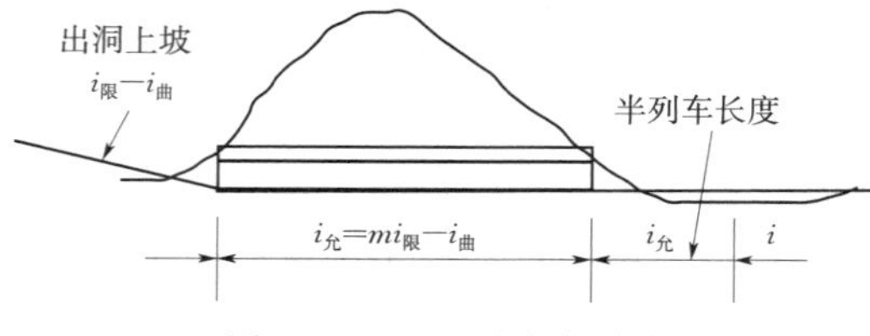

图 5.1.3-4　坡度折减方法

1）坡度折减原因。

原因包括：①列车车轮与钢轨踏面间的黏着系数降低；②洞内空气阻力增大。

2）坡度折减方法。《铁路隧道设计规范》(JTG D70—2004）规定，长度大于400m的隧道，都要考虑坡度的折减，其坡度不得大于最大坡度按规定折减后的数值，如图5.1.3-4所示。

$$i_{允}=mi_{限}-i_{曲} \tag{5.1.3-2}$$

式中　m——隧道内线路的坡度折减系数，与隧道的长度有关，按表5.1.3-5取值。

表 5.1.3-5　隧道内线路最大坡度系数

隧道长度/m	电力牵引	内燃牵引
401～1000	0.95	0.9
1001～4000	0.9	0.8
>4000	0.85	0.75

不但隧道内的线路应按上述方式予以折减，洞口外一段距离（上坡进洞前半个远期货物列车长度范围）内也要考虑相应的折减。

3）最小坡度。铁路隧道设计规范规定，隧道内线路不得设置为平坡，最小允许坡度应不小于3‰，在最冷月平均气温低于−5℃的地区、地下水发育的隧道宜适当加大坡度。

(3）坡段长度。

1）最大长度。隧道内线路的坡型单一，但不宜把坡段定得太长。

2）最小长度。隧道内的线路坡段也不宜太短。隧道内坡段长度最好不小于列车的长度，考虑到长远的发展，坡段长度最好不小于远期到发线的长度；当隧道位于两端货物列车以接近计算速度运行的凸形纵断面分坡平段，允许坡段长缩短至200m；坡段长最小为200m。

(4）坡段连接。

1）两个相邻坡段坡度的代数差值不宜太大。从安全的观点出发，两坡段间的代数差值 Δp 不应大于重车方向的限坡值 $i_{允}$，否则应插入缓和坡段。

2）在变坡点处设置竖曲线的规定。

a. 旅客列车设计行车速度小于 160km/h 的铁路段，相邻坡段的坡度差大于 3‰时，应以圆曲线型竖曲线连接，竖曲线的半径应采用 10000m。

b. 旅客列车设计行车速度为 160km/h 的铁路段，相邻坡段的坡度差大于 1‰时，应以圆曲线型竖曲线连接，竖曲线的半径应采用 15000m。

c. 竖曲线不宜与平面圆曲线重叠设置，困难条件下竖曲线可与半径不小于 2500m 的圆曲线重叠设置；特殊困难条件下，经技术经济比较，竖曲线可与半径小于 1600m 的圆曲线重叠设置。

d. 还要注意，如果隧道内有缓和曲线，务必不要使缓和曲线与竖向曲线相重叠。

3）隧道内线路还要检算列车在相应坡段上的行车速度。铁路隧道设计规范规定，内燃机车牵引的铁路隧道，长度在 1000m 及以下的隧道检算车速不应小于计算速度，长度在 1000m 以上的隧道检算车速不应小于 25km/h。当检算车速小于上述值时，应在洞外设置加速缓坡。

4. 公路隧道纵断面设计

（1）纵坡形式（“单坡”和“双坡”）。隧道内的纵坡形式一般宜采用单向坡；地下水发育的长隧道、特长隧道可采用双向坡。单坡是指洞内只有一个朝向的坡度；双坡是指洞内有两个坡度，山岭隧道一般是指中间高两端洞口低，呈“人”字形，所以也称之为“人”字坡。只有在跨越江河海湾的水下隧道时才会采用倒坡，即中间低两端洞口高的形式。

（2）坡度大小。隧道内纵面线形设置应考虑行车安全性、营运通风规模、施工作业效率和排水要求，以不妨碍排水的缓坡为宜。隧道纵坡不应小于 0.3%，一般情况不应大于 3%，且以控制在 2%以下为好；受地形等条件限制时，高速公路、一级公路的中、短隧道可适当加大，但不宜大于 4%；当隧道较长时，应小于 2.5%。短于 100m 的隧道纵坡可以与该公路隧道外的路线指标相同。原则上，应尽量避免采用平坡。

对于单向通行的隧道，设计成单坡（下坡）对通风是有利的，但坡度不要大于 3%；否则高位洞口的施工会有困难。对采取自然通风方式的隧道，坡度可尽量采用上限值，但也不能大于 3%。采用“人”字坡的隧道，施工时隧道两端的出渣与排水都有利，但通风较差，要特别注意坡度不要太大，一般将坡度控制在 1%以下为宜。当采用较大纵坡时，必须对行车安全性、通风设备和营运费用、施工效率的影响等作充分的技术经济综合论证，具体内容如下。

1）施工运输是否困难，装渣车、翻斗车等施工车辆的排污对洞内施工环境的影响程度。

2）较大纵坡对车辆行驶安全性的影响。当长下坡且坡度较大时，容易发生交通事故，尤以寒冷地区路面结冰后为甚。

3）是否需要增加过多的通风设备和营运费用。据国外试验和实测，纵坡超过 3%时柴油车的烟尘排放将急剧上升，会导致通风设备的增加。因此，除短隧道外，均应作出评价。

(3) 纵坡变更。隧道内的纵坡变更处均应设置竖曲线，竖曲线半径应尽量选用大值，以利于行车平顺、通视和通风。纵坡变更的凸形竖曲线和凹形竖曲线的最小半径和最小长度应符合表 5.1.3-6 的规定。半径不宜取到极限值或一般最小值。隧道内纵坡的变换不宜过大、过频，以保证行车安全视距和舒适性。

表 5.1.3-6　竖曲线最小半径和最小长度　单位：m

设计速度/(km/h)		120	100	80	60	40	30	20
凸形竖曲线半径	一般值	17000	10000	4500	2000	700	400	200
	极限值	11000	6500	3000	1400	450	250	100
凹形竖曲线半径	一般值	6000	4500	3000	1500	700	400	200
	极限值	4000	3000	2000	1000	450	250	100
竖曲线长度		100	85	70	50	35	25	20

(4) 公路隧道洞外连接线与隧道线形要求。

1) 隧道洞内外连接线的平面、纵断面线形，应与隧道线形相协调，应当保证进洞时的设计车速，有足够的视距，保证行驶安全。隧道洞口内外各 3s 设计速度行程长度范围的平面、纵线形应一致，有条件时宜取 5s 设计速度行程，或按表 5.1.3-7 进行设计。

2) 当隧道建筑限界宽度大于所在公路的建筑限界宽度时，两端连接线应有不短于 50m 的、同隧道等宽的路基加宽段，并设计过渡段加以衔接；当隧道限界宽度小于所在公路建筑限界宽度时，两端连接线的路基宽度仍按公路等级标准设计，与隧道洞门端墙衔接，其建筑限界宽度应设有 4s 设计速度行程的过渡段与隧道洞口衔接，以保持隧道洞口内外横断面顺适过渡；通常根据行车速度设计成 1/25～1/50 的楔形过渡段，在这个收缩过渡段中，一般应有路缘石、护栏、路面标志线以及其他洞口附近的构造物等。

3) 当隧道建筑限界宽度大于所在公路的建筑限界宽度时，两端连接线应有不短于 50m 的、同隧道等宽的路基加宽段，并设计过渡段加以衔接；当隧道限界宽度小于所在公路建筑限界宽度时，两端连接线的路基宽度仍按公路等级标准设计，与隧道洞门端墙衔接，其建筑限界宽度应设有 4s 设计速度行程的过渡段与隧道洞口衔接，以保持隧道洞口内外横断面顺适过渡。

4) 长、特长的双洞隧道，宜在洞口外合适位置设置联络通道，以利车辆调头。

表 5.1.3-7　设计速度行程长度

设计速度/(km/h)		120	100	80	60	40	30	20
行程长度/m	3s	100	83	67	50	33	25	17
	4s	133	111	89	67	44	33	22
	5s	167	139	111	83	55	42	28

5.1.4　隧道横断面设计

1. 隧道横断面形式

隧道横断面形式较多，基本类型包括圆形、矩形、拱形（马蹄形、城门洞形）、喇叭口形等，如图 5.1.4-1 所示。

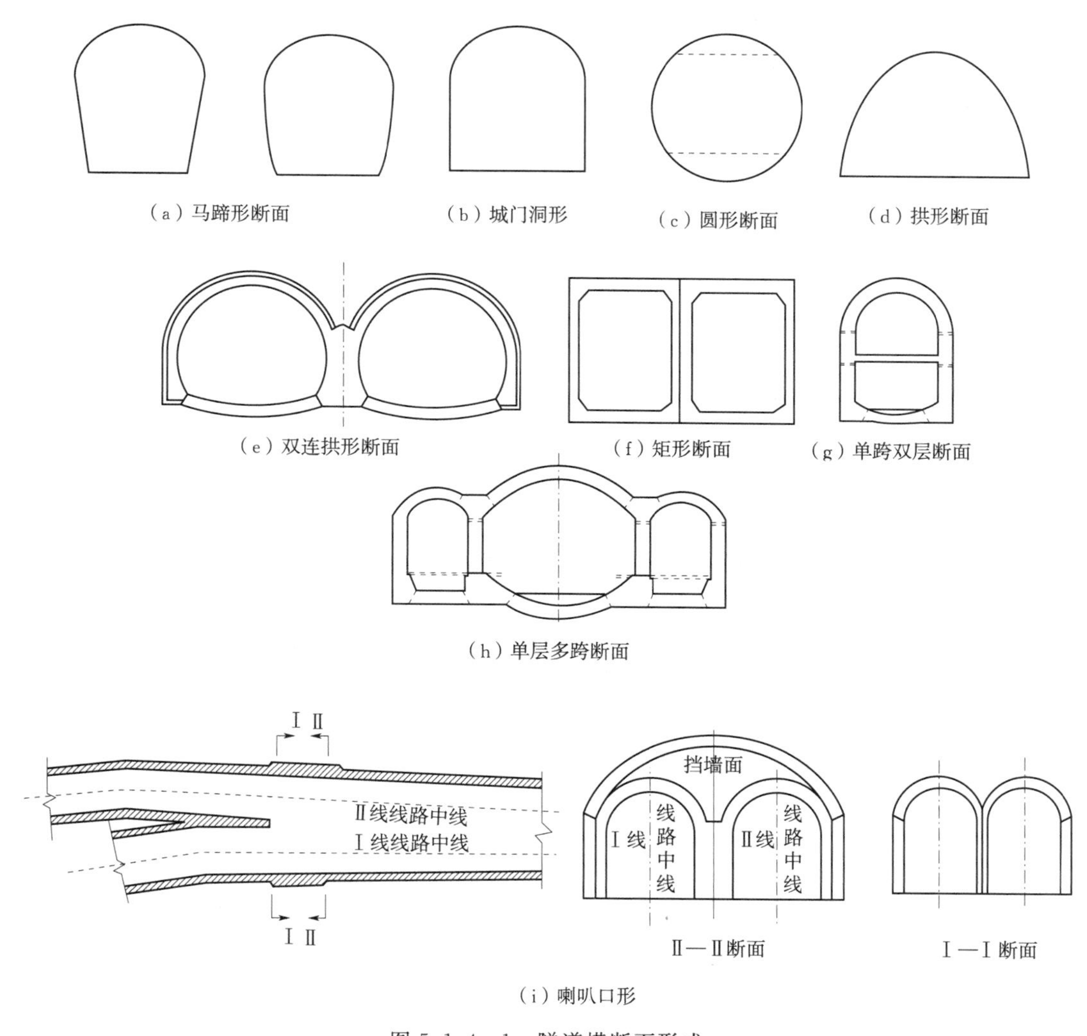

图 5.1.4-1　隧道横断面形式

2. 隧道净空与限界

隧道净空是指隧道衬砌的内轮廓线所包围的空间。限界是指一种规定的轮廓线。

(1) 铁路隧道建筑限界、净空。隧道建筑限界是为了保证隧道内各种交通的正常运行与安全而规定的在一定宽度和高度范围内不得有任何障碍物的空间范围。

1) 机车车辆限界 (A)。它是指机车车辆最外轮廓的限界尺寸。要求所有在线路上行驶的机车车辆停在平坡直线上时，沿着车体所有部分都必须容纳在此限界范围内而不得超越。

A＝机车车辆最大轮廓尺寸＋机车车辆技术改造预留空间

2）基本建筑限界（B）。它是指线路上各种建筑物和设备均不得侵入的轮廓线，它的用途是保证机车车辆的安全运行及建筑物和设备不受损害。

B＝A＋线路铺设误差＋线路变形和位移＋列车运行振动、摇动、摆动＋允许的货物超限尺寸

3）隧道建筑限界（C）。它是指包围“基本建筑限界”外部的轮廓线。即要比“基本建筑限界”大一些，留出少许空间，用于安装通信信号、照明、通风、电力等设备。隧道支护结构依据隧道建筑限界设计。

C＝B＋设备最大尺寸＋设备安装误差＋衬砌施工误差＋衬砌变形和位移

4）直线隧道净空（D）。直线隧道净空是指轨面（路面）以上衬砌内轮廓线所包围的空间。铁路隧道净空的大小应以不侵入铁路隧道建筑限界为准。

D＝C＋结构受力合理＋形状便于施工

5）高速铁路隧道的建筑限界、净空（D）。一般应符合动态的标准建筑限界和扩大标准建筑限界。

D＝C＋结构受力合理＋形状便于施工＋降低空气动力效应

根据上述准则，我国初步确定的时速 200km 的新建铁路单、双线隧道内净空面积采用 $52m^2$ 和 $80m^2$；350km/h 客运专线双线隧道横断面（净空）面积不宜小于 $100m^2$，单线隧道净空面积不宜小于 $70m^2$。

6）曲线铁路隧道的净空加宽（E）。

E＝曲线隧道净空＝D＋曲线隧道净空加宽

（2）公路隧道净空和建筑限界。公路隧道净空包括公路建筑限界、通风及其他所需的断面积。断面形状和尺寸应根据围岩压力求得最经济值。

1）公路隧道的建筑限界。公路隧道的建筑限界是指为保证隧道内各种交通的正常运行与安全，而规定在一定宽度和高度范围内不得有任何障碍物的空间限界，如图 5.1.4-2 所示，包括车道、路肩、路缘带、人行道等的宽度以及车道、人行道的净高。公路隧道建筑界限横断面组成最小宽度尺寸见表 5.1.4-1。

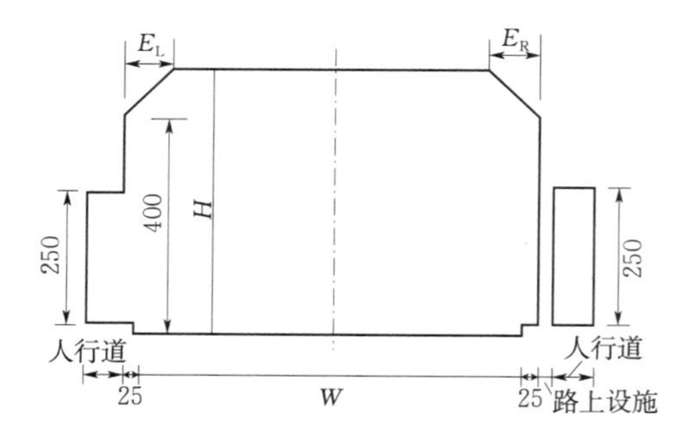

（a）公路建筑限界

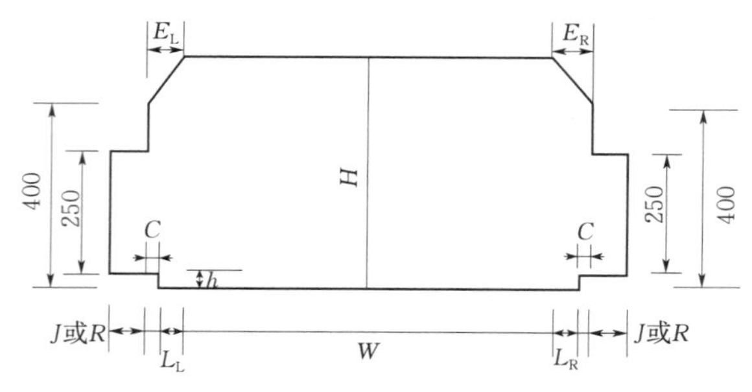

（b）公路隧道建筑限界

图 5.1.4-2　公路限界（单位：cm）

H—建筑限界高度；W—行车道宽度；L_L—左侧向宽度；L_R—右侧向宽度；C—余宽；J—检修道宽度；R—人行道宽度；h—检修道或人行道的高度；E_L—建筑限界左顶角宽度；E_R—建筑限界右顶角宽度；$E_L=L_L$；当 $L_R\leqslant 1m$ 时，$E_R=L_R$，$L_R>1m$ 时，$E_R=1m$

表 5.1.4-1　公路隧道建筑界限横断面组成最小宽度　单位：m

公路等级	设计速度/(km/h)	车道宽度 W	侧向宽度 L		余宽 C	人行道 R	检修道 J		隧道建筑界限净宽		
			左侧 L_L	右侧 L_R			左侧	右侧	设检修道	设人行道	不设检修道人行道
高速公路 一级公路	120	3.75×2	0.75	1.25	—	—	0.75	0.75	11.00	—	—
	100	3.75×2	0.50	1.00	—	—	0.75	0.75	10.50	—	—
	80	3.75×2	0.50	0.75	—	—	0.75	0.75	10.25	—	—
	60	3.50×2	0.50	0.75	—	—	0.75	0.75	9.75	—	—
二级三级 四级公路	80	3.75×2	0.75	0.75	—	1.00	—	—	—	11.00	—
	60	3.50×2	0.50	0.50	—	0.75	—	—	—	10.00	—
	40	3.50×2	0.25	0.25	—	0.75	—	—	—	9.00	—
	30	3.25×2	0.25	0.25	0.25	—	—	—	—	—	7.50
	20	3.00×2	0.25	0.25	0.25	—	—	—	—	—	7.00

注　1. 三车道隧道除增加车道数外，其他宽度同表；增加车道的宽度不得小于 3.5m。
2. 连拱隧道的左侧可不设检修道或人行道，但应设 50cm（120km/h 与 100km/h 时）或 25cm（80km/h 与 60km/h 时）的余宽。
3. 设计速度 120km/h 时，两侧检修道宽度均不宜小于 1.0m；当设计速度为 100km/h 时，右侧检修道宽度不宜小于 1.0m。

各级公路隧道建筑限界基本宽度应按表 5.1.4-1 执行，并符合以下规定。

a. 高速公路、一级公路、二级公路的建筑界限高度取 5.0m；三、四级公路取 4.5m。

b. 当设置检修道或人行道时，不设余宽；当不设置检修道或人行道时，应设不小于 25cm 的余宽。

c. 隧道路面横坡，当隧道为单向交通时，应取单面坡；当隧道为双向交通时，可取双面坡。坡度应根据隧道长度，平、纵线形等因素综合分析确定，一般可采用 1.5%～2.0%。

d. 当路面采用单面坡时，建筑界限底边与路面重合；当采用双面坡时，建筑界限底边应水平置于路面最高处。

e. 单车道四级公路的隧道应按双车道四级公路标准修建。

2）公路隧道的净空。公路隧道的净空是指隧道衬砌的内轮廓线所包围的空间，除包括公路建筑限界以外，还包括通风管道、照明设备、防灾设备、监控设备、运行管理设备等附属设备所需要的空间以及富余量和施工允许误差等，见图 5.1.4-3。

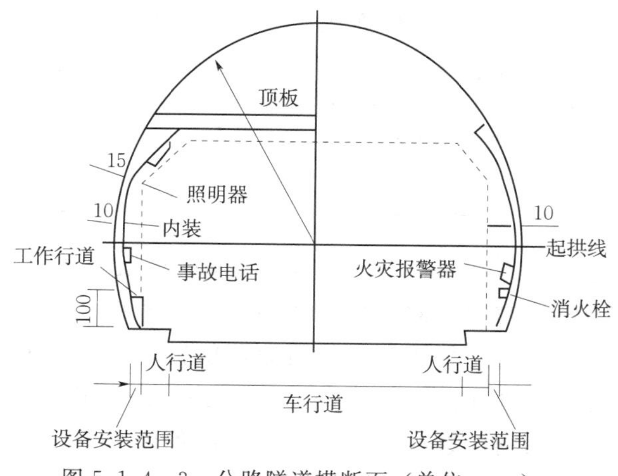

图 5.1.4-3　公路隧道横断面（单位：cm）

a. 车行隧道。各级公路行车道的宽度均按“限界”的规定设置，隧道内的车道宽度原则上应与前后道路一致，一般应避免产生“瓶颈”，并在车道两侧设置足够富余量。在每个车行隧管中，原则上规定采用对向交通的最小单位为2车道，如图5.1.4-4（a）所示。

如果交通量超过对向2车道的容量，则应设置两条各为单向交通的2车道，即合计4车道的隧道。从交通安全上考虑，不应设置对向交通的3车道隧道。大于4车道时，原则上仍应建成2车道隧道，隧道个数可以增加为3条或4条。一般单车道隧道是很少见的。在不得已非修建单车道隧道不可时，为保证错车和安全运输，长隧道时应设置错车道、回车道，以供错车和调头；短隧道在进口能观察到出口引线时，洞内可不设错车道，但应在洞口外两端设错车道。最好能在两端设置自动交通信号灯。超过2km的长、特长隧道应在行车方向的右侧间隔150～750m设置紧急停车带，如图5.1.4-4（b）所示。超过10km的特长隧道，还应设置可供大型车辆使用的U形回车场。交通量大的城市隧道，考虑到故障车的停车，路面宽度最小推荐为8～8.5m。

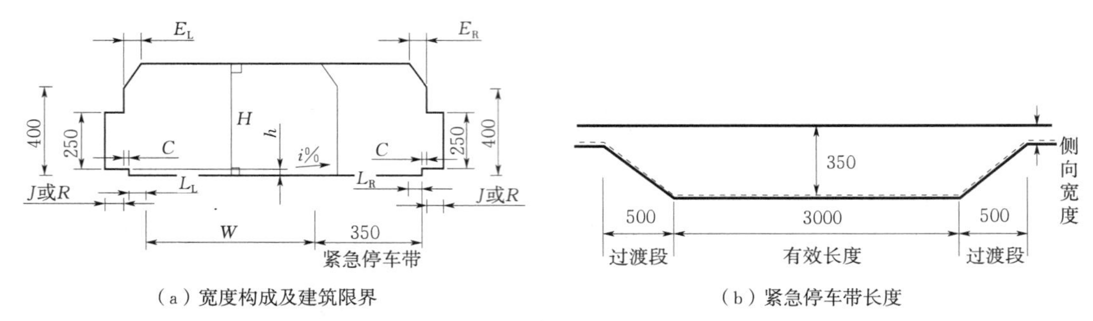

（a）宽度构成及建筑限界　　（b）紧急停车带长度

图5.1.4-4　紧急停车带的建筑限界、宽度和长度（单位：cm）

b. 路缘带、余宽或人行道（检修道）宽度。设置路缘带的目的：①诱导驾驶员视线，提高行车安全性；②为行车道提供一部分必需的侧向净宽，保证行车道的充分使用，其下部空间还常用来安装管道、缆线等。

设置余宽的目的：①作为防止汽车驶出车道外的防冲设施；②养护工维修时的通道，人行通道的高度 h 按表5.1.4-2取值。

表5.1.4-2　　人行道高度 *h*

设计速度/（km/h）	120	100	80	60	40～20
h/cm	80～60	60～40	40～30	30～25	25或20

c. 车行道的净高。车行道的净高通常由汽车载货限制高度和富余量决定。另外，由于隧道内的路面全部更换很难，一般应估计到将来可能进行罩面，其厚度通常按20cm预留。还应估计冬季积雪等可能减少净高。对不能满足净高要求的路段，应设标志牌，标明该处净高，并指明迂回道路。人行道、自行车道及自行车人行道的净高为2.5m。隧道的内轮廓线在施工中不可避免地要产生凸凹不平，一般还应考虑5cm的误差。重要的长大隧道和高速公路隧道内的许多设施都是悬吊在路面上方的，像信号灯、标志牌、通风机、照明器材、防灾设备（如火灾传感器、烟雾过滤计）、闭路电视监视器等，也

要占有空间。作为设计者，要考虑各种设施的悬挂高度的富裕量。隧道的净空断面受通风方式影响很大。自然通风的隧道，断面应适当大些。假如采用射流通风机进行纵向通风时，应考虑射流通风机本身的直径、悬吊架的高度和富余量，总计约为1.5m的高度。长大隧道的通风管道断面积、通风区段的长度、通风竖井或斜井的长度和数量、设备费和长期运营费等应综合通盘考虑。在平顶以上设置通风管道时，应保证顶板的厚度，还应考虑到顶板的挠度以及富裕量。现在使用的轻质混凝土顶板的厚度为7.5～10cm，现浇混凝土板约15cm。如果考虑美观用石棉或瓷砖进行内装时，还应另外留出10cm的空间。吊设吸音板时也应预留相应位置。重要的长大隧道，防灾设备（如火灾传感器、监视电视摄像机等）也要占有空间。维修时往往是在不进行交通管制的条件下工作，还有管理人员的通道，根据实际需要可能设置在隧道的一侧或两侧等，都要根据实际隧道具体确定。

3. 曲线隧道的净空加宽

（1）铁路曲线隧道净空加宽。

1）加宽原因。

a. 车辆通过曲线时，转向架中心点沿线路运行，而车辆本身却不能随线路弯曲，仍保持其矩形形状。故其两端向曲线外侧偏移（$d_{外}$），中间向曲线内侧偏移（$d_{内1}$），如图5.1.4-5所示。

b. 由于曲线外轨超高，车辆向曲线内侧倾斜，使车辆限界上的控制点在水平方向上向内移动了一个距离（$d_{内2}$），如图5.1.4-6所示。

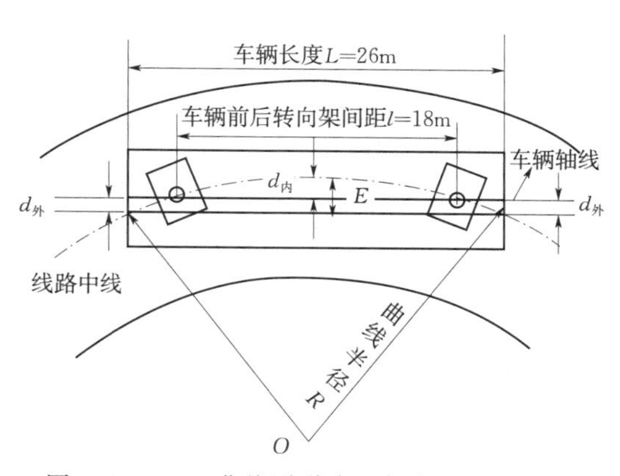

图5.1.4-5 曲线隧道净空加宽平面示意图

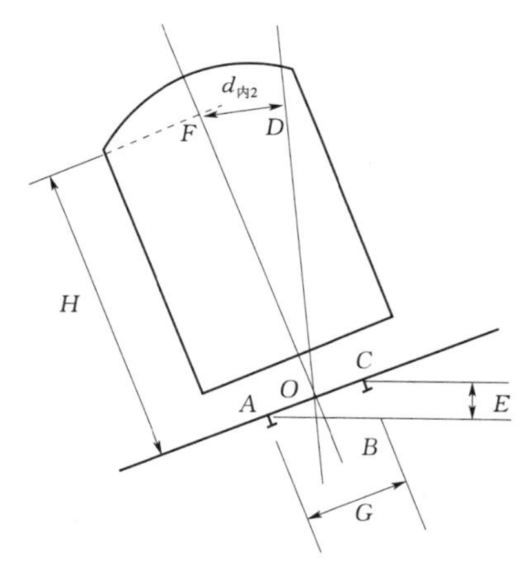

图5.1.4-6 曲线隧道净空加宽断面示意图

据此，曲线隧道净空的加宽值为：内侧加宽 $W_1=d_{内1}+d_{内2}$；外侧加宽 $W_2=d_{外}$；总加宽 $W=W_1+W_2=d_{内1}+d_{内2}+d_{外}$。

2）加宽值的计算。

a. 单线曲线隧道加宽值的计算

i. 车辆中间部分向曲线内侧的偏移 $d_{内1}=l^2/8R=4050/R$；其中 l 为车辆转向架中心距，可取18m；R 为曲线半径（m）。

ii. 车辆两端向曲线外侧的偏移 $d_{外}=(L_2-l_2)/8R=4400/R$；其中 L 为标准车辆长

度，我国为26m。

iii. 外轨超高使车体向曲线内侧倾移 $d_{内2}=HE/150=2.7E$；其中 H 为隧道限界控制点自轨面起的高度；E 为曲线外轨超高值，其最大值不超过15cm，且 $E=0.75v^2/R$（cm），v 为铁路远期行车速度（km/h）。

在我国铁路隧道标准设计中，$d_{内2}$ 系将相应的隧道建筑限界绕内侧轨顶中心转动 arctan（$E/150$）角求得，可近似取 $d_{内2}=2.7E$，则隧道内侧加宽值为：内侧加宽 $W_1=d_{内1}+d_{内2}=4050/R+2.7E$（cm）；外侧加宽 $W_2=d_{外}=4400/R$（cm）；总加宽 $W=W_1+W_2=d_{内1}+d_{内2}+d_{外}=8450/R+2.7E$（cm）。

b. 双线曲线隧道加宽值的计算。内侧加宽 $W_1=d_{内1}+d_{内2}=4050/R+2.7E$（cm），外侧加宽 $W_2=d_{外}=4400/R$（cm），内外侧线路中线间的加宽值 W_3 按以下两种情况计算：当外侧线路的外轨超高大于内侧线路的外轨超高时，$W_3=8450/R+HE/150/2$（cm）或 $W_3=8450/R+360E/150/2$（cm）$=8450/R+1.2E$（cm）；H 为车辆外侧顶角距内轨面顶面的高度，取360cm；E 为外侧线路的外轨超高值（cm）。R 为曲线半径（m）；其他情况时：$W_3=8450/R$（cm）。总加宽为 $W=W_1+W_2+W_3$。

3）曲线隧道中线与线路中线偏移距离。断面加宽后，隧道中线应向曲线内侧偏移一个 d 值。单线曲线隧道中线与线路中线偏移距离 $d=(W_1-W_2)/2$（cm），如图5.1.4-7和图5.1.4-8所示。

双线曲线隧道内侧线路中线至隧道中线的距离 $d_1=200-(W_1-W_2-W_3)/2$（cm）。

双线曲线隧道外侧线路中线至隧道中线的距离 $d_2=200+(W_1-W_2+W_3)/2$（cm）。

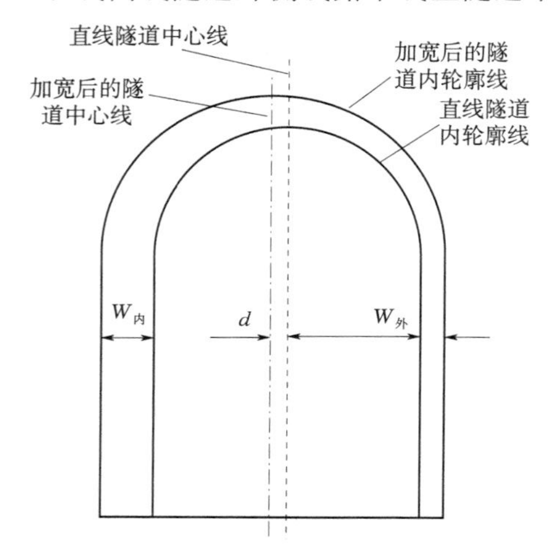

图5.1.4-7　单线隧道曲线加宽示意图

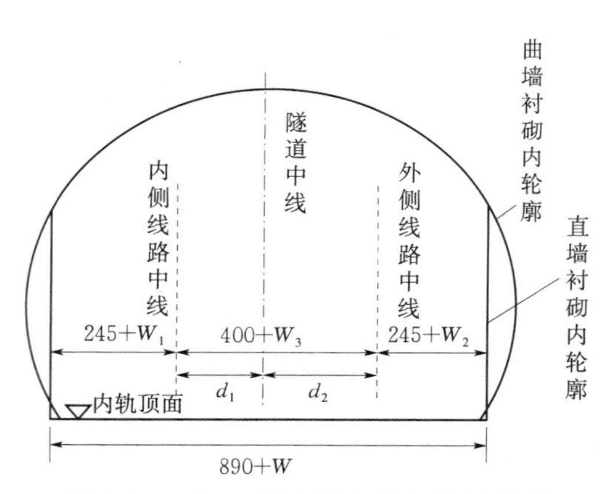

图5.1.4-8　双线隧道曲线加宽示意图

4）时速200km以上曲线隧道净空加宽。最高时速200km以上的新建铁路单、双线隧道内净空面积断面形式是经过优化比选的，既充分满足了空气动力学效应标准的要求，又完全满足建筑物接近限界及其他工程使用空间的需要，且留有富余量。考虑到最高时速200km新建铁路隧道线路采用最小圆曲线半径2200m，推荐圆曲线半径为3500～6000m，按《铁路隧道设计规范》（TB 10003—2016）曲线隧道的加宽也是较小的，完全在富余量以内，可以不考虑内轮廓加宽，见表5.1.4-3。

表 5.1.4-3　按《铁路隧道设计规范》(TB 10003—2016) 计算的最高时速 200km 新建铁路曲线隧道加宽表

圆曲线半径/m	外轨超高/mm	隧道内外侧加宽总和/cm
2500	45	15
3000	35	12
4000	25	9

5) 曲线隧道与直线隧道衬砌的衔接方法。曲线隧道与直线隧道衬砌的衔接方法，一般需要采用缓和曲线加宽，其加宽值及加宽长度如图 5.1.4-9 所示。

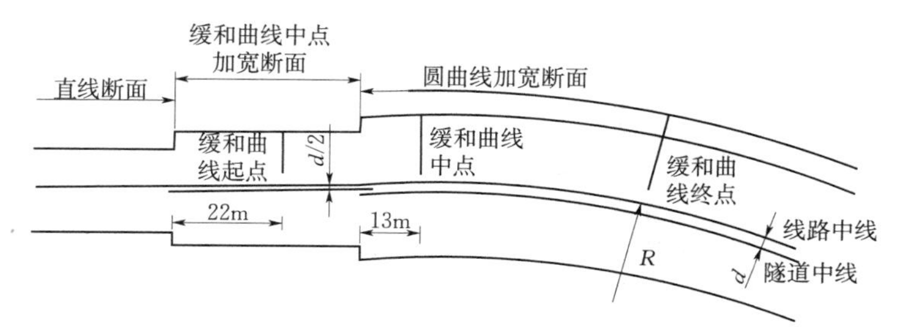

图 5.1.4-9　曲线隧道与直线隧道衬砌的衔接方法

(2) 公路隧道曲线加宽。当隧道位于平面曲线半径≤250m 的地段时，应在曲线内侧加宽。双车道路面的加宽值见表 5.1.4-4；单车道路面加宽按表列数值的 1/2 采用。

表 5.1.4-4　公路隧道平曲线加宽取值

类别	汽车轴距加前悬/m \ 平曲线半径/m	250～200	200～150	150～100	100～70	70～50	50～30	30～25	25～20	20～15
1	5	0.4	0.6	0.8	1.0	1.2	1.4	1.8	2.2	2.5
2	8	0.6	0.7	0.9	1.2	1.5	2.0	—	—	—
3	5.8+8.8	0.8	1.0	1.5	2.0	2.5	—	—	—	—

注　四级公路和山岭重丘的三级公路采用第 1 类加宽值；其余各级公路采用第 3 类加宽值。对不经常通行集装箱运输半挂车的公路可采用第 2 类加宽值。

4. 隧道衬砌断面的拟订

(1) 横断面设计的基本内容和方法。主要步骤：根据隧道类型选定建筑限界→根据围岩类别等初步拟定尺寸→优化尺寸→计算内力→检算强度（安全量）→调整尺寸→重复上述计算直到合适为止。初步拟定结构形状和尺寸可采取工程类比的方法。

1) 内轮廓线（横断面净空）原则：紧贴限界，衬砌表面平顺圆滑，如图 5.1.4-10 所示。

衬砌内轮廓线：是衬砌的完成线，在内轮廓线之内的空间即为隧道的净空断面。该线应满足所围成的断面面积最小，适合围岩压力的特点，以既经济又适用为目的。

衬砌外轮廓线（最小开挖线）：指为保持净空断面的形状，衬砌必须具有的足够厚度（或称最小衬砌厚度）的外缘线。

实际开挖线：是开挖后形成的实际轮廓线的平均线。

2）结构轴线（横断面形状）。隧道衬砌是一种受压结构，结构的轴线应尽可能地符合荷载作用下的压力线，如图 5.1.4-11 所示。若是两线重合，结构的各个截面都只承受压力而无拉力，当然最有利于拱形结构的稳定和混凝土材料高抗压性能的发挥。

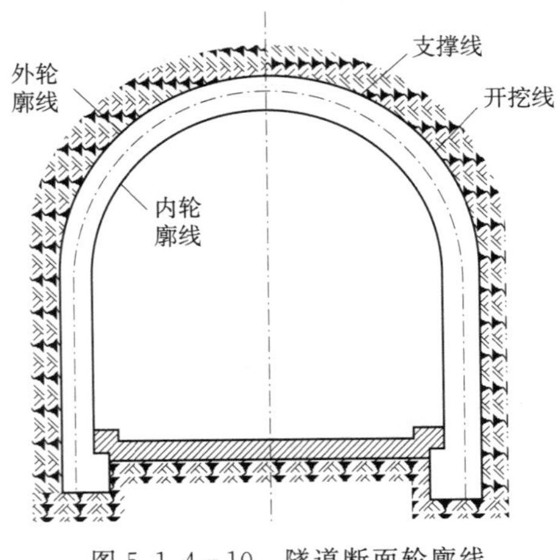

图 5.1.4-10　隧道断面轮廓线

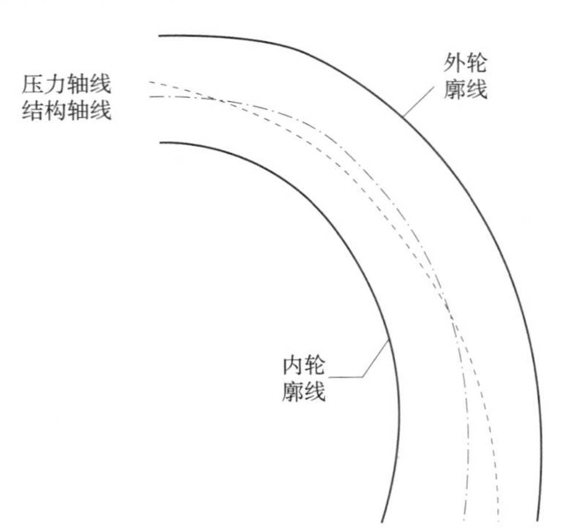

图 5.1.4-11　内层衬砌、单层衬砌断面的拟定示意图

3）截面厚度（截面强度能力）——检算强度。截面厚度的设计原则：大小以够用为度、形状受力合理、施工简单方便。

a. 铁路隧道衬砌的最小厚度可参照表 5.1.4-5 执行。

表 5.1.4-5　**圬工截面最小厚度**　单位：cm

建筑材料种类	隧道衬砌和明洞			洞门端墙翼墙和洞门挡土墙
	拱圈	边墙	仰拱	
混凝土	20	20	20	30
片石混凝土	—	—	—	50
浆砌粗料石	—	—	—	30
浆砌片石	—	50	—	50

铁路隧道衬砌实际厚度：单线铁路隧道衬砌拱顶截面的厚度一般为 30～60cm，双线铁路隧道衬砌拱顶截面厚度为 40～80cm。衬砌可以是等厚的，也可以将拱脚和边墙较拱顶加厚 20%～50%。仰拱可以改善衬砌整体受力条件，尤其是隧道底部地质不良时更是如此，其厚度一般稍小于拱顶的厚度。所确定的各截面厚度尺寸最后应通过内力分析检算决定。复合衬砌的内层衬砌厚度一般比单层衬砌的厚度要小一些。

b. 公路隧道衬砌结构尺寸。隧道拱顶衬砌厚度 d_0 可按照表 5.1.4-6 来初步拟定；衬砌拱圈的净矢高 $f_0=(0.4\sim0.25)L_0$，L_0 为拱圈的净跨径；拱脚的厚度 $d_b=(1.2\sim1.4)d_0$；边墙的厚度 $d_c=(1.0\sim1.5)d_b$；仰拱的厚度 $d_j=(0.5\sim0.8)d_0$。

表 5.1.4-6 拱顶衬砌厚度 d_0 与岩石坚固系数 f_{up} 的关系表

f_{up}	0.7	1.0	2.5	4	6	10
d_0/m	130	120	100	75	60	40

注 坚硬岩层 $f_{up} \geqslant 15$ 时，可采用无衬砌隧道洞身（但在洞口一般应修筑衬砌）；$f_{up} \geqslant 10$ 的岩层，可采用半衬砌（即只有拱圈衬砌，而无边墙衬砌）；在 $f_{up} < 4 \sim 1$ 的岩层中，采用有底板厚度 20～40cm 的直墙式全部衬砌；在 $f_{up} < 1.0$ 的地层中，承受较大的地层垂直压力及主动土压力，采用带仰拱的封闭式曲墙全部衬砌。

（2）铁路隧道衬砌断面基本尺寸。我国铁路隧道的建筑限界是统一固定的，衬砌结构均有通用的设计标准图，不需做专门的设计，但当有较大偏压、冻胀力、倾斜的滑动推力或施工中出现大量坍方以及 7 度以上地震区等情况时，则应根据荷载特点进行个别设计。

（3）公路隧道衬砌断面设计。公路隧道与铁路隧道的主要区别：①铁路隧道建筑限界是固定统一的，而公路隧道的建筑限界则取决于公路等级、地形、车道数等条件；②公路隧道的附属设施如通风、照明、消防、报警等也均比铁路隧道多且要求高，且每一座隧道均会因交通流量和长度不同而要求不同。公路隧道的衬砌断面不能像铁路隧道那样编出标准设计图，需根据其具体要求对每一座隧道进行单独设计。以前公路隧道大多采用单心圆或三心圆的拱形断面，进一步分析又可将其分为单心圆、坦三心圆、尖三心圆 3 种拱形断面形状。其中以单心圆、坦三心圆两种断面应用最为普遍。除偏压比较明显的地段外，公路隧道的衬砌结构大多采用等截面的形状，因此在确定了衬砌断面的内轮廓线后，只要选定好截面的厚度，计算外轮廓线和结构轴线同样不困难。隧道断面宜采用统一标准，公路等级和设计速度相同的一条公路上的隧道断面宜采用相同的内轮廓。拱部为单心半圆，侧墙为大半径圆弧，仰拱与侧墙间用小半径圆弧连接。

5.2 隧道结构构造

隧道结构主要包括主体建筑物和附属建筑物。主体建筑物是为了保持隧道的稳定和行车安全而修建的人工永久建筑物，包括洞身结构、洞门、明洞。附属建筑物是指主体构造物以外保证隧道正常使用所需的各种辅助设施，包括运营管理、维修养护、给水排水、供蓄发电、通风、照明、通信、安全等而修建的构造物。主体和附属二者共同组合保证列车在隧道中的安全运行。

5.2.1 衬砌构造

1. 隧道衬砌的概述

（1）衬砌概念。广义地说，可以把人工修筑的支护结构统称为衬砌。支护的方式分为外部支护、内部支护和混合支护。也可以根据衬砌的作用效应分为一次支护（初期支护）和二次支护（永久支护），一次衬砌是为了保证施工的安全、加固岩体和阻止围岩的变形、坍塌而设置的临时支护措施，常用支护形式有木支撑、型钢支撑、格栅支撑、喷锚支撑等；二次衬砌是为了保证隧道使用的净空和结构的安全而设置的永久性衬砌结构。

（2）衬砌材料。

1）衬砌材料的基本要求：①应具有足够的强度、耐久性、抗渗性、耐腐蚀性和抗冻性等；②从经济角度考虑，还应满足就地取材、降低造价、施工方便及易于机械化施工等。

2）衬砌材料主要有混凝土、片石混凝土、钢筋混凝土、石料和混凝土预制块、喷射混凝土、锚杆和钢架、装配式材料。

a. 混凝土。

优点：整体性好，既可以在现场浇筑，也可以在加工厂预制，而且可以机械化施工；可以在水泥中掺入外加剂，以提高混凝土的性能。

缺点：灌注后不能立即承受荷载，需要进行养生，达到预定强度才能拆模，占用的模板和拱架较多；普通混凝土的耐侵蚀能力较差。

i. 公路隧道工程各部位建筑材料见表 5.2.1－1。

表 5.2.1－1　　衬砌建筑材料

工程部位＼材料种类	混凝土	片石混凝土	钢筋混凝土	喷射混凝土	砌体
拱圈	C15	—	C20	C20	M10 水泥砂浆粗料石或混凝土块
边墙	C15	C15	C20	C20	M10 水泥砂浆砌片石
仰拱	C15	C15	C20	—	—
棚洞盖板	—	—	C20	—	—
底板	C10	—	—	—	—
仰拱、填充	C10	C10	—	—	—
水沟、电缆槽身	C15	—	—	—	—
水沟、电缆槽盖板	—	—	C15	—	—

注　1. 砌体包括石砌体和混凝土块砌体。
2. 严寒地区洞门用混凝土整体灌注时，其强度等级不应低于 C20。
3. 片石砌体的胶结材料采用小石子混凝土灌注时，其最低强度等级相应的适用范围与水泥砂浆相同。

ii. 铁路隧道衬砌建筑材料见表 5.2.1－2。

表 5.2.1－2　　衬砌及管沟建筑材料

工程部位＼材料种类	混凝土	片石混凝土	钢筋混凝土	喷射混凝土
拱圈	C20	—	C25	C20
边墙	C20	—	C25	C20
仰拱	C20	—	C25	C20
底板	C20	—	C25	—
仰拱填充	C10	C10	—	—
水沟、电缆槽	C25	—	C25	—
水沟、电缆槽盖板	—	—	C25	—

b. 片石混凝土。铁路隧道，为了节省水泥，在岩层较好地段的边墙衬砌，允许采用片石混凝土（片石的掺量不应超过总体积的 20%）。此外，当起拱线以上 1m 以外部位有超挖时，其超挖部分也可用片石混凝土进行回填。选用的石料要坚硬，其强度等级不应低于 MU40，有裂隙和易风化的石料不应采用，以保证质量。

公路隧道衬砌一般不用，只在仰拱填充或超挖部分可以使用片石混凝土砌筑。片石掺用量不得超过总体积的 30%。

c. 钢筋混凝土。其主要用在洞门、明洞衬砌等明挖地段，或者当隧道通过地震区、偏压以及通过断层破碎带或淤泥、流砂等不良地质地段。

d. 石料和混凝土预制块。

优点：可就地取材、降低造价，可保证衬砌厚度并能较早地承受荷载，可以节省水泥和模板，耐久性和耐侵蚀性能较好。

缺点：整体性差，砌缝多容易漏水，防水性能较差，施工主要靠手工操作，难以机械化施工，费工、费时，施工进度较慢，而且砌筑技术要求高。洞门挡墙、挡土墙、明线路缘石等仍可使用。块石强度等级不应低于 MU60，砌块强度等级不应低于 MU20，有裂缝和易风化的石材不应采用。

e. 喷射混凝土。喷射混凝土是将混凝土干拌和料、速凝剂和水，用混凝土喷射机高速喷射到洁净的岩石表面上凝结而成。其密实性较高，能快速封闭围岩的裂隙。密贴于岩石表面，早期强度高，能很快起到封闭岩面和支护作用。另外，在喷射混凝土中可加入纤维类材料提高其性能，是一种理想的衬砌材料。在普通铁路隧道中，喷射混凝土材料可用作中内层衬砌，但其强度等级不低于 C20，使用的水泥标号不低于 125 号，并优先选用普通硅酸盐水泥。细骨料采用坚硬耐久的中砂或粗砂，细度模数宜大于 15，砂的含水率宜控制在 5%～7%；粗骨料采用坚硬耐久的卵石或砾石，粒径不应大于 15mm。我国高速铁路隧道不使用喷射混凝土作为内层衬砌。

f. 锚杆和钢架。锚杆是一种插入到围岩岩体内的杆形构件，可加固围岩。可分为机械型锚杆、黏结型锚杆以及预应力锚杆，常见的有楔缝式内锚头锚杆、早强药包内锚头锚杆、普通水泥砂浆全长黏结锚杆等，其构造如图 5.2.1-1～图 5.2.1-3 所示。锚杆的杆体直径宜为 20～32mm，杆体材料宜采用 HRB335、HRB400 钢；垫板材料宜采用 HPB235 钢。锚杆用的各种水泥砂浆强度不应低于 M20。钢筋网材料可采用 HPB235 钢，直径宜为 6～12mm。

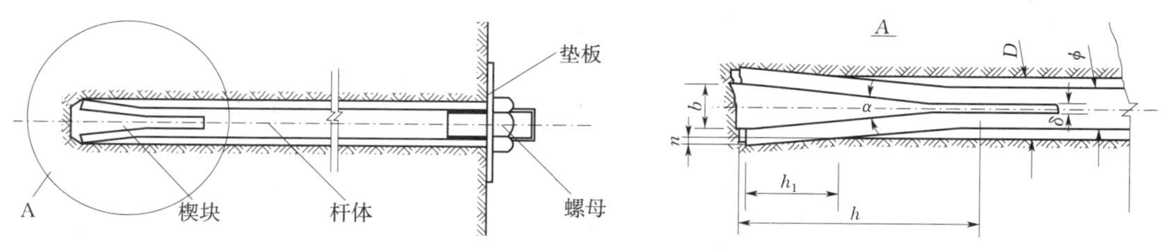

图 5.2.1-1　楔缝式内锚头锚杆

D—钻孔直径；ϕ—锚杆杆体直径；δ—锚杆杆体楔缝宽度；b—楔块端头厚度；α—楔块的楔角；h—楔块长度；h_1—楔头两翼嵌入钻孔壁长度；n—楔缝两翼嵌入钻孔壁深度

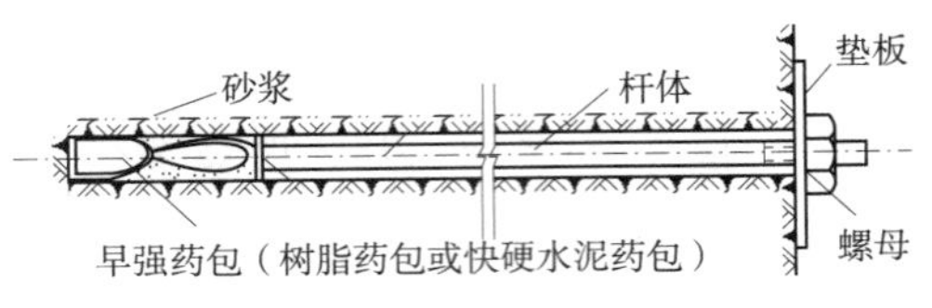

图 5.2.1-2　早强药包内锚头锚杆

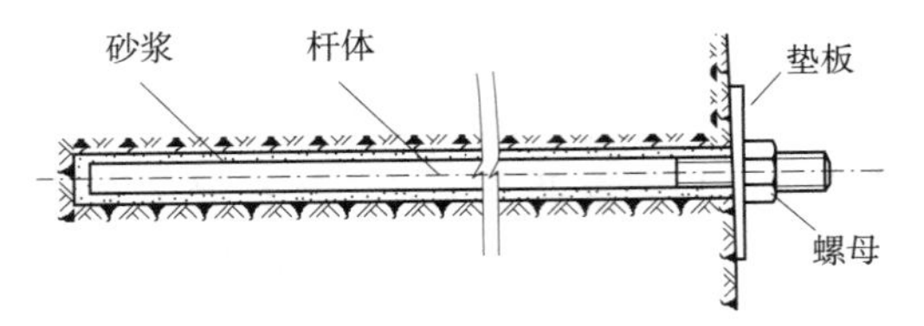

图 5.2.1-3　普通水泥砂浆全长黏结锚杆

钢架是为了加强支护刚度而在初期支护或二次衬砌中放置的型钢支撑或格栅钢支撑。初期支护采用的钢架宜用 H 形、“工”字形、U 形型钢制成，也可用钢管或钢轨制成。

g. 装配式材料。盾构法施工，其衬砌材料往往采用装配式材料，如钢筋混凝土大型预制块，有加筋肋的铸铁预制块。在修筑棚式明洞（简称棚洞）时，又可用预制板或梁，装配板式棚洞或梁式棚洞。用新奥法施工时，为了防水、防落石和美观要求，还可以加设离壁式结构，常用的材料有波纹钢拱式大型装配预制件，有时可以用玻璃钢代替钢材等。为了提高洞内照明、防水、通风、美观、视线诱导或减少噪声等原因，可在衬砌内表面粘贴各种各样的装修材料。

（3）衬砌类型。

1）单层衬砌（整体式模筑混凝土衬砌）。

单层衬砌是采用混凝土或钢筋混凝土为材料就地灌注而成，按传统松弛荷载理论设计和施作。其工艺流程为：立模→灌筑→养生→拆模；其特点是：对地质条件的适用性较强，易于按需要成型，整体性好，抗渗性强，并适用于多种施工条件，如可用木、钢模板或衬砌模板台车等；适用于多种围岩条件。在隧道洞口段、浅埋段及围岩条件很差的软弱围岩中采用整体式衬砌较为稳妥可靠。整体式模筑混凝土衬砌主要是通过调整断面形状和衬砌厚度来适应不同的地质条件，即适应不同的围岩级别和围岩压力分布情况，因而单层衬砌的形状和厚度变化较多。

a. 直墙式衬砌。

i. 实用条件。适用于地质条件比较好，以垂直围岩压力为主而水平围岩压力较小的情况，主要适用于Ⅰ、Ⅱ、Ⅲ级围岩，有时也可用于Ⅳ级围岩。

ii. 结构组成，包括上部拱圈、竖直边墙和下部铺底，如图 5.2.1-4 所示。

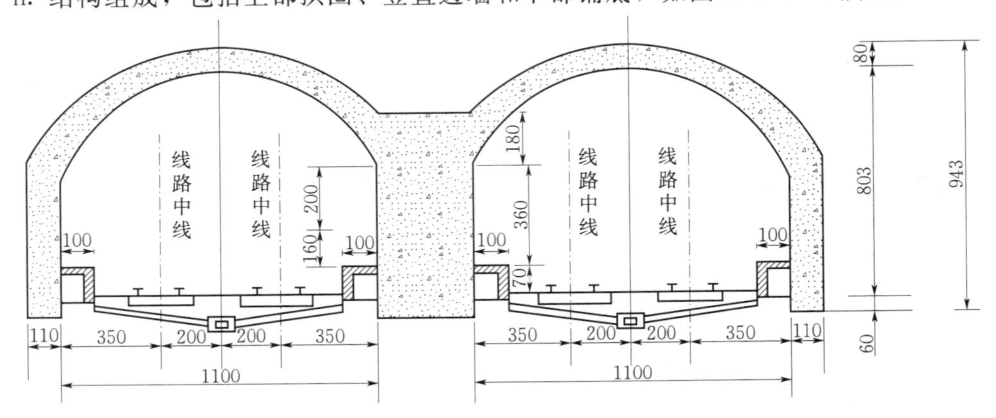

图 5.2.1-4　四线铁路隧道衬砌断面（单位：cm）

iii. 半衬砌（省去边墙）。半衬砌多用于地质条件极好、岩层坚硬完整，也没有地下水侵入的情况，对于一些侧压力很大的较软的岩层或土层，为了避免直墙承受较大的压应力，也可采用落地拱形式，在拱脚做平台以支撑拱圈，两侧岩壁喷浆敷面阻止风化和少量地下水的渗透，如图 5.2.1－5（a）～（d）所示。在地质条件尚好，侧压力不大，如围岩完整性比较好的Ⅰ、Ⅱ类围岩中，但又不宜采用半衬砌时，为了节省边墙圬工，可以简化边墙：①降低边墙建筑材料的等级，如将混凝土边墙改为石砌边墙；②采用柱式边墙或连拱式边墙（花边墙）。

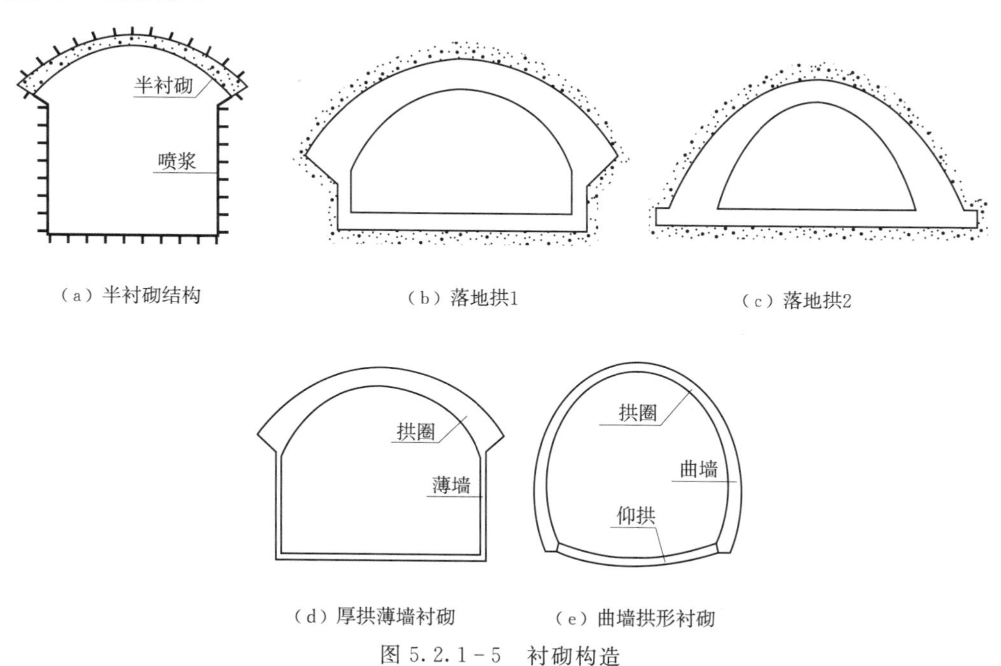

（a）半衬砌结构　（b）落地拱1　（c）落地拱2

（d）厚拱薄墙衬砌　（e）曲墙拱形衬砌

图 5.2.1－5　衬砌构造

b. 曲墙式衬砌。

i. 适用条件。曲墙式衬砌［图 5.2.1－6（e）］适用于地质条件比较差，岩体松散破碎，强度不高，又有地下水，侧向水平压力也相当大的情况。主要适用于Ⅳ级及以上的围岩或Ⅲ级围岩双线。多线隧道也采用曲墙有仰拱的衬砌。

ii. 结构组成。仰拱的作用为抵御底部围岩压力、防止衬砌沉降、使衬砌形成一个环状的封闭整体结构以提高衬砌的承载能力。公路隧道一般跨度较大，内轮廓接近限界的高宽比较铁路双线隧道为小，拱部一般较铁路隧道平坦，墙高稍低。为减少拱肩及墙部的拉应力，提高围岩及结构的稳定性，衬砌结构形式宜采用曲墙式衬砌。

iii. 公路隧道整体式衬砌设计基本要求。公路隧道一般跨度较大，内轮廓接近限界的高宽比较铁路双线隧道为小，拱部一般较铁路隧道平坦，墙高稍低。为减少拱肩及墙部的拉应力，提高围岩及结构的稳定性，衬砌结构形式宜采用曲墙式衬砌。

• 整体式衬砌截面可设计为等截面或变截面。整体式衬砌截面可设计为直墙式或曲墙式，对设仰拱的地段，为减少围岩和衬砌的应力集中避免急剧弯曲和棱角，仰拱与边墙宜采用小半径曲线连接，仰拱厚度宜与边墙厚度相同。

• 明洞衬砌与洞内衬砌交界处或不设明洞的洞口段衬砌，在距洞口 5～12m 的位置应设沉降缝；在洞内，软岩地层明显分界处宜设沉降缝；在连续Ⅴ、Ⅵ级围岩中每30～80m应设沉降缝一道。

• 严寒与酷热的温差变化大的地区，特别是在最冷月份平均气温低于－15℃的寒冷地区，距洞口100～200m范围的衬砌段应根据情况增设伸缩缝。

• 设置沉降缝、伸缩缝的目的是为了把不同承载能力结构、承受不同围岩压力的结构完全断开，产生的沉降变形和受力变形各自独立。隧道结构设变形缝，并在缝内设置一定厚度的隔离层，采用沥青木板或沥青麻丝是多年的做法，也可采用具有一定耐久性的柔性材料。沉降缝、伸缩缝缝宽应大于20mm，缝内可夹浸沥青木板或沥青麻丝。伸缩缝、沉降缝应垂直于隧道轴线设置。

• 沉降缝、伸缩缝可兼作施工缝。在设有沉降缝、伸缩缝的位置，施工缝宜调整到同一位置。同时，沉降缝、伸缩缝与邻近施工缝的距离一般不小于5m，是为保证一次浇注衬砌的长度。

• 不设仰拱的地段，衬砌边墙基底应置于稳固的地基之上，但不要因为边沟开挖而破坏了地基的整体性，导致边墙失稳。洞口端墙式洞门的基础深度较大，洞门墙基坑开挖可能对隧道衬砌边墙基底造成损伤，要求在洞门墙厚度范围内，边墙基础应加深到与洞门墙基础底相同的高程。

• 因地形、地质构造造成围岩松动、滑移而引起有明显偏压的地段，有时由于施工工序而引起的短暂偏压地段，为了承受不对称围岩压力，设计中应采用抗偏压衬砌。根据国内工程实例调查，偏压状态一般出现在洞口，容易出现开裂，所以抗偏压衬砌宜采用钢筋混凝土结构。

• 隧道横洞指汽车横向通道、通风道等与主洞连接处形成交叉口。在交叉口段，由于暴露空间大，结构受力复杂，为保证结构强度，防止开裂，要求交叉口衬砌段采用钢筋混凝土结构。

• 根据一些已发生地震地区的调查资料看，地下结构具有很好的抗震能力。在地震动峰值加速度系数小于0.2的地区，一般地震对地下结构影响不大；地震动峰值加速度系数大于0.2的地区，资料不多，不能保证地震发生时隧道衬砌不开裂、不破坏。所以，在洞口段及软弱围岩段的衬砌宜采用钢筋混凝土结构。当采用钢筋混凝土衬砌结构时，混凝土强度等级不应小于C25，受力主筋的净保护层厚度不小于40mm。

2）装配式衬砌。装配式衬砌是将衬砌分解为若干块构件（也称管片），这些构件在现场或工厂预制，然后运到现场安装。按传统松弛荷载理论设计，按现代围岩承载理论设计，如图5.2.1－6所示。

a. 适用条件：①地质条件较好，围岩稳定，地下水很少，有场地，施工单位又有制造、运输和拼装衬砌的设备，并控制开挖和拼装工艺有一定的经验时，可采用拼装衬砌；②采用盾构施工，又考虑二次衬砌时，也宜采用拼装式衬砌，快速形成一次衬砌的强度。

b. 装配式衬砌的优缺点如下。

i. 一经装配成环，不需养生时间，即可承受围岩压力。

ii. 预制的构件可以在工厂成批生产，在洞内可以机械化拼装，从而改善了劳动条件。

iii. 拼装时，不需要临时支撑，如拱架、模板等，从而节省大量的支撑材料和劳力。

iv. 拼装速度因机械化而提高，缩短了工期，还有可能降低造价。

v. 拼装衬砌既可以按传统隧道工程理论作为单层衬砌设计和使用，也可以按现代隧道工程理论作为内层衬砌设计和使用。

vi. 拼装衬砌的整体性较差，受力状态不太好，尤其是接缝较多，防水性能较差，必须单独加设有效的防水层，在富水地层中应用时需要有较多的支持措施。

vii. 要求一定的机械化设备，施工工艺复杂。

c. 装配式衬砌的构造要求如下。

i. 强度足够而且耐久。

ii. 能立即承受荷载。

iii. 管片形状简单，尺寸统一，便于工厂预制。

iv. 管片类型少、规格少、配件少，大小和重量合适，便于机械拼装。

v. 管片的接头数目和接头总长要求尽量减少，以有利于防水、抗渗和防侵蚀等；若采用轻质混凝土装配式衬砌，则可以减轻砌块自重，容易同时满足几条设计原则要求。

vi. 必须加设有效的防水层及排水设施。

3）锚喷式衬砌。锚喷式衬砌是指锚喷结构既作为隧道临时支护，又作为隧道永久结构的形式，如图 5.2.1－7 所示。喷射混凝土是以压缩空气为动力，将掺有速凝剂的混凝土拌和料与水汇合成为浆状，喷射到坑道的岩壁上凝结而成的。当岩壁不够稳定时，可加设锚杆、金属网和钢架，构成“锚喷式衬砌”，也称为“喷锚衬砌”。

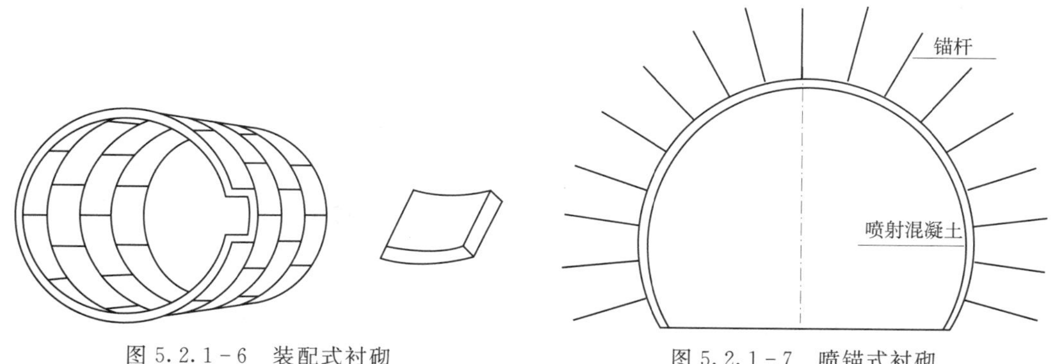

图 5.2.1－6　装配式衬砌　　图 5.2.1－7　喷锚式衬砌

a. 喷射混凝土是在隧道开挖后立即施工，利用泵或高压风作动力，把混凝土混合料通过喷射机、输料管及喷头直接喷射到隧道围岩壁上，以覆盖围岩壁面，维护隧道围岩稳定的结构物。具有不需模板、施作速度快、早期强度高、密实度好、与围岩紧密黏结、不留空隙的突出优点。

i. 喷射混凝土特点：①与围岩密贴、支护及时、柔性好；②封闭围岩壁面防止风化；③充填裂隙加固围岩；④它能充分调动围岩本身的自稳能力，与围岩组成共同承载体系；⑤施工方便和经济。

ii. 适用条件：在围岩整体性较好的军事工程、各类用途的使用期较短及重要性较低的隧道中广泛使用。一般考虑在Ⅰ、Ⅱ级等围岩良好、完整、稳定的地段中可以采用。在公路、铁路隧道设计规范中，都有根据隧道围岩地质条件、施工条件和使用要求可采用锚喷衬砌的规定。在Ⅳ～Ⅵ级围岩中不宜单独采用喷锚支护作永久衬砌，隧道洞口段不宜采用。

b. 锚杆是一种锚固在岩体内部的杆状体，是喷锚支护的主要组成部分。它通过锚入岩体内部的钢筋，与岩体融为一体，达到提高围岩的力学性能、改善围岩的受力状态、实现加固围岩、维护围岩稳定的目的。锚杆支护不仅对硬质围岩，而且对软质围岩也能起到良好的支护效果。主要有两种加固机制：①通过锚杆杆体或杆端锚头的膨胀将锚杆嵌固在围岩中（机械型）；②利用灌浆将锚杆杆体或杆端端部固定在岩体内（黏结型）。

i. 锚杆加固要求：①要紧跟开挖面及时安装系统锚杆；②要确保锚杆全长注浆饱满，与岩体连成整体；③要求锚杆达到使用耐久，避免松弛、锈蚀、腐蚀损坏。

ii. 锚杆的布置类型包括局部布置和系统布置，如图5.2.1－8和图5.2.1－9所示。局部布置主要用在裂隙围岩。重点加固不稳定块体，隧道拱顶受拉破坏区为重点加固区域。在破碎和软弱围岩中，一般采用系统布置的锚杆，对围岩起到整个加固作用。

iii. 锚杆的作用机理。利用锚杆的悬吊作用、组合拱作用、减跨作用、挤压加固作用，将围岩中的节理、裂隙串成一体，提高围岩的整体性，改善围岩的力学性能，从而发挥围岩的自承能力。

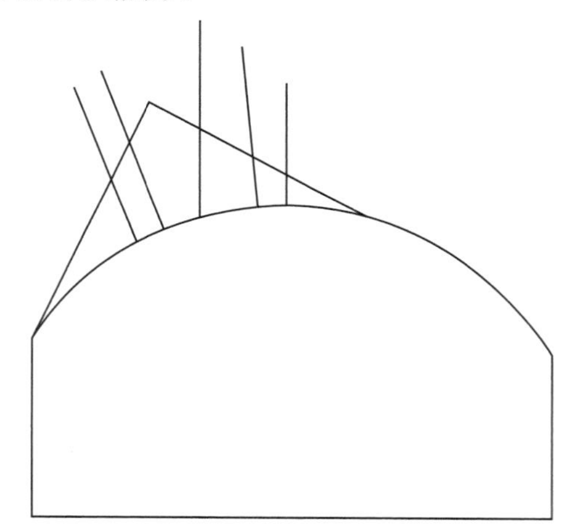

图5.2.1－8　局部锚杆布置

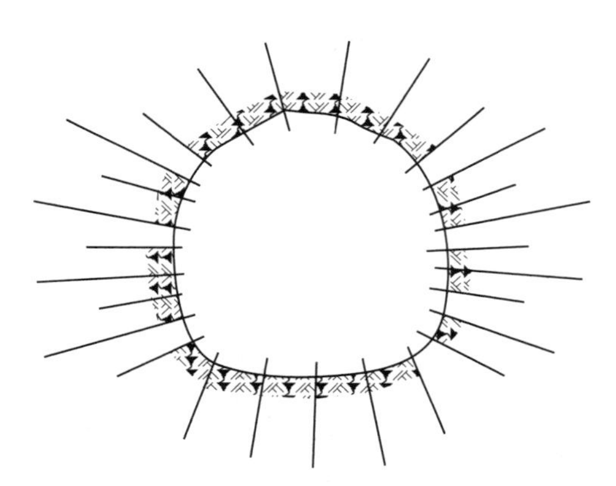

图5.2.1－9　系统锚杆布置

iv. 适用条件。在Ⅳ～Ⅵ级围岩中不宜单独采用喷锚支护作永久衬砌，一般考虑在Ⅰ、Ⅱ级等围岩良好、完整、稳定的地段中可以采用。隧道洞口段不宜采用。

v. 不宜采用喷锚支护作为永久衬砌的情况有：①膨胀性围岩；②黏土质胶结的软岩；③大面积涌水地段；④堆积层、破碎带等不良地质地段；⑤对衬砌有特殊要求的隧道或地段，如洞口地段，要求衬砌内轮廓很整齐、平整；⑥辅助坑道或其他隧道与主隧道的连接处及附近地段；⑦有很高防水要求的隧道；⑧围岩及覆盖太薄，且其上已有建筑物，不能沉落或拆除者等；⑨地下水有侵蚀性，可能造成喷射混凝土和锚杆材料的腐蚀；⑩最冷月平均气温低于－5℃地区的冻害地段。

c. 铁路隧道设计规范中规定。

i. 锚喷衬砌内轮廓线应比整体式衬砌适当加大，除考虑施工误差和位移量外，应再预留10cm作为必要时补强用。

ii. 遇到下列情况时不应采用锚喷衬砌：地下水发育或大面积淋水堤段；能造成衬砌腐蚀或特殊膨胀性围岩地段；最冷月平均气温低于－5℃地区的冻害地段；有其他要求的隧道。

d. 公路隧道规定。

i. 锚喷衬砌的内轮廓线，宜采用曲墙式的断面形式。锚喷衬砌外轮廓线除考虑锚喷变形量外宜再预留 20cm。锚喷支护作为隧道的永久衬砌，一般考虑是在Ⅲ级及以上围岩中采用，见表 5.2.1－3。

表 5.2.1－3　喷锚永久支护设计参考表

隧道类别＼围岩级别	Ⅰ	Ⅱ	Ⅲ
人行通道	喷混凝土 5cm	喷混凝土 5cm	喷混凝土 8cm
横向通道	喷混凝土 5cm	①喷混凝土 8cm ②锚杆 ϕ22mm，长 2.0m ③锚杆间距 1.2m×1.2m	①喷混凝土 10cm ②锚杆 ϕ22mm，长 2.0m ③锚杆间距 1.0m×1.0m
双车道隧道	喷混凝土 8cm	①喷混凝土 10cm ②锚杆 ϕ22mm，长 2.5m ③锚杆间距 1.2m×1.2m	①喷混凝土 15cm ②锚杆 ϕ22mm，长 3.0m ③锚杆间距 1.0m×1.0m ④钢筋网 ϕ6.5mm，25cm×25cm

注　Ⅳ～Ⅵ级围岩，地质软弱、破碎，一般多地下水应采用复合式衬砌。

ii. 在Ⅳ级及以下围岩中，采用锚喷支护经验不足，可靠性差。按目前的施工水平，可将锚喷支护作为初期支护配合第二次模注混凝土衬砌，形成复合衬砌。

iii. 在某些不良地质（膨胀性围岩、堆积层、破碎带）、大面积涌水地段和特殊地段，不宜采用锚喷衬砌作为永久衬砌。不宜采用锚喷支护作为永久衬砌的情况还包括：对衬砌有特殊要求的隧道或地段，如洞口地段，要求衬砌内轮廓很整齐、平整；辅助坑道或其他隧道与主隧道的连接处及附近地段；有很高防水要求的隧道；还有围岩及覆盖太薄且其上已有建筑物，不能沉落或拆除者等；地下水有侵蚀性，可能造成喷射混凝土和锚杆材料的腐蚀；寒冷和严寒地区有冻害的地方等。喷锚衬砌设计可采用工程类比法或数值计算，并结合现场监控量测进行设计。

4）复合衬砌。复合式衬砌不同于单层厚壁的模筑混凝土衬砌，它把衬砌分成两层或两层以上，可以是同一种型式、方法和材料施作的，也可以是不同型式、方法、时间和材料施作的。外衬主要是以喷射混凝土和锚杆为基本组合形式的一系列现代隧道支护；内层衬砌则有多种材料和构造形式，但以就地模筑混凝土为主。按现代围岩承载理论设计和施作。我国铁路隧道、高等级公路隧道已普遍采用复合式衬砌，如图 5.2.1－10 和图 5.2.1－11所示。

铁路隧道设计规范规定，在旅客列车设计行车速度不大于 160km/h 时，隧道优先采用曲墙复合式衬砌，其中单线Ⅲ级、双线Ⅳ级及以上地段均应设置仰拱。我国高速公路、一级公路、二级公路隧道已全部采用复合式衬砌，三级公路隧道也大量采用。

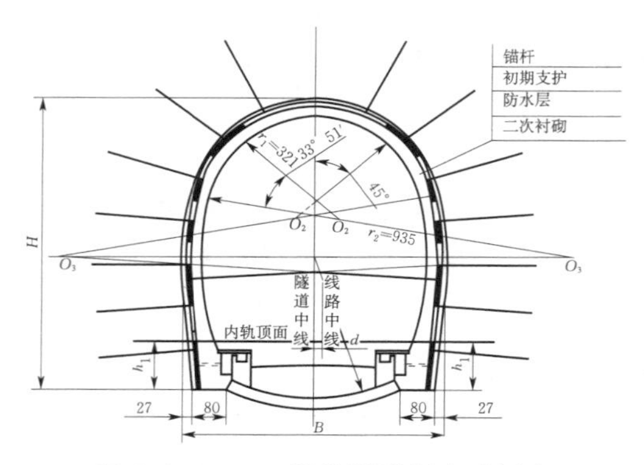

图 5.2.1-10 铁路隧道复合式衬砌

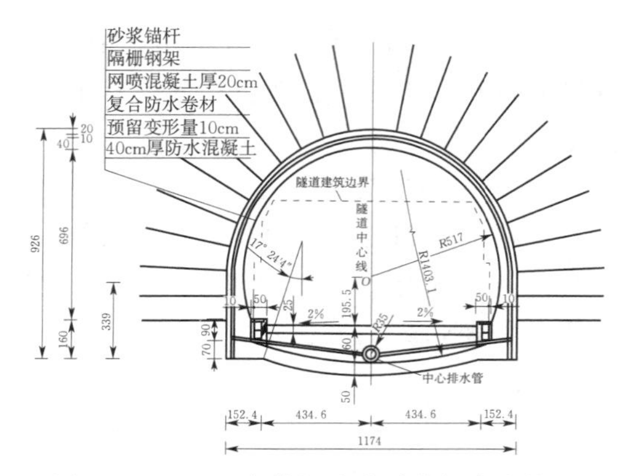

图 5.2.1-11 高等级公路隧道复合式衬砌

a. 复合衬砌的构造。复合衬砌按内、外衬的组合情况可分为：①喷锚支护与混凝土衬砌；②喷锚支护与喷射混凝土衬砌；③可缩性钢拱架（或格栅钢构拱架）喷射混凝土与混凝土衬砌；④装配式衬砌与混凝土衬砌。

复合衬砌主要是通过调整断面形状和初期支护参数来适应地质条件变化，即适应不同的围岩级别以及围岩松弛范围和松弛程度变化，因而复合衬砌中的初期支护参数变化幅度较大（如外衬为锚喷衬砌的厚度多在 5～20cm 之间），而内层衬砌厚度变化不大（如公路隧道多数在 30～40cm 之间，铁路单线隧道内层衬砌厚度一般为 25cm，双线隧道内层衬砌厚度一般为 30cm。双线高速铁路隧道和公路隧道断面尺寸较大时，内层衬砌厚度稍厚）。内层衬砌一般均为等厚截面，只将两侧边墙下部稍作加厚，以降低基底应力。

为防止地下水流入或渗入隧道，可以在内、外层衬砌之间设防水层，其材料可以用软聚氯乙烯薄膜、聚异丁烯片、聚乙烯片等防水卷材，或用喷涂乳化沥青等防水剂。在喷层表面有凹凸不平时，须事先以砂浆敷面，做成找平层，务使岩壁与防水层密贴。防水层接缝处，一般用热水焊接或电敏电阻焊接，也可用适当的溶剂作溶解焊接，以便保证防水的质量。

b. 复合式衬砌的支护机理。

i. 外衬（初期支护）。允许大的约束变形，允许出现少量裂缝，吸收变形压力，稳定洞壁，与围岩共同形成支护体系。

ii. 内衬（二次衬砌）。与外衬围岩共同承受围岩残余变形产生的压力，共同承受外部条件恶化产生的压力（作为整个结构的安全储备）。

c. 复合衬砌的优、缺点。

i. 复合衬砌是将整个人工支护结构分解为“初期支护”和“内层衬砌”两大部分，各部分分别起到不同的作用，两部分分别参与并与围岩共同工作，各有侧重。

ii. 复合衬砌结构形式既能充分调动并利用围岩自我承载自我稳定的能力，又可以充分发挥支护结构的承载能力和支护材料的力学性能，结构稳定。

iii. 复合衬砌比较符合隧道—地下工程结构体系的力学变化过程，尤其是能按受力和变形规律调整各项参数，适合多种地质条件。

iv. 复合衬砌的极限承载能力比同等厚度的单层衬砌的极限承载能力可以提高 20%～

30%。而且，如果调整好内层衬砌的施作时间，还可以改善结构的受力条件。

v. 与传统的模筑混凝土单层衬砌相比，能节约工程投资5%～10%。

vi. 复合衬砌尤其是初期支护的施工工艺特别复杂，要从概念上理解其作用比较困难，从技术上掌握其设置准则也比较困难，不像单层衬砌那样简单直观，容易理解。

复合式衬砌最适宜在Ⅱ～Ⅵ级围岩中使用，但遇到下列情况时应慎重对待，必要时应辅以相应的加固措施：①拱顶以上覆盖厚度小于隧道直径时；②有明显偏压力时；③在无自稳能力的未胶结砂砾石地层中时；④在大膨胀性的地层中时；⑤在大涌水的地层中时；⑥在严重冻害的地区中时。

d. 隧道复合式衬砌设计要求。复合衬砌的设计，目前以工程类比为主、理论验算为辅。结合施工，通过测量、监控取得数据，不断修改和完善设计。

i. 初期支护宜采用锚喷支护，即由喷射混凝土、锚杆、钢筋网和钢架等支护形式单独或组合使用。

ii. 二次衬砌宜采用模筑混凝土或模筑钢筋混凝土结构，内层衬砌的构造形式、材料和施作方法与单层衬砌基本相同。

iii. Ⅲ类及以下围岩或可能出现偏压时应设置仰拱。

iv. 两层衬砌之间宜采用缓冲、隔离的防水夹层。

v. 在确定开挖断面时，除应满足隧道净空和结构尺寸外，还应考虑围岩及初期支护的变形，并预留适当的变形量（表5.2.1-4），以保证初期支护稳定后，二次衬砌的必要厚度。

表5.2.1-4　预留变形量　　单位：mm

围岩级别	双车道隧道	三车道隧道	围岩级别	双车道隧道	三车道隧道
Ⅰ	—	—	Ⅳ	50～80	80～120
Ⅱ	—	10～50	Ⅴ	80～120	100～150
Ⅲ	20～50	50～80	Ⅵ	现场量测确定	

注　围岩破碎取大值；围岩完整取小值。

2. 隧道衬砌的其他构造要求

（1）隧道洞口段，应设置加强衬砌，并宜与洞身整体砌筑。铁路一般单线隧道洞口应设置不小于5m长的模筑混凝土衬砌，双线和多线隧道应适当加长；公路隧道一般情况下两车道隧道应不小于10m，三车道隧道应不小于15m。洞口段及软弱围岩段的衬砌宜采用钢筋混凝土结构。

（2）围岩较差段的衬砌应向围岩较好地段延伸5～10m。

（3）偏压衬砌段应向一般衬砌段延伸，铁路规定偏压衬砌段应延伸至一般衬砌段内5m以上；公路规定一般不小于10m。公路隧道偏压衬砌一般宜采用钢筋混凝土结构。

（4）横通道、运营通风洞、联络通道等与主隧道连接处的衬砌设计应做加强处理，加强段衬砌应向各交叉洞延伸。公路隧道规定主洞延伸长度不小于5.0m，横通道延伸长度不小于3.0m。公路隧道一般要求交叉口衬砌采用钢筋混凝土结构。

（5）围岩较差地段应设仰拱，不设仰拱的隧道应做底板，单线隧道的厚度不得小于

20cm，双线隧道的厚度不得小于25cm；不设仰拱的地段，衬砌边墙应置于稳固的地基之上。

（6）电力牵引的隧道，其长度大于2000m及位于隧道群地段和车站两端时，为了使接触网有良好的工作和维修条件，应根据需要设置接触网补偿下锚的衬砌段。

（7）对衬砌有不良影响的硬软地层分界处，应设置变形缝。

3. 伸缩缝、沉降缝与施工缝的设置

（1）隧道衬砌一般不设伸缩缝。但严寒地区的整体式衬砌、锚喷衬砌或复合式衬砌应在洞口和易受冻害地段设置伸缩缝。凡属下列情况下应设置沉降缝：对衬砌有不良影响的软硬地层分界处；8度及8度以上地震区的断层处；同一洞室高低相差悬殊处；按动荷载与静荷载设计的衬砌交界处；衬砌形状或截面厚度显著改变的部位；Ⅴ、Ⅵ级围岩中的隧道，在洞口约50m范围内宜设置沉降缝，沉降缝间距约10m。

（2）伸缩缝和沉降缝的设置要求如下。

1）混凝土衬砌：缝宽1cm，中间夹以沥青油毛毡等材料，在衬砌施工的同时施做。

2）石砌衬砌：缝宽3cm，用沥青麻筋或其他材料填塞，在衬砌施工的同时施做。

衬砌的施工缝应与设计的伸缩缝、沉降缝结合布置，并尽量少设施工缝。在进行下一循环衬砌混凝土灌注之前，必须凿毛并清洗干净施工缝。在有地下水的隧道中，伸缩缝、沉降缝和施工缝均应进行防水处理。

5.2.2 洞门

1. 概述

（1）洞门作用。洞门（隧道门的简称，通常也泛指隧道门及明洞门，见图5.2.2-1），是隧道两端的外露部分，是隧道洞口用圬工砌筑用以保护洞口、排放流水并加以建筑装饰的支挡结构物。它联系衬砌和路堑，是整个隧道结构的主要组成部分，也是隧道进出口的标志。其主要作用是：保持洞口仰坡和路堑边坡的稳定，防止车辆受崩塌、落石等威胁；减少洞口土石方开挖量，起到挡土墙的作用；稳定边仰坡，减小引线路堑的边坡高度，缩小正面仰坡的坡面长度，从而使边仰坡得以稳定；引离地面流水，把流水引入侧沟排走，保证了洞口的正常干燥状态；装饰洞口，修建洞门也可以算是一种装饰，特别是在城市中的隧道对建筑艺术上的要求比较高。

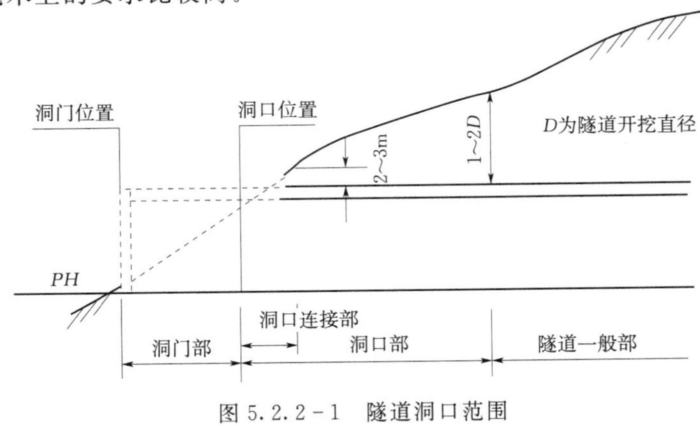

图5.2.2-1 隧道洞口范围

公路隧道在洞口段对照明有较高的要求，为了处理好司机在通过隧道时的一系列视觉上的变化问题，有时要求在入口一侧设置减光棚等减光构造物，有时要求对洞外环境做某些处理。这样洞门位置上就不再设置洞门建筑物，而是用明洞和减光建筑将衬砌接长，直至减光建筑物的端部，构成新的入口。水底隧道和公路隧道的洞门常常与附属建筑物，如通风站、供电、蓄电间、发电间和管理所等结合在一起修建。

（2）洞门结构的设计要求。

1）洞门结构的形式应实用、经济、美观、醒目。

2）洞门墙应根据实际情况设置伸缩缝、沉降缝和汇水孔。

3）洞门墙的厚度可按计算或结合其他已建成隧道洞门用工程类比法确定。

4）洞门墙基础必须埋置在稳定地基上，应视地形及地质条件，埋置足够的深度，保证洞门的稳定性。

（3）洞门建筑材料。洞门建筑材料一般采用混凝土、钢筋混凝土和片石混凝土。不同部位所采取的设计强度可参考表5.2.2-1。

表5.2.2-1　洞门建筑材料

工程部位 \ 材料种类	混凝土	钢筋混凝土	片石混凝土	砌体
端墙	C20	C25	C15	M10水泥砂浆砌片石、块石或混凝土砌块镶面
顶帽	C20	C25	—	M10水泥砂浆砌粗料石
翼墙和洞口挡土墙	C20	C25	C15	M7.5水泥砂浆砌片石
侧沟、截水沟	C15	—	—	M5水泥砂浆砌片石
护坡	C15	—	—	M5水泥砂浆砌片石

注　1. 护坡材料可采用C20喷射混凝土。
2. 最冷月平均气温低于－15℃的地区，表中水泥砂浆的强度应提高一级。

2. 洞门类型

（1）环框式洞门。当隧道洞口仰坡极为稳固，岩层坚硬，节理不发育，不易风化（Ⅰ、Ⅱ级围岩），且地形陡峻无排水要求时，可以将洞口段衬砌加厚，形成洞口环框，主要起加固洞口衬砌和减少洞口雨后滴水对洞口段的侵蚀作用，并对洞口做出简单的装饰，不承载。

环框微向后倾，其倾斜程度与顶上的仰坡一致。环框的宽度与洞口外观相匹配，一般不小于70cm，突出仰坡坡面不少于30cm，使仰坡上流下的水不致从洞口正面淌下，如图5.2.2-2所示。

（2）端墙式及柱式洞门。

1）实用条件。地形开阔、石质较稳定（Ⅱ、Ⅲ级围岩）。组成：端墙＋洞门顶排水沟。端墙起挡土墙的作用，主要抵抗山体纵向推力及支持洞口正面上的仰坡，保持其稳定，如图5.2.2-3所示。用来将仰坡流下来的地表水汇集后排走。端墙式洞门具有结构简单、工程量小、施工简便的优点，在岩层较好时使用最为经济，也是最常见的一种洞门。唯洞门顶排水条件稍差，若横向山坡一侧较低时，宜开挖沟槽横向引排。图5.2.2-4所示为柱式洞门。

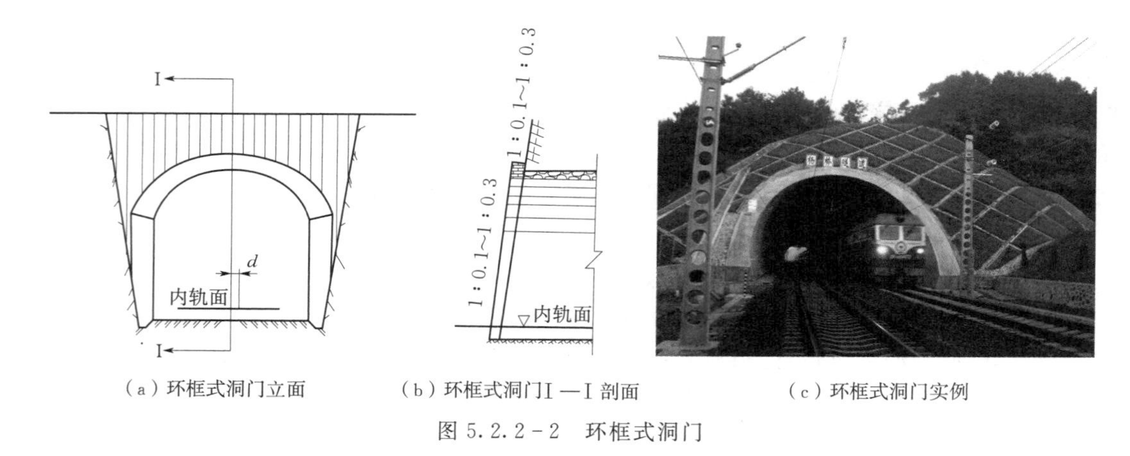

（a）环框式洞门立面　（b）环框式洞门Ⅰ—Ⅰ剖面　（c）环框式洞门实例

图 5.2.2-2　环框式洞门

2）端墙的构造要求。

a. 端墙的高度应使洞身衬砌的上方尚有 1m 以上的回填层，以减缓山坡滚石对衬砌的冲击；洞顶水沟深度应不小于 0.4m；为保证仰坡滚石不致跳跃超过洞门落到线路上去，端墙应适当上延形成挡碴防护墙，其高度从仰坡坡脚算起，应不小于 0.5m，在水平方向不宜小于 1.5m；端墙基础应设置在稳固的地基上，其深度视地质条件、冻害程度而定，一般应在 0.6～1.0m 内。按照上述要求，端墙的高度约在 11.0m 上下。

b. 端墙厚度应按挡土墙的方法计算，但不应小于：浆砌片石 0.4m；片石混凝土 0.35m；混凝土砌块、块石 0.3m；钢筋混凝土 0.2m。

c. 端墙宽度与路堑横断面相适应。

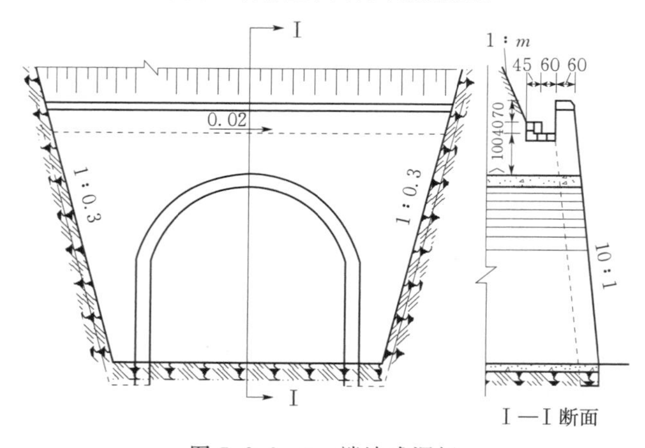

图 5.2.2-3　端墙式洞门

图 5.2.2-4　柱式洞门

（3）翼墙、耳墙及台阶式洞门。

1）翼墙式洞门。翼墙式洞门俗称八字式洞门，适用于地质较差的Ⅳ级以下围岩，山体纵向推力较大时以及需要开挖较深路堑的地方，如图 5.2.2-5 所示。

翼墙式洞门由端墙及翼墙组成。翼墙是为了增加端墙的稳定性而设置的，正面起到抵抗山体纵向推力、增加洞门的抗滑及抗倾覆能力的作用。两侧面保护路堑边坡，起挡土墙作用。翼墙顶面通常与仰坡坡面一致，其上设置水沟，将洞门顶水沟汇集的地表水引至路堑侧沟内排走。

2）耳墙式洞门。这种洞门结构形式对于排泄仰、边坡地表汇水，阻挡洞顶风化剥落体效果良好，并可大大减少对坡面的冲刷，洞口显得宽敞，结构式样比较美观，而且对于边、仰坡坡度不一致的洞口，设计时也便于处理，如图 5.2.2-6 所示。

图 5.2.2-7 所示为台阶式和斜交式洞门。

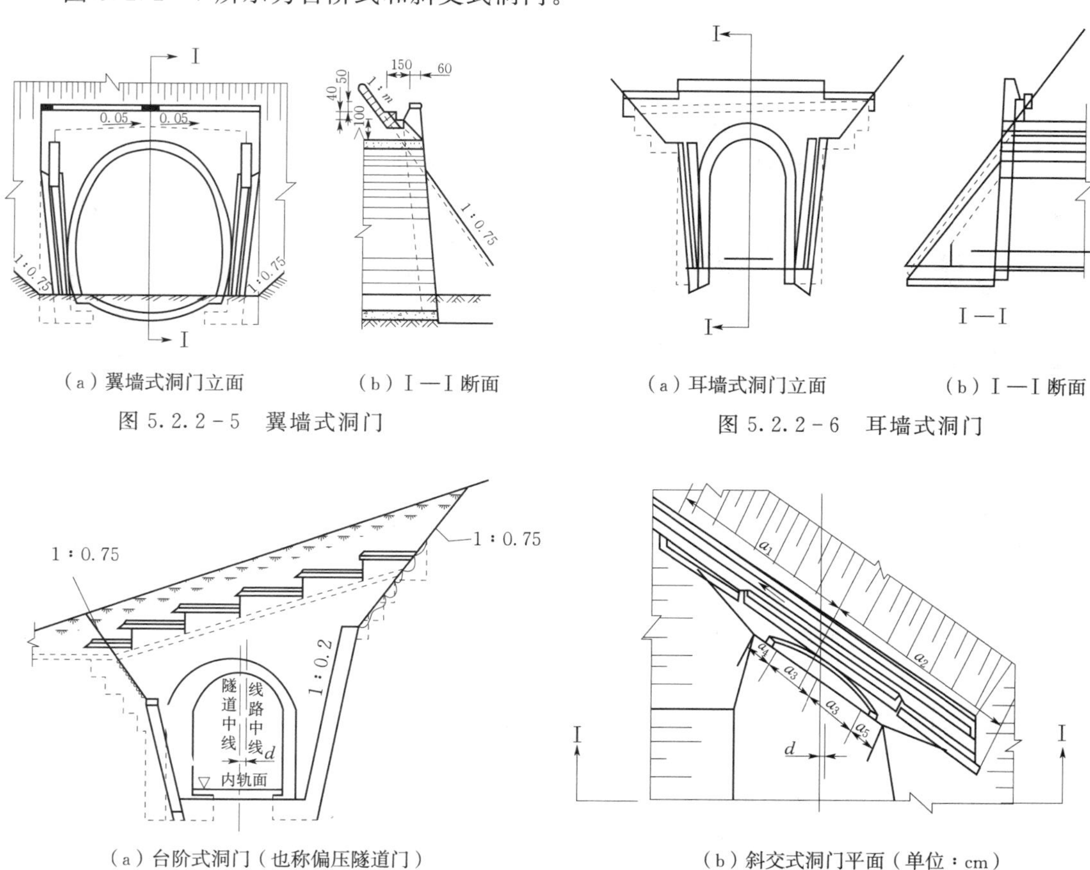

（a）翼墙式洞门立面　（b）Ⅰ—Ⅰ断面

图 5.2.2-5　翼墙式洞门

（a）耳墙式洞门立面　（b）Ⅰ—Ⅰ断面

图 5.2.2-6　耳墙式洞门

（a）台阶式洞门（也称偏压隧道门）　（b）斜交式洞门平面（单位：cm）

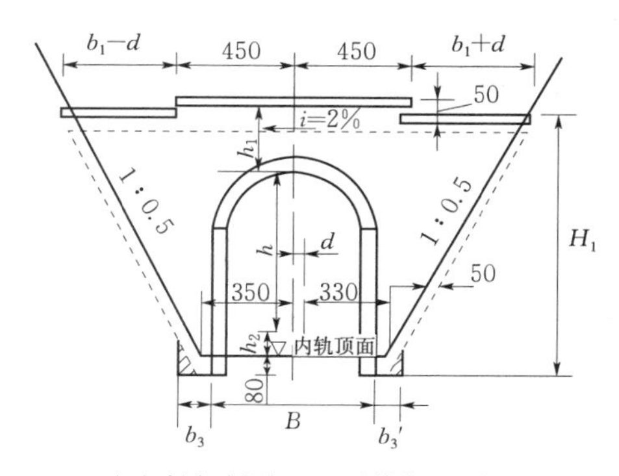

（c）斜交式洞门正面（单位：cm）

图 5.2.2-7　台阶式和斜交式洞门

（4）突出式洞门。突出式洞门主要功能是：防护功能；安全功能；景观功能。主要包括以下形式。

1）消竹式（削竹式、清竹式）。当洞口为松软的堆积层时，通常应避免大刷仰、边坡，一般宜采用接长明洞，恢复原地形地貌的办法，在洞口宽敞的场合适合采用削竹式洞口。与环框式非常相似，但洞门坡面较平缓，一般应与自然地形坡度相一致。洞门两侧边墙与翼墙一样能起到保护路堑边坡的作用，洞门四周恢复自然植被原状，或重新栽植根系发达的树木等，以使仰、边坡稳定。如果具备条件，在引道两旁边沟外侧可以栽植乔木，形成林荫道，对洞外减光十分有益。倾斜的洞门还有利于向洞内散射自然光，增加入口段的亮度。

2）喇叭口式。其包括遮光式洞门和拱形明洞门，如图 5.2.2－8 所示。

图 5.2.2－8　拱形明洞门

3. 隧道洞口的构造要求

（1）洞口仰坡坡脚至洞门墙背应有不小于 1.5m 的水平距离，以防仰坡土石掉落到路面上，危及安全。

（2）洞门端墙与仰坡之间水沟的沟底与衬砌拱顶外缘的高度不应小于 1.0m，以免落石破坏拱圈。

（3）洞门墙顶应高出仰坡脚 0.5m 以上，以防水流溢出墙顶，也可防止掉落土石弹出。

（4）水沟底下填土应夯实；否则会使水沟变形，产生漏水，影响衬砌强度。

（5）洞门墙应根据情况设置伸缩缝、沉降缝和泄水孔，以防止洞门变形。

（6）洞门墙的厚度可按计算或结合其他工程类比确定，但墙身厚度最小不得小于 0.5m。

（7）洞门墙基础必须置于稳固地基上，洞门墙基础埋置足够的深度。基底埋入土质地基的深度不应小于 1m，嵌入岩石地基的深度不应小于 0.5m。

4. 洞门的设计

（1）尺寸拟定。洞门结构的尺寸按工程类比或计算确定，但不得小于规定的最小厚度。

各种材料的最小厚度分别为：混凝土、浆砌粗料或混凝土、浆砌块石：30cm；片石混凝土：40cm；浆砌片石：50cm。

对圬工等级也有一定要求，如混凝土及片石混凝土为 150 级，严寒地区不应低于 200 级等。

洞门各部分的基础均应设在稳固地层上，基底虚渣及风化层应清除干净，土质地基应埋入地面以下 1m。在严寒地区，对膨胀性土壤，基础应设在冻结线以下 0.25m；当冻结深度超过 1m 时，基底深仍只采用 1.25m，但要采取各种防冻措施。当仰坡和边坡土石有剥落的可能时，坡面应防护。洞门端墙厚度范围内的衬砌应与洞口环的衬砌采用一种材料整体建筑，端墙和翼墙后的空隙应及时回填密实。

（2）压力计算公式。作用在洞门背后的土压力可按库仑理论进行计算。库仑定理的推导过程在土力学的课程中已有介绍，这里不再重复。几种常用图形土压力的计算公式可查隧道设计手册，在设计手册中还有常用图形、按各种系数计算出的数值及若干土压力条件下的墙厚与墙高的关系曲线等，具体设计时利用这些图表和曲线，可以较快地定出洞门的主要系数。如果没有试验资料，地层的内摩擦角和重度可按表5.2.2－2采用。

表5.2.2－2　洞门设计参数

仰坡坡度	计算摩擦角/（°）	重度/（kN/m³）	基底摩擦系数	基底容许应力/MPa
1∶0.50	70	25	0.6～0.7	0.8
1∶0.75	60	24	0.5	0.6
1∶1.00	50	20	0.45	0.35
1∶1.25	43～45	18	0.4	0.3～0.25
1∶1.50	38～40	17	0.35～0.4	0.25

（3）洞门的检算方法。无翼墙的端墙或柱式洞门，可作为具有很大孔洞的挡土墙，只要验算端墙最高、受力最大部分的强度和稳定性，Ⅰ部分为柱的检算部分，Ⅱ部分为端墙的验算部分。当无柱时，只验算端墙部位即可。以此来确定整个洞门墙的厚度和主要尺寸。洞门墙台阶埋入部分及洞门墙和衬砌连接部分，对洞门结构的稳定性是有利的，不考虑这些因素是偏安全的。对于带翼墙的洞门，端墙和翼墙一起共同承受沿隧道纵向和横向的主动水平压力，它本来是一个空间结构，但为了简化计算，可以分别验算下列几部分：①先按挡土墙理论验算翼墙，这里取洞门端墙墙趾前的翼墙宽1m的条带，此时不考虑翼墙与端墙间连接的抗剪作用，验算内容除了墙身的强度和稳定性外，还包括基底的偏心及应力验算；②端墙的检算一般只算最不利的部分，取0.5m宽，检算强度及偏心；③端墙与翼墙共同作用的检算，主要是检算端墙部分的自重和翼墙全部重力共同抵抗作用在洞门端墙Ⅰ部分上的土壤主动水平压力，使之不会滑动。

（4）检算的控制条件。挡土墙的计算在土力学及地基基础课中已经介绍过，在主动土压力作用下的挡土墙是静定结构，计算并不困难。洞门按挡土墙设计时，要求它具有足够的强度，即按容许应力检算墙本身及地基强度；并要求有充分的稳定性，即墙在土压力作用下沿基底滑移及绕墙趾倾覆的稳定。检算时应符合下列要求：墙身截面应力σ≤容许应力$[\sigma]$；墙身剪应力τ≤容许剪应力$[\tau]$；墙身截面偏心距$e \leqslant 0.3d$（d为截面厚度）；基底应力σ≤地基容许承载力；石质地基基底偏心距$e \leqslant B/4$（B为墙底宽）；土质地基基底偏心距$e \leqslant B/4$（B为墙底宽）；抗滑动稳定系数$K_C \geqslant 1.3$；抗倾覆稳定系数$K_0 \geqslant 1.5$。混凝土、片石混凝土、石砌体的容许应力查阅有关规范。

5.2.3　明洞

1．概述

明洞是用明挖法修建的山岭隧道部分，如图5.2.3－1（a）所示。其主要功能是在隧道洞口或线路上起防护作用。一般修建明洞的场合：①地质差且洞顶覆盖层较薄，用暗挖法难以进洞；②洞口路堑边坡上受坍方、落石、泥石流等威胁而危及行车安全；③铁路、公路、河渠必须在线路上方通过，且不宜做立交桥或暗洞；④为了减少隧道工程对环境的破坏影响，保护环境和景观，洞口段需延长者均需要修建明洞。

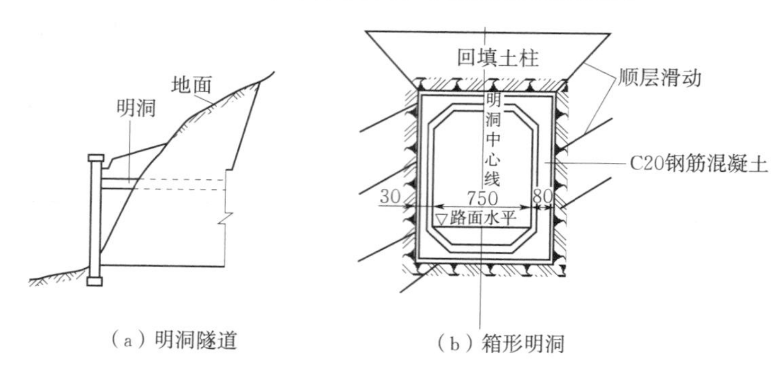

（a）明洞隧道　　（b）箱形明洞

图 5.2.3－1　明洞断面

明洞分为拱式明洞、棚式明洞和特殊结构明洞［如箱形明洞如图 5.2.3－1（b）所示］。在明洞净高或建筑高度受到限制、地基软弱的地方，可采用箱形明洞，一般为钢筋混凝土制成的整体明洞，其上回填土石。

2. 拱式明洞

拱式明洞是由拱圈、内外边墙和仰拱（或铺底）组成的混凝土或钢筋混凝土结构，它的内轮廓与隧道相一致，但结构截面的厚度要比隧道大一些，整体性较好，能承受较大的垂直压力和侧压力。由于内外墙基础相对位移对内力影响较大，所以对地基要求较高，尤其外墙基础必须稳固，必要时需要加设仰拱。

通常用作洞口接长衬砌的明洞，以及用明洞抵抗较大的坍方推力和支撑边坡稳定等。常见的拱式明洞有路堑式对称型拱形明洞、路堑式偏压型拱形明洞、半路堑式偏压型拱形明洞和半路堑单压型明洞，分别如图 5.2.3－2～图 5.2.3－9 所示。

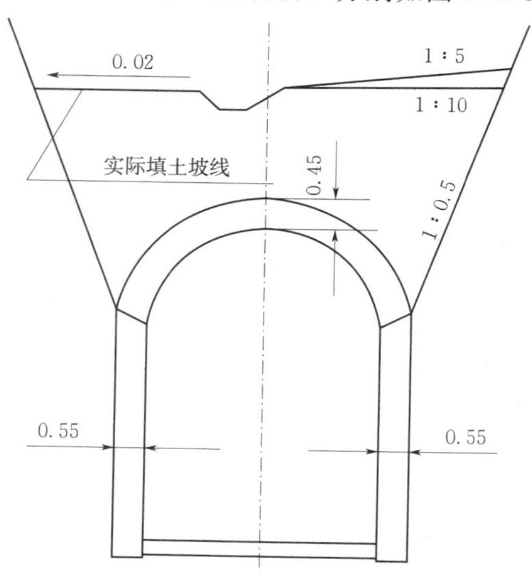

图 5.2.3－2　路堑式对称型拱形明洞（单位：m）

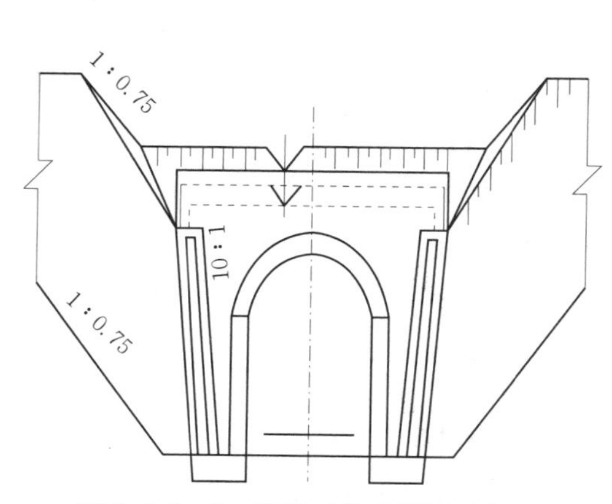

图 5.2.3－3　路堑对称型明洞示意图

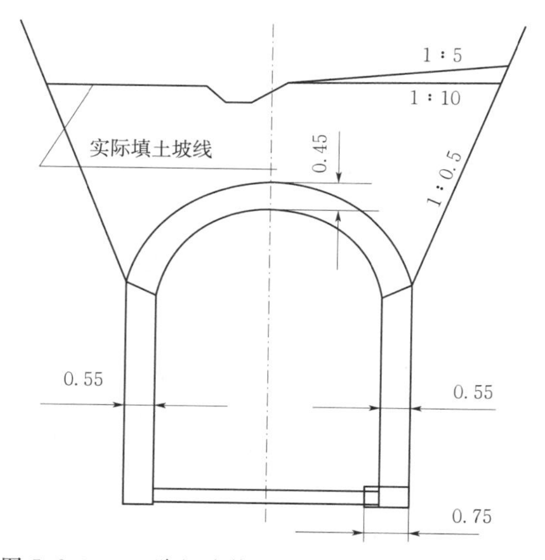

图 5.2.3-4　路堑式偏压型拱形明洞（单位：m）

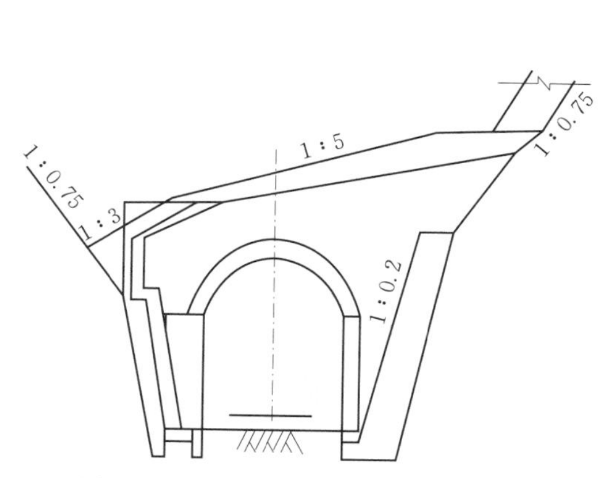

图 5.2.3-5　路堑偏压型明洞示意图

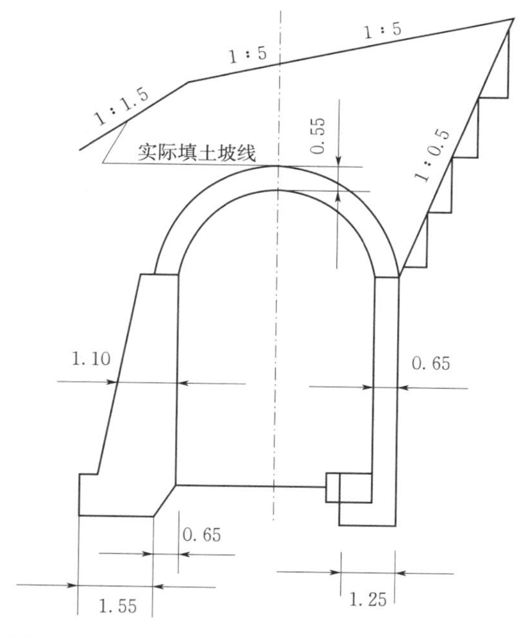

图 5.2.3-6　半路堑式偏压型拱形明洞（单位：m）

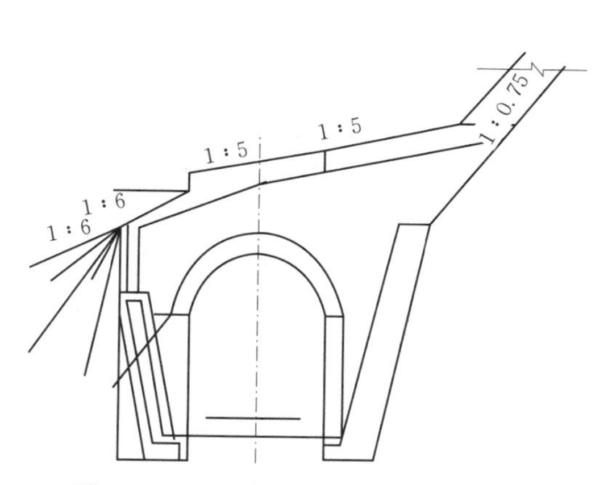

图 5.2.3-7　半路堑偏压型明洞示意图

3. 棚式明洞

棚式明洞的适用条件：山坡坍方、落石数量较少，山体侧向压力不大，或因受地质、地形限制难以修建拱形明洞时，可以修建棚式明洞，简称棚洞，如图 5.2.3-10 所示。其结构包括：顶盖，通常为梁式结构；内边墙，一般采用重力式挡墙结构，并应置于基岩或稳固的地基上；外边墙，可以采用墙式、刚架式、柱式结构或省去。常见的棚式明洞包括盖板式棚洞（墙式棚洞）、刚架式棚洞、悬臂式棚洞和柱式棚洞。其中，柱式棚洞多适用于少量落石、地基承载力高或基岩埋藏浅的地段。外墙采用独立柱和纵梁方式，结构简单，预制吊装方便，但整体稳定性较差。

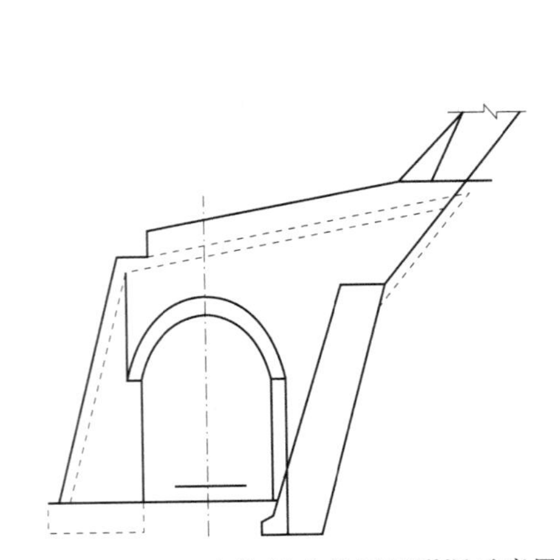

图 5.2.3-8　半路堑式单压型明洞示意图

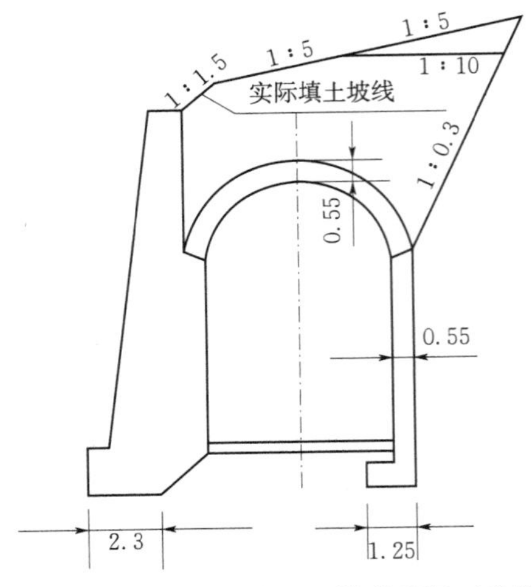

图 5.2.3-9　半路堑式单压型拱形明洞（单位：m）

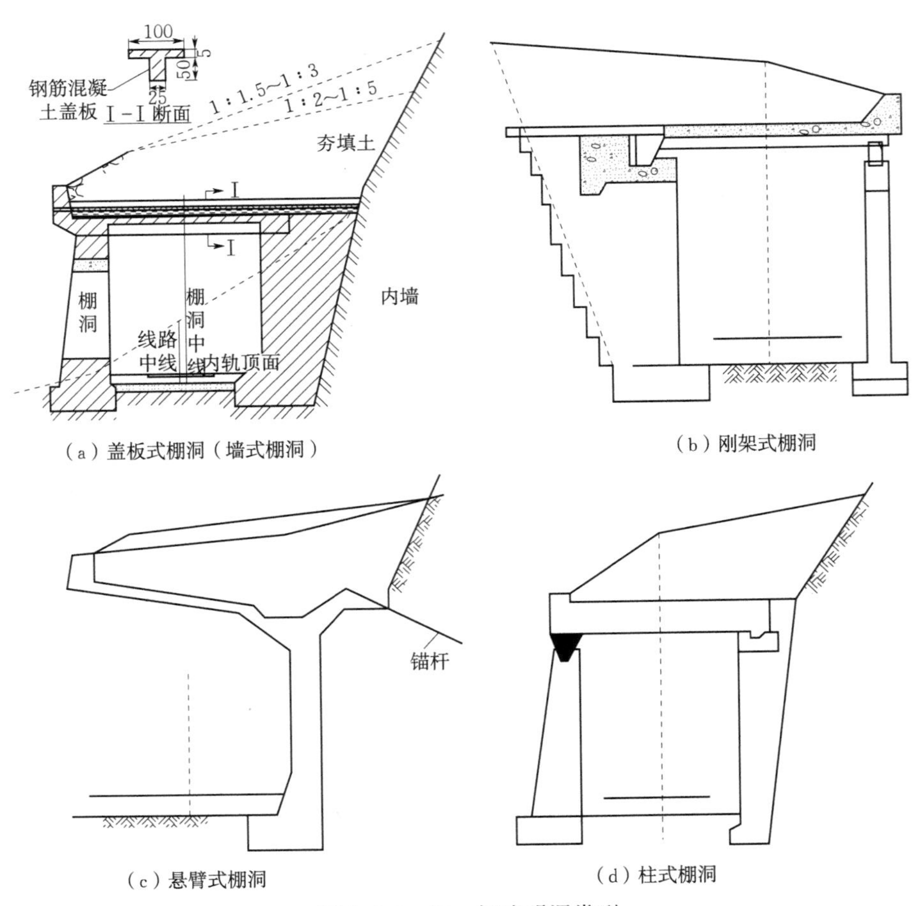

（a）盖板式棚洞（墙式棚洞）

（b）刚架式棚洞

（c）悬臂式棚洞

（d）柱式棚洞

图 5.2.3-10　棚式明洞类型

4. 明洞构造要求

(1) 明洞基础。明洞基础应置于稳固的地基上，其设计参数可按表 5.2.3-1 参考。当基岩埋深较浅时，基础可设置于基岩上；当基础位于软弱地基上时，基础可采用仰拱、整体式钢筋混凝土底板等结构。外墙基础趾部应有一定的嵌入深度，并应设在冻结线以下 0.25m，且保证一定的护基宽度，当两侧边墙地基软硬不均时：①基岩不深时可加深基础，设置于基岩上；②采用钢筋混凝土或混凝土仰拱；③采用钢筋混凝土底板，修筑整体式基础；④也可采用桩基或加固地层等措施。

表 5.2.3-1 明洞墙嵌入深度

岩层种类	埋深 h/m	护基宽 L/m
较完整的坚硬岩层	0.25	0.25～0.50
一般岩层（如砂页岩互层）	0.60	0.60～1.50
松软岩石（如千枚岩等）	1.00	1.00～2.00
砂夹砾石	1.50	1.50～2.50

当地基为完整坚固的岩体时，基础可切割成台阶。台阶平均坡度不陡于 1∶0.5；坡度线与水平线的夹角不得大于岩层的内摩擦角；台阶宽度不小于 0.50m，最低一层基础台阶宽度不小于 2m。当基础外侧受水流冲刷影响时，为了使基础外侧护基部分岩土稳定或为防止河岸冲刷的影响，应另采取挡墙、护岸、边坡加固等防护、防护刷措施。

明洞外边墙、棚洞立柱基础埋置位置在路面 3m 以下时（一般是指半路堑单压式明洞的外侧边墙及立柱），应在路基处设置钢筋混凝土横向水平拉杆或锚杆，或给立柱加设横撑和纵撑，以减小墙底转角，改善结构受力条件，增加墙柱约束，减小其长细比的影响，以确保整个结构的整体性、外侧边墙及立柱的整体性及局部稳定性。

(2) 明洞填土。明洞顶设计填土厚度，应根据山坡病害的情况，预计明洞顶可能出现的坍塌量及将来明洞所要起的作用来确定。铁路隧道规范确定为 1.50m。公路隧道规定不小于 2.0m。明洞顶填土横坡：明洞顶设计填土坡度可为 1∶5～1∶3，实际填土坡度可为 1∶10～1∶5；当边坡有病害，未来可能发生较大的坍塌，而该隧道又处于地震烈度 8 度以上地区，地震时增加了坍塌的数量，应酌情增加填土厚度，明洞应重视拱背和墙背的回填，墙背回填料的内摩擦角应不低于围岩的计算摩擦角。

(3) 明洞衬砌。

1) 当采用拱形明洞时，可按整体式衬砌设计。

2) 半路堑拱形明洞由于衬砌所受荷载明显不对称，靠山侧所受荷载较大，故半路堑拱形明洞应考虑偏压，拱形明洞外边墙宜适当加厚。

3) 当拱形明洞边墙侧压较大及地层松软时宜设仰拱。

4) 明洞宜采用钢筋混凝土结构。

5) 棚洞结构主要由盖板、内边墙和外侧支承建筑物三部分组成。

6) 路线通过滑坡地段采用明洞方案时，应与路基整治和滑坡整治方案作全面的技术经济比较。

7）在地质情况变化较大地段应设置沉降缝；气温变化较大地区应根据长度等情况设置伸缩缝。

5.2.4 附属建筑物

隧道的附属建筑物主要包括防排水、安全避让、通风、照明、电力、通信、消防、应急救援、监控及其他公用设施。

1. 防排水建筑物

隧道防排水设计标准：①衬砌不滴水，安装设备的孔眼不渗水；②道床不积水；③电力牵引的隧道拱部基本不渗水；④在有冻害地段的隧道，除拱部和边墙不渗水外，衬砌背后也不积水。其原则是：截、防、堵、排结合，因地制宜，综合治理。

（1）截水措施。“截”：它是指截断地表水和地下水流入隧道的通路，如图 5.2.4－1 所示。

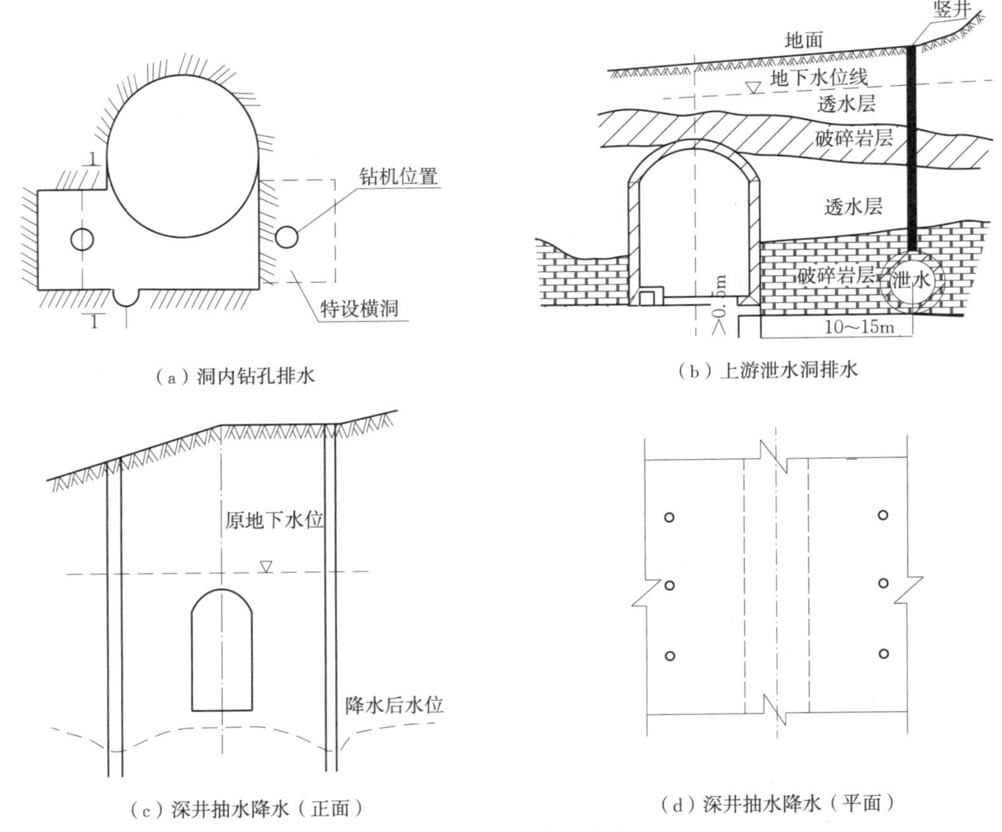

（a）洞内钻孔排水

（b）上游泄水洞排水

（c）深井抽水降水（正面）

（d）深井抽水降水（平面）

图 5.2.4－1 截水措施

1）在洞口仰坡外缘 5m 以外，设置天沟，并加以铺砌。当岩石外露，地面坡度较陡时可不设天沟。仰坡上可种植草皮、喷抹灰浆或加以铺砌。

2）对洞顶天然沟槽加以整治，使山洪宣泄畅通。

3）对洞顶地表的陷穴、深坑加以回填，对裂缝进行堵塞。

4）在地表水上游设截水导流沟，地下水上游设导坑、泄水洞，洞外井点降水或洞内井点降水。

（2）防水措施。“防”：它是指衬砌防水，即防止地下水从衬砌背后渗入隧道内。

1）防水混凝土结构。厚度不应小于30cm，抗渗等级不得低于P6，裂缝宽度不得大于0.2mm，并不得贯通；当为钢筋混凝土时，迎水面主筋保护层厚度不应小于5cm；结构施工缝和变形缝都应有防水设施。

2）防水层。包括粘贴式防水层和喷涂式防水层，前者可采用沥青油毡（或麻布）粘贴在衬砌的外表面或内表面，也可采用软聚氯乙烯薄膜、聚异丁烯片或聚乙烯片粘贴在初期支护与二次模筑衬砌之间；后者可采用喷水泥砂浆、防水砂浆抹面、“881”涂脱防水胶、阳离子乳化沥青等施作内贴式防水层。

（3）堵水措施。“堵”：针对渗漏水地段，采用注浆、喷涂、堵水墙等办法，充填支护与围岩之间的空隙，堵住地下水的通路，并使支护与围岩形成整体，改善支护受力条件。

1）喷射混凝土堵水。当围岩有大面积裂隙渗水且水量、压力较小时，可结合初期支护采用喷射混凝土堵水。注意此时需加大速凝剂用量，进行连续喷射，且在主裂隙处不喷射混凝土，使水流能集中于主裂隙流入盲沟，通过盲沟排出。

2）塑料板堵水。当围岩有大面积裂隙滴水、流水且水量、压力不太大时，可在喷射混凝土等初期支护施作完毕后，二次支护施作前，在岩壁大面积铺设塑料板堵水。塑料板铺设固定时不能绷得太紧，要预留一定的松弛度，使得在灌筑二次支护混凝土时，塑料板能向凹处变形、紧贴岩面，不产生过度张拉和破坏。

3）模筑混凝土衬砌堵水。

a. 防水混凝土的抗渗等级不得小于P8，抗压强度应满足设计要求。①水灰比不得大于0.6；②水泥用量不得少于320kg/m^3，当掺用活性粉细料时不得少于280kg/m^3；③砂率应适当提高，并不得低于35%。

b. 防水混凝土衬砌施工必须采用机械振捣。施工缝、沉降缝及伸缩缝可以采用中埋式塑料或橡胶止水带，或采用背贴塑料止水带止水；在地下水较丰富的地区，衬砌接缝处常用止水带防水，如金属（铜片）止水带、聚氯乙烯止水带、橡胶止水带、钢边止水带。

4）注浆堵水。采用超前小导管等将适宜的胶结材料压注到地层节理、裂隙、孔隙中，不仅可以加固围岩，同时也起到了堵水的作用，更可以防止地下水大量流失，较好地保持地下水环境。在隧道内层衬砌施作完成后，若因衬砌混凝土质量问题而产生渗漏，也可以向衬砌与围岩之间的缝隙压注胶结材料（水泥砂浆），用以充填衬砌与围岩之间的空隙，以堵住地下水的通路，并使衬砌与围岩形成整体，改善衬砌受力条件。

（4）排水措施。“排”：利用盲沟、泄水管、渡槽、中心排水沟或排水侧沟等排水设备，将水排出洞外，如图5.2.4-2和图5.2.4-3所示。隧道排水设计一般考虑以下几点。

1）隧道内纵向应设排水沟，横向应设排水坡。

2）遇围岩地下水出露处所，宜在衬砌背后设竖向盲沟或排水管（槽）、集水钻孔等予以引排，对于颗粒易流失的围岩，不宜采用集中疏导排水。

3）根据工程地质和水文地质条件，应在衬砌外设环向盲沟、纵向盲沟和隧底排水盲沟、组成完整的排水系统，保证道床不积水。

4）当地下水发育，含水层明显，又有长期补给来源，洞内水量较大时，可利用辅助坑道或设置泄水洞等作为截、排水设施。

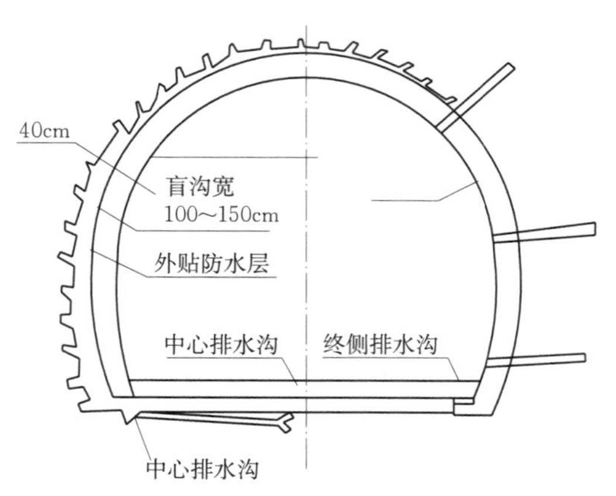

图 5.2.4－2　排水盲沟、泄水管、渡槽、路侧排水沟

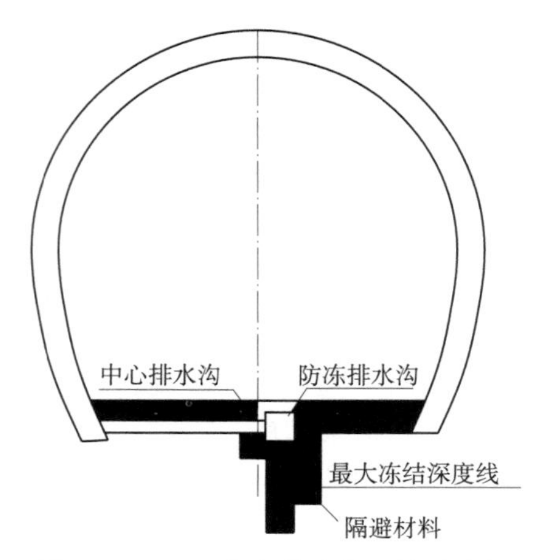

图 5.2.4－3　中心排水沟、防冻水沟

（5）盲沟（管）。盲沟（管）是在衬砌与围岩之间设置的汇水、过水通道，使之汇入泄水孔，常用类型包括片石盲沟、弹簧软管盲沟、化学纤维渗滤布盲沟，如图 5.2.4－4 所示。它主要用于引导较为集中的局部渗流水。可根据需要设置纵向和环向盲沟，间距视水量大小而定，一般为 4～10m。但必须将水流引入到衬砌墙脚的泄水孔中。

柔性盲沟：柔性盲沟通常由工厂加工制造。它具有现场安装方便、布置灵活、连接容易、接头不易被混凝土堵塞、过水效果良好、成本不太高等优点。

1）弹簧软管盲沟。这种盲沟一般采用 10 号钢丝缠成直径为 5～6cm 的圆柱形弹簧，或采用硬质又具有弹性的塑料丝缠成半圆形弹簧，或采用带孔塑料管作为过水通道的骨架，安装时外覆塑料薄膜和钢窗纱，从渗流水处开始环向铺设并接入泄水孔，如图 5.2.4－4 所示。

2）化学纤维渗滤布盲沟。这种盲沟是以结构疏松的化学纤维布作为水的渗流通道，其单面有塑料薄膜，安装时使薄膜朝向混凝土一面，如图 5.2.4－5 所示。这种渗滤布式盲沟重量轻，便于安装和连续加垫焊接，宽度和厚度也可以根据渗排水量的大小进行调整。这种渗滤布式盲沟是一种用于汇集、引排大面积渗水的较理想的渗水盲沟。

（6）泄水孔。泄水孔是设于衬砌边墙下部的出水孔道，它将盲沟流来的水直接泄入隧道内的纵向排水沟。

1）在立边墙模板时，就安设泄水管，并特别注意使其里端与盲沟接通，外端穿过模板。泄水管可用钢管、竹管、塑料管、蜡封纸管等，这种方法主要用于水量较大时。

2）当水量较小时，则可以待模筑边墙混凝土拆模后，再根据记录的盲沟位置钻泄水孔。泄水孔的位置应按设计要求设置。

（7）排水沟。排水沟承接泄水孔泄出的水，并将其排出隧道，一般分为双侧水沟和中心水沟，如图 5.2.4－6 所示。除常年干燥无水的隧道以外，一般的隧道都应设置纵向排水沟，以便将渗漏到洞内的地表水和公路车道上或铁路道床内的积水顺着线路方向排出洞外。

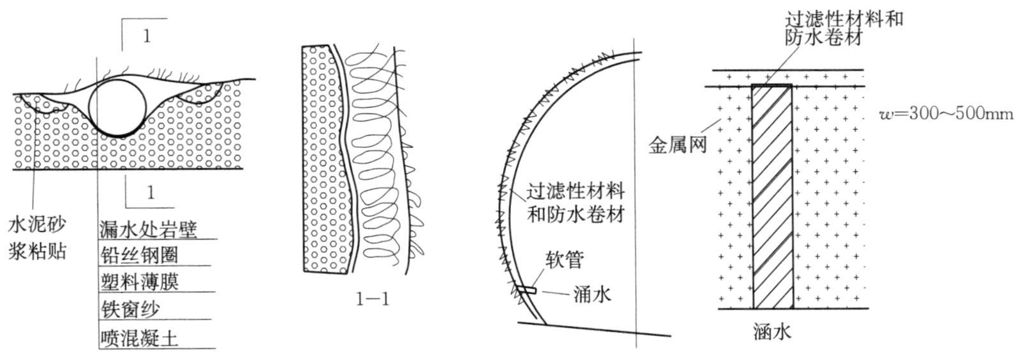

图 5.2.4-4 弹簧软管盲沟引排局部渗水　　图 5.2.4-5 渗滤布盲沟汇集引排大面积渗透

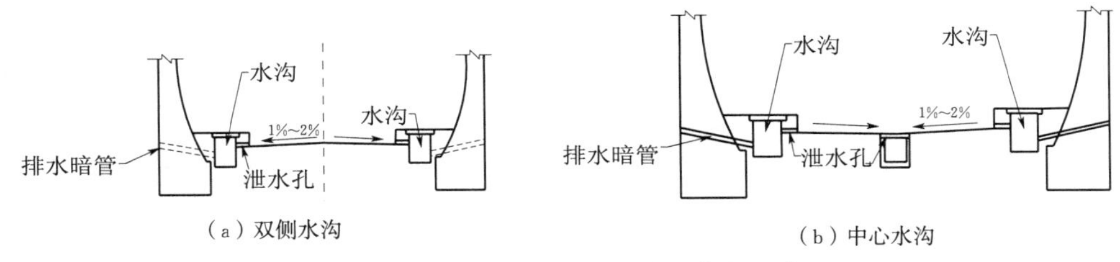

（a）双侧水沟　　（b）中心水沟

图 5.2.4-6 双侧水沟和中心水沟设计

1）铁路隧道排水沟。铁路单线隧道沟底纵坡宜与线路纵坡一致，一般不得小于 3‰，特殊情况下不得小于 1‰，隧道底部横向排水坡不应小于 2‰，宜优先设置双侧水沟。只有在短隧道中且地下水量小并铺设碎石道床时，才考虑设置单侧水沟。单侧水沟应设在来水的一侧，如为曲线隧道，则应设在曲线的内侧。

双线隧道宜在两侧及中心分别设置水沟，并不得单独采用中心水沟。如果是双线特长、长隧道，则必须同时设置双侧水沟和中心水沟。双侧水沟隔一定距离应设一横向联络沟，以平衡不均匀的水流量。

2）公路隧道排水沟。公路隧道除了要排走衬砌后面的地下水外，还要排走道路清洁冲洗后的废水和下雨时汽车带进来的雨水。水沟一般设于靠车道一侧，而电缆槽设于另一侧，衬砌背后的地下水则由排水暗管排入水沟。隧道纵向排水沟，有单侧、双侧、中心式 3 种形式。除地下水量不大的中、短隧道可不设中心水沟外，一般情况下都建议设置中心水沟，它除了能引排衬砌背后的地下水外，还可有效地疏导路面底部的积水。而路侧边沟的作用主要是排除路面污水，其形式有明沟与暗沟两种，如图 5.2.4-7 所示。

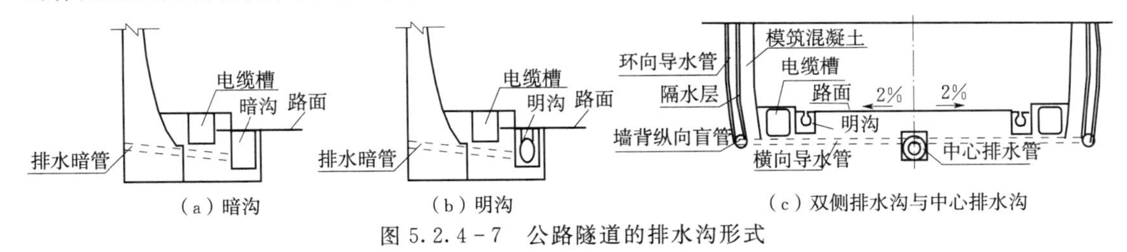

（a）暗沟　　（b）明沟　　（c）双侧排水沟与中心排水沟

图 5.2.4-7 公路隧道的排水沟形式

排水沟的断面按排水量计算确定，但一般沟底宽不应小于 40cm，沟深不应小于 35cm。为保持沟深不变，沟底纵向坡度宜与线路坡度一致，不得已时沟底纵坡也不应小于1%。道床底面的横坡不应小于2%，不大于3%。隧道内纵向排水沟沟身均采用混凝土就地模筑。水沟上面设有预制的钢筋混凝土盖板，平时成为人行道。盖板顶面应与避车洞底面平齐。排水沟在一定长度上应设检查井，以便随时清理残渣。在严寒、高寒地区的隧道中，需特别设计保温隔热层等防冻设施，以保证水流不冻，防止因流水冻结而堵死沟身，或因结冰影响行车安全，或因冻融作用破坏衬砌。

(8) 渡槽。在隧道衬砌的内表面的环形凹槽引排渗水。槽的大小依水量而定。

槽内填以卵石，槽的外表面仍以混凝土封盖。环槽下端连到预留的水管，通到侧排水沟。地下水从外方流到隧道衬砌的周边，便进入到渡槽，自顶上沿两侧流到槽底，然后经水管排到边沟去。这种排水方式多用于既有隧道，漏水较大，已无法用其他防水措施解决时，作为事后整治衬砌漏水病害的处理措施。

2. 铁路隧道附属建筑物

铁路隧道的附属设施主要包括防排水设施、安全避让设施（大小避车洞）和电力及通信设施等，还有一些专门的构造设备，如洞门的检查梯、仰坡的截水沟、洞内变压器洞库、电力牵引接触网的绝缘梯车间、无人值守增音室等，可以按照具体需要予以布置。

(1) 铁路隧道安全避让设施——避车洞。

当列车通过隧道时，为了保证洞内行人、维修人员及维修设备（小车、料具）的安全，在隧道两侧边墙上交错均匀修建的人员躲避及放置车辆、料具的洞室叫避车洞。分为小避车洞和大避车洞，前者专供洞内作业人员待避，后者既供洞内作业人员待避，又供停放、堆放一些必要的材料和线路维修小型机具使用，如图 5.2.4-8 所示。

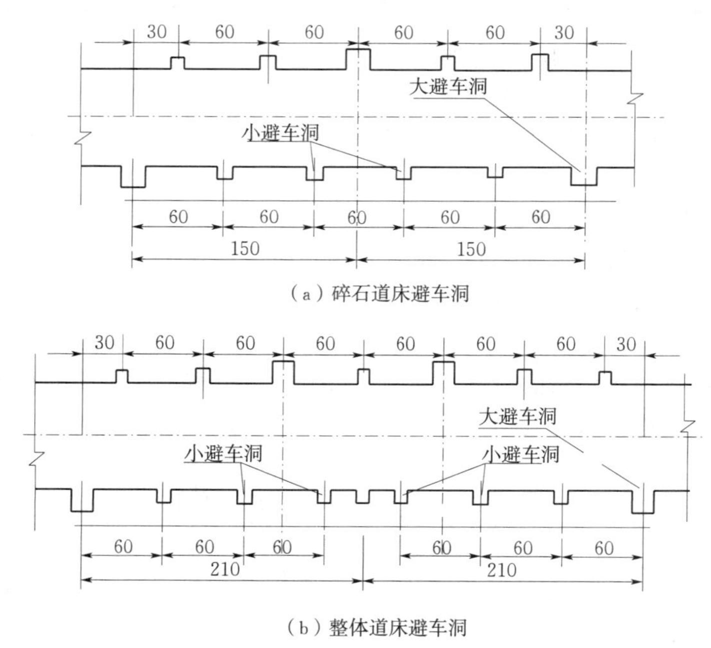

图 5.2.4-8 铁路隧道避车洞设计

1) 避车洞的布置（建筑要求）。

a. 大避车洞。对于碎石道床，每侧相隔300m布置一个避车洞；对于整体道床，每侧相隔 420m 布置一个大避车洞；当隧道长度为 300～400m 时，在隧道中间布置一个大避车洞；当隧道长度在 300m 以下时，可不布置大避车洞。如果两端洞口接桥或路堑，当桥上无避车台或路堑两边侧沟外无平台时，应与隧道一并考虑布置大避车洞。

b. 小避车洞。每侧边墙上应在大避车洞之间间隔 60m（双线隧道按 30m）布置一个小避车洞。

c. 避车洞底部标高。

i. 当避车洞位于直线上，隧道内有人行道时，避车洞底面应与人行道顶面齐平，无人行道时，避车洞的底面应与道渣顶面（或侧沟盖板顶面）齐平；隧道内采用整体道床时，应与道床面齐平。

ii. 当避车洞位于曲线上时，整体道床应根据钢轨、扣件的类型以及道床结构形式、尺寸等另行确定。

2）避车洞的净空尺寸、衬砌类型。避车洞的净空尺寸及衬砌类型主要分为两种，如图 5.2.4－9 所示。

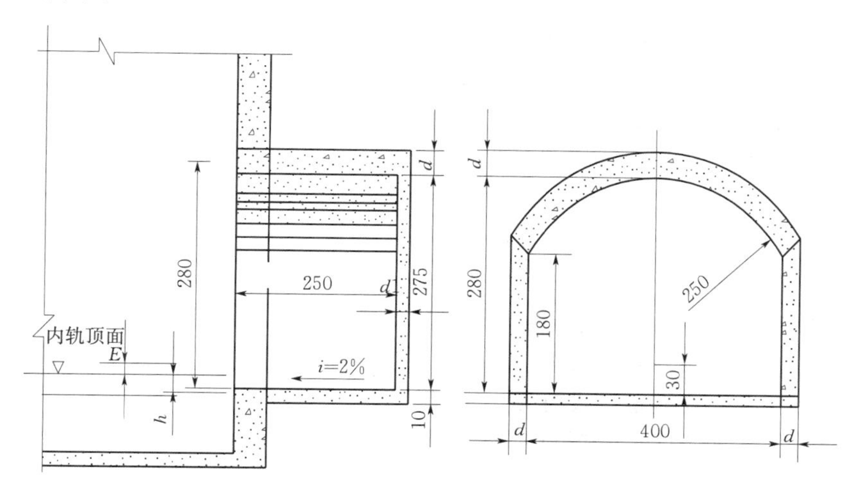

（a）4.0m宽×2.5m深×2.8m中心高

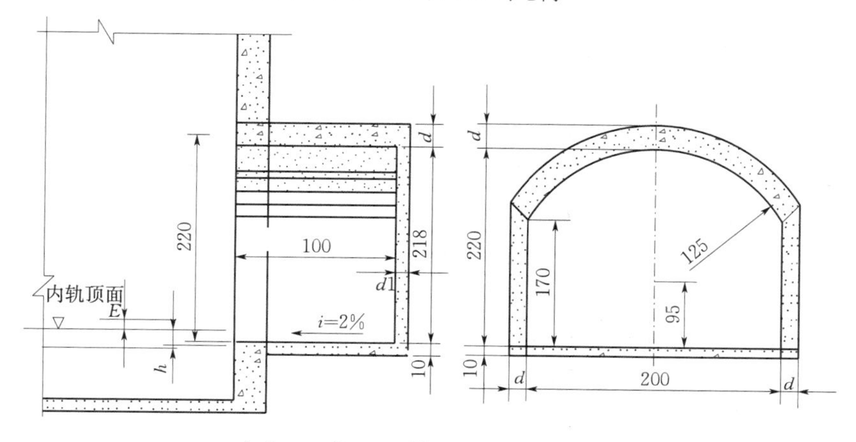

（b）2.0m宽×1.0m深×2.2m中心高

图 5.2.4－9　避车洞的净空尺寸及衬砌类型

（2）电力及通信设施。

1）电缆槽等电力设施。电缆槽是用混凝土浇筑围成的，附设在侧水沟的同侧（内侧）或异侧而不侵入隧道净空限界的位置上。槽内铺以细砂或自熄性泡沫塑料为垫层，低压电缆可以直接放在垫层面上，高压电缆则在槽边预埋的托架上吊起。槽顶有盖板用作防护。盖板顶面应与避车洞底面或道床顶面齐平。当电缆槽与水沟同侧并行时，应与水沟盖板齐平。通信和信号的电缆可以放在同一个电缆槽内，但缆间距离不应小于100mm。电力线必须单独放在另外的电缆槽内。托架的间隔，在直线段不应超过20m，在曲线段不应超过15m。通信、信号电缆槽在转折处，应以不小于1.2m的半径曲线连接，以免电缆弯曲而折断，电力电缆槽的弯曲半径宜为电缆外径的6～30倍。

当沿隧道边墙架设电力电缆时应符合下列要求：支持钢索用的托架，其间距在直线部分不宜大于20m，曲线部分不宜大于15m；钢索每隔300～500m应设一耐张段；钢索上悬挂电缆固定点的距离，电力电缆不宜大于750mm，控制电缆不宜大于600mm；在潮湿渗水处，电缆与墙壁间的距离不应小于50mm。

电力牵引区段隧道内接触网，对于单线隧道是悬吊在拱顶处，对于双线隧道是悬吊在线路中心上方的拱腰处。隧道内养护维修或其他电气设备的供电一般是采用三相四线式供电，控制开关应集中设在隧道口便于操作处。电力照明采用固定式灯具，装置高度（距轨面）一般为3.5～4m。养护作业用的照明插座一般设在避车洞内，装置高度（距轨面）不宜低于1.5m。隧道长度大于500m时，需要在设有电缆槽的同侧大避车洞内设置余长电缆腔；隧道长度在500～1000m时，需要在隧道中间设置一处；1000m以上的隧道则每隔420m或600m增设一处。

2）信号继电器箱和无人增音站洞。隧道内如需设置信号继电器箱时，则应在电缆槽同侧设置信号继电器箱洞，其宽度为2m，深度为2m，中心宽度为2.2m。根据电讯传输衰耗和通信设计要求，在隧道内设置无人增音站时，其位置可根据通信要求确定，也可与大避车洞结合使用，如不能结合时则另行修建，其尺寸同大避车洞。电力牵引的长隧道，如需设置存放维修接触网的绝缘梯车洞时，宜利用施工辅助坑道或避车洞修建，其间距约500m。

3. 公路隧道附属建筑物

公路隧道附属建筑物包括：安全避让及消防救援设施，电力及通信设施，内装、顶棚、路面设施，公用设施等其他附属设施，如公用隧管、噪声消减装置、交通标志标线等。其中公路安全避让及消防救援设施是最为主要的设施，包括固定设施（隧道内建筑结构所提供的固定结构空间）和移动设施（包括消防设施、救援设施等）。

（1）紧急停车带（加宽带）与方向转换场。超过2km的长、特长隧道应设置车道加宽带或紧急停车带。长大隧道中，还应设置横通道（单向交通时）和方向转换（即掉头）场（或称回车道设施）（对向交通时），如图5.2.4-10所示。不设检修道、人行道的隧道，可不设紧急停车带，但应按500m间距交错设置行人避车洞。

国际道路会议常设协会（PIARC）隧道委员会推荐设宽2.5m、长25m以上的加宽带，间隔750m。在我国，双向行车隧道的紧急停车带应双侧交错设置。紧急停车带的设置间距不宜大于750m，一般不小于150m。紧急停车带的宽度，包含右侧向宽度应取

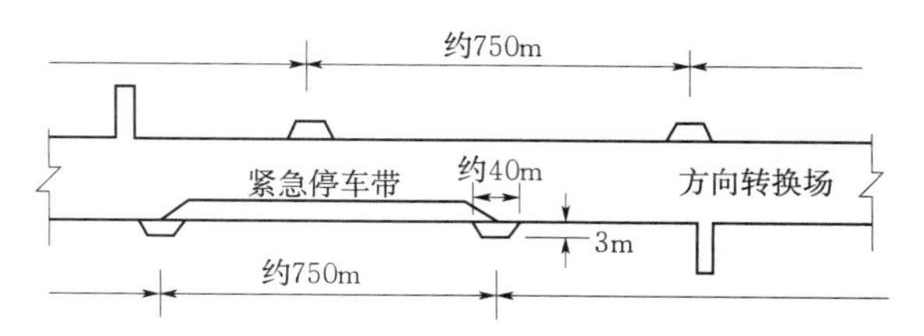

图 5.2.4-10 紧急停车带及方向转换场的设置

3.5m，长度应取40m，其中有效长度不得小于30m。停车带的路面横坡，长隧道可取水平，特长隧道可取0.5%～1.0%或水平。

（2）人行横通道和车行横通道。相邻双孔隧道之间，宜按规定设置供巡查、维修、救援及车辆转换方向用的行人横洞及行车横洞，见表5.2.4-1。

表 5.2.4-1 横洞间距及尺寸 单位：m

名称	间距	尺寸	
		宽	高
行人横洞	200～300	2.0	2.2
行车横洞	400～500	4.0	4.5

注 1. 隧道长度为400～600m时，可在隧道中间设一行人横洞，长度小于400m时，可不设行人横洞。
2. 隧道长度为800～1000m时，可在隧道中间设一行车横洞，长度小于800m时可不设行车横洞。

无论是车行横通道还是人行横通道，通道内必须有足够的照明、报警设备和指示性标志，汽车横通道内还应有通风设备。车行横通道与正洞应该形成一个小于90°的夹角，单向交通的隧道采用45°～60°夹角。

（3）消防设施。高速公路、一级公路的隧道，根据隧道等级来设置紧急救灾设施。

5.3 隧道支护结构计算原理

隧道结构计算的任务就是采用数学力学的方法，计算分析在隧道修筑的整个过程中（包括竣工运营）隧道围岩及衬砌的强度、刚度及稳定性，为隧道的设计及施工提供具体设计参数。隧道支护结构计算方法常用的有结构力学法（结构—荷载法）、岩体力学法（地层—结构法）、信息反馈法和工程类比经验法。

5.3.1 结构力学方法

1. 基本原理

将支护结构和围岩分开来考虑，支护结构作为承载主体，围岩作为荷载主要来源，同时考虑其对支护结构的变形起约束作用，计算衬砌在荷载作用下的内力和变形，也称为荷载—结构法。

（1）设计原理。按围岩分级或实用公式确定围岩压力，围岩对支护结构变形的约束作用是通过弹性支承来体现的，而围岩的承载能力则在确定围岩压力和弹性支承的约束能力时间接地考虑。围岩的承载能力越高，它给予支护结构的压力越小，弹性支承约束支护结构变形的抗力越大。相对来说，支护结构所起的作用就变小了。

（2）适用条件。围岩因过分变形而发生松弛和崩塌，支护结构主动承担围岩“松动”压力的情况，尤其是对模注衬砌。

（3）关键问题。如何确定作用在支护结构上的主动荷载，其中最主要的是围岩所产生的松动压力，以及弹性支承对支护结构的弹性抗力。

（4）围岩与支护结构相互作用处理方法：①主动荷载法；②主动荷载和被动荷载（围岩弹性约束、弹性抗力）组合方法；③实际荷载模式。其分析模型如图 5.3.1－1 所示。

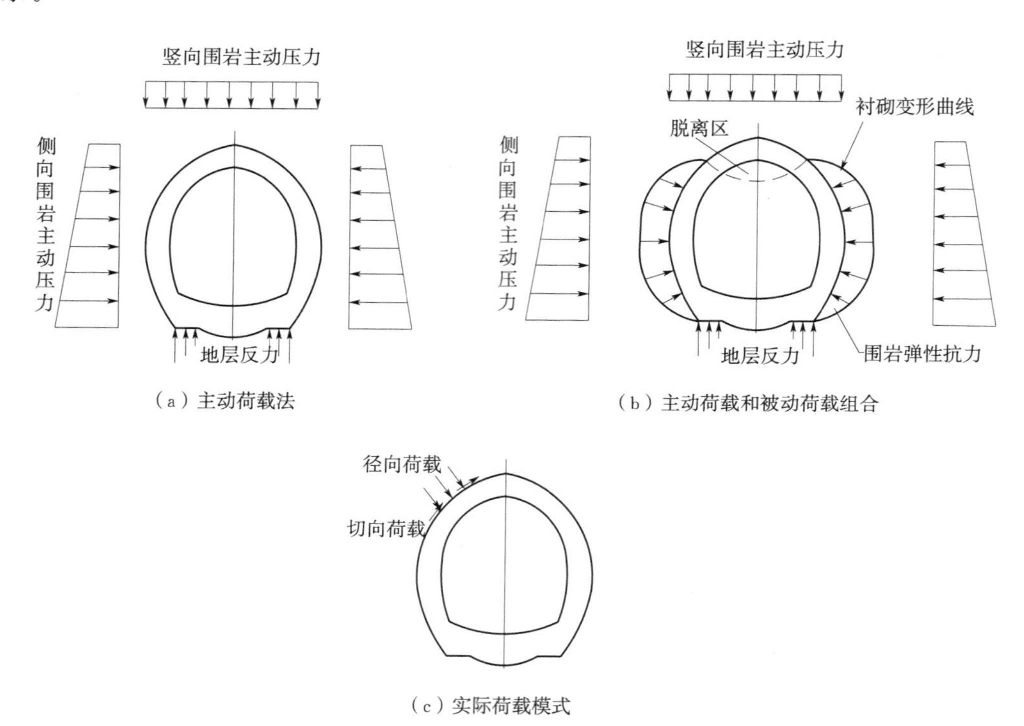

（a）主动荷载法

（b）主动荷载和被动荷载组合

（c）实际荷载模式

图 5.3.1－1　围岩与支护结构相互作用处理方法

（5）支护结构的内力计算方法主要有弹性连续框架法（含拱形）、假定抗力法和弹性地基梁法（含曲梁和圆环）。

2. 隧道衬砌承受的荷载

（1）主动荷载。

1）主要荷载。它是指长期及经常作用的荷载，如围岩松动压力、支护结构的自重、地下水压力及列车、汽车活载等。

2）附加荷载。它是指偶然的、非经常作用的荷载，如温差应力、施工荷载、灌浆压力、冻胀力及地震力等。公路隧道荷载分类可参考表 5.3.1－1、铁路隧道荷载分类可参考表 5.3.1－2、地铁设计规范荷载的分类可参考表 5.3.1－3。

表 5.3.1-1　　公路隧道荷载分类

编号	荷载分类		荷载名称
1	永久荷载		围岩压力
2			土压力
3			结构自重
4			结构附加恒载
5			混凝土收缩和徐变的影响力
6			水压力
7	可变荷载	基本可变荷载	公路车辆荷载、人群荷载
8			立交公路车辆荷载及其产生的冲击力、土压力
9			立交铁路车辆荷载及其产生的冲击力、土压力
10		其他可变荷载	立交渡槽流水压力
11			温度变化的影响力
12			冻胀力
13			施工荷载
14	偶然荷载		落石冲击力
15			地震力

注　编号1～10为主要荷载；编号11、12、14为附加荷载；编号13、15为特殊荷载。

表 5.3.1-2　　铁路隧道荷载分类

序号	作用分类	结构受力及影响因素	荷载分类	
1	永久作用	结构自重	恒载	主要荷载
2		结构附加恒载		
3		围岩压力		
4		土压力		
5		混凝土收缩和徐变的影响力		
6	可变作用	列车活载	活载	
7		活载产生的土压力		
8		公路活载		
9		冲击力		
10		渡槽流水压力（设计渡槽明洞时）		
11		制动力	附加荷载	
12		温度变化影响		
13		灌浆压力		
14		冻胀力		
15		施工荷载（施工阶段的某些外加力）	特殊荷载	

续表

序号	作用分类	结构受力及影响因素	荷载分类
16	偶然作用	落石冲击力	附加荷载
17		地震力	特殊荷载

注　永久作用（恒载）除表中所列外，对有水或含水地层中的隧道结构，必要时还应考虑水压力。

表 5.3.1-3　　地铁设计规范荷载的分类

荷载分类		荷载名称
永久荷载		结构自重
		地层压力
		结构上部和破坏棱体范围的设施及建筑物压力
		水压力及浮力
		混凝土收缩及徐变影响
		预加应力
		设备重量
		地基下沉影响
可变荷载	基本可变荷载	地面车辆荷载及其动力作用
		地面车辆荷载引起的侧向土压力
		地铁车辆荷载及其动力作用
		人群荷载
	其他可变荷载	温度变化影响
		施工荷载
偶然荷载		地震影响
		沉船、抛锚或河道疏浚产生的撞击力等灾害性荷载
		人防荷载

注　1. 设计中要求考虑的其他荷载，可根据其性质分别列入上述三类荷载中。

2. 本表中所列荷载未加说明时，可按国家有关现行标准或根据实际情况确定。

（2）被动荷载（即围岩的弹性抗力）。所谓弹性抗力是指由于支护结构发生向围岩方向的变形而引起的围岩对支护结构的约束反力，如图 5.3.1-2 所示，可采用局部变形理论或整体变形理论进行计算，用式（5.3.1-1）表示，即

$$\sigma_i = K\delta_i \tag{5.3.1-1}$$

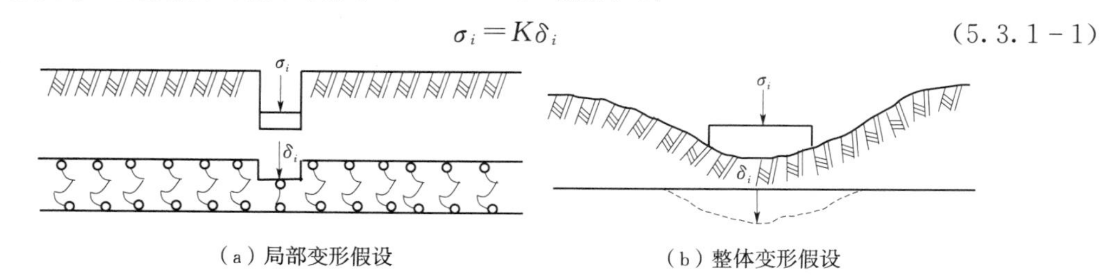

（a）局部变形假设　　（b）整体变形假设

图 5.3.1-2　变形引起的反力计算

式中　σ_i——围岩和结构相互作用的反力，即弹性抗力（图5.3.1-2）；

δ_i——支护结构表面某点 i 的位移，即对应的围岩表面某点的压缩变形；

K——围岩的弹性反力系数。

3. 隧道衬砌结构的计算方法

（1）主动荷载模式。

1）弹性固定的无铰拱。这类计算模式常适用于半衬砌。用先拱后墙施工时，先做好的拱圈在挖马口前的工作情况也是这种半衬砌。这种拱圈的拱脚支承在弹性围岩上，故称弹性固定无铰拱。半衬砌拱圈的拱矢和跨度比值一般是不大的，当竖向荷载作用时，大部分情况下，拱圈都是向坑道内变形，不产生弹性抗力。

2）圆形衬砌。修建在软土地层中的圆形衬砌，也常按主动荷载模式进行结构计算。承受的荷载主要有土压力、水压力、结构自重和与之相平衡的地基反力。

a. 半衬砌的计算。拱脚为弹性固定的无铰拱的计算原理和方法，与结构力学中的固端无铰拱基本一样，所不同的是前者支承于弹性支座上，而后者支承于刚性支座上。拱脚支承在弹性的围岩上时，由于在拱脚支承反力作用下围岩表面将发生弹性变形，使拱脚发生角位移和线位移，这些位移将影响拱圈内力。由于拱脚截面的剪力很小，而且拱脚与围岩间存在很大的摩擦力，因而可以假定拱脚只有切向位移而没有径向位移，可用一根径向的刚性支承链杆表示，其计算图式如图5.3.1-3所示。在结构对称及荷载对称的情况下，两拱脚切向位移的竖向分位移是相等的，这时对拱圈受力状态不发生影响，在计算中仅需考虑转角 β 和切向位移的水平分位移 u，其正号如图5.3.1-3所示方向。用力法解算这种结构，它是一个二次超静定结构，取基本结构［图5.3.1-3（d）］以拱顶截面的弯矩和法向力为赘余力，用 X_1、X_2 表示，则可列出下列典型方程式，即

$$\begin{cases}X_1\delta_{11}+X_2\delta_{12}+\Delta_{1P}+\beta_0=0\\X_1\delta_{21}+X_2\delta_{22}+\Delta_{2P}+u_0+f\beta_0=0\end{cases}\tag{5.3.1-2}$$

式中　δ_{ik}——柔度系数（i、$k=1$，2），即在基本结构中，拱脚为刚性固定时，悬臂端作用单位广义力（$X_k=1$）时，沿未知力 X_i 方向所产生的位移，由位移互等定理可知 $\delta_{ik}=\delta_{ki}$；

Δ_{iP}——在外荷载作用下，沿 X_i 方向产生的位移；

β_0，u_0——分别为拱脚截面的总弹性转角和总水平位移。

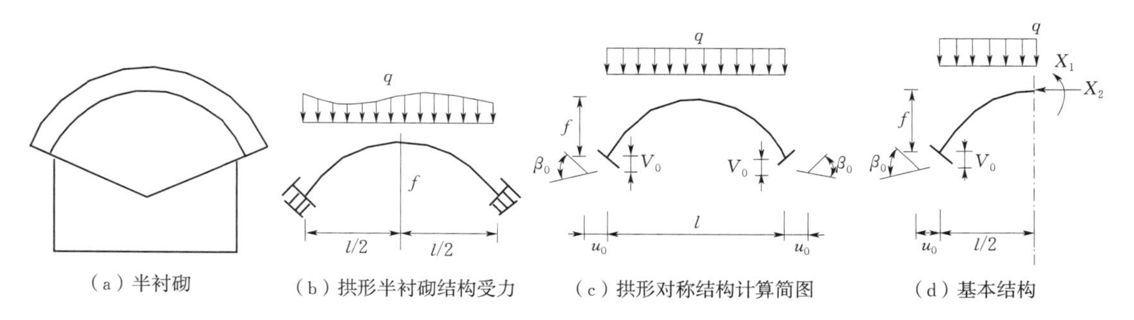

（a）半衬砌　（b）拱形半衬砌结构受力　（c）拱形对称结构计算简图　（d）基本结构

图5.3.1-3　半衬砌的计算简图

以上变位值（赘余力 X_1、X_2 的系数）可通过结构力学的方法求得，具体求解过程可参考《地下结构设计原理与方法》，如图 5.3.1－4 所示。最终可得到拱形结构的内力表达式，即

$$\begin{cases}M_i = X_1 + X_2 y_i + M_{iP}^0 \\ N_i = X_2 \cos\varphi_i + N_{iP}^0\end{cases} \tag{5.3.1－3}$$

式中　M_{iP}^0，N_{iP}^0——基本结构因外荷载作用在任一截面 i 处产生的弯矩和轴力；

y_i——截面 i 的纵坐标；

φ_i——截面 i 与垂直线之间的夹角。

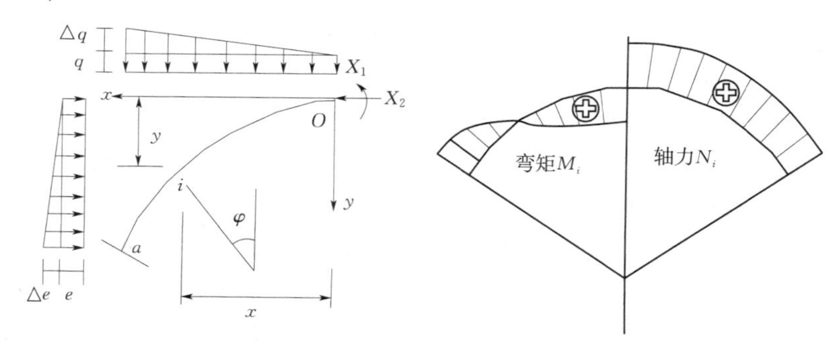

图 5.3.1－4　计算简图及计算结果表示

b. 圆形隧道衬砌的自由变形法。使用阶段自由变形圆环上的荷载分布见图 5.3.1－5（a），取图 5.3.1－5（b）所示的基本结构，采用弹性中心法进行计算（图 5.3.1－6）。

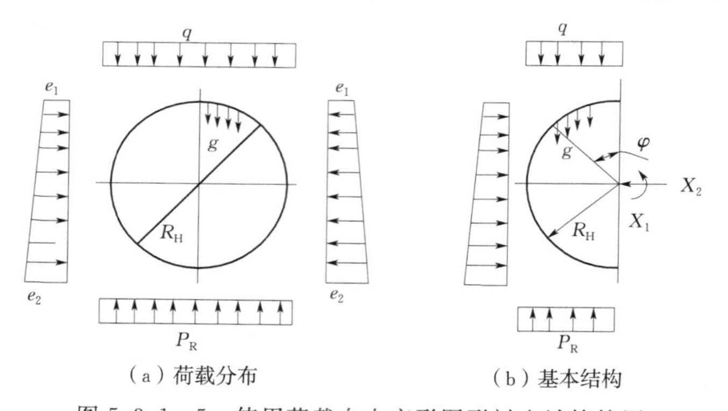

图 5.3.1－5　使用荷载自由变形图形衬砌计算简图

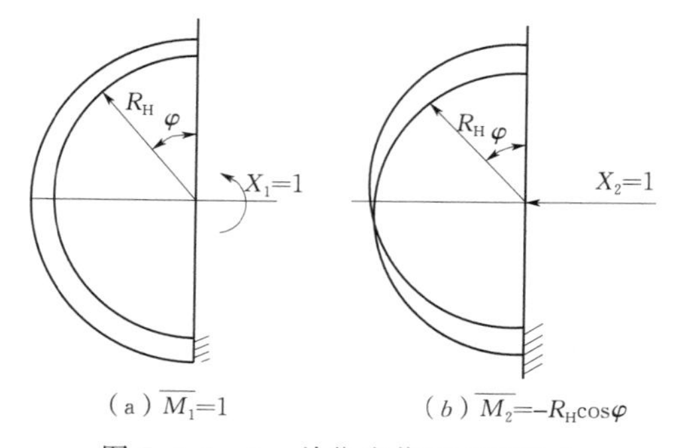

图 5.3.1－6　单位力作用下的内力

由于结构及荷载对称，拱顶剪力等于零，故整个圆环为二次超静定结构。根据弹性中心处的相对角变和相对水平位移等于零的条件，列出下列方程，即

$$\begin{cases}X_1\delta_{11}+\Delta_{1P}=0\\X_2\delta_{22}+\Delta_{2P}=0\end{cases}\tag{5.3.1-4}$$

其中，

$$\delta_{11}=\frac{1}{EI}\int_0^{\pi}\overline{M}_1^2R_{\mathrm{H}}\mathrm{d}\varphi=\frac{1}{EI}\int_0^{\pi}R_{\mathrm{H}}\mathrm{d}\varphi=\frac{\pi R_{\mathrm{H}}}{EI}\tag{5.3.1-5}$$

$$\delta_{22}=\frac{1}{EI}\int_0^{\pi}\overline{M}_2^2R_{\mathrm{H}}\mathrm{d}\varphi=\delta_{11}=\frac{1}{EI}\int_0^{\pi}(-R_{\mathrm{H}}\cos\varphi)^2R_{\mathrm{H}}\mathrm{d}\varphi=\frac{\pi R_{\mathrm{H}}^3}{2EI}\tag{5.3.1-6}$$

$$\Delta_{1P}=\frac{R_{\mathrm{H}}}{EI}\int_0^{\pi}M_P\mathrm{d}\varphi\tag{5.3.1-7}$$

$$\Delta_{2P}=-\frac{R_{\mathrm{H}}^2}{EI}\int_0^{\pi}M_P\cos\varphi\mathrm{d}\varphi\tag{5.3.1-8}$$

式中　M_{P}——基本结构中外荷载对圆环任意截面产生的弯矩；

φ——计算截面处的半径与竖直轴的夹角；

R_{H}——圆环的计算半径。

将上述各系数代入式（5.3.1-4）中，得

$$X_1=-\frac{\Delta_{1P}}{\delta_{11}}=-\frac{1}{\pi}\int_0^{\pi}M_P\mathrm{d}\varphi\tag{5.3.1-9}$$

$$X_2=-\frac{\Delta_{2P}}{\delta_{22}}=\frac{2}{\pi R_{\mathrm{H}}}\int_0^{\pi}M_P\cos\varphi\mathrm{d}\varphi\tag{5.3.1-10}$$

由式（5.3.1-9）和式（5.3.1-10）求出赘余力 X_1 和 X_2 后，圆环中任意截面的内力计算式为

$$M_{\varphi}=X_1-X_2R_{\mathrm{H}}\cos\varphi+M_P\tag{5.3.1-11}$$

$$N_{\varphi}=X_2\cos\varphi+N_P\tag{5.3.1-12}$$

对于自由变形圆环，在图5.3.1-5所示的各种荷载作用下求任意截面中的内力，可以将每一种单一的荷载作用在圆环上，利用式（5.3.1-11）即可推导出表5.3.1-4中的计算公式。表中的弯矩 M 以内缘受拉为正、外缘受拉为负；轴力 N 以受压为正、受拉为负。表5.3.1-4中各项荷载均为（纵向）单位环宽上的荷载。

表5.3.1-4　断面内力系数表

荷重	截面位置	内力		底部反力
		$M/(\mathrm{kN\cdot m})$	N/kN	
自重	$0\sim\pi$	$gR_{\mathrm{H}}^2(1-0.5\cos\alpha-\alpha\sin\alpha)$	$gR_{\mathrm{H}}(\alpha\sin\alpha-0.5\cos\alpha)$	πg
荷重	$0\sim\pi/2$	$qR_{\mathrm{H}}^2(0.193+0.106\cos\alpha-\alpha 0.5\sin^2\alpha)$	$qR_{\mathrm{H}}(\sin^2\alpha-0.106\cos\alpha)$	q
	$\pi/2\sim\pi$	$qR_{\mathrm{H}}^2(0.693+0.106\cos\alpha-\sin\alpha)$	$qR_{\mathrm{H}}(\sin\alpha-0.106\cos\alpha)$	

续表

荷重	截面位置	内力		底部反力
		$M/$（kN·m）	$N/$kN	
底部反力	0～π/2	$P_R R_H^2$（0.057－0.106cosα）	0.106$P_R R_H$cosα	$q+\pi g$
	π/2～π	$P_R R_H^2$（－0.443＋sinα－0.106cosα－0.5sin²α）	$P_R R_H$（sin²α－sinα－0.10cosα）	
水压	0～π	$-R_H^2$（0.5－0.25cosα－0.52sinα）	R_H^2（1－0.25cosα－0.52sinα）＋HR_H	
均布荷载	0～π	$e_1 R_H^2$（0.25－0.5cos²α）	$e_1 R_H$cos²α	0
三角形侧压	0～π	$e_2 R_H^2$（0.25sin2α＋0.083cos³α－0.063cosα－0.125）	$e_2 R_H$cosα（0.063＋0.5cosα－0.25cos²α）	0

（2）主动荷载加被动荷载模式。衬砌结构在主动荷载作用产生的弹性抗力的大小和分布形态取决于衬砌结构的变形，而衬砌结构的变形又和弹性抗力有关，所以衬砌结构的计算是一个非线性问题，必须采用迭代解法或某些线性化的假定。例如，假设弹性抗力的分布形状为已知，或采用弹性地基梁的理论，或用弹性支承代替弹性抗力等。于是，支护结构内力分析的问题，就成了通常的超静定结构求解。

1）假定抗力区范围及抗力分布规律法（简称“假定抗力图形法”）。曲墙式衬砌通常用在Ⅳ～Ⅵ级围岩中，它由拱圈、曲边墙和仰拱或底板组成，承受较大的竖向和水平侧向围岩压力，有时还可能有向上隆起的底部压力。由于仰拱是在边墙、拱圈受力后才修建的，通常在计算中不考虑仰拱的影响，而将拱圈和边墙作为一个整体，把它看成是一个支承在弹性围岩上的高拱结构。若仰拱是在修建边墙之前修建的，则计算时应将仰拱和边墙及拱圈视为一整体进行结构计算。

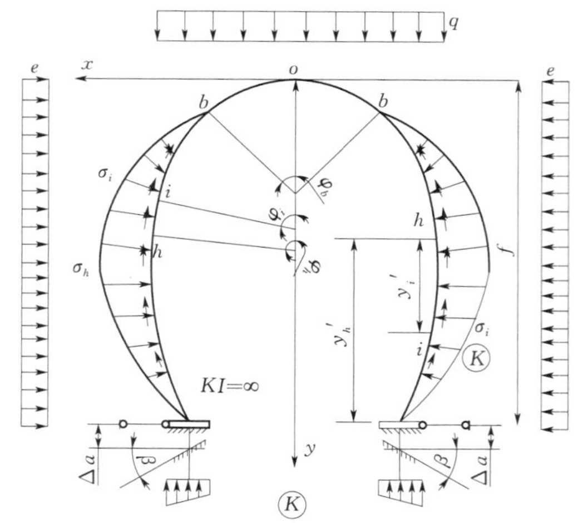

图 5.3.1－7 曲墙拱计算图式

相应的计算简图如图 5.3.1－7 所示。假定弹性反力作用的范围、分布规律（如二次抛物线）、最大弹性反力点的位置（通常在最大跨度附近），根据最大弹性反力点的力与其位移成正比（如局部变形理论）的条件列出一个附加的方程，从而可以求出假定弹性反力图形的超静定结构的赘余力和最大弹性反力。在列出典型方程组时，对于拱形结构尚应计及基础底面的弹性约束条件（如转角 β_a）。

这类衬砌在以竖向压力为主的主动荷载作用下，拱圈的顶部发生向坑道内的变形不受围岩的约束，形成“脱离区”。衬砌结构的侧面部分则压向围岩，形成“弹性反力区”，引起相应的弹性反力。

选用的计算图式有以下几个要点：墙基支承在弹性的围岩上，被视为弹性固定端。因底部摩擦力很大，无水平位移，将结构视为支承在弹性地基上的高拱。侧面弹性反力的分布按结构变形的特征而假设其分布图形。此分布图形用 3 个特征点控制：上零点 b（即脱离区的边界）与对称轴线间的夹角一般采用 $\varphi_b=40°\sim60°$，其精确位置需用逐步近似的方法加以确定；下零点 a 取在墙底，该处无水平位移；最大弹性反力点 h 可假定在衬砌最大跨度处，在实际计算时为简化起见，上零点和最大弹性反力点最好取在结构分块的接缝上。通常 ah 弧≈2/3ab 弧。这样，弹性反力图形中各点力的数值与最大弹性反力 σ_h 有下述关系式。

在 bh 段上，任一点的弹性反力强度为

$$\sigma_i=\sigma_h\frac{\cos^2\varphi_b-\cos^2\varphi_i}{\cos^2\varphi_b-\cos^2\varphi_h} \tag{5.3.1-13}$$

在 ah 段上，任一点的弹性反力强度为

$$\sigma_i=\sigma_h\left[1-\left(\frac{y_i'}{y_h'}\right)^2\right] \tag{5.3.1-14}$$

式中　φ_i——所论截面与竖直轴的夹角；

y_i'——所论截面（外缘点）至 h 点的垂直距离；

y_h'——墙底（外缘点）至 h 点的垂直距离。

这样，整个弹性反力是 σ_h 的函数，可将其视为一个外荷载。围岩弹性反力对于衬砌的变形还会在围岩衬砌间产生相应的摩擦力，即

$$S_i=\mu\sigma_i \tag{5.3.1-15}$$

式中　μ——衬砌与围岩间的摩擦系数。

摩擦力 S_i 的分布图形与弹性反力 σ_i 相同，也是 σ_h 的函数。

根据以上分析，曲墙式衬砌的计算图式是拱脚为弹性固定而两侧受围岩约束的无铰拱。

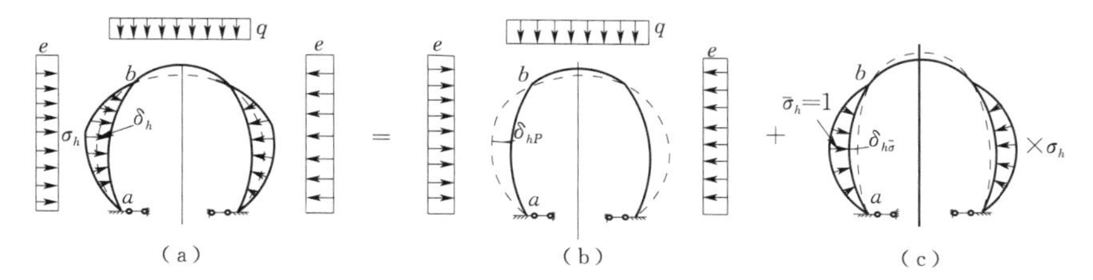

图 5.3.1-8　运用叠加法的分解图式

在结构与荷载均为对称的条件下，可以从拱顶切开，以一对悬臂曲梁作为基本结构，切开处赘余力为 X_1及 X_2，剪力 $X_3=0$。在主动荷载和弹性反力作用下，根据拱顶相对转角及相对水平位移为零的条件，可以得到两个典型方程式。但方程中还含有未知数 σ_h，所以还需利用 h 点变形协调条件来增加一个方程式才能解出 3 个未知数。而 σ_h 是由衬砌的变形决定的，如图 5.3.1-8（a）所示。解决这个问题的方法是利用叠加原理，首先在主动荷载作用下，解出衬砌各截面的内力 M_{iP} 和 N_{iP}，并求出 h 点处的位移 δ_{hP} [图 5.3.1-8（b）]。然后再以 $\bar{\sigma}_h=1$ 时的单位弹性反力图形作为外荷载，又可求出结构各截面的内力 $M_{i\bar{\sigma}}$、$N_{i\bar{\sigma}}$ 及相应的 h 点的位移 $\delta_{h\bar{\sigma}}$ [图 5.3.1-8（c）]。根据叠加原理，h 点的最终位移为

$$\delta_h=\delta_{hP}+\sigma_h\delta_{h\bar{\sigma}} \tag{5.3.1-16}$$

而 h 点的位移与该点的弹性反力存在下述关系，即

$$\sigma_h = K\delta_h \tag{5.3.1-17}$$

将其代入式（5.3.1－16），解之即得

$$\delta_h = \frac{\delta_{hP}}{\dfrac{1}{K} - \delta_{h\bar{\sigma}}} \tag{5.3.1-18}$$

a. 求主动荷载作用下的衬砌内力。主动荷载下基本结构如图 5.3.1－9 所示，未知赘余力为 X_{1P} 及 X_{2P}，典型方程为

$$\begin{aligned} X_{1P}\delta_{11} + X_{2P}\delta_{12} + \Delta_{1P} + \beta_{aP} = 0 \\ X_{1P}\delta_{21} + X_{2P}\delta_{22} + \Delta_{2P} + f\beta_{aP} + u_{aP} = 0 \end{aligned} \tag{5.3.1-19}$$

式中墙底的位移 δ_{ik} 和 δ_{ik}，可分别计算 δ_{ik}、δ_{ik} 和外荷载的各个影响，再按叠加原理相加得

$$\beta_{aP} = X_{1P}\bar{\beta}_1 + X_{2P}(\bar{\beta}_2 + f\bar{\beta}_1) + \beta_{aP}^0 \tag{5.3.1-20}$$

由于不考虑拱脚的径向位移，此处仅 δ_{ik} 及 δ_{ik} 有意义，代入式（5.3.1－19）整理后，得

$$X_{1P}(\delta_{11} + \bar{\beta}_1) + X_{2P}(\delta_{12} + f\bar{\beta}) + \Delta_{1P} + \beta_{aP}^0 = 0 \tag{5.3.1-21}$$

$$X_{1P}(\delta_{21} + f\bar{\beta}) + X_{2P}(\delta_{22} + f^2\bar{\beta}) + \Delta_{2P} + f\beta_{aP}^0 = 0 \tag{5.3.1-22}$$

式中 δ_{ik} ——基本结构的单位位移，可用前节方法求得；

Δ_{iP} ——基本结构的主动荷载位移；

$\bar{\beta}_1$ ——墙底的单位转角；

β_{aP}^0 ——基本结构墙底的荷载转角；

f ——曲墙拱轴线的矢高。

$$\bar{\beta}_1 = \frac{12}{bd_a^3K_a} = \frac{1}{K_aI_a} \tag{5.3.1-23}$$

$$\beta_{aP}^0 = M_{aP}^0\bar{\beta}_1 \tag{5.3.1-24}$$

解出 X_{1P} 和 X_{2P} 后，主动荷载作用下的衬砌内力可按式（5.3.1－25）求得

$$\begin{cases} M_{iP} = X_{1P} + X_{2P}y_i + M_{aP}^0 \\ N_{iP} = X_{2P}\cos\varphi_i + N_{aP}^0 \end{cases} \tag{5.3.1-25}$$

b. 求 $\bar{\sigma}_h = 1$ 弹性反力图作用下的衬砌内力。在 $\bar{\sigma}_h = 1$ 的弹性反力图形单独作用下，也可用上述方法求得赘余力 $X_{1\bar{\sigma}}$ 及 $X_{2\bar{\sigma}}$，基本结构如图 5.3.1－10 所示，此时典型方程为

$$\left.\begin{aligned} X_{1\bar{\sigma}}(\delta_{11} + \bar{\beta}_1) + X_{2\bar{\sigma}}(\delta_{12} + f\bar{\beta}_1) + \Delta_{1\bar{\sigma}} + \beta_{a\bar{\sigma}}^0 = 0 \\ X_{1\bar{\sigma}}(\delta_{21} + f\bar{\beta}_1) + X_{2\bar{\sigma}}(\delta_{22} + f^2\bar{\beta}_1) + \Delta_{2\bar{\sigma}} + f\beta_{a\bar{\sigma}}^0 = 0 \end{aligned}\right\} \tag{5.3.1-26}$$

式中 $\Delta_{1\bar{\sigma}}$ ——以 $\bar{\sigma}_h = 1$ 单位弹性反力图为荷载引起的基本结构在 $X_{1\bar{\sigma}}$ 方向的位移；

$\Delta_{2\bar{\sigma}}$ ——与上相同，只是在 $X_{2\bar{\sigma}}$ 方向的位移；

$\beta_{a\bar{\sigma}}^0$ ——由单位弹性反力图引起基本结构墙底的转角，$\beta_{a\bar{\sigma}}^0 = M_{a\bar{\sigma}}^0\bar{\beta}_1$；

其余符号意义同前。

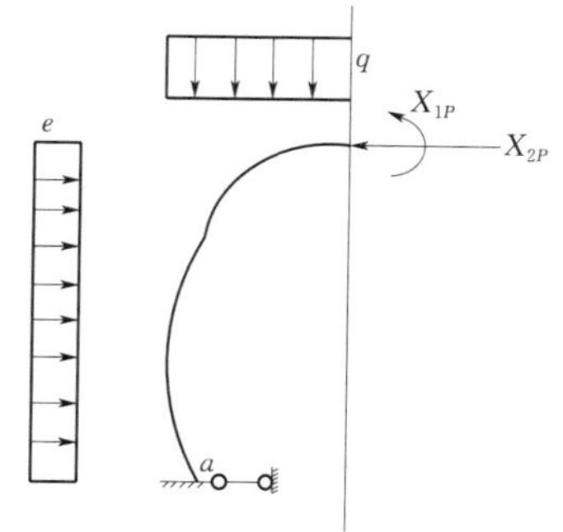

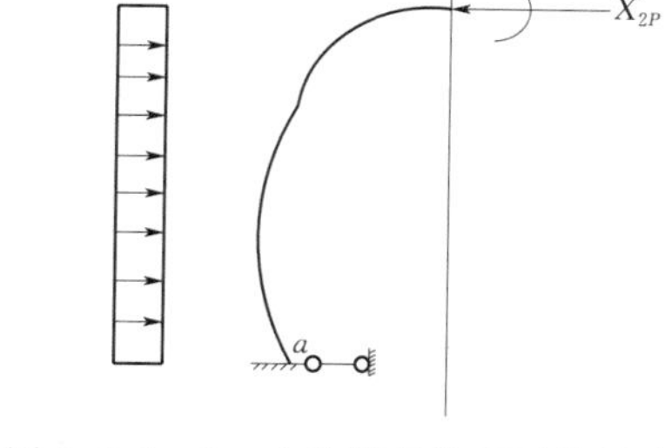

图 5.3.1－9　主动荷载作用下的基本结构

图 5.3.1－10　单位弹性反力作用下的基本结构

由典型方程中解出赘余力 $X_{1\bar{\sigma}}$ 和 $X_{2\bar{\sigma}}$ 后，同样也可求得衬砌结构在单位弹性反力图作用下的内力，即

$$\left.\begin{cases}M_{i\bar{\sigma}}=X_{1\bar{\sigma}}+X_{2\bar{\sigma}}y_i+M_{i\bar{\sigma}}^0\\N_{i\bar{\sigma}}=X_{2\bar{\sigma}}\cos\varphi_i+N_{i\bar{\sigma}}^0\end{cases}\right\}\tag{5.3.1-27}$$

c. 位移及最大弹性反力值的计算。要按式（5.3.1－18）求最大弹性反力值 σ_h，必须求 h 点在主动荷载作用下的径向位移 δ_{hP} 及单位弹性反力图作用下的径向位移 $\delta_{h\bar{\sigma}}$，求这两项位移时要考虑墙底转角的影响，如图 5.3.1－11（a）所示。按结构力学的方法，求位移可在原来的基本结构上进行，在基本结构 h 点处，沿 σ_h 方向加一单位力。此单位力作用下的弯矩图如图 5.3.1－11（b）所示，即在 h 点以下任意截面 i 的弯矩为 $\overline{M}_{ih}=y_{ih}$（y_{ih} 为 i 点到最大弹性反力截面 h 的垂直距离）。图 5.3.1－11（c）、（d）分别为外荷载及单位弹性反力图作用下的弯矩图，按结构力学方法得

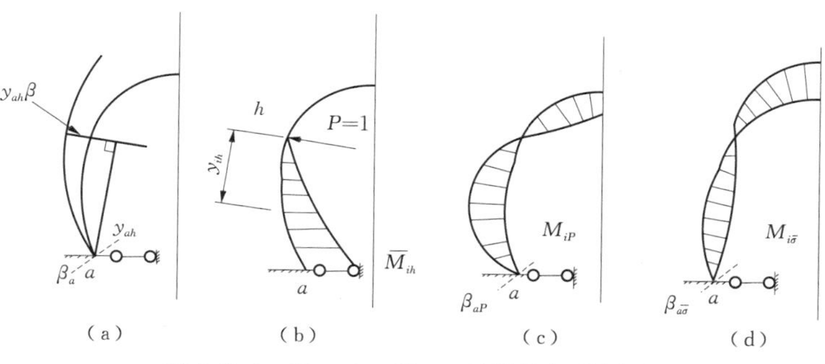

图 5.3.1－11　δ_{hP} 及 $\delta_{h\bar{\sigma}}$ 计算的相关图示

$$\left.\begin{aligned}\delta_{hP}&=\int\frac{\overline{M}_{ih}M_{iP}}{EI}\mathrm{d}s+y_{ah}\beta_{aP}\cong\frac{\Delta s}{E}\sum\frac{\overline{M}_{ih}M_{iP}}{I}+y_{ah}\beta_{aP}\\\delta_{h\bar{\sigma}}&=\int\frac{\overline{M}_{ih}M_{i\bar{\sigma}}}{EI}\mathrm{d}s+y_{ah}\beta_{a\bar{\sigma}}\cong\frac{\Delta s}{E}\sum\frac{\overline{M}_{ih}M_{i\bar{\sigma}}}{I}+y_{ah}\beta_{a\bar{\sigma}}\end{aligned}\right\}\tag{5.3.1-28}$$

式中　y_{ah} ——墙脚中心至最大弹性反力截面的垂直距离；

β_{aP} ——主动外荷载作用下墙底的转角，$\beta_{aP}=M_{aP}\bar{\beta}_1$；

$\beta_{a\bar{\sigma}}$ ——单位弹性反力图作用下墙底的转角，$\beta_{a\bar{\sigma}}=M_{a\bar{\sigma}}\bar{\beta}_1$。

当最大弹性反力截面与竖直轴的夹角接近 90°时，为了简化计算，可将 h 点的位移方

向近似地视为水平。在荷载和结构均对称的情况下，拱顶没有水平位移及转角。因此，h 点相对拱顶而言的水平位移，即为 h 点的实际水平位移。为此，以图 5.3.1-12 所示，也可求得 h 点相应的水平位移。

$$\delta_{hP}=\int\frac{(y_h-y_i)M_{iP}}{EI}\mathrm{d}s=\frac{\Delta s}{E}\sum\frac{(y_h-y_i)M_{iP}}{I}$$

$$\delta_{h\bar{\sigma}}=\int\frac{(y_h-y_i)M_{i\bar{\sigma}}}{EI}\mathrm{d}s=\frac{\Delta s}{E}\sum\frac{(y_h-y_i)M_{i\bar{\sigma}}}{I} \quad (5.3.1-29)$$

式中　y_i，y_h——以拱顶为原点的所论点的竖直坐标和 h 点的竖直坐标。

d. 衬砌内力计算及校核计算结果的正确性。此后，利用叠加原理可以求出任意截面最终的内力值，即

$$\left.\begin{aligned}M_i&=M_{iP}+\sigma_h M_{i\bar{\sigma}}\\N_i&=N_{iP}+\sigma_h N_{i\bar{\sigma}}\end{aligned}\right\} \quad (5.3.1-30)$$

拱脚截面最终转角为

$$\beta_a=\beta_{aP}+\sigma_h\beta_{a\bar{\sigma}} \quad (5.3.1-31)$$

按变形协调条件，可以校核整个计算过程中有无错误。

拱顶转角为

$$\int\frac{M_i\mathrm{d}s}{EI}+\beta_a\cong\frac{\Delta s}{E}\sum\frac{M_i}{I}+\beta_a=0 \quad (5.3.1-32)$$

拱顶水平位移为

$$\int\frac{M_i y_i\mathrm{d}s}{EI}+f\beta_a\cong\frac{\Delta s}{E}\sum\frac{M_i y_i}{I}+f\beta_a=0 \quad (5.3.1-33)$$

h 点位移为

$$\int\frac{M_i y_{ih}}{EI}\mathrm{d}s+y_{ah}\beta_a\cong\frac{\Delta s}{E}\sum\frac{M_i y_{ih}}{I}+y_{ah}\beta_a=\frac{\sigma_h}{K} \quad (5.3.1-34)$$

用同样的方法求上零点 b 的变位 δ_b，可校核上零点假定位置的正确性。一般地，差异不大时可不加以修正。

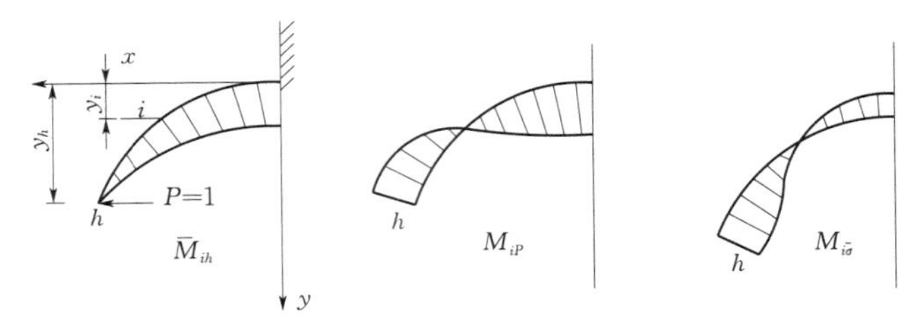

图 5.3.1-12　基本结构取拱顶为固定端时最大弹性反力的计算图示

e. 曲墙拱结构的设计计算步骤。

①计算结构的几何尺寸，并绘制断面图；②计算作用在衬砌结构上的主动荷载；③绘制分块图；④计算半拱长度；⑤计算各分段截面中心的几何要素；⑥计算基本结构的单位位移 δ_{ik}；⑦计算主动荷载在基本结构中产生的变位 Δ_{1P} 和 Δ_{2P}；⑧解主动荷载作用下的力法方程；⑨计算主动荷载作用下各截面的内力，并校核计算精度；⑩求单位弹性反力图及相应摩擦力作用下基本结构中产生的变位；⑪解弹性反力及其摩擦力作用下的力法方程；

⑫求单位弹性反力图及相应摩擦力作用下截面的内力，并校核其计算精度；⑬最大弹性反力值σ_k的计算；⑭计算赘余力X_1及X_2；⑮计算衬砌截面总的内力并校核计算精度；⑯绘制内力图；⑰衬砌截面强度检算。

2）弹性地基梁法。这种方法是将衬砌结构看成置于弹性地基上的曲梁或直梁。弹性地基上抗力按温克尔假定的局部变形理论求解。当曲墙的曲率是常数或为直墙时，可采用初参数法求解结构内力。一般直墙式衬砌的直边墙利用此法求解。直墙式衬砌的拱圈和边墙分开计算。拱圈为一个弹性固定在边墙顶上的无铰平拱，边墙为一个置于弹性地基上的直梁，计算时先根据其换算长度确定是长梁、短梁还是刚性梁，然后按照初参数方法来计算墙顶截面的位移及边墙各截面的内力值。

3）弹性支承法。弹性支承法也称链杆法，是计算弹性反力图形解算衬砌内力的一种方法，如图5.3.1-13所示。该法的特点是按照"局部变形"理论考虑衬砌与围岩共同作用，将弹性反力作用范围内的连续围岩离散为彼此互不相干的独立岩柱，岩柱的一个边长是衬砌的纵向计算宽度，通常取单位长度；另一个边长是两个相邻的衬砌单元的长度和之半。岩柱的深度与传递轴力无关，故无需考虑。为了便于计算，用具有和岩柱弹性特征相同的弹性支承代替岩柱，并以铰接的方式作用在衬砌单元的节点上，所以它不承受弯矩，只承受轴力。

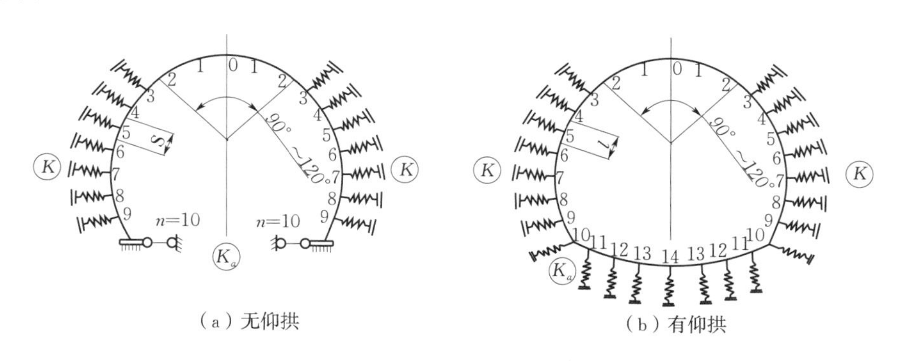

图5.3.1-13　弹性支承法计算模型和单元的划分

a. 结构离散为有限个单元。地下结构的衬砌均为实体结构，常可将其离散为有限个单元，并将单元的连接点称为节点，节点位于结构的计算轴线上。单元数目视计算精度的需要而定，一般应不少于16个，如图5.3.1-14（a）所示，每个单元的长度通常都取相等。只有在直墙式衬砌中，可以起拱线为界，拱、墙单元各取相等的长度，如图5.3.1-14（b）所示。同时，还假定单元是等厚度的，其计算厚度取为单元两端厚度的平均值。如需要在计算中考虑仰拱的作用，则可将仰拱、边墙、拱圈三者一并考虑。其计算图式如图5.3.1-14（c）所示。

b. 均布荷载简化为等效节点荷载。为了配合衬砌的离散化，主动荷载也要进行离散，也就是将作用在衬砌上的分布荷载置换为节点力。严格地说，这种置换应按静力等效的原则进行，即节点力所做虚功等于单元上分布荷载所做的虚功。但因荷载本身的准确性较差，故可按简单而近似的方法，即简支分配原则进行置换，而不计作用力迁移位置时引起的力矩的影响。对于竖向或水平的分布荷载，其等效节点分别近似地取节点2相邻单元水平或垂直投影长度的1/2乘纵向计算宽度这一面积范围内的分布荷载的总和，如

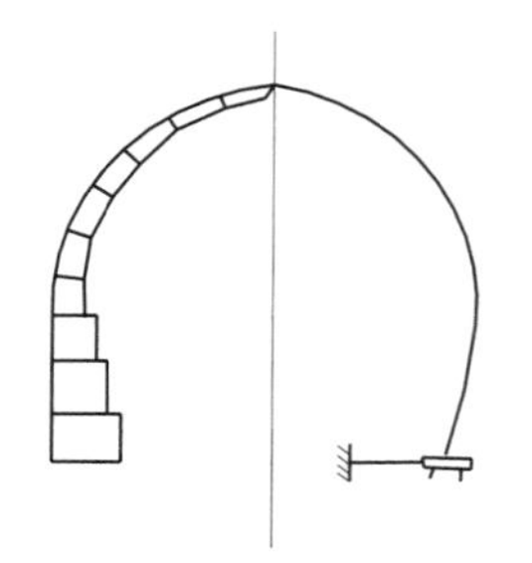

（a）曲墙式衬砌单元（无仰拱）

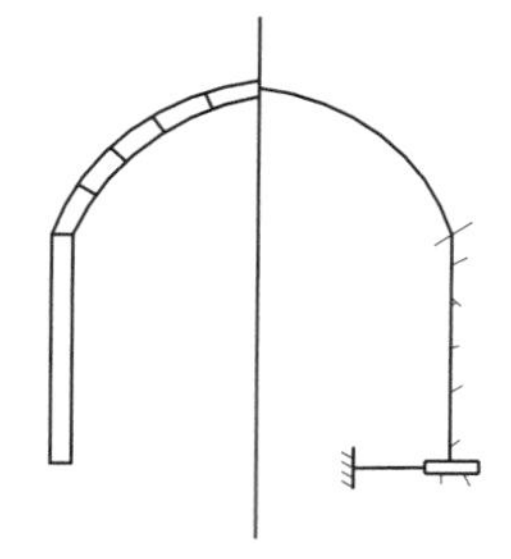

（b）直墙式衬砌单元

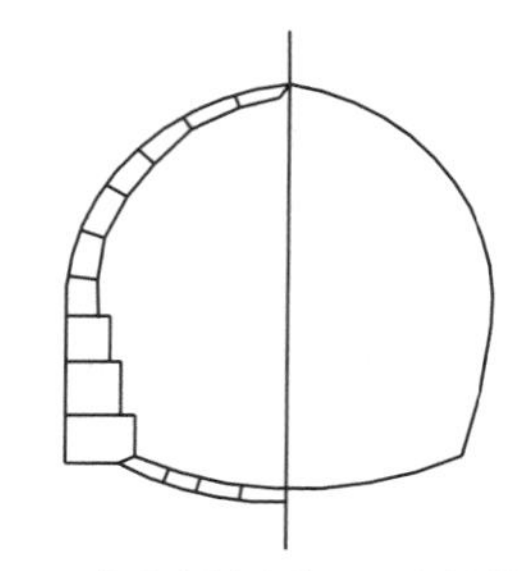

（c）曲墙式衬砌单元（有仰拱）

图 5.3.1－14　结构单元划分

图 5.3.1－15所示。

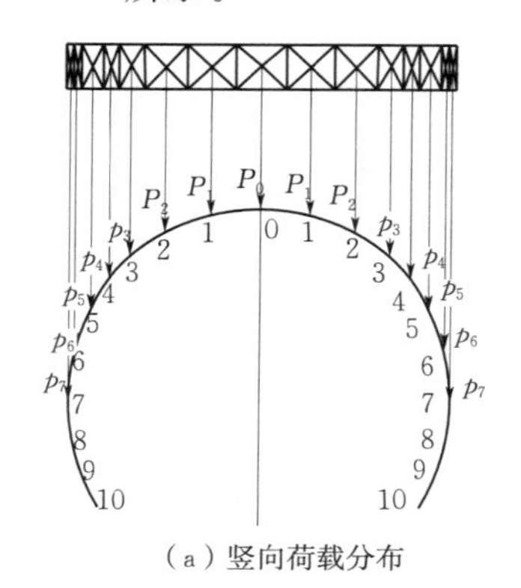

（a）竖向荷载分布

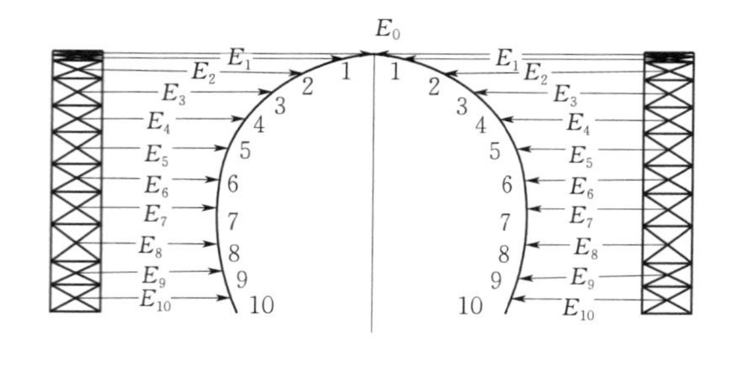

（b）水平荷载分布

图 5.3.1－15　主动荷载离散为等效节点力

例如，各节点的竖向节点力如下。

0 节点：$P_0=q(x_1+x_1)/2=qx_1$

1 节点：$P_1=q[x_1/2+(x_2-x_1)/2]=qx_2/2$

2 节点：$P_2=q[(x_2-x_1)/2+(x_3-x_2)/2]=q(x_3-x_1)/2$

依此类推，可以求得每个节点的节点荷载。对于侧向荷载只需将水平坐标替换成竖向坐标即可。但要注意 0 节点的水平集中力每一侧只作用有 1/2 个单元长度的荷载，即 0 节点为 $E_0=Ey_1/2$。

对于衬砌自重，其等效节点力可近似取节点 2 相邻单元重力的 1/2。

c. 弹性支承的设置。隧道衬砌在外界主动荷载作用下，衬砌结构将发生变形，一般在拱顶 90°～120°范围内向衬砌内变形，形成脱离区；在拱腰及边墙部位将产生朝向地层的变形而产生弹性反力。在衬砌与围岩相互作用的范围内，以只能承受压力的弹性支承代替围岩的约束（弹性反力）作用；在脱离区域内，由于衬砌向内变形而不致受到弹性约束，可以在该范围内不设置弹性支承。

弹性支承的方向应该和弹性反力的方向一致，可以是径向的，不计衬砌与围岩间的摩擦力，如图 5.3.1－17（a）所示，且只传递轴向压力（由于围岩与衬砌间存在黏结力，也可能传递少量轴向拉力）；也可以和径向偏转一个角度，考虑上述摩擦力，如图 5.3.1－16（b）所示，为了简化计算，也可将链杆水平设置为图 5.3.1－16（c）所示；若衬砌与围岩之间充填密实，接触良好，此时除设置径向链杆外，还可设置切向链杆，如图

5.3.1－16（d)所示。

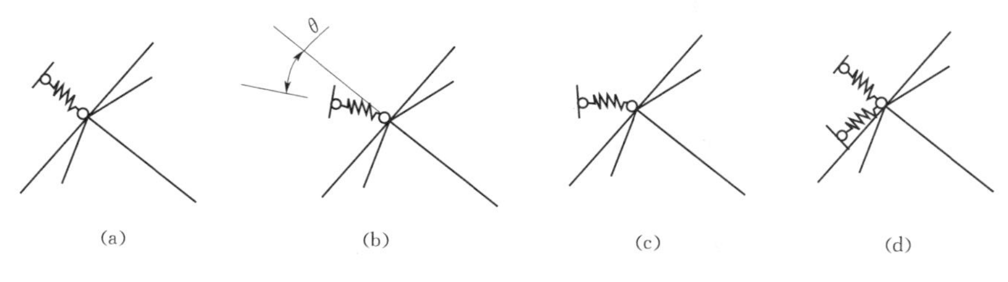

图 5.3.1－16　弹性支承设置

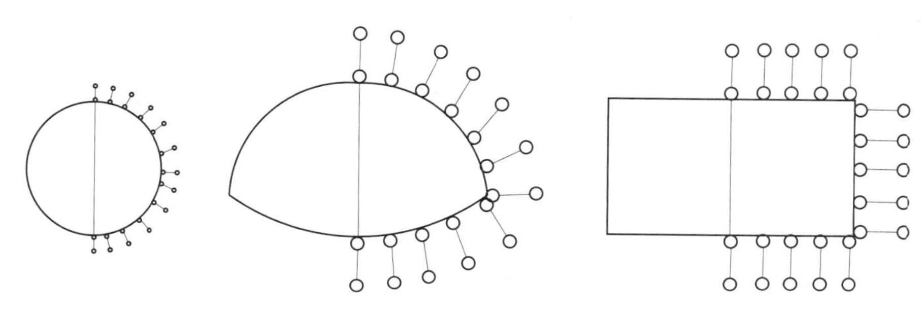

图 5.3.1－17　弹性支承法的模型

弹性支承法的适应性很广，可以适应图 5.3.1－17 所示的任意结构形状，适应任意变化的地质条件。对于非均质地基，可以选用不同的弹性反力系数。也常常用于隧道的纵向计算，并且特别适宜将有规律的计算过程编制成有限元计算程序。因此，其计算原理得到广泛应用。根据上述的分析，可以得出解题的计算图示。如果以节点力为未知简化成基本结构，这种方法称为力法；如果以节点位移为未知简化成基本结构，这种方法称为位移法。这是本节要讲述的内容。

4. 衬砌结构强度检算

（1）按极限状态法设计的隧道结构截面检算。按极限状态法设计检算规定如下。

• 承载力及稳定。结构构件均应进行承载能力（包括压屈失稳）的计算，必要时还应进行结构整体稳定性计算。

• 变形。对使用上需要控制变形值的结构构件，应进行变形验算。

• 抗裂及裂缝宽度。对使用上要求不出现裂缝的混凝土构件，应进行混凝土抗裂验算；对钢筋混凝土构件，应验算其裂缝宽度。

隧道和明洞衬砌的混凝土偏心受压构件，除应按承载能力及正常使用极限状态验算外，其轴向力的偏心距 $e_0=M/N$，不宜大于截面厚度的 0.45 倍。

1）承载能力极限状态验算。

$$\gamma_{sc}N_k \leqslant \frac{\varphi\alpha bhf_{ck}}{\gamma_{Rc}} \qquad (5.3.1-35)$$

式中　N_k——轴力标准值，由各种作用标准值计算得到；

γ_{sc}——混凝土衬砌构件抗压检算时作用效应分项系数；

b、h——截面宽度、厚度；

f_{ck}——混凝土轴心抗压强度标准值；

α——轴向力偏心系数，可由 e_0/h 值查得；

φ——构件纵向弯曲系数，对于隧道衬砌、明洞拱圈及回填紧密的边墙，可取 $\varphi=1.0$，对于其他构件，应根据其长细比查得；

γ_{Rc}——混凝土衬砌构件抗压检算时抗力分项系数，参见表 5.3.1-5。

表 5.3.1-5　混凝土衬砌构件抗压检算各分项系数

分项系数	单线深埋隧道衬砌	单线偏压隧道衬砌	单线明洞混凝土衬砌
作用效应分项系数 γ_{sc}	3.95	1.60	2.67
抗力分项系数 γ_{Rc}	1.85	1.83	1.35

2）正常使用极限状态验算，即

$$\gamma_{st}N_k(6e_0-h)\leqslant\frac{1.75\varphi\cdot bh^2f_{ctk}}{\gamma_{Rt}}\tag{5.3.1-36}$$

式中　N_k——轴力标准值，由各种作用标准值计算得到；

γ_{st}——混凝土衬砌构件抗裂检算时作用效应分项系数；

γ_{Rt}——混凝土衬砌构件抗裂检算时抗力分项系数，参见表 5.3.1-6；

e_0——检算截面偏心距；

f_{ctk}——混凝土轴心抗拉强度标准值，MPa。

表 5.3.1-6　混凝土衬砌构件抗裂检算各分项系数

分项系数	单线深埋隧道衬砌	单线偏压隧道衬砌	单线明洞混凝土衬砌
作用效应分项系数 γ_{st}	3.10	1.40	1.52
抗力分项系数 γ_{Rt}	1.45	2.51	2.70

注　当 $e_0/h<1/6$ 时，可不进行抗裂验算。

（2）按破损阶段法及允许应力法设计检算。

抗压强度检算，即

$$KN\leqslant\varphi\alpha R_a bh\tag{5.3.1-37}$$

抗拉强度检算，即

$$KN\leqslant\frac{1.75\varphi R_1 bh^2}{6e_0-h}\tag{5.3.1-38}$$

式中　K——安全系数，参见表 5.3.1-7；

N——轴向力；

R_a——混凝土或砌体的抗压极限强度；

R_1——混凝土的抗拉极限强度。

表 5.3.1-7 混凝土和砌体结构的强度安全系数

圬工种类		混凝土		砌体	
荷载组合		主要荷载	主要荷载和附加荷载	主要荷载	主要荷载和附加荷载
破坏原因	混凝土或砌体达到抗压极限强度	2.4	2.0	2.7	2.3
	混凝土达到抗拉极限强度	3.6	3.0	—	—

注 对混凝土矩形构件：当 $e_0 \leqslant 0.2h$ 时，抗压强度控制承载能力，不必检验抗裂；当 $e_0 > 0.2h$ 时，抗拉强度控制承载能力，不必检验抗压。

5.3.2 岩体力学方法

岩体力学方法主要是对锚喷支护进行预设计，也叫地层—结构法或连续介质力学方法。支护结构与围岩相互作用，组成一个共同承载体系，其中围岩为主要的承载结构，支护结构为镶嵌在围岩孔洞上的承载环，只是用来约束和限制围岩的变形，两者共同作用的结果是使支护结构体系达到平衡状态，其特点是能反映出隧道开挖后的围岩应力状态，常用的方法有解析法、数值法和特征曲线法。

1. 解析法

该方法根据所给定的边界条件，对问题的平衡方程、几何方程和物理方程直接求解。这是一个弹塑性力学问题，求解时假定围岩为无重平面，初始应力作用在无穷远处，并假定支护结构与围岩密贴，即其外径与隧道的开挖半径相等，且与开挖同时瞬间完成。由于数学上的困难，现在还只能对少数几个问题（如圆形隧道）给出具体解答。下面主要针对圆形隧洞的弹性解及弹塑性解进行解析。

（1）弹性阶段围岩二次应力场与位移场的计算。

1）柯西课题（G. Kirsch）。根据以下 4 个假设：①围岩为均质、各向同性的连续介质，可视为无限大弹性薄板；②只考虑自重形成的初始应力场，沿 X 方向的外力为 σ_h，竖直方向的外力为 σ_v，且岩体天然应力比值系数为 λ；③隧道形状以规则的圆形为主，开挖半径为 R_0；④隧道埋设于相当深度，看作无限平面中的孔洞问题，其力学模型如图 5.3.2-1 所示，根据弹性理论推导出了围岩应力场和变形场的计算公式。

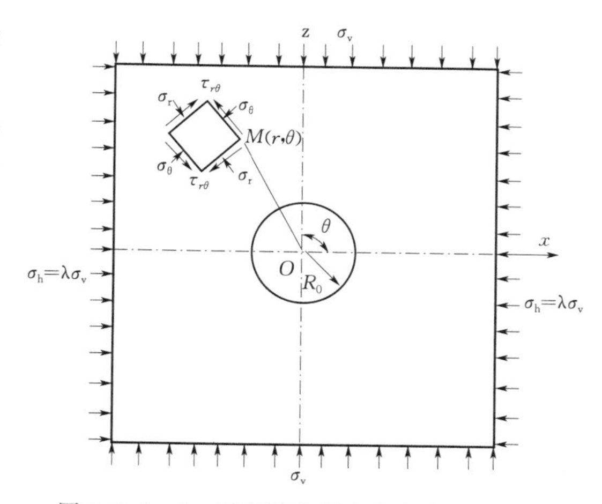

图 5.3.2-1 圆形洞室围岩应力分析模型

若水平和铅直的天然应力均为主应力，则开挖前板内的天然应力为

$$\begin{cases} \sigma_z = \sigma_v \\ \sigma_v = \sigma_h = \lambda\sigma_v \\ \tau_{xz} = \tau_{zx} = 0 \end{cases} \qquad (5.3.2-1)$$

a. 由铅直天然应力σ_v引起（产生）的重分布应力为

$$\begin{cases}\sigma_r=\dfrac{\sigma_v}{2}\left[\left(1-\dfrac{R_0^2}{r^2}\right)-\left(1-\dfrac{4R_0^2}{r^2}+\dfrac{3R_0^4}{r^4}\right)\cos2\theta\right]\\ \sigma_\theta=\dfrac{\sigma_v}{2}\left[\left(1+\dfrac{R_0^2}{r^2}\right)+\left(1+\dfrac{3R_0^4}{r^4}\right)\cos2\theta\right]\\ \tau_{r\theta}=\dfrac{\sigma_v}{2}\left[\left(1+\dfrac{R_0^2}{r^2}-\dfrac{3R_0^4}{r^4}\right)\sin2\theta\right]\end{cases}\tag{5.3.2-2}$$

b. 由水平天然应力σ_h产生的重分布应力为

$$\begin{cases}\sigma_v=\dfrac{\sigma_h}{2}\left[\left(1-\dfrac{R_0^2}{r^2}\right)+\left(1-\dfrac{4R_0^2}{r^2}+\dfrac{3R_0^4}{r^4}\right)\cos2\theta\right]\\ \sigma_\theta=\dfrac{\sigma_h}{2}\left[\left(1+\dfrac{R_0^2}{r^2}\right)+\left(1+\dfrac{3R_0^4}{r^4}\right)\cos2\theta\right]\\ \tau_{r\theta}=\dfrac{-\sigma_h}{2}\left[\left(1+\dfrac{2R_0^2}{r^2}-\dfrac{3R_0^4}{r^4}\right)\sin2\theta\right]\end{cases}\tag{5.3.2-3}$$

式（5.3.2－2）＋式（5.3.2－3）得，由σ_v和σ_h同时作用时引起圆形洞室围岩重分布应力的计算公式为

$$\begin{cases}\sigma_v=\dfrac{\sigma_h+\sigma_v}{2}\left(1-\dfrac{R_0^2}{r^2}\right)+\dfrac{\sigma_h-\sigma_v}{2}\left(1-\dfrac{4R_0^2}{r^2}+\dfrac{3R_0^4}{r^4}\right)\cos2\theta\\ \sigma_\theta=\dfrac{\sigma_h+\sigma_v}{2}\left(1+\dfrac{R_0^2}{r^2}\right)-\dfrac{\sigma_h-\sigma_v}{2}\left(1+\dfrac{3R_0^4}{r^4}\right)\cos2\theta\\ \tau_{r\theta}=-\dfrac{\sigma_h-\sigma_v}{2}\left(1+\dfrac{2R_0^2}{r^2}-\dfrac{3R_0^4}{r^4}\right)\sin2\theta\end{cases}\tag{5.3.2-4}$$

由式（5.3.2－4）可知，当σ_v、σ_h和R_0恒定时，重分布应力是研究点位置（R，θ）的函数。当$r=R_0$时，洞壁上的重分布应力为

$$\begin{cases}\sigma_r=0\\ \sigma_\theta=\sigma_h+\sigma_v-2(\sigma_h-\sigma_v)\cos2\theta=\sigma_v[1+\lambda+2(1-\lambda)\cos2\theta]\\ \tau_{r\theta}=0\end{cases}\tag{5.3.2-5}$$

地下洞室开挖后洞壁上一点的应力与开挖前洞壁处该点天然应力的比值，称为应力集中系数。该系数反映了洞壁各点开挖前后应力的变化情况，根据应力集中系数（隧洞开挖后应力重分布的环向应力与原岩应力σ_0的比值）k，可以得到洞壁不同位置处的应力集中系数大小，且$k<0$表示为拉应力，$k>0$表示为压应力，即

$$k=(1+\lambda)+2(1-\lambda)\cos2\theta\tag{5.3.2-6}$$

计算结果表明，位于洞室水平轴线端点（$\theta=0°$或180°，即隧洞两侧壁）的应力集中系数$k=3-\lambda$；位于垂直轴端点（$\theta=90°$或270°，即洞顶或洞底）的切向应力集中系数$k=3\lambda-1$。

讨论：当$\lambda<1/3$时，洞顶底$k<0$，将出现拉应力；当$1/3<\lambda<3$时，$k>0$，洞壁周围全为压应力且应力分布较均匀；当$\lambda>3$时，两侧壁$k<0$，将出现拉应力，洞顶底则出现高压应力集中。每种洞形的洞室都有一个不出现拉应力的临界λ值，这对不同天然应力场中合理洞型的选择很有意义。

设 $\lambda=1$，$\sigma_v=\sigma_h=\sigma_0$，由式（5.3.2-4）可得拉梅（G. Lame）解答为

$$\begin{cases}\sigma_r=\sigma_0\left(1-\dfrac{R_0^2}{r^2}\right)\\ \sigma_\theta=\sigma_0\left(1+\dfrac{R^2}{r^2}\right)\\ \tau_{r\theta}=0\end{cases}\tag{5.3.2-7}$$

由式（5.3.2-7）可得到洞壁及以外岩体中的重分布应力的影响范围如图 5.3.2-2 所示。

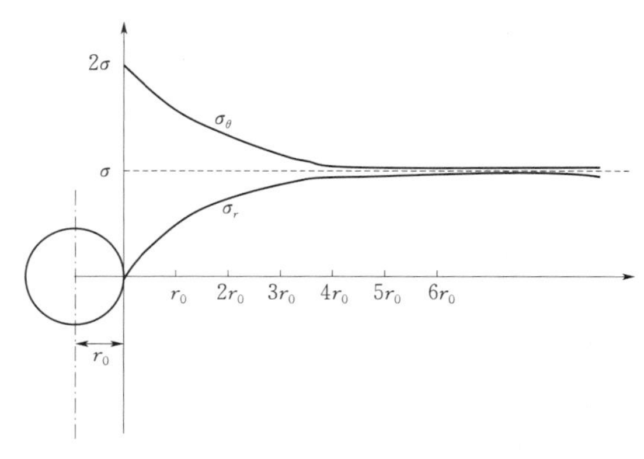

图 5.3.2-2　σ_r、σ_θ 与 r 之间的变化曲线

i. 围岩中的应力与岩石的弹性常数 E、μ 无关，而且也与洞室的尺寸无关，因为公式中包含着洞室半径 r_0 与矢径长度 r 的比值。因此，应力的大小与此比值直接有关。

ii. 当 $r=R_0$，$\sigma_r=0$，$\sigma_\theta=2\sigma_0$，洞壁上应力差最大，且处于单向受力状态，最易发生破坏。

iii. 当 $r\to\infty$，$\sigma_r\uparrow\to\sigma_0$，$\sigma_\theta\downarrow\to\sigma_0$。

iv. 当 $r=6R_0$ 时，$\sigma_r=\sigma_\theta$，因此，一般认为，地下洞室开挖引起的围岩分布应力范围为 $6R_0$。在此范围之外，不受开挖影响。

2）弹性位移场的计算。围岩处于弹性状态，位移可用弹性理论进行计算。

根据弹性理论，由重分布应力引起的平面应变与位移间的关系为

$$\begin{cases}\varepsilon_r=\dfrac{\partial u}{\partial r}\\ \varepsilon_\theta=\dfrac{u}{r}+\dfrac{1}{r}\dfrac{\partial v}{\partial \theta}\\ \gamma_{r\theta}=\dfrac{1}{r}\dfrac{\partial u}{\partial \theta}+\dfrac{\partial v}{\partial r}-\dfrac{v}{r}\end{cases}\tag{5.3.2-8}$$

平面应变与应力的物理方程式为

$$\begin{cases}\varepsilon_r=\dfrac{1}{E_{me}}[(1-\mu_m^2)\sigma_r-\mu_m(1+\mu_m)\sigma_\theta]\\ \varepsilon_\theta=\dfrac{1}{E_{me}}[(1-\mu_m^2)\sigma_\theta-\mu_m(1+\mu_m)\sigma_r]\\ \gamma_{r\theta}=\dfrac{2}{E_{me}}(1+\mu_m)\tau_{r\theta}\end{cases}\tag{5.3.2-9}$$

将式（5.3.2-9）代入式（5.3.2-8）可解得平面应变条件下的围岩位移为

$$\begin{cases} u=\dfrac{1-\mu_m^2}{E_{me}}\left[\dfrac{\sigma_h+\sigma_v}{2}\left(r+\dfrac{R_0^2}{r}\right)+\dfrac{\sigma_h-\sigma_v}{2}\left(r-\dfrac{R_0^4}{r^3}+\dfrac{4R_0^2}{r}\right)\cos 2\theta\right] \\ \quad -\dfrac{\mu_m(1+\mu_m)}{E_{me}}\left[\dfrac{\sigma_h+\sigma_v}{2}\left(r-\dfrac{R_0^2}{r}\right)-\dfrac{\sigma_h-\sigma_v}{2}\left(r-\dfrac{R_0^4}{r^3}\right)\cos 2\theta\right] \\ v=-\dfrac{1-\mu_m^2}{E_{me}}\left[\dfrac{\sigma_h-\sigma_v}{2}\left(r+\dfrac{R_0^4}{r^3}+\dfrac{2R_0^2}{r}\right)\sin 2\theta\right] \\ \quad -\dfrac{\mu_m(1+\mu_m)}{E_{me}}\left[\dfrac{\sigma_h-\sigma_v}{2}\left(r+\dfrac{R_0^4}{r^3}-\dfrac{2R_0^2}{r}\right)\sin 2\theta\right] \end{cases} \tag{5.3.2-10}$$

则洞壁 $r=R_0$ 的弹性位移为

$$\begin{cases} u=\dfrac{(1-\mu_m^2)R_0}{E_{me}}[\sigma_h+\sigma_v+2(\sigma_h-\sigma_v)\cos 2\theta] \\ v=-\dfrac{2(1-\mu_m^2)R_0}{E_{me}}(\sigma_h-\sigma_v)\sin 2\theta \end{cases} \tag{5.3.2-11}$$

当天然应力为静水压力状态（$\sigma_h=\sigma_v=\sigma_0$）时，即侧压力系数 $\lambda=1.0$，泊松比 $\mu_m=0.5$ 时洞壁的弹性位移（无支护状态下）为

$$\begin{cases} u=\dfrac{2R_0\sigma_0(1-\mu_m^2)}{E_{me}}=\dfrac{R_0\sigma_0}{2G} \\ v=0 \end{cases} \tag{5.3.2-12}$$

式中　E_{me}——岩体变形模量；

G——岩体剪切变形模量；若开挖后有支护力 p_i 作用，则其洞壁的径向位移为

$$u=\frac{(\sigma_0-p_i)R_0}{2G} \tag{5.3.2-13}$$

3）弹性变形压力的计算。假设圆形洞室的开挖半径为 R_0，支护后的半径为 R_1，原岩应力为 σ_0，其支护压力（弹性变形压力）为 p_i，则根据弹性理论可得到 p_i 的表达式为

$$p_i=\frac{xK_c u^N\sigma_0}{\sigma_0+K_c u^N} \tag{5.3.2-14}$$

其中

$$u^N=\frac{\sigma_0 R_0}{2G}$$

$$x=\frac{u^N-u^0}{u^N}$$

$$K_c=\frac{2G_c(R_0^2-R_1^2)}{R_0[(1-2\mu_c)R_0^2+R_1^2]}$$

式中　u^N——无支护洞周围岩位移；

G——围岩剪切弹性模量；

x——约束系数，$0<x<1$，可根据经验确定；

u^0——设置支护时洞周围岩的自由位移，当 $x=0$ 时，表示支护时围岩已经稳定，围岩压力为0，当 $x=1$ 时，表示隧洞开挖“瞬间”支护，围压压力最大；

K_c——支护刚度系数；

G_c，μ_c——衬砌材料的剪切模量和泊松比。

【算例1】 某隧洞覆盖层厚度为 $H=30\text{m}$，岩体容重容重 $\gamma=18\text{kN/m}^3$，侧压力系数 $\lambda=1.0$，开挖跨度 $B=6.6\text{m}$（即 $R_0=3.3\text{m}$），岩体的弹性变形模量 $E=150\text{MPa}$，泊松比 $\mu=0.3$，距离开挖面3m处设置厚度为0.06m的衬砌，衬砌材料的变形模量 $E_c=20\text{GPa}$，泊松比 $\mu_c=0.167$，求自重应力场引起的弹性变形压力。

【解】 自重应力场引起的原岩应力 $\sigma_0=\gamma H=540\text{kPa}=0.54\text{MPa}$，计算支护刚度系数 K_c 为

$$K_c=\frac{E_c(R_0^2-R_1^2)}{R_0[(1-2\mu_c)R_0^2+R_1^2](1+\mu_c)}$$

$$=\frac{2\times10^4\times(3.3^2-3.24^2)}{3.3\times[(1-2\times0.167)\times3.3^2+3.24^2](1+0.167)}=114.8(\text{MPa})$$

计算无支护时洞周围岩的位移 u^N 为

$$u^N=\frac{\sigma_0 R_0}{2G}=\frac{0.54\times3.3\times(1+0.3)}{150}=0.0154(\text{m})$$

根据隧洞开挖三维弹性数值分析的长期计算所积累的丰富经验与对现场实测数据的分析比较，可得到不同位置处研究断面 X 距离掌子面的应力释放系数 α 与 X/D 的近似关系，如图5.3.2-3所示。这样根据弹性理论，认为位移释放系数与应力释放系数具有相同的比例。

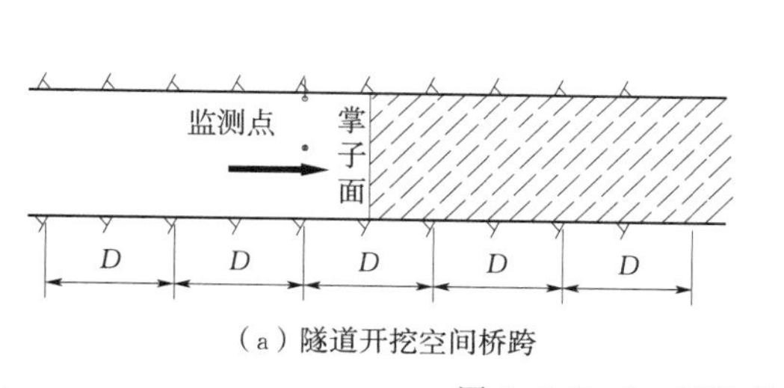

（a）隧道开挖空间桥跨

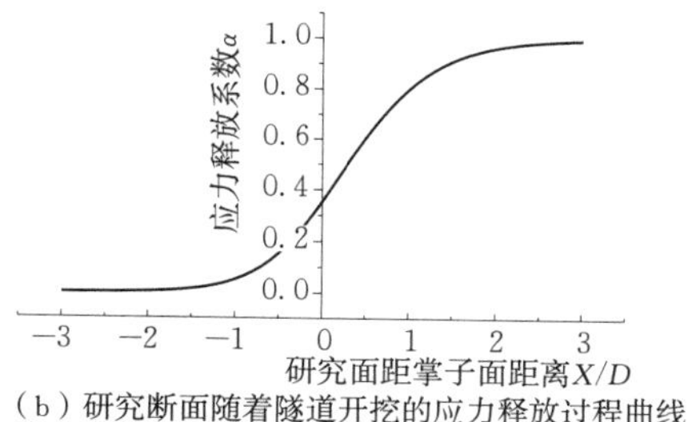

（b）研究断面随着隧道开挖的应力释放过程曲线

图5.3.2-3 开挖施工过程模拟图

由图5.3.2-3可知，当距离开挖面3m处进行支护，基本为 $0.5B$ 处，此时围岩自由变形量 u^0 占总变形 u^N 的60%左右，则 $x=0.3$，所以得到弹性变形压力为

$$p_i=\frac{xK_c u^N\sigma_0}{\sigma_0+K_c u^N}=\frac{0.3\times114.8\times0.0154\times0.54}{0.54+114.8\times0.0154}=124(\text{kPa})$$

（2）塑性状态下的应力、位移计算。将完整坚硬岩石看作弹性体，其应力—应变关系符合弹性情况，只要应力小于岩石的强度，就认为既无松动压力也无变形压力，即不产生山岩压力。普氏和太沙基假定岩体为“散粒体”，计算一部分岩石在自重作用下对洞室引起的山岩压力，这些压力实际上都是松动压力。这些理论都对岩石作了比较简单的假定，没有对洞室围岩进行较严密的应力和强度分析。多年来，许多岩石力学工作者以弹塑性理论为基础研究了围岩的应力和稳定情况以及山岩压力。从理论上讲，弹塑性理论比前面的理论要严密些，但是弹塑性理论的数学运算较复杂，公式也较繁。此外，在进行公式推导时也必须附加一些假设；否则也不能得出所需求的解答。为了简化计算和分析，目前总是

对圆形洞室进行分析，因为圆形洞室在特定的条件下是应力轴对称的，轴对称问题在数学上容易解决。当遇到矩形或直墙拱顶、马蹄形等洞室，可将它们看作相当的圆形进行近似计算。对于洞形特殊和地质条件复杂的情况，可采用有限单元法分析。下面在叙述弹塑性理论的基础上分别介绍芬纳（Fenner）公式、卡柯（Caquot）公式。在分析塑性区内的应力状态时需要解决下述3个问题：①确定形成塑性变形的塑性判据或破坏准则；②确定塑性区内的应力应变状态；③确定塑性区范围。

1）基本概念。根据前文的弹性理论可知，当岩体的初始应力状态为静水压力时，洞室边界上的应力分量为

$$\begin{cases}\sigma_r=0\\ \sigma_\theta=2p_0\\ \tau_{r\theta}=0\end{cases} \tag{5.3.2-15}$$

这里，$p_v=p_h=p_0$是岩体的初始应力场。根据前面弹性理论分析可见，洞室围岩中起着决定性影响的是切向应力σ_θ。通常，当洞壁的切向应力σ_θ大于岩石的单轴抗压强度时洞周就开始破裂。我们知道，σ_θ与初始应力p_0成比例的，而初始应力又随着深度成比例地增大。当洞室很深z很大，则$p_0=\gamma H$也就很大，σ_θ也随之增大，σ_r而变化不大，在洞壁上为零。这里认为σ_θ为大主应力，σ_r为小主应力。当应力差$\sigma_\theta-\sigma_r$达到某一极限值σ_0时，洞壁岩石就进入塑性平衡状态，产生塑性变形。洞室周边破坏后，该处围岩的应力降低，加之新开裂处岩体在水和空气影响下加速风化，岩体向洞内产生塑性松胀。这种塑性松胀的结果，使原来由洞边附近岩石承受的应力转移一部分给邻近的岩体。因而邻近的岩体也就产生塑性变形。这样，当应力足够大时，塑性变形的范围是向围岩深部逐渐扩展的。由于这种塑性变形的结果，在洞室周围形成了一个圈，这个圈一般称为塑性松动圈。在这个圈内，岩石的变形模量降低，σ_θ和σ_r逐渐调整大小。由于塑性的影响，洞壁上的σ_θ减少很多。理论计算证明σ_θ沿着深度的变化由图5.3.2-4中的虚线变为实线的情况，在靠近洞壁处，σ_θ大大减小了，而在岩体深处出现了一个应力增高区。在应力增高区以外，岩石仍处于弹性状态。总的说来，在洞室四周就形成了一个半径为R的塑性松动区以及松动区以外的天然应力区Ⅲ（初始应力圈）。而在塑性松动区内又有应力降低区I（松动圈）和应力增高区Ⅱ（承载圈），见图5.3.2-4。

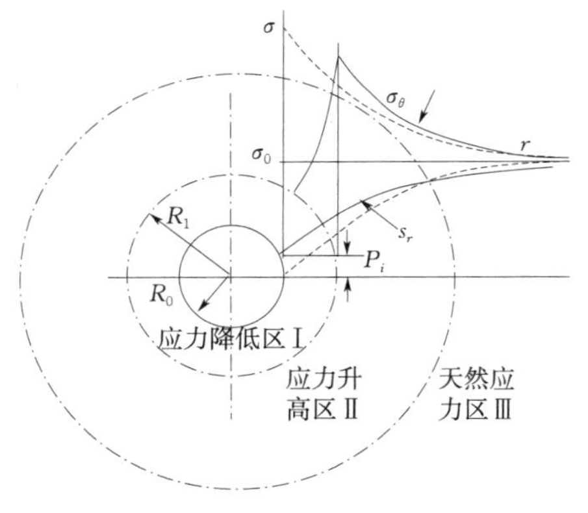

图5.3.2-4　围岩内的弹塑性应力分布

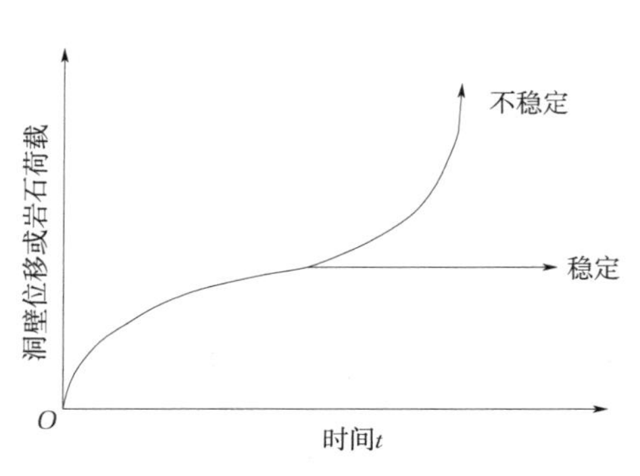

图5.3.2-5　洞壁位移与时间的关系

洞室开挖后，随着塑性松动圈的扩展，洞壁向洞内的位移也不断增大。当位移过大，岩体松动而失去自承能力时，必然对支护产生“挤压作用”，支护上压力也就增大。挤压作用的严重性同初始应力与单轴抗压强度之比以及岩石的耐久性有关。根据经验，随着洞壁位移的增大，通常可以发生两种情况，见图 5.3.2-5。一种是当围岩逐渐破坏时，支护能够支承逐渐增加的荷载，洞壁位移渐趋稳定；另一种是由于支护设置太迟或松动岩石的荷载过大，洞壁位移在某一时间后加速增长，洞室破坏。为了防止后一种情况产生，必须对洞壁位移进行监测，随时绘出位移与时间的关系曲线，以便采取必要措施。

2）芬纳公式（未考虑岩石自重）。

a. 变形压力公式。下面先分析塑性圈内的应力情况，然后导出芬纳公式。如图 5.3.2-6 所示，设圆形洞室的半径为 r_0，在 $r=R$ 的可变范围内出现了塑性区，R 为塑性区半径。在塑性区内割取一个单元体 $ABCD$，这个单元体的径向平面平面互成 $\mathrm{d}\theta$ 角，两个圆柱面相距 $\mathrm{d}r$。

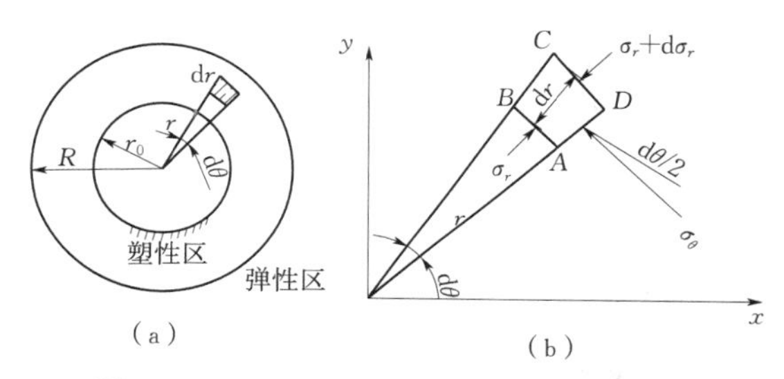

图 5.3.2-6　圆形洞室围岩内的微分单元

由于轴对称，塑性区内的应力只是 r 的函数，而与 θ 无关。考虑到应力随 r 的变化，如果 AB 面上的径向应力是 σ_θ，那么 DC 面上的应力应当是 $\sigma_r+\mathrm{d}\sigma_r$。$AD$ 和 BC 面上的切向应力均为 σ_θ。

根据平衡条件，沿着单元体径向轴上的所有力之和为零，即 $\sum F_r=0$，得

$$\sigma_r r\mathrm{d}\theta + 2\sigma_\theta \mathrm{d}r\sin\frac{\mathrm{d}\theta}{2} - (\sigma_r+\mathrm{d}\sigma_r)(r+\mathrm{d}r)\mathrm{d}\theta = 0 \tag{5.3.2-16}$$

因为 $\mathrm{d}\theta$ 很小，$\sin\mathrm{d}\theta/2=\mathrm{d}\theta/2$，将这种关系式代入式（5.3.2-16），并消去 $\mathrm{d}\theta$ 和高阶无穷小，得到下列微分方程式，即

$$(\sigma_\theta - \sigma_r)\mathrm{d}r = r\mathrm{d}\sigma_r \tag{5.3.2-17}$$

这就是塑性区域内的平衡微分方程式。塑性区内的应力必须满足这个方程式，此外还必须满足下列的塑性平衡条件，即

$$\frac{\sigma_3 + c\cot\varphi}{\sigma_1 + c\cot\varphi} = \frac{1-\sin\varphi}{1+\sin\varphi} = \frac{1}{N_\varphi} \tag{5.3.2-18}$$

式中　σ_1、σ_3——大、小主应力；

c——岩体的黏聚力；

N_φ——塑性系数。

在本情况中，$\sigma_1=\sigma_\theta$、$\sigma_3=\sigma_r$。因此，塑性平衡条件为

$$\frac{\sigma_r + c\cot\varphi}{\sigma_\theta + c\cot\varphi} = \frac{1}{N_\varphi} \tag{5.3.2-19}$$

将上述方程式联立，并从这两个方程式中消去 σ_θ，得到

$$\frac{\mathrm{d}(\sigma_r + c\cot\varphi)}{\sigma_r + c\cot\varphi} = \frac{\mathrm{d}r}{r}(N_\varphi - 1) \tag{5.3.2-20}$$

解此微分方程式，并考虑到：当 $r=R$ 时，即在塑性区与弹性区的交界面上，满足弹性条件的应力是

$$(\sigma_r)_{r=R} = \sigma_0\left(1 - \frac{r_0}{R}\right) \tag{5.3.2-21}$$

用这个条件解微分方程式（5.3.2－20），得到

$$\sigma_r = -c\cot\varphi + A\left(\frac{r}{r_0}\right)^{N_\varphi - 1} \tag{5.3.2-22}$$

其中：
$$A = c\cot\varphi + p_0(1 - \sin\varphi)\left(\frac{r_0}{R}\right)^{N_\varphi - 1}$$

如果岩石的 c、φ、p_0 以及洞室的 r_0 为已知，R 已经测定或者指定，则利用式（5.3.2－22）可以求得 R 范围内任一点的径向应力 σ_r，将 σ_r 的值代入式（5.3.2－19），即可求出 σ_θ，也就是说，可以求出塑性区内的应力。但我们的目的不仅于此，而更需要的是决定洞室上的山岩压力。

当式（5.3.2－19）中的 $r=r_0$ 时，求得的 σ_r 即为维持洞室岩石在以半径为 R 的范围内达到塑性平衡所需要施加在洞壁上的径向压力的大小。令这个压力为 p_i，得到

$$p_i = -c\cot\varphi + [c\cot\varphi + p_0](1 - \sin\varphi)\left(\frac{r_0}{R}\right)^{N_\varphi - 1} \tag{5.3.2-23}$$

洞室开挖后，围岩应力重分布而逐渐进入塑性平衡状态，塑性区不断扩大，洞室周界的位移量也随着塑性圈的扩大而增长。设置衬砌、支护、支撑及灌浆的目的，就是要给予洞室围岩一个反力，阻止围岩塑性圈的扩大和位移量的增长，以保证岩体在某种塑性范围内的稳定。如果及时进行衬砌支护，则衬砌支护与围岩要产生共同变形，这个变形量也决定了衬砌支护与围岩之间的相互压力。这个压力，对于围岩来说，是衬砌、支护对岩体的反力（或洞室周界上的径向应力，它改变了洞周径向应力为零的状态）；对于衬砌支护来说，这个压力就是岩体对支护、衬砌的山岩压力或变形压力。因此，式（5.3.2－23）可以用来计算山岩压力。这个公式称为芬纳公式，又称塑性应力平衡公式。

从式（5.3.2－23）中可以得到以下讨论。

i. 当岩石没有凝聚力时，即 $c=0$ 时，则不论 R 多大，p_i 总是大于零，不可能等于零，这就是说，衬砌必须给岩体以足够的反力，才能保证岩体在某种 R 下的塑性平衡。一般岩体经爆破松动后可以假定 $c=0$，所以用式（5.3.2－23）计算时可以不考虑 c。

ii. 当围岩的凝聚力较大（$c>0$）（岩质良好，没有或很少爆破松动），则随着塑性圈半径 R 的扩大，要求的 p_i 就减少。在某一 R 下，$p_i=0$。从理论上看，这时可以不要求支护的反力而岩体达到平衡（但有时由于位移过大，岩体松动过多，实际上还是要支护的）。

iii. 当岩石埋深、半径 r_0、岩石性质指标 c 和 φ 以及 γ 一定时，则支护对围岩的反力 p_i 与塑性圈半径 R 的大小有关，p_i 越大，R 就越小。

iv. 如果 c 值较小，而且衬砌作用在洞室上的压力 p_i 也较小，则塑性圈 R 会扩大。根据实测，R 增大的速度可达每昼夜 0.5～5cm。

v. 因为支护结构的刚度对于抵抗围岩的变形有很大影响，所以刚度不同的结构可以表现出不同的山岩压力、刚度大，p_i就大；反之就小。例如，喷射薄层混凝土支护上的压力就比浇筑和预制的混凝土衬砌上的压力为小。当采用刚度小的支护结构时，开始时由于变形较大，反力 p_i 较小，不能阻止塑性圈的扩大，所以塑性圈半径 R 继续增大。但是，随着 R 的增大，加了要求维持塑性平衡的 p_i 值就减小，逐渐达到应力平衡。实践证明，这种允许塑性圈有一定发展，既让岩体变形但又不让它充分变形的做法是能够达到经济和安全目的的，如果支护及时就能够充分利用围岩的自承能力。

b. 塑性圈半径公式。不难推导，从式（5.3.2-23）中可以写出塑性圈半径 R 的下列公式，即

$$R = r_0 \left[\frac{p_0(1-\sin\varphi) + c\cot\varphi}{p_0 + c\cot\varphi}\right]^{\frac{1-\sin\varphi}{2\sin\varphi}} \tag{5.3.2-24}$$

下面来推求塑性圈的最大半径 R_0。因为从上面的公式可知，塑性圈半径 R 随着 p_i 的减小而增长，所以在式（5.3.2-23）中令 $p_i=0$，就可求得洞室围岩塑性圈的最大半径 R_0。在式（5.3.2-23）中令 $p_i=0$，并将式中的 R 改为R_0，解得

$$R_0 = r_0 \left[1 + \frac{p_0}{c}(1-\sin\varphi)\tan\varphi\right]^{\frac{1-\sin\varphi}{2\sin\varphi}} \tag{5.3.2-25}$$

这就是求塑性圈最大半径的芬纳公式。芬纳公式是推导较早且目前用得较广的公式。推导该公式有一不严格的地方就是在推导过程中曾一度忽略了凝聚力 c 的影响。如果考虑 c 的影响，则通过类似的推导，可以求得修正的芬纳公式，即

$$p_i = -c\cot\varphi + (c\cot\varphi + p_0)(1-\sin\varphi)\left(\frac{r_0}{R}\right)^{N_\varphi - 1} \tag{5.3.2-26}$$

此外，其塑性圈的最大半径 R_0的公式修正为

$$R = r_0 \left[\frac{(p_i + c\cot\varphi)(1-\sin\varphi)}{p_0 + c\cot\varphi}\right]^{\frac{1-\sin\varphi}{2\sin\varphi}} \tag{5.3.2-27}$$

最后指出，在用芬纳公式或修正的芬纳公式计算时，必须知道 R 的大小，R 值需通过实测或假定而得。因此，具体应用这些公式时还有一定的问题。

c. 塑性位移公式。设洞壁支护反力为 p_i，塑性圈的半径为 R，隧洞的半径为 r_0。塑性圈的外边界（即与弹性区交界面）的径向位移为 u_B，内边界的径向位移为 ΔR（即洞壁向洞内的位移）。我们的目的是求洞壁位移 ΔR，但为了求 ΔR，首先需知道外边界的位移情况。

i. 弹塑性交界面的位移 u_B。在弹塑性交界面上，其应力 $\sigma_{r,B}$和 $\sigma_{\theta,B}$既满足弹性条件，又满足塑性条件。当满足弹性条件时，有

$$\sigma_{r,B} = p_0\left(1 - \frac{r_0^2}{R_0^2}\right) \tag{5.3.2-28}$$

$$\sigma_{\theta,B} = p_0\left(1 + \frac{r_0^2}{R_0^2}\right) \tag{5.3.2-29}$$

将式（5.3.2-28）与式（5.3.2-29）相加，得到

$$\sigma_{r,B} + \sigma_{\theta,B} = 2p_0 \tag{5.3.2-30}$$

当满足塑性条件时，即满足式

$$\frac{\sigma_{r,\mathrm{B}}+c\cot\varphi}{\sigma_{\theta,\mathrm{B}}+c\cot\varphi}=\frac{1-\sin\varphi}{1+\sin\varphi} \tag{5.3.2-31}$$

由式（5.3.2－30）和式（5.3.2－31）消去 $\sigma_{\theta,\mathrm{B}}$，可得弹塑性交界处（$r=R$）的径向应力为

$$\sigma_{r,\mathrm{B}}=-c\cot\varphi+(c\cot\varphi+p_0)(1-\sin\varphi) \tag{5.3.2-32}$$

交界面上的位移应当是连续的。塑性圈的外边界也就是弹性区的内边界。所以，这交界面的径向位移 u_a 可用求弹性区内边界径向位移的办法求出。位移在弹性力学厚壁圆筒的位移解答中已经导得

$$u_{\mathrm{B}}=\frac{(1+\mu)R}{E}(p_0-\sigma_{r,\mathrm{B}}) \tag{5.3.2-33}$$

式中　E——岩体弹性模量，MPa；

　　μ——岩体的泊松比；

　　R——塑性圈的半径，m。

将式（5.3.2－32）的 $\sigma_{\theta,\mathrm{B}}$ 代入得

$$u_{\mathrm{B}}=\frac{(1+\mu)}{E}R\sin\varphi(p_0+c\cot\varphi) \tag{5.3.2-34}$$

ii. 洞壁位移 ΔR，今假定处于塑性状态的岩体在变形过程中体积保持不变，即认为变形前塑性圈岩石的体积与变形后的岩石体积相等。从这一假定可得

$$\pi(R^2-r_0{}^2)=\pi[(R-u_{\mathrm{B}})^2-(r_0-\Delta R)^2] \tag{5.3.2-35}$$

以式（5.3.2－33）的 u_{B} 代入，经整理后，得到

$$2r_0\Delta R-\Delta R^2=\left[2-\frac{(1+\mu)}{E}\sin\varphi(p_0+c\cot\varphi)\right]\frac{(1+\mu)}{E}\sin\varphi(p_0+c\cot\varphi)R^2 \tag{5.3.2-36}$$

再将式（5.3.2－27）的 R 代入，得到

$$(\Delta R)^2-2r_0\Delta R+r_0{}^2B=0 \tag{5.3.2-37}$$

其中：

$$B=\left[2-\frac{(1+\mu)}{E}\sin\varphi(p_0+c\cot\varphi)\right]\frac{(1+\mu)}{E}\sin\varphi(p_0+c\cot\varphi)\times\left[\frac{p_0(1-\sin\varphi)+c\cot\varphi}{p_0+c\cot\varphi}\right]^{\frac{1-\sin\varphi}{\sin\varphi}}$$

解方程式（5.3.2－37）的 ΔR，得洞壁位移的公式为

$$\Delta R=r_0(1-\sqrt{1-B}) \tag{5.3.2-38}$$

式（5.3.2－38）表明洞壁位移 ΔR 与支护反力 p_i 的关系。

3）卡柯公式（考虑岩石自重）。以上芬纳公式都是根据应力平衡条件导得的。在推导过程中都未考虑到塑性圈内岩石的自重作用，只是通过应力平衡的条件来推求支护反力。卡柯和恺利施尔（Kerisel）认为，洞室开挖后，由于支撑力的不足，可能在半径为 R 的塑性圈内导致岩石的松动和削弱，围岩可能产生不利于平衡的性质，应当计算塑性圈在自重作用下的平衡。他们假定塑性圈与弹性岩体脱落，求得了塑性岩体在自重下的山岩压力公式。如图 5.3.2－7（a）所示，取洞室中轴线上塑性区内的微小单元体进行近似分析。

单元体受力情况见图 5.3.2-7（b）。

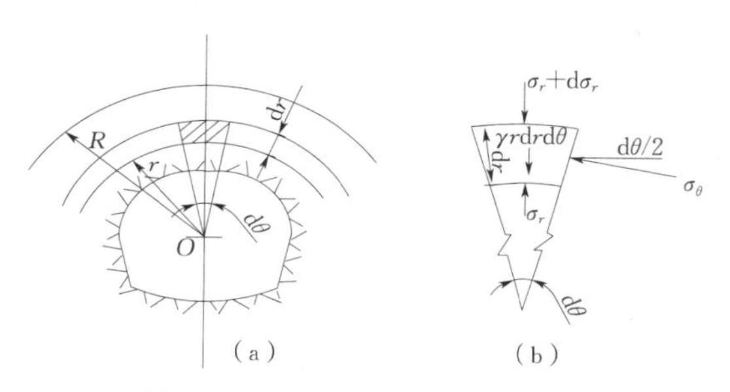

图 5.3.2-7　围岩中的微分单元

图中符号含义同前，类似于对方程式（5.3.2-17）的推导并考虑单元体本身的体力，可以求得以下平衡方程式，即

$$(\sigma_\theta-\sigma_r)\mathrm{d}r-r\mathrm{d}\sigma_r-\gamma r\mathrm{d}\sigma_r=0 \tag{5.3.2-39}$$

同前一样，塑性区中的应力应满足塑性条件，边界条件：当 $r=R$ 时，$\sigma_r=0$（这里 R 为塑性圈半径），联立方程式（5.3.2-39）和式（5.3.2-18），结合边界条件，求得解为

$$\sigma_r=-c\cot\varphi+c\cot\varphi\left(\frac{r}{R}\right)^{N_\varphi-1}+\frac{\gamma r}{N_\varphi-2}[1-\left(\frac{r}{R}\right)^{N_\varphi-2}] \tag{5.3.2-40}$$

令式（5.3.2-40）中的 $r=0$，即求得衬砌给予岩石的支撑力，即塑性区岩石对衬砌的压力，令这个压力 p_a 为

$$p_a=-c\cot\varphi+c\cot\varphi\left(\frac{r}{R}\right)^{N_\varphi-1}+\frac{\gamma r}{N_\varphi-2}\left[1-\left(\frac{r}{R}\right)^{N_\varphi-2}\right] \tag{5.3.2-41}$$

这个公式称为卡柯公式，又叫塑性应力承载公式。应用卡柯公式计算山岩压力必须首先知道塑性圈的半径 R。计算时可以认为塑性松动圈已充分发展，以致 $R=R_0$。将这一关系代入式（5.3.2-41）即求得松动压力的公式为

$$p_a=k_1\gamma r-k_2c \tag{5.3.2-42}$$

其中：

$$k_1=\frac{\gamma r(1-\sin\varphi)}{3\sin\varphi-1}\left[1-\left(\frac{r_0}{R_0}\right)^{\frac{3\sin\varphi-1}{1-\sin\varphi}}\right]$$

$$k_2=\cot\varphi\left[1-\left(\frac{r_0}{R_0}\right)^{\frac{2\sin\varphi}{1-\sin\varphi}}\right]$$

在实际应用松动压力公式进行计算时，应当考虑到松动圈内岩石因松动破碎而 c、φ 降低的情况。根据经验（现场剪切试验和室内试验），岩体的凝聚力 c 往往降低很多，不仅随着洞室开挖过程岩体破碎而降低，而且随着风化、湿化等影响而发生较大的降低。内摩擦角的变化较小。在水工建筑物的设计中，通常只采用 c 的试验值的 0.2～0.25，甚至完全不考虑凝聚力，以作为潜在的安全储备。对于内摩擦系数 $\tan\varphi$ 一般取试验值的 0.67～0.9 甚至取 0.5。在具体计算时通常可以按照下列的经验规定选用。

a. 内摩擦 φ 的选用。塑性松动圈内岩体的内摩擦角中，视岩体裂隙的充填情况而定：无充填物时，取试验值的 90%为计算值；有泥质充填物时，取试验值的 70%为计算值。

b. 凝聚力 c 的选值。塑性松动圈的凝聚力 c 按下列情况考虑：计算松动圈时，取试验值的 20%～25%的值作为计算值；洞室干燥无水，开挖后立即喷锚处理或及时衬砌而且回

填密实时，计算松动压力中可取试验值的10%～20%作为计算值；洞室有水或衬砌回填不密实时，应不考虑凝聚力的作用，即令 $c=0$。

综上所述，确定松动压力的步骤如下：①根据围岩的试验资料、洞室的埋置深度、洞径（跨度与洞高），确定围岩的 c、φ 以及埋深 H、洞径等数值；②根据工程地质、水文地质条件及施工条件等各种因素的综合，按上述方法对 c、φ 值进行折减；③确定岩体的初始应力 p_0 值，该值可用实测或估算决定，在估算时采用 $p_0=\gamma H$；④令 p_0/c 值，并用 p_0/c 及 φ 值得出 k_1、k_2的值；⑤由公式 $p_0=k_1\gamma r_0-k_2 c$ 计算松动压力，以作为衬砌上的山岩压力。

无论是经验公式还是规范给出的临界位移，均与围岩 c、φ 值，变形模量 E、围岩埋深 H 等主要因素没有直接内在关系，显然不合理。根据洞室的不同工作条件与运行要求，按洞室围岩不产生塑性松动区为允许条件，学者提出了一个圆形隧洞允许位移公式，即

$$\delta_{顶}=\frac{r\sin\varphi(\gamma H+c\cot\varphi)}{2G} \tag{5.3.2-43}$$

式中 P——洞室上覆压力，一般取 γH；

r——洞径；

G，c，φ——分别为围岩的剪切模量、黏聚力和内摩擦角。

对于不同埋深、不同围岩强度参数，可计算出洞室围岩不出现松动区的洞顶最大允许沉降量（表 5.3.2-1）。

在现场的监测中发现，经过爆破开挖后围岩总有部分进入塑性状态，而式(5.3.2-45)较为严格，随后又有学者推导提出了深度为 D 塑性区时允许位移公式，洞顶允许（临界）位移 $\delta_{顶}$ 为

$$\delta_{顶}=r(1-\sqrt{1-B}) \tag{5.3.2-44}$$

其中：$B=K_1K_2K_3$

$$K_1=2-\frac{1+u}{E}\sin\varphi(\gamma H+c\cot\varphi)$$

$$K_2=\frac{1+u}{E}\sin\varphi(\gamma H+c\cot\varphi)$$

$$K_3=\left(\frac{R}{r}\right)^2$$

表 5.3.2-1　　允许的拱顶沉降量

围岩类别	按式（5.3.2-46）		按式（5.3.2-46）塑性区	
	拱顶沉降量/mm	假定塑性区深度/m	拱顶沉降量/mm	假定塑性区深度/m
Ⅰ	1.23	0.0	1.78	1.0
Ⅱ	1.86	0.0	3.64	2.0
Ⅲ	2.50	0.0	6.41	3.0
Ⅳ	8.68	0.0	28.19	4.0
Ⅴ	20.15	0.0	81.08	6.0

经过在西安市黑河引水工程导流洞现场监测与稳定评价中发现，开挖后有些围岩的黏聚力并未降为零，故进一步提出一深度为 D 塑性区时洞顶允许位移公式，即

$$\delta'_{\text{顶}} = r(1-\sqrt{1-B'}) \quad (5.3.2-45)$$

其中：

$$B' = K_1 K_2 K'_3$$

$$K_1 = 2 - \frac{1+u}{E}\sin\varphi(\gamma H + c\cot\varphi)$$

$$K_2 = \frac{1+u}{E}\sin\varphi(\gamma H + c\cot\varphi)$$

$$K'_3 = \left[\frac{\gamma H(1-\sin\varphi) + c\cot\varphi}{(\gamma H + c\cot\varphi)(1-\sin\varphi)}\right]^{\frac{1-\sin\varphi}{\sin\varphi}} \left(\frac{R}{r}\right)^2$$

各符号的意义同上。

根据以上两公式，选定以下几组参数中各段最小值，假定隧洞埋深 100m，隧洞直径 10m，相应的拱顶沉降量按表 5.3.2-2 取值，根据以上两公式可以计算出各种情况下的允许沉降量用以判断围岩的稳定性。

表 5.3.2-2　允许的拱顶沉降量（按修正芬纳公式）

围岩类别	按式（5.3.2-50）		按式（5.3.2-50）塑性区	
	拱顶沉降量/mm	假定塑性区深度/m	拱顶沉降量/mm	假定塑性区深度/m
Ⅰ	1.59	0.0	2.29	1.0
Ⅱ	2.40	0.0	4.71	2.0
Ⅲ	3.12	0.0	7.99	3.0
Ⅳ	9.27	0.0	30.11	4.0
Ⅴ	21.33	0.0	86.86	6.0

2. *数值方法*

地下工程分析常用的数值方法包括有限元法、边界元法和离散元法。其中有限元法、边界元法建立在连续介质力学的基础上，适用于小变形分析。其中，有限元方法发展较早，较为成熟。有限元方法是把围岩和支护结构都划分为单元，将荷载移植于节点，利用插值函数考虑连续条件、引入边界条件，由矩阵力法或位移法求解，或者根据能量原理建立起整个系统的虚功方程（刚度方程），从而求出系统上各节点的位移以及单元的应力。其主要步骤为：①划分单元，离散结构；②单元分析，求单刚；③整体分析，组合总刚；④求解刚度方程，求出单元节点位移；⑤求单元应力。有限元法求解时，需要注意的是：单元划分及类型选用，开挖效果的模拟和岩体材料的非线性性质的考虑。地下洞室工程有限元方法有以下特点。

• 地下工程的支护结构与其周围的岩体共同作用，可把支护结构与岩体作为一个统一的组合来考虑，将支护结构及其影响范围内的岩体一起进行离散化。

• 作用在岩体上的荷载是地应力，主要是自重应力和构造应力。在深埋情况下，一般可把地应力简化为均布垂直地应力和水平地应力，加在围岩周边上。地应力的数值原则上

应由实际存在确定，但由于地应力测试工作费时费钱，工程上一般很少测试。对于深埋的结构，通常的做法是把垂直地应力按自重应力计算，侧压系数则根据当地地质资料确定。对于浅埋结构，垂直应力和侧压系数均按自重应力场确定。

通常把支护结构材料视作线弹性，而围岩及围岩中节理面的应力—应变关系视作非线性，根据不同的工程实践和研究需要，采用材料非线性的有限元法进行分析。

由于开挖及支护将会导致一定范围内围岩应力状态发生变化，形成新的平衡状态。因而分析围岩的稳定与支护的受力状态都必须考虑开挖过程和支护时间早晚对围岩及支护的受力影响。因此，计算中应考虑开挖与支护施工步骤的影响。

地下结构过程一般轴线很长，当某一段地质变化不大时，且该段长度与隧道跨度相比较大时，可以在该段取单位长度隧道的力学特性来代替该段的三维力学特性，这就是平面应变问题，从而使计算大大简化。

下面以平面有限元为主按分析步骤进行简单讨论。

（1）确定计算范围。理论分析表明，由于荷载释放引起的洞周介质应力和位移变化在3倍洞径范围之外小于5%，5倍洞径之外约小于1%，如图5.3.2-8所示。

（2）网格剖分如图5.3.2-9所示，中间部分为隧道开挖断面，有限元中常采用“空”单元或将其模量参数降低至很小来模拟开挖效应。

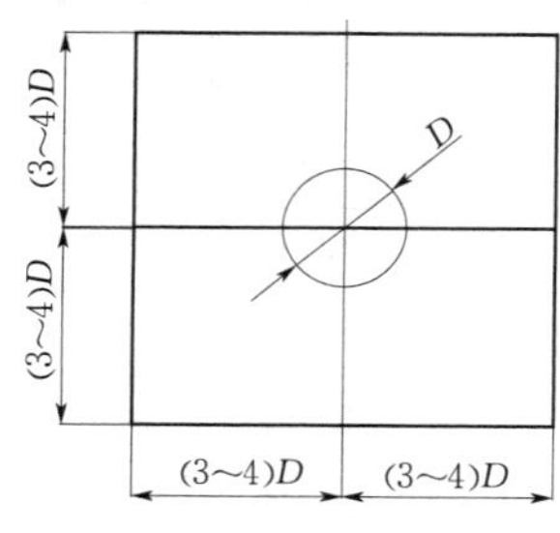

图5.3.2-8 计算范围

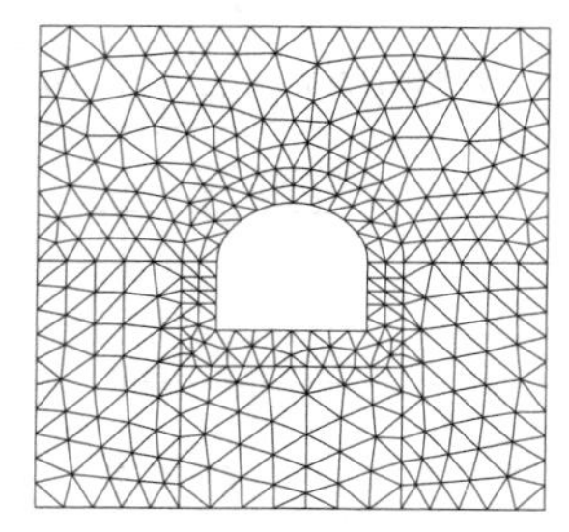

图5.3.2-9 网格剖分

（3）边界条件和初始应力场，如图5.3.2-10所示。

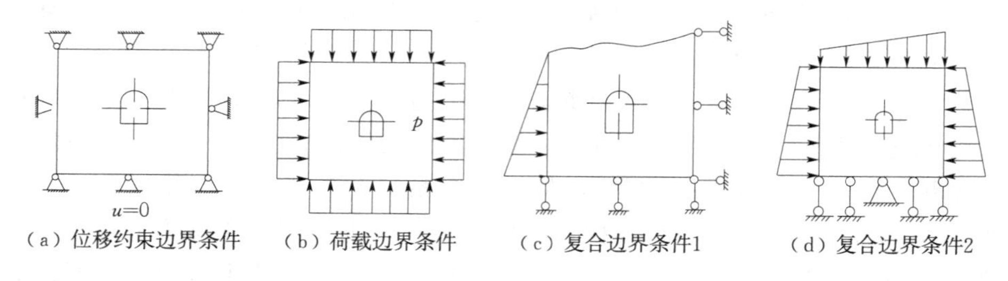

图5.3.2-10 边界约束条件

（4）施工过程的模拟（开挖、浇筑、喷锚支护、衬砌等），有限元中常采用单元的“生”“死”来模拟开挖、支护结构等。

（5）岩体材料模型单元类型的选择。

下面以大型专业有限元程序FINAL为例，分析岩体材料常用的模型，如图5.3.2-11所示。

1）三角形 6 节点等参元：岩土体材料。

2）COJO 单元：界面单元，包括节理、裂隙、断层，结构与岩土体之间的界面，模拟接触界面、断层单元。

3）BEAM 6 单元：结构单元。

4）BOLT 单元：锚杆单元。

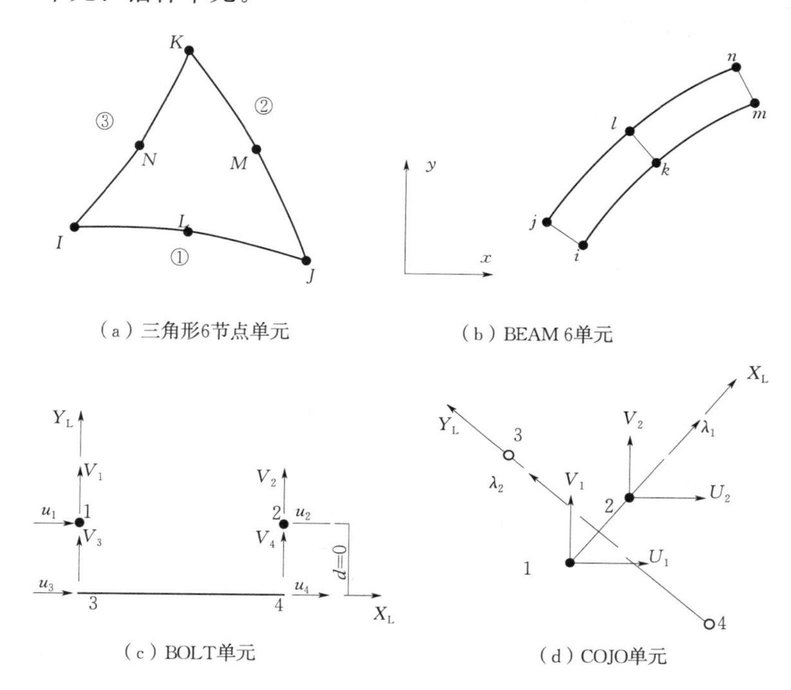

（a）三角形6节点单元　　（b）BEAM 6单元

（c）BOLT单元　　（d）COJO单元

图 5.3.2－11　岩体材料模型单元类型

（6）计算结果的分析。根据上述计算过程，可根据工程实际设定相应的分析工况，进行数值模拟分析，将最终分析得到的合理的围岩变形场、应力场、塑性区、结构内力结果进行分析，如图 5.3.2－12 所示。

3. 特征曲线法（收敛—约束法）

当隧道开挖以后无支护时，围岩必然向洞室内挤入而产生挤向隧道内的变形，这种变形称为收敛。施加支护以后，由于支护的支顶而约束了围岩的变形，称之为约束。此时，围岩与支护结构一起共同承受围岩挤向隧道的变形压力。对于围岩而言，它承受支护结构的约束力；对支护结构而言，它承受围岩维持变形稳定而给予的压力。当两者处于平衡状态时，隧道就处于稳定状态，如图 5.3.2－13 所示。

特征曲线法：就是通过支护结构与隧道围岩的相互作用，求解支护结构在荷载作用下的变形和围岩在支护结构约束下的变形之间的协调平衡，即利用围岩特征曲线与支护特征曲线（图 5.3.2－13）交会的办法来决定支护体系的最佳平衡条件。从而求得为了维持坑道稳定所需的支护阻力，也就是作用在支护结构上的围岩的形变压力。之后，就可按普通结构力学方法计算支护结构内力和校核其强度。

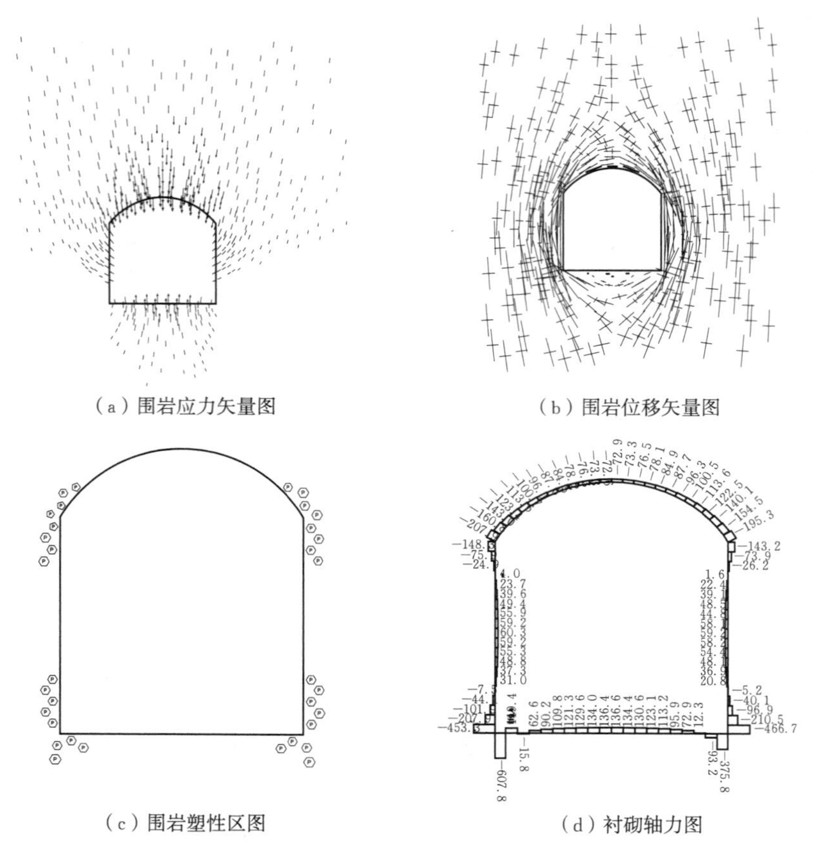

图 5.3.2-12 计算结果的分析

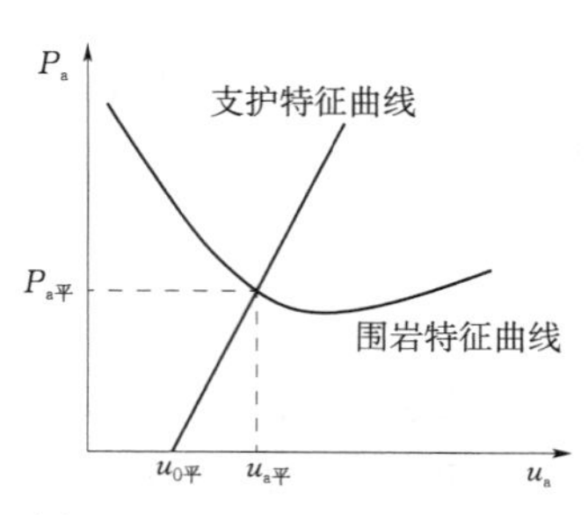

图 5.3.2-13 收敛—约束法

5.3.3 信息反馈方法及经验方法

1. 信息反馈方法的设计流程

信息反馈法指的是为了确保隧道工程支护结构的安全可靠和经济合理，必须在施工阶段进行监控量测（现场监测），及时收集由于隧道开挖而在围岩和支护结构中所产生的位移和应力变化等信息（数据处理），并根据一定的标准来判断是否需要修改预先设计的支护结构和施工流程（信息反馈），实现设计和施工与围岩的实际动态相匹配这一过程，该方法叫信息反馈法（监控法）。其设计流程如图 5.3.3-1 所示。

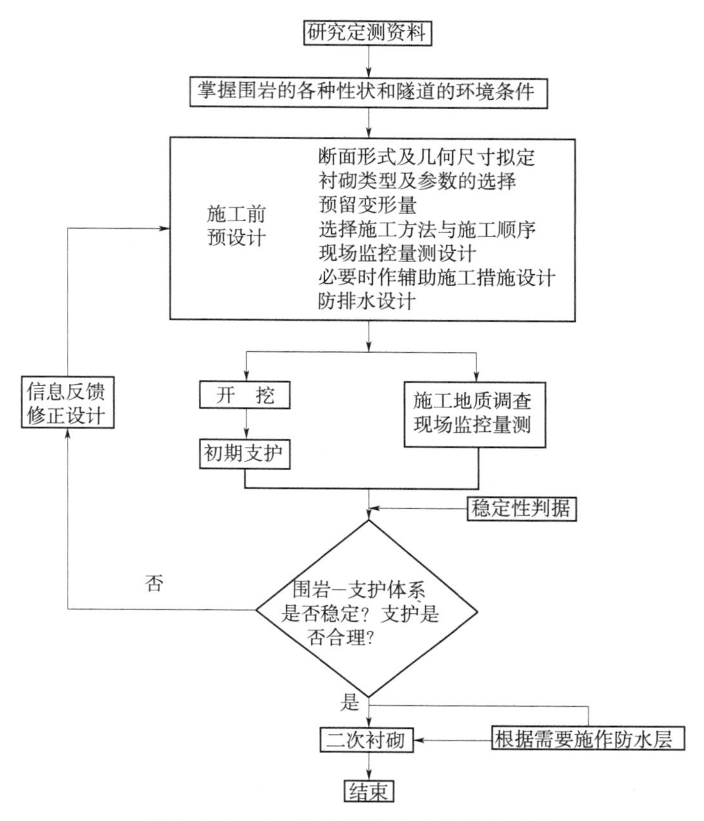

图 5.3.3－1　信息反馈方法的设计流程

2. 信息反馈方法

(1) 理论反馈法。对隧道支护结构进行设计计算时，首先要根据结构物的具体情况选取力学模式，其次要确定计算参数。为了提高计算的正确性，除对所选取的力学模式做到尽量合理外，还应采用现场量测信息进行反馈，求解其计算参数，这种方法叫理论反馈法。

1) 直接反馈法（正算法）。即先按工程类比法确定计算参数后，用分析方法求解隧道周边的位移值，并与量测到的隧道周边位移值进行比较，当两者有差异时，修正原先假定的计算参数，重复计算直至两者之差符合计算精度要求时为止。最后所用计算参数即为同样条件下今后设计采用的参数值。

2) 间接反馈法（逆算法）。它是根据施工中量测到的隧道周边位移值，用数值分析方法来反算出主要的计算参数，并依此进行支护结构的设计计算。由于所需反算的主要参数（如初始地应力状态、围岩的物理力学指标等）不同，其采用的计算方法也不同。

(2) 经验反馈法。经验反馈法是根据工程类比建立一些判断准则，然后利用量测到的信息与这些准则进行比较，依此来判断围岩的稳定性和支护结构的工作状态的方法。

1) 根据位移量测值或预计最终位移值判断，可参考表 5.3.3－1 和表 5.3.3－2。

表 5.3.3-1 单线隧道初期支护极限相对位移 %

围岩级别	埋深/m		
	≤50	50～300	300～500
拱脚水平相对净空变化			
Ⅱ	—	—	0.20～0.60
Ⅲ	0.10～0.50	0.40～0.70	0.60～1.50
Ⅳ	0.20～0.70	0.50～2.60	2.40～3.50
Ⅴ	0.30～1.00	0.80～3.50	3.00～5.00
拱顶相对下沉			
Ⅱ	—	0.01～0.05	0.04～0.08
Ⅲ	0.01～0.04	0.03～0.11	0.10～0.25
Ⅳ	0.03～0.07	0.06～0.15	0.10～0.60
Ⅴ	0.06～0.12	0.10～0.60	0.50～1.20

表 5.3.3-2 双线隧道初期支护极限相对位移 %

围岩级别	埋深/m		
	≤50	50～300	300～500
拱脚水平相对净空变化			
Ⅱ	—	0.01～0.03	0.01～0.08
Ⅲ	0.03～0.10	0.08～0.40	0.30～0.60
Ⅳ	0.10～0.30	0.20～0.80	0.70～1.20
Ⅴ	0.20～0.50	0.40～2.00	1.80～3.00
拱顶相对下沉			
Ⅱ	—	0.03～0.06	0.05～0.12
Ⅲ	0.03～0.06	0.04～0.15	0.12～0.30
Ⅳ	0.06～0.10	0.08～0.40	0.30～0.80
Ⅴ	0.08～0.16	0.14～1.10	0.80～1.40

2）根据位移速率判断。位移速率用每天的位移量来表示。对某一开挖断面来讲，变形曲线可分为以下 3 个阶段。

a. 变形急剧增长阶段——变形速率大于 1mm/d。

b. 变形速率缓慢增长阶段——变形速率为 1～0.2mm/d。

c. 基本稳定阶段——变形速率小于 0.2mm/d。

我国根据下坑、金家岩、大瑶山等 10 余座铁路隧道制定的位移变化速率标准为：当净空收敛速率小于 0.2mm/d 时，认为围岩已达到基本稳定。我国大秦铁路复合式衬砌隧道提出达到围岩基本稳定的标准为：隧道跨度小于 10m 时，水平收敛速率为 0.1mm/d；隧道跨度大于 10m 时，水平收敛速率为 0.2mm/d。

3）根据位移—时间（$u-t$）曲线（位移时态曲线）形态判断。岩体破坏前变形曲线可分为 3 个阶段：①基本稳定阶段，变形速率逐渐下降，即 $du^2/dt^2<0$；②过渡阶段，变形速率保持不变，即 $du^2/dt^2=0$，表明围岩向不稳定状态发展，需发出警告，加强支护系统；③变形速率逐渐增大，即 $du^2/dt^2>0$，表明围岩已进入危险状态，须停工，进行加固。工程实际中，采用表 5.3.3－3 进行变形管理。

表 5.3.3－3　　变形管理等级

管理等级	管理位移	施工状态
Ⅲ	$U<U_0/3$	可正常施工
Ⅱ	$U_0/3\leqslant U\leqslant 2U_0/3$	应加强支护
Ⅰ	$U>2U_0/3$	应采取特殊措施

注　U 为实测位移值；U_0 为最大允许位移值。

3. 经验方法

经验方法是建立在围岩分类基础上的工程类比方法。目前在支护结构预设计中应用较多。

(1)《铁路隧道设计规范》(TB 10003—2016) 提供的工程类比设计参数，可参考表 5.3.3－4～表 5.3.3－6。

1) 复合式衬砌常用的设计参数说明见表 5.3.3－4～表 5.3.3－6，表中是根据近年来铁路隧道衬砌通用参考图及国内公路、铁路隧道支护参数统计、类比确定的。其中Ⅳ、Ⅴ级围岩当初期支护设置钢架时，要求喷射混凝土覆盖钢架。

表 5.3.3－4　《铁路隧道设计规范》(TB 10003—2016) 复合式衬砌常用的设计参数表

围岩级别	隧道开挖跨度	初期支护							二次衬砌厚度/cm	
		喷射混凝土厚度/cm		锚杆			钢筋网	钢架	拱墙	仰拱
		拱墙	仰拱	位置	长度/m	间距/m				
Ⅱ	小跨	5	—	局部	2.0	—	—	—	30	—
	中跨	5	—	局部	2.0	—	—	—	30	—
	大跨	5～8	—	局部	2.5	—	—	—	30～35	—
Ⅲ硬质岩	小跨	5～8	—	拱墙	2.0	1.2～1.5	拱部@25×25	—	30～35	—
	中跨	8～10	—	拱墙	2.0～2.5	1.2～1.5	拱部@25×25	—	30～35	—
	大跨	10～12	—	拱墙	2.5～3.0	1.2～1.5	拱部@25×25	—	35～40	35～40
Ⅲ软质岩	小跨	8	—	拱墙	2.0～2.5	1.2～1.5	拱部@25×25	—	30～35	30～35
	中跨	8～10	—	拱墙	2.0～2.5	1.2～1.5	拱部@25×25	—	30～35	30～35
	大跨	10～12	—	拱墙	2.5～3.0	1.2～1.5	拱部@25×25	—	35～40	35～40
Ⅳ深埋	小跨	10～12	—	拱墙	2.5～3.0	1.0～1.2	拱部@25×25	—	35～40	40～45
	中跨	12～15	—	拱墙	2.5～3.0	1.0～1.2	拱部@25×25	—	40～45	45～50
	大跨	20～23	10～15	拱墙	3.0～3.5	1.0～1.2	拱部@20×20	拱墙	40～45*	45～50*

续表

围岩级别	隧道开挖跨度	初期支护							二次衬砌厚度/cm	
		喷射混凝土厚度/cm		锚杆			钢筋网	钢架	拱墙	仰拱
		拱墙	仰拱	位置	长度/m	间距/m				
Ⅳ浅埋	小跨	20～23	—	拱墙	2.5～3.0	1.0～1.2	拱部@25×25	拱墙	35～40	40～45
	中跨	20～23	—	拱墙	2.5～3.0	1.0～1.2	拱部@20×20	拱墙	40～45	45～50
	大跨	20～23	10～15	拱墙	3.0～3.5	1.0～1.2	拱部@20×20	拱墙	40～45 *	45～50 *
Ⅴ深埋	小跨	20～23	—	拱墙	3.0～3.5	0.8～1.0	拱部@20×20	拱墙	40～45	45～50
	中跨	20～23	20～23	拱墙	3.0～3.5	0.8～1.0	拱部@20×20	全环	40～45 *	45～50 *
	大跨	23～25	23～25	拱墙	3.5～4.0	0.8～1.0	拱部@20×20	全环	50～55 *	55～60 *
Ⅴ浅埋	小跨	23～25	23～25	拱墙	3.0～3.5	0.8～1.0	拱部@20×20	全环	40～45 *	45～50 *
	中跨	23～25	23～25	拱墙	3.0～3.5	0.8～1.0	拱部@20×20	全环	40～45 *	45～50 *
	大跨	25～27	25～27	拱墙	3.5～4.0	0.8～1.0	拱部@20×20	全环	50～55 *	55～60 *

注 表中喷射混凝土厚度为平均值；带 * 号者为钢筋混凝土；Ⅵ级围岩和特殊围岩应进行单独设计；Ⅲ级缓倾软质岩地段，隧道拱部180°范围初期支护可架设格栅钢架，相应调整拱部喷射混凝土厚度。小跨度：5～8.5m（开挖面积30～70m²），中等跨度：8.5～12m（开挖面积70～110m²），大跨度：12～14m（开挖面积110～140m²），特大跨度：大于14m（开挖面积大于140m²）。

2）横洞、平行导坑及斜井的结构支护参数，根据围岩级别、工程地质、水文地质、坑道宽度、埋置深度、施工方法、使用功能等条件，通过工程类比确定，施工过程中根据现场围岩条件对支护参数进行调整。当缺乏足够资料时，设计时根据近年设计施工经验总结的说明（表5.3.3-5和表5.3.3-6）选用。

表5.3.3-5　　喷锚衬砌参数表

车道类型	围岩级别	喷混凝土		锚杆			钢筋网			钢架间距/m	底板厚度/cm
		厚度/cm	部位	部位	长度/m	环纵间距/m	部位	钢筋直径/mm	网眼尺寸/cm		
单车道	Ⅱ	5	拱墙	—	—	—	—	—	—	—	20
	Ⅲ	12	拱墙	拱部	2.0	1.5×1.5	拱部	ϕ8	20×20	—	25
	Ⅳ	15	拱墙	拱墙	2.5	1.2×1.2	拱墙	ϕ8	20×20	局部	30
	Ⅴ	25	拱墙	拱墙	2.5	1.2×1.0	拱墙	ϕ8	20×20	0.8～1.0	30
双车道	Ⅱ	8	拱墙	局部	2.0	1.5×1.5	局部	ϕ8	20×20	—	20
	Ⅲ	15	拱墙	拱部	2.5	1.5×1.2	拱部	ϕ8	20×20	—	25
	Ⅳ	18	拱墙	拱墙	2.5	1.2×1.2	拱墙	ϕ8	20×20	局部	30
	Ⅴ	27	拱墙	拱墙	2.5	1.2×1.0	拱墙	ϕ8	20×20	0.6～1.0	30

注 Ⅵ级围岩地段及Ⅴ级围岩特殊地段应采用特殊支护措施。

表 5.3.3-6　　喷锚衬砌参数表

车道类型	围岩级别	预留变形量/cm	喷混凝土		锚杆			钢筋网			钢架	二次衬砌	
			厚度/cm	部位	部位	长度/m	环纵间距/m	部位	钢筋直径/mm	网眼尺寸/cm	间距/m	拱墙厚度/cm	底板厚度/cm
单车道	Ⅱ	—	5	拱部	—	—	—	—	—	—	—	25	20
	Ⅲ	2	8	拱墙	局部	2.0	1.5×1.5	局部	6	25×25		25	25
	Ⅳ	4	10	拱墙	拱部	2.5	1.2×1.5	拱墙	6	25×25		25	30
	Ⅴ	8	16	拱墙	拱部	2.5	1.2×1.2	拱墙	8	20×20	1.0	25	30
双车道	Ⅱ	—	5	拱部	局部	2.0	1.5×1.5	局部	6	25×25	—	25	20
	Ⅲ	4	10	拱墙	拱部	2.5	1.5×1.2	拱部	6	25×25	—	25	25
	Ⅳ	6	12	拱墙	拱部	2.5	1.2×1.2	拱墙	8	20×20	局部	25	30
	Ⅴ	10	15～22	拱墙	拱部	2.5	1.2×1.2	拱墙	8	20×20	0.8～1.0	25	30

注　Ⅵ级围岩地段及Ⅴ级围岩特殊地段应采用特殊支护措施。

(2)《公路隧道设计规范》(JTG D70—2004)提供的工程类比设计参数，见表5.3.3-7～表5.3.3-11。

表 5.3.3-7　　喷锚衬砌的设计参数

围岩级别	单线隧道	双线隧道
Ⅰ	喷射混凝土厚度5cm	喷射混凝土厚度8cm，必要时设置锚杆，长1.5～2.0m，间距1.2～1.5m
Ⅱ	喷射混凝土厚度8cm，必要时设置锚杆，长1.5～2.0m，间距1.2～1.5m	喷射混凝土厚度10cm，锚杆长2.0～2.5m，间距1.0～1.2m，必要时设置局部钢筋网

注　1. 边墙喷射混凝土厚度可略低于表中所列数值，如边墙稳定可不设置锚杆和钢筋网。
2. 钢筋网的网格间距宜为15～30cm，钢筋网保护层不应小于2cm。

表 5.3.3-8　　单线隧道复合式衬砌的支护参数表

围岩级别	初期支护								二次衬砌		预留变形量/cm
	喷射混凝土厚度/cm	锚杆			喷射混凝土		格栅钢架/型钢		拱墙/cm	仰拱/cm	
		位置	长度/m	间距/m	位置	钢筋网/cm	直径/mm	每榀间距/m			
Ⅱ	5	局部	2.0	1.5×1.5	拱墙	—	—	—	30	30*	2
Ⅲ	10	拱墙	2.5	1.2×1.2	拱墙/仰拱	拱局部25×25	—	—	35	35	4
Ⅳ	15	拱墙	3.0	1.0×1.2	拱墙/仰拱	拱墙20×20	—	—	35	35*	4

续表

围岩级别	初期支护								二次衬砌		预留变形量/cm
	喷射混凝土厚度/cm	锚杆			喷射混凝土		格栅钢架/型钢		拱墙/cm	仰拱/cm	
		位置	长度/m	间距/m	位置	钢筋网/cm	直径/mm	每榀间距/m			
Ⅳ	20	拱墙	3.0	1.0×1.2	拱墙/仰拱	拱墙 20×20	/HW125	1.0	40	40 *	4
Ⅴ	23	拱墙	3.5	0.8×1	拱墙/仰拱	拱墙 20×20	格栅 ϕ22	0.75	40	40 *	9
Ⅴ	25	拱墙	3.5	0.8×0.8	拱墙/仰拱	拱墙 20×20	/HW175	0.5	45	45 *	9

注 武汉—广州客运专线。表中带 * 表示钢筋混凝土。

表 5.3.3-9　双线隧道复合式衬砌的支护参数表

围岩级别	初期支护									二次衬砌		预留变形量/cm
	喷射混凝土厚度/cm	锚杆/m			喷聚丙烯纤维混凝土/素喷混凝土			格栅钢架/型钢		拱墙/cm	仰拱底板/cm	
		位置	长度	间距	位置	改性聚酯纤维参量/(kg/m³)	钢筋网/cm	直径/mm	每榀间距/m			
Ⅱ	10	拱部	2.5	1.5×1	拱部/边墙	1.2	—	—	—	35	30 *	3
Ⅲ	15	拱墙	3.0	1.2×1	拱墙/仰拱	1.2	拱局部 25×25	—	—	40	40	5
Ⅳ	23	拱墙	3.5	1.0×1	拱墙/仰拱	1.2	拱墙 25×25	格栅 ϕ22	1.0(拱墙)	45	45 *	8
Ⅳ加	25	拱墙	3.5	1.0×1	拱墙/仰拱	1.2	拱墙 25×25	/Ⅰ18	1.0(全环)	50	50 *	8
Ⅴ	28	拱墙	4.0	0.8×1	拱墙/仰拱	1.2	拱墙 20×20	/Ⅰ20	1.0(全环)	50 *	50 *	10
Ⅴ加	28	拱墙	4.0	1×0.8	拱墙/仰拱	1.2	拱墙 20×20	/HW175	1.0(全环)	50 *	50 *	10

注 武汉—广州客运专线隧道。表中带 * 号表示钢筋混凝土；钢筋外侧混凝土保护层厚度 4cm。

表 5.3.3-10 两车道隧道复合式衬砌的设计参数

围岩级别	初期支护							二次衬砌厚/cm	
	喷射混凝土厚/cm		锚杆/m			钢筋网/cm	钢架	拱墙	仰拱
	拱墙	仰拱	位置	长度	间距				
Ⅰ	5	—	局部	2.0	—	—	—	30	—
Ⅱ	5～8	—	局部	2.0～2.5	—	—	—	30	—
Ⅲ	8～12	—	拱、墙	2.0～3.0	1.0～1.5	局部 25×25	—	35	—
Ⅳ	12～15	—	拱、墙	2.5～3.0	1.0～1.2	拱墙 25×25	拱、墙	35	35
Ⅴ	15～25	—	拱、墙	3.0～4.0	0.8～1.2	拱墙 20×20	拱墙、仰拱	45	45
Ⅵ	通过试验确定								

表 5.3.3-11 三车道隧道复合式衬砌的设计参数

围岩级别	初期支护							二次衬砌厚/cm	
	喷射混凝土厚/cm		锚杆/m			钢筋网	钢架	拱、墙混凝土	仰拱混凝土
	拱部边墙	仰拱	位置	长度	间距				
Ⅰ	8	—	局部	2.5	—	局部	—	35	—
Ⅱ	8～10	—	局部	2.5～3.5	—	局部	—	40	—
Ⅲ	10～15	—	拱、墙	3.0～3.5	1.0～1.5	拱、墙 @25×25	拱、墙	45	45
Ⅳ	15～20	—	拱、墙	3.0～4.0	0.8～1.0	拱、墙 @20×20	拱、墙、仰拱	50，钢筋混凝土	50
Ⅴ	20～30	—	拱、墙	3.5～5.0	0.5～1.0	拱、墙（双层）@20×20	拱、墙、仰拱	60，钢筋混凝土	60，钢筋混凝土
Ⅵ	通过试验、计算确定								

注 有地下水时，可取大值；无地下水时，可取小值。采用钢架时，宜选用格栅钢架。

（3）《锚杆喷射混凝土支护技术规范》（GB 50086—2001）喷锚支护设计参数，见表5.3.3-12。

表 5.3.3-12 《锚杆喷射混凝土支护技术规范》（GB 50086—2001）围岩的喷锚支护设计参数

围岩类别	毛洞跨度/m				
	$B<5$	$5<B<10$	$10<B<15$	$15<B<20$	$20<B<25$
Ⅰ	不支护	50mm 厚喷射混凝土	1.80～100mm 厚喷射混凝土；2.50mm 厚喷射混凝土，设置 2.0～2.5m 长的锚杆	100～150mm 厚喷射混凝土，设置 2.5～3.0m 长的锚杆，必要时配置钢筋网	120～150mm 厚钢筋网喷射混凝土，设置 3.0～4.0m 长的锚杆

续表

围岩类别	毛洞跨度/m				
	$B<5$	$5<B<10$	$10<B<15$	$15<B<20$	$20<B<25$
Ⅱ	50mm厚喷射混凝土	1. 80～100mm厚喷射混凝土；2. 50mm厚喷射混凝土，设置2.0～2.5m长的锚杆	1. 120～150mm厚喷射混凝土，必要时配置钢筋网。2. 80～120mm厚喷射混凝土，设置2.0～3.0m长的锚杆，必要时配置钢筋网	120～150mm厚钢筋网喷射混凝土，设置2.5～3.5m长的锚杆	150～200mm厚钢筋网喷射混凝土，设置3.0～4.0m长的锚杆
Ⅲ	1. 80～100mm厚喷射混凝土；2. 50mm厚喷射混凝土，设置1.5～2.0m长的锚杆	1. 120～150mm厚喷射混凝土，必要时配置钢筋网。2. 80～100mm厚喷射混凝土，设置2.0～2.5m长的锚杆，必要时配置钢筋网	100～150mm厚钢筋网喷射混凝土，设置2.0～3.0m长的锚杆	150～200mm厚钢筋网喷射混凝土，设置3.0～4.0m长的锚杆	—
Ⅳ	80～100mm厚喷射混凝土，设置1.5～2.0m长的锚杆	100～150mm厚钢筋网喷射混凝土，设置2.0～2.5m长的锚杆，必要时采用仰拱	150～200mm厚钢筋网喷射混凝土，设置2.5～3.0m长的锚杆，必要时采用仰拱	—	—
Ⅴ	120～150mm厚钢筋网喷射混凝土，设置1.5～2.0m长的锚杆，必要时采用仰拱	150～200mm厚钢筋网喷射混凝土，设置2.5～3.0m长的锚杆，必要时加设钢架	—	—	—

参考文献

[1] 谷兆祺，彭守拙，李仲奎. 地下洞室工程［M］. 北京：清华大学出版社，1994.
[2] 郑颖人. 地下工程锚喷支护设计指南［M］. 北京：中国铁道出版社，1988.
[3] 关宝树，杨其新. 地下工程概论［M］. 成都：西南交通大学出版社，2001.
[4] 王思敏，等. 地下工程岩体稳定分析［M］. 北京：科学出版社，1981.
[5] 龚维明. 童小东. 缪林昌. 穆保岗，蒋永生. 地下结构工程［M］. 南京：东南大学出版社，2004.
[6] 张庆贺，朱合华，黄宏刚. 地下工程［M］. 上海：同济大学出版社，2005.
[7] 孙钧，侯学渊. 地下结构（上、下）［M］. 北京：科学出版社，1987.
[8] 孙钧. 地下工程设计理论与实践［M］. 上海：上海科学技术出版社，1996.
[9] 贺少辉，叶锋，项彦勇，等. 地下工程［M］. 修订本. 北京：北京交通大学出版社，2013.
[10] 关宝树，国兆林. 隧道及地下工程［M］. 成都：西南交通大学出版社，2000.
[11] 徐辉，李向东. 地下工程［M］. 武汉：武汉理工大学出版社，2009.
[12] 王后裕，陈上明，言志信. 地下工程动态设计原理［M］. 北京：化学工业出版社，2008.
[13] 仇文革，郑余朝，张俊儒，等. 地下空间利用［M］. 成都：西南交通大学出版社，2011.
[14] 陶龙光，刘波，侯公羽. 城市地下工程［M］. 北京：科学出版社，2011.
[15] 李志业，曾艳华. 地下结构设计原理与方法［M］. 成都：西南交通大学出版社，2003.
[16] 朱合华，张子新，廖少明，等. 地下建筑结构［M］. 北京：中国建筑工业出版社，2016.
[17] 汪胡桢. 水工隧洞的设计理论和计算［M］. 北京：水利电力出版社，1977.
[18] 张永兴. 岩体力学［M］. 北京：中国建筑工业出版社，2004.
[19] 刘佑荣，等. 岩体力学［M］. 武汉：中国地质大学出版社，1999.
[20] 雷晓燕. 岩土工程数值计算［M］. 北京：中国铁道出版社，1999.
[21] 蔡美峰，何满潮，刘东燕. 岩石力学与工程［M］. 2版. 北京：科学出版社，2013.
[22] 冯夏庭，李小春，焦玉勇，李宁，等. 工程岩石力学（上卷：原理导论，下卷：实例问答）［M］. 北京：科学出版社，2009.
[23] 霍润科. 隧道与施工［M］. 北京：中国建筑工业出版社，2011.
[24] 施仲衡，张弥，宋敏华，等. 地下铁道设计与施工［M］. 西安：陕西科学出版社，2006.
[25] 冯卫星. 铁路隧道设计［M］. 成都：西南交通大学出版社，1998.
[26] 高波. 高速铁路隧道设计［M］. 北京：中国铁道出版社，2010.
[27] 陈志敏，欧尔峰，马丽娜. 隧道及地下工程［M］. 北京：清华大学出版社，2013.
[28] 王毅才. 隧道工程.［M］. 北京：人民交通出版社，2000.
[29] 覃仁辉. 隧道工程［M］. 重庆：重庆大学出版社，乌鲁木齐：新疆大学出版社，2001.
[30] 彭立敏. 交通隧道工程［M］. 长沙：中南大学出版社，2003.
[31] 杨永安，吴德康. 铁路隧道［M］. 上海：同济大学出版社，2003.
[32] 黄成光. 公路隧道施工［M］. 北京：人民交通出版社，2001.
[33] 萧寅生，等. 地下静力结构［M］. 北京：中国人民解放军工程兵工程学院，1981.
[34] 徐干成，白洪才，郑颖人，等. 地下工程支护结构［M］. 北京：中国水利水电出版社，2002.
[35] 刘建航. 侯学渊. 盾构法隧道［M］. 北京：中国铁道出版社，1991.
[36] 李国强，黄宏伟，等. 工程结构荷载与可靠度设计原理［M］. 北京：中国建筑工业出版社，2001.
[37] 赵国藩，金伟良，等. 结构可靠度设计原理［M］. 北京：中国建筑工业出版社，2001.
[38] 桑国光，等. 结构可靠性原理及其应用［M］. 上海：上海交通出版社，1986.

[39] 余安东. 建筑结构的安全性与可靠性 [M]. 上海：上海科学技术文献出版社，1986.
[40] 王华牢，李宁. 公路隧道健康诊断与处治加固技术 [M]. 西安：陕西科学技术出版社，2010.
[41] 雷晓燕，李宁. 接触摩擦单元新模型的理论及应用 [J]. 华东交通大学学报，1993 (2)：1-17.
[42] 李宁，朱才辉，姚显春，等. 一种浅埋松散围岩稳定性离散化有限元分析方法探讨 [J]. 岩石力学与工程学报，2009，28 (增 2)：3533-3549.
[43] GB 50067—2014，汽车库、修车库、停车场设计防火规范 [S]. 北京：中国计划出版社，2014.
[44] GB 50157—2013，地铁设计规范 [S]. 北京：中国计划出版社，2013.
[45] TB 10003—2016，铁路隧道设计规范 [S]. 北京：中国铁道出版社，2017.
[46] SL 279—2016，水工隧洞设计规范 [S]. 北京：中国水利水电出版社，2016.
[47] DL/T 5195—2004，水工隧洞设计规范 [S]. 北京：中国电力出版社，2007.
[48] GB 50487—2008，水利水电工程地质勘察规范 [S]. 北京：中国计划出版社，2009.
[49] SL 237—1999，土工试验规程 [S]. 北京：中国水利水电出版社，1999.
[50] GB 50086—2001，锚杆喷射混凝土支护技术规范 [S]. 中国建筑资讯网，2001.
[51] JTG D20—2006，公路路线设计规范 [S]. 北京：人民交通出版社，2006.
[52] JTG B01—2003，公路工程技术标准 [S]. 北京：人民交通出版社，2003.
[53] JTG D70—2004，公路隧道设计规范 [S]. 北京：人民交通出版社，2004.
[54] JGJ 100—2015，车库建筑设计规范 [S]. 北京：中国建筑工业出版社，2015.